都市計画の
裁判的統制

――ドイツ行政裁判所による
地区詳細計画の審査に関する研究

湊 二郎 著

まえがき

　本書は、ドイツにおける行政裁判所（特に連邦行政裁判所および上級行政裁判所）による地区詳細計画の統制に関する研究として近畿大学法学および立命館法学に掲載した9本の論文につき、その後の法改正や新たな裁判例および文献（2018年3月までに入手できたもの）をふまえた内容の修正ないし更新を行うとともに、当時においては十分論じていなかったものの現在の視点からすれば取り上げるべきであったと考えられる事項に関する記述を追加し、日本語訳が適切でないと考えられる箇所の訂正、複数の論文間において重複した記述の削除、第一部・第二部のまとめの追加、形式の統一を行った上で、一冊の研究書として仕上げたものである。

　本書では、地区詳細計画の規範統制に特有の論点に関わる研究を第一部「地区詳細計画の規範統制の発展」で取り上げ、地区詳細計画の効力の有無との関係で問題となる建設法典の計画維持規定に関する研究を第二部「計画維持規定の形成と展開」としてまとめている。これらのドイツ法研究により得られた知見に基づき日本法の状況がどのように評価されるかに関する研究は、最終章「日本における都市計画を争う訴訟の現状と課題」に配置している。後掲の各論文では、「はじめに」の項目において、地区詳細計画が市町村の条例として議決されることやその有効性が上級行政裁判所による規範統制の対象になるといった事項を説明していたところ、本書では、第一部序章「規範統制の制度概要」において基本的事項を説明することとしたので、各論文の「はじめに」の項目における重複した記述は削除し、内容を書き改めている（本書では、「はじめに」という表記も採用していない）。また後掲各論文では、「おわりに」の項目において検討の結果をまとめていたが、本書では各章における検討の結果を「第〇章のまとめ」として記述することとした（「小括」も「まとめ」に変更している）。本書各章における項目分けについては、大項目をⅠ・Ⅱ・Ⅲ、中項目を1・2・3、小項目を(1)・(2)・(3)とする方式に統一した。訳語に関しては、

i

近年の学説・裁判例等において用いられる「連合法（Unionsrecht）」の語に相当するものとして、本書では「EU法」の語を用いる。引用の対象となる学説・裁判例等において「共同体法（Gemeinschaftsrecht）」や「欧州法（Europarecht）」の語が用いられている場合には、本書でもこれらの語を用いている。

　第一部序章「規範統制の制度概要」は、拙稿「地区詳細計画の規範統制に関する一考察——自然人・法人の申立適格を中心に」近畿大学法学56巻3号（2008年）143〜193頁のうち「1　はじめに」「2　規範統制の申立ての適法要件」を基礎とするものであるが、同論文の公表後に出された連邦行政裁判所の判決や、2017年の環境・法的救済法の改正およびそれに伴う行政裁判所法の改正についても取り上げている。また同論文では規範統制の審理および判決に関する説明が必ずしも十分ではなかったため、新項目「Ⅱ　規範統制の審理・判決およびその他の手続」を追加した。

　第一部第一章「自然人・法人の申立適格」は、前掲「規範統制に関する一考察」のうち「3　自然人・法人の申立適格（1996年改正前）」「4　自然人・法人の申立適格（1996年改正後）」「5　おわりに」を基礎とするものであるが、同論文の公表後に出された連邦行政裁判所の複数の判決・決定も取り上げている。さらに、当時において既に存在していたものの、同論文では特に言及していなかった学説を脚注で取り上げており、詳しく検討していなかった判例（連邦行政裁判所1993年1月6日決定、連邦行政裁判所1995年11月28日決定、連邦行政裁判所2007年5月24日決定）を本文で検討している。

　第一部第二章「規範統制手続における仮命令」は、拙稿「規範統制手続における仮命令——地区詳細計画に対する仮の権利保護」立命館法学344号（2012年）1〜35頁を基礎とするものであるが、同論文の公表後において、連邦行政裁判所2015年2月25日決定が仮命令の申立ての理由具備性について新たな判断基準を提示し、上級行政裁判所の裁判例においてもこれに従うものが登場していることから、このような近時の裁判例の展開をふまえた書き直しを行った。これに伴って、同論文で取り上げていた従前の裁判例のうち一部については（ハンブルク上級行政裁判所2010年2月12日決

定、コブレンツ上級行政裁判所2010年3月15日決定）、その詳細な検討は行わないものとしている。反対に、従前の裁判例ではあるがその重要性に鑑みて新たな検討対象として追加したものもある（ミュンヘン高等行政裁判所2007年7月23日決定）。

　第一部第三章「環境保護団体による規範統制の申立て」は、拙稿「環境保護団体と規範統制――ドイツにおける環境団体訴訟の一側面」立命館法学362号（2015年）98～133頁を基礎とするものであるが、同論文の公表後に出された上級行政裁判所の裁判例についても検討を加えており、2017年の環境・法的救済法の改正に関しては新項目「Ⅳ　2017年の環境・法的救済法の改正」を追加している。また、同論文では言及していなかった欧州司法裁判所および連邦行政裁判所の重要判例（欧州司法裁判所2011年3月8日判決、連邦行政裁判所2013年9月5日判決、欧州司法裁判所2015年10月15日判決）ならびにこれらの判例に関わる論点を「Ⅱ　環境・法的救済法の問題点」で取り上げることとして、構成の変更を行った。

　第二部第一章「行政裁判所による衡量統制とその制限」は、拙稿「建設管理計画の衡量統制に関する一考察――衡量過程の統制を中心に」近畿大学法学57巻1号（2009年）93～141頁を基礎とするものであるが、同論文の公表後に出された連邦行政裁判所および上級行政裁判所の判決・決定も取り上げており、同論文では言及していなかった計画維持規定のEU法適合性に関する問題についても検討を加えている。衡量統制に関する学説については、同論文においては脚注で参照を指示するにとどめていたもののうち、本文で取り上げるにようにしたものもある（コッホ、ハップの説）。新たな判例・学説を追加したことに伴って、本書では詳しく言及しないこととした判決や学説もある（例えば、連邦行政裁判所2008年1月24日判決）。

　第二部第二章「手続・形式規定の違反の効果」は、拙稿「建設管理計画と手続・形式の瑕疵」近畿大学法学57巻4号（2010年）87～133頁を基礎とするものであるが、2017年の建設法典の改正に関する記述を追加するとともに、同論文では言及していなかった計画維持規定のEU法適合性に関する議論や、同論文の公表後に出された欧州司法裁判所および連邦行政裁判所の判決・決定も取り上げている。

第二部第三章「地区詳細計画と土地利用計画の関係に関する規定の違反の効果」は、拙稿「地区詳細計画と土地利用計画の関係に関する規定の違反とその効果——ドイツ建設法典における計画維持に関する一考察」立命館法学373号（2017年）209～249頁を基礎とするものであるが、同論文で取り上げていた上級行政裁判所の裁判例のうち、検討が不十分なものがあったため（ミュンスター上級行政裁判所2009年9月30日判決、マンハイム高等行政裁判所1995年6月20日判決）、書き直しを行っている。同論文では脚注でのみ言及していた連邦行政裁判所の判例（連邦行政裁判所2010年4月14日決定）も、その重要度に鑑み、本文で取り上げることとした。

　第二部第四章「内部開発の地区詳細計画と瑕疵の効果」は、拙稿「内部開発の地区詳細計画と瑕疵の効果——計画維持規定の欧州法適合性」立命館法学368号（2016年）35～71頁を基礎とするものであるが、同論文の公表後に出された上級行政裁判所の裁判例（ミュンスター上級行政裁判所2017年4月4日判決）も取り上げており、新項目「Ⅴ　2017年の改正による変更点」を追加している。他方で、計画維持規定のEU法適合性に関する論点のうち本書第二部第一章・第二章で検討済みの事項については本章では削除している。

　第二部第五章「補完手続による瑕疵の除去」は、拙稿「建設管理計画の瑕疵と補完手続」近畿大学法学58巻2＝3号（2010年）373～424頁を基礎とするものであるが、同論文の公表後に出された複数の連邦行政裁判所および上級行政裁判所の判決・決定も取り上げている。また、同論文の公表前に出された裁判例であるが、同論文では取り上げていなかったものについても検討を加えている（ミュンスター上級行政裁判所2008年3月6日判決）。建設法典214条4項のEU法適合性に関する学説についても若干ではあるが言及するようにした。

　最終章「日本における都市計画を争う訴訟の現状と課題」は、拙稿「都市計画を争う訴訟の現状と課題」立命館法学374号（2018年）1～42頁を基礎とするものであるが、本書第一部・第二部において検討済みの事項については、その参照を指示することとして、記述の変更を行った。

　本書の執筆に当たっては、立命館大学の学外研究制度（2017年度後期

まえがき

〜2018年度前期）を利用した。本書の出版については、（株）日本評論社の田中早苗さんに多大なご協力をいただいた。前掲各論文に関しては、関西行政法研究会や芝池義一先生（京都大学名誉教授）が主宰される京都行政法研究会での報告の際にご出席の先生方から貴重なご意見を頂戴している。私が研究者としてこれまで活動することができたのは、芝池先生をはじめとする京都行政法研究会の先生方、鹿児島大学・近畿大学そして立命館大学の先生方およびスタッフの皆さんのおかげである。改めて感謝とお礼を申し上げる次第である。

2018年10月

著者

初出一覧

第一部序章・第一章
　「地区詳細計画の規範統制に関する一考察——自然人・法人の申立適格を中心に」近畿大学法学56巻3号（2008年）143〜193頁

第一部第二章
　「規範統制手続における仮命令——地区詳細計画に対する仮の権利保護」立命館法学344号（2012年）1〜35頁

第一部第三章
　「環境保護団体と規範統制——ドイツにおける環境団体訴訟の一側面」立命館法学362号（2015年）98〜133頁

第二部第一章
　「建設管理計画の衡量統制に関する一考察——衡量過程の統制を中心に」近畿大学法学57巻1号（2009年）93〜141頁

第二部第二章
　「建設管理計画と手続・形式の瑕疵」近畿大学法学57巻4号（2010年）87〜133頁

第二部第三章
　「地区詳細計画と土地利用計画の関係に関する規定の違反とその効果——ドイツ建設法典における計画維持に関する一考察」立命館法学373号（2017年）209〜249頁（※この論文は、立命館大学の2017年度研究推進プログラム〔科研費獲得推進型〕の助成を受けたものである。）

第二部第四章
　「内部開発の地区詳細計画と瑕疵の効果——計画維持規定の欧州法適合性」立命館法学368号（2016年）35〜71頁

第二部第五章
　「建設管理計画の瑕疵と補完手続」近畿大学法学58巻2＝3号（2010年）373〜424頁

最終章
　「都市計画を争う訴訟の現状と課題」立命館法学374号（2018年）1〜42頁

目　次

まえがき

第一部　地区詳細計画の規範統制の発展

序章　規範統制の制度概要 …………………………………… 2

Ⅰ　規範統制の申立ての適法要件　4
  1　規範統制の対象　4
  2　申立適格　9
  3　申立期間　11
  4　被申立人　13
  5　前置手続　13
  6　権利保護の必要性（または権利保護の利益）　14
  7　地区詳細計画等に対する規範統制の申立ての制限（2017年改正により削除）　15

Ⅱ　規範統制の審理・判決およびその他の手続　17
  1　申立ての理由具備性　17
  2　法規定が効力を有しないことの宣言　18
  3　判決の効力　19
  4　第三者の訴訟参加　20
  5　仮命令　21

Ⅲ　序章のまとめ　22

第一章　自然人・法人の申立適格 …………………………… 24

Ⅰ　1996年改正前の状況──申立適格を根拠づける「不利益」とは　25
  1　連邦行政裁判所1979年11月9日決定（79年決定）　26
  2　79年決定の射程の限定　31
  3　衡量上有意な利益の侵害とは　35
  4　まとめと検討　43

Ⅱ　1996年改正後の自然人・法人の申立適格──権利侵害の主張要件　45

1　「不利益」から「権利侵害」の主張へ　45
　　2　所有権侵害の可能性を理由とする申立適格　46
　　3　適正な衡量を求める権利の承認――連邦行政裁判所1998年9月24日判決（98年判決）　49
　　4　適正な衡量を求める権利の侵害可能性を理由とする申立適格　55
　　5　まとめと検討　61
　Ⅲ　第一章のまとめ　66

第二章　規範統制手続における仮命令　68

　Ⅰ　制度の概要　69
　　1　仮命令に関する規定の追加　69
　　2　仮命令の要件――特に申立ての適法性について　72
　　3　仮命令の形式・内容・効力等　77
　Ⅱ　理由具備性の判断基準（一般論）　79
　　1　行政裁判所法47条6項の文言の解釈　80
　　2　本案の帰趨と結果の衡量（Folgenabwägung）　83
　　3　命令請求権（Anordnungsanspruch）と命令原因（Anordnungsgrund）　85
　　4　若干の検討　87
　　5　連邦行政裁判所2015年2月25日決定　89
　Ⅲ　裁判例における具体的判断　91
　　1　結果の衡量が行われた例　91
　　2　命令請求権および命令原因が審理された例　95
　　3　連邦行政裁判所2015年2月25日決定およびそれに続く裁判例　98
　　4　まとめと検討　104
　Ⅳ　第二章のまとめ　107

第三章　環境保護団体による規範統制の申立て　110

　Ⅰ　環境・法的救済法の制定　111
　　1　指令2003/35/EGとオーフス条約　111
　　2　環境・法的救済法の制定　113
　Ⅱ　環境・法的救済法の問題点　119
　　1　「個人の権利を根拠づける」法規定の要件　119
　　2　「環境保護に奉仕する」法規定の要件　123
　　3　異議の排除　125
　　4　手続の瑕疵の効果　127
　　5　法的救済の対象となる決定　129

6　まとめと検討　133
Ⅲ　裁判例の展開　137
　　1　申立てが適法とされた例　137
　　2　申立てが不適法とされた例　144
　　3　まとめと検討　146
Ⅳ　2017年の環境・法的救済法の改正　149
　　1　法的救済の対象となる決定　149
　　2　法的救済の提起に関する要件　150
　　3　異議の排除　152
　　4　理由具備性に関する要件　154
　　5　まとめ　155
Ⅴ　第三章のまとめ　155

第一部のまとめ　………………………………………………………　158

第二部　計画維持規定の形成と展開

第一章　行政裁判所による衡量統制とその制限　………　166
Ⅰ　伝統的な衡量瑕疵論　168
　　1　判例の展開　168
　　2　衡量の瑕疵の4類型　170
　　3　衡量過程と衡量結果の区別　174
Ⅱ　連邦建設法155b条2項2文とその合憲性　176
　　1　連邦建設法155b条の追加　176
　　2　学説による批判　179
　　3　連邦行政裁判所による憲法適合的解釈　180
Ⅲ　建設法典と衡量統制（2004年改正前）　183
　　1　1986年制定時の建設法典214条〜216条　183
　　2　1997年の建設法典改正　185
　　3　衡量過程における瑕疵と衡量結果における瑕疵　186
　　4　衡量過程における瑕疵の明白性と衡量結果への影響　189
Ⅳ　建設法典と衡量統制（2004年改正後）　193
　　1　建設法典214条・215条　194
　　2　衡量素材の調査・評価に関する瑕疵とその他の衡量過程における瑕疵
　　　　（学説）　201

3　衡量素材の調査・評価に関する瑕疵とその他の衡量過程における瑕疵（判例）　203
　　4　瑕疵が顧慮されるための要件の問題性　209
　　5　衡量結果における瑕疵に関する判例　214
　Ⅴ　第一章のまとめ　216

第二章　手続・形式規定の違反の効果　219

　Ⅰ　建設管理計画の策定手続　221
　　1　策定開始の議決　221
　　2　衡量素材の調査・評価、環境審査　221
　　3　案の理由書、環境報告書　222
　　4　公衆参加　222
　　5　行政庁参加　225
　　6　参加に関する共通規定　226
　　7　簡素化された手続　227
　　8　計画の理由書　229
　　9　議決　229
　　10　認可、公示、総括説明書　230
　Ⅱ　手続・形式規定の違反の効果（概観）　232
　　1　連邦建設法の規定　232
　　2　建設法典214条1項　235
　　3　建設法典214条4項　239
　　4　建設法典215条　240
　　5　建設法典216条　243
　　6　まとめ　244
　Ⅲ　参加に関する規定の違反　245
　　1　原則的顧慮／外部不顧慮　245
　　2　内部不顧慮条項　248
　　3　EU法適合性に関する問題　255
　　4　2017年の改正による変更点　256
　　5　まとめ　259
　Ⅳ　理由書に関する規定の違反　260
　　1　原則的顧慮／外部不顧慮　260
　　2　内部不顧慮条項　261
　　3　理由書が不完全である場合の情報提供義務　265
　　4　EU法適合性に関する問題　267
　　5　まとめ　268

Ⅴ　第二章のまとめ　269

第三章　地区詳細計画と土地利用計画の関係に関する規定の
　　　　違反の効果 ……………………………………………………… 272

　Ⅰ　建設法典制定前の状況　273
　　1　1979年改正前の連邦建設法　273
　　2　1979年改正　276
　　3　連邦建設法155b条1項1文5号〜8号に関する裁判例　281
　　4　まとめ　287
　Ⅱ　建設法典における地区詳細計画と土地利用計画の関係　288
　　1　建設法典8条2項〜4項　289
　　2　建設法典13a条2項2号　293
　　3　建設法典214条2項　294
　　4　建設法典215条　297
　　5　まとめ　298
　Ⅲ　建設法典214条2項に関する裁判例　299
　　1　建設法典214条2項1号　299
　　2　建設法典214条2項2号　301
　　3　建設法典214条2項3号　305
　　4　建設法典214条2項4号　306
　　5　まとめと検討　308
　Ⅳ　第三章のまとめ　310

第四章　内部開発の地区詳細計画と瑕疵の効果 ……………………… 312

　Ⅰ　内部開発の地区詳細計画と迅速化された手続　313
　　1　内部開発の地区詳細計画の意義　313
　　2　迅速化された手続の特色　314
　　3　迅速化された手続の要件　316
　　4　迅速化された手続に関する公示　320
　　5　2013年の改正　320
　Ⅱ　迅速化された手続と計画維持規定　321
　　1　建設法典214条1項・2項　321
　　2　建設法典214条2a項　324
　　3　その他の計画維持規定　327
　Ⅲ　建設法典214条2a項旧1号と法改正　328
　　1　当初の学説・裁判例　328
　　2　欧州司法裁判所2013年4月18日判決　330

3　2013年の改正と連邦行政裁判所2015年11月 4 日判決　　332
Ⅳ　建設法典214条2a 項 2 号〜 4 号に関する問題　　334
　　1　建設法典214条2a 項 2 号　　334
　　2　建設法典214条2a 項 3 号　　336
　　3　建設法典214条2a 項 4 号　　339
　　4　まとめと若干の検討　　342
Ⅴ　2017年の改正による変更点　　343
Ⅵ　第四章のまとめ　　345

第五章　補完手続による瑕疵の除去　……………………………………　347

Ⅰ　1997年建設法典改正以前　　349
　　1　連邦建設法155a 条 5 項　　349
　　2　建設法典215条 3 項　　354
　　3　部門計画法における法発展　　357
　　4　まとめ　　360
Ⅱ　建設法典215a 条　　362
　　1　1997年の法改正　　362
　　2　計画維持の原則　　363
　　3　補完手続の概念　　365
　　4　無効の条例と効力を有しない条例　　366
　　5　瑕疵の除去可能性とその限界　　368
　　6　補完手続の実施　　376
　　7　遡及的施行に関する問題　　378
　　8　まとめ　　379
Ⅲ　建設法典214条 4 項　　380
　　1　2004年の法改正　　380
　　2　法規定の「無効」宣言の廃止　　381
　　3　瑕疵の除去可能性とその限界（一般論）　　382
　　4　上級行政裁判所の裁判例　　385
　　5　補完手続の実施　　393
　　6　遡及的施行に関する問題　　395
　　7　まとめ　　398
Ⅳ　第五章のまとめ　　399

第二部のまとめ　………………………………………………………………　402

最終章　日本における都市計画を争う訴訟の現状と課題 ………… 410

Ⅰ　都市計画決定の処分性と訴訟選択　412
　1　都市計画決定の処分性　412
　2　当事者訴訟（確認訴訟）の提起可能性　417
　3　まとめと若干の検討　418
Ⅱ　都市計画決定の違法性審査　420
　1　実体的違法性（裁量統制）　420
　2　手続的違法性　427
Ⅲ　立法論（特に都市計画争訟制度）の検討　430
　1　土地利用規制計画策定手続・公共事業実施計画確定手続　430
　2　不服審査（裁決主義）制度　431
　3　都市計画違法確認訴訟　438
　4　計画訴訟　446
Ⅳ　最終章のまとめ　447

第一部　地区詳細計画の規範統制の発展

序章

規範統制の制度概要

　ドイツの行政裁判所法（VwGO）47条は、上級行政裁判所による規範統制（Normenkontrolle）について規定している。これは、上級行政裁判所が申立てに基づいて同条1項各号所定の法規定の有効性に関して裁断する仕組みである。この規範統制の対象となる法規定の代表例は、市町村が建設法典（BauGB）10条1項に基づき条例として議決する地区詳細計画（Bebauungsplan）である。地区詳細計画は、拘束的な建設管理計画（Bauleitplan）とされ（建設法典1条2項）、都市建設上の整序（Ordnung）のための法的拘束力のある指定（Festsetzung）を含む（建設法典8条1項1文）[1]。地区詳細計画においては、建築利用の種類・容量（Maß）、建築方式（Bauweise）、建築可能な敷地部分（überbaubare Grundstücksfläche）、交通用地等、多様な指定が予定されている（建設法典9条1項各号参照）。建築利用の種類・容量等の指定は、建築施設の設置等を内容とする事業案（Vorhaben）が許容されるか否かの基準となる（建設法典30条1項参照）。行政裁判所法47条による規範統制は、この地区詳細計画を主要な対象とすることから、ドイツにおける都市計画を争う訴訟として参照されることが少なくない[2]。日本における都市計画争訟制度の整備を目的とした、2006年8月付けの財団法人都市計画協会・都市計画争訟研究会の「都市計画争訟研究報告書」においても、地区詳細計画の規範統制の概要が参考資料と

---

(1) 建設法典における建設管理計画および地区詳細計画の概要については、ヴィンフリート・ブローム＝大橋洋一『都市計画法の比較研究――日独比較を中心として』（日本評論社、1995年）59頁以下、齋藤純子「人口減少に対応したドイツ都市計画法の動向」レファレンス64巻6号（2014年）6頁以下参照。

して紹介されている（30頁以下）。本書も、ドイツにおける地区詳細計画の規範統制は、日本における立法論として都市計画を争う訴訟を構想するに当たって大いに参考になるという立場をとるものであるが、現行法下において都市計画の適法性が争われる事案をいかに解決するべきかという視点からも、ドイツ法の研究が有益であると考えられる。ドイツにおける行政裁判所による地区詳細計画の統制ないし審査がどのような経緯で発展してきたのかを明らかにすることを通じて、その成果および問題点（なお改善可能と考えられる部分）はどのようなものか、日本法に取り入れられるべきものは何か、反対に日本ではドイツ法と同様の取扱いをすべきでないと考えられるものはあるか、という点を示すことが、本書の研究の主たる目的である。

　本書第一部では、地区詳細計画の規範統制に特有の論点のうち、自然人・法人の申立適格（第一章）および仮の権利保護の制度である仮命令（第二章）について詳しく検討を加えるとともに、環境・法的救済法（UmwRG）の規定により環境保護団体が規範統制の申立てをする場合の問題を取り上げる（第三章）。規範統制の申立てに理由があるかどうか（理由具備性（Begründetheit））に関しては、対象となる法規定の違法性が問題になるところ、建設法典には、建設法典の規定の違反のうち一定のものを地区詳細計画等の法的効力にとって顧慮されない（unbeachtlich）ものとしたり、瑕疵の除去を認める計画維持（Planerhaltung）規定が存在している。この計画維持規定に関しては、本書第二部で詳しく検討する。本章では、規範統制の申立ての適法要件（Ⅰ）と、審理・判決およびその他の手続（Ⅱ）を、次章以下における検討の前提知識として必要な範囲で紹介する。

---

(2)　行政裁判所法47条による規範統制の概要については、藤原静雄「西ドイツ行政裁判所法上の規範審査訴訟」一論92巻6号（1984年）165頁以下、竹之内一幸「規範統制訴訟の機能、法的性格及び対象適格――ドイツ行政裁判所法第47条を中心として」法学政治学論究11号（1991年）1頁以下、山本隆司「行政訴訟に関する外国法制調査――ドイツ（上）」ジュリ1238号（2003年）86頁以下、大橋洋一『都市空間制御の法理論』（有斐閣、2008年）57頁以下等が参考になる。

第一部　地区詳細計画の規範統制の発展

I　規範統制の申立ての適法要件

1　規範統制の対象

　行政裁判所法47条1項によれば、上級行政裁判所は、その裁判権の範囲内において、申立てに基づき、同項1号・2号所定の法規定の有効性に関して裁断する。同項1号は、「建設法典の規定により発布された条例」と「建設法典第246条第2項に基づく法規命令」を挙げており、行政裁判所法47条1項2号は、「州法がこれを定める限りにおいて、その他の州法律より下位の法規定」と定めている。上級行政裁判所の裁判権が認められるためには、行政裁判所法40条1項にいう「行政上の出訴の途（Verwaltungsrechtsweg）」が開かれている必要があるが[3]、地区詳細計画の有効性について上級行政裁判所が裁判権を有することに疑いはない[4]。

(1)　建設法典の規定により発布された条例

　1960年制定時の行政裁判所法47条1文は、「州の立法は、上級行政裁判所がその裁判権の範囲内において申立てに基づき州法上の命令又はその他の州法律より下位の規定の有効性に関して裁断することを、……定めることができる」と規定していた。当時においては、上級行政裁判所による規範統制を導入するかどうかは、州の立法者に委ねられていた[5]。1976年の「行政訴訟規定の改正に関する法律」（以下本章において「行政訴訟規定改正法」という）により、行政裁判所法47条は改正され、「連邦建設法及び都市建設促進法の規定による条例」の有効性に関して上級行政裁判所が裁断することが明記された（同条1項1号）。行政訴訟規定改正法の政府案理由

---

[3] Vgl. *Friedhelm Hufen*, Verwltungsprozessrecht, 10. Aufl. 2016, §19 Rn 5. 行政裁判所法40条1項1文は、「行政上の出訴の途は、非憲法的性質のすべての公法上の紛争において、当該紛争が連邦法律により他の裁判所に明示的に割り当てられているのでない限り、存在している」と規定している。

[4] Vgl. *Jan Ziekow*, in: Helge Sodan/Jan Ziekow(Hrsg.), VwGO, Großkommentar, 4. Aufl. 2014, §47 Rn. 49; *Peter Unruh*, in: Michael Fehling/Berthold Kastner/Rainer Störmer(Hrsg.), Verwaltungsrecht, VwVfG, VwGO, Nebengesetze, Handkommentar, 4. Aufl. 2016, §47 VwGO Rn. 24.

書では、「連邦建設法及び都市建設促進法に基づく条例、とりわけ地区詳細計画の場合に、規範統制手続によって権利保護を改善する必要性が、特に明らかとなった。地区詳細計画は非常に徹底的な方法で市民の法的地位に介入し得る。ここでは、当該規範それ自体に対する実効的な権利保護を利用できることが特に重要である。この種の規範の効力が争われる場合、法状況を適時に明らかにすることが、すべての関係者の利益のために必要である」と説明されている[6]。1986年に連邦建設法と都市建設促進法を統合した建設法典が制定され、行政裁判所法47条1項1号は、「建設法典の規定により発布された条例」を掲げるに至った。

建設法典の規定による条例としては、地区詳細計画のほか、事業案の主体が市町村と調整を行った上で作成する事業案・開発計画（Vorhaben- und Erschließungsplan）を構成要素とする「事業案関連（vorhabenbezogen）地区詳細計画」（建設法典12条）、土地の再利用（Wiedernutzbarmachung）、高密度化（Nachverdichtung）またはその他の内部開発（Innenentwicklung）の措置のための地区詳細計画（内部開発の地区詳細計画。建設法典13a条）[7]、地区詳細計画の策定が議決された際に、将来の地区詳細計画の適用予定区域について議決することのできる「変更禁止（Veränderungssperre）」（建設法典14条）、連担建築地区（im Zusammenhang bebaute Ortsteile）の境界等を定める条例（建設法典34条4項）、外部地域（Außenbereich）における住居目的の事業案の許容性等に関する条例（建設法典35条6項）等を挙げる

---

(5) 行政裁判所法の政府案理由書では、規範統制に関しては連邦憲法裁判所に広範な任務が与えられていることから、行政裁判所法による規範統制の対象を連邦法に拡大することや、この任務を連邦行政裁判所に与えることは合目的的ではない旨説明されている（vgl. BT-Drs. 3/55, S. 33）。また、連邦建設法の政府案理由書では、地区詳細計画を行政行為ではなく条例とする理由として、争訟提起可能性の制限が挙げられている（vgl. BT-Drs. 3/336, S. 65）。

(6) BT-Drs. 7/4324, S. 7. 当時においては上級行政裁判所による規範統制を導入した州は5州（バーデン＝ヴュルテンベルク、バイエルン、ブレーメン、ヘッセン、シュレスヴィヒ＝ホルシュタイン）であり、1970年から1974年までにおける564件の規範統制手続のうち地区詳細計画に関するものは304件であった。Vgl. BT-Drs. 7/4324, S. 15.

(7) 内部開発の地区詳細計画については、本書第二部第四章を参照。

ことができる[8]。

(2) 土地利用計画の規範統制の可能性

地区詳細計画は、原則的に土地利用計画（Flächennutzungsplan）から展開されなければならない（展開要請（Entwicklungsgebot）。建設法典8条2項1文）[9]。土地利用計画は、準備的な建設管理計画とされ（建設法典1条2項）、市町村の全域について、当該市町村の予測可能な需要に応じて意図される都市建設上の発展から生ずる土地利用の種類を、その基本的特徴（Grundzug）において表示する（建設法典5条1項）。土地利用計画は、条例の形式をとるものではなく、従前の判例によれば規範統制の対象にならない[10]。しかし連邦行政裁判所2007年4月26日判決[11]は、風力発電施設の集中設置用地を表示する土地利用計画が、行政裁判所法47条1項1号の類推適用により、規範統制の対象になる旨判示している。外部地域における事業案の許容性を定める建設法典35条は、同条1項2号から6号に列挙された事業案（風力発電施設の設置を含む）につき、土地利用計画において設置用地が表示されている場合には、それ以外の場所では当該事業案は通常許容されないものとする（同条3項3文）。同判決は、「建設法典35条3項3文が適用される範囲内において、土地利用計画は地区詳細計画に比肩し得る機能を果たす。建設法典35条3項3文の法効果を伴う土地利用計画の表示は、地区詳細計画の指定と同様に、基本法14条1項2文[12]の意味における所有権の内容及び制限を規定する」ことを指摘している。

---

(8) ドイツにおいては、市町村の区域は、①建築利用の種類・容量、建築可能な敷地部分、地区内交通用地を指定する完全（qualifiziert）地区詳細計画および事業案関連地区詳細計画の適用区域（建設法典30条1項・2項）、②これらの地区詳細計画は存在しないが、建物が連担している地区（連担建築地区。建設法典34条）、③それ以外の地域（外部地域（Außenbereich）。建設法典35条）の区別があり、それぞれ事業案の許容性基準が異なっている。Vgl. *Frank Stollmann/Guy Beaucamp*, Öffentliches Baurecht, 11. Aufl. 2017, §13 Rn. 22-23.

(9) 展開要請については、本書第二部第三章を参照。

(10) Vgl. BVerwG, Beschl. v. 20.07.1990 - 4 N 3/88 -, NVwZ 1991, 262 (262).

(11) BVerwG, Urt. v. 26.04.2007 - 4 CN 3/06 -, BVerwGE 128, 382.

(12) 基本法14条1項は、「所有権及び相続権は保障される。内容及び制限は法律により定められる」と規定する。

その後連邦行政裁判所2013年1月31日判決[13]は、土地利用計画において表示された集中設置用地における風力発電施設の高さ制限が規範統制の対象になるか否かが問題になった事件で、これを消極に解し、集中設置用地の表示はそれ自体としては行政裁判所法47条1項1号による規範統制の対象たりえず、同号の類推適用は「集中設置用地外の事業案について建設法典35条3項3文の法効果を発生させるという、土地利用計画において表明された市町村の計画者としての決定」に限られていると判示した。行政裁判所法47条1項1号の類推適用が認められる場合を、建設法典35条3項3文の法効果の排除が求められる事例に限定しようとするものである。

　一方、2017年5月29日の「環境・法的救済法及びその他の規定の欧州及び国際法上の基準（Vorgaben）への適合に関する法律」（以下本章において「環境・法的救済法等改正法」という）による環境・法的救済法の改正で、戦略的環境審査を実施する義務が成立しうる計画・プログラムの採用に関する決定も同法の適用対象になるものとされた（1条1項1文4号）。環境・法的救済法等改正法の政府案理由書は、戦略的環境審査を実施する義務のある土地利用計画および地区詳細計画は同号に該当すると説明しており、土地利用計画に対する環境団体訴訟が可能であるとの立場が示されている[14]。当該決定に対する法的救済に関しては、形成訴訟・給付訴訟または規範統制の申立てが認められない場合には、行政裁判所法47条が準用されるものとされており（環境・法的救済法7条2項）、環境保護団体による土地利用計画に対する規範統制の申立てが従前よりも広い範囲で認められることになる。

（3）　建設法典246条2項に基づく法規命令、州法律より下位の法規定

　行政裁判所法47条1項1号は、建設法典の規定により発布された条例に加え、「建設法典第246条第2項に基づく法規命令」を挙げている。建設法典246条2項によれば、都市州であるベルリンおよびハンブルクは、建設法典において予定される条例の代わりに、いかなる形式の法制定を行うか

---

[13]　BVerwG, Urt. v. 31.01.2013 - 4 CN 1/12 -, BVerwGE 146, 40.

[14]　Vgl. BT-Drs. 18/9526, S. 34, 51. 2017年の環境・法的救済法改正については、本書第一部第三章Ⅳを参照。

を定めるものとされており（1文）、同じく都市州であるブレーメンもそのような定めをすることができる（2文）。地区詳細計画が法律で定められた場合、当該地区詳細計画は規範統制の対象外となるようにも思われるが、連邦憲法裁判所1985年5月14日決定[15]は、ハンブルクの州法律で地区詳細計画が定められた事件で、平等原則を援用して、ハンブルクの地区詳細計画法律は行政裁判所法47条1項1号の意味における条例と解すべきである旨判示している。

行政裁判所法47条1項2号は、「州法がこれを定める限りにおいて、その他の州法律より下位の法規定」と規定している。2017年の時点で、ドイツの全16州のうち13の州が、州法律を定めることにより行政裁判所法47条1項2号の規定による規範統制を導入している（これを導入していないのは、ベルリン、ハンブルク、ノルトライン＝ヴェストファーレンの3州である）[16]。それに対して連邦の法規命令については、同条による規範統制は認められていない。規範統制の対象にならない法律より下位の法規範や土地利用計画の有効性は、行政行為の取消訴訟等における前提問題として付随的に審査されうる（付随統制（Inzidentkontrolle））[17]。後にも述べるように、規範統制の対象となる法規定の有効性についても、付随統制が可能とされている[18]。

---

[15]　BVerfG, Beschl. v. 14.05.1985 - 2 BvR 397/82 -, BVerfGE 70, 35.

[16]　Vgl. *Steffen Detterbeck*, Allgemeines Verwaltungsrecht mit Verwaltungsprozessrecht, 15. Aufl. 2017, Rn. 1408. 基本法19条4項1文は「何人も公権力によりその権利を侵害される場合には、その者に出訴の途が開かれている」と規定しているが、この規定は州法律より下位のすべての法規定に関して行政裁判所による抽象的規範統制を設けることを保障するものではないというのが判例である。Vgl. BVerwG, Beschl. v. 01.08.1990 - 7 NB 2/90 -, NVwZ-RR 1991, 54 (55).

[17]　土地利用計画に関する付随統制が可能であることについては、vgl. *Stollmann/Beaucamp* (Fn. 8), §9 Rn. 6. 法律より下位の法規範の違法・無効を争点とする確認訴訟（行政裁判所法43条）については、拙稿「行政立法・条例をめぐる紛争と確認訴訟（ドイツ）」鹿法41巻1=2号（2008年）79頁以下も参照。

[18]　行政訴訟規定改正法の政府案理由書は、付随統制を排除することができない理由として、連邦の法規命令の場合にも付随統制が認められており、権利保護に区別を設けることは望ましくないという点を指摘している。Vgl. BT-Drs. 7/4324, S. 11.

(4) 法規定の「発布」の必要性

　行政裁判所法47条による規範統制は、法規定が発布されたことを前提としており、予防的な規範統制は認められないと解されている[19]。連邦行政裁判所1992年6月2日決定[20]も、行政裁判所法47条は生成中の法の予防的な審査に奉仕するのではなく、規範の発布の後に続く統制に奉仕すると述べている（ただし、規範が発布されたか否かが争われている場合には、規範統制が可能とする）。地区詳細計画の場合、①市町村が地区詳細計画を条例として議決し、②（必要があれば）上級行政庁の認可を受け、③公示を行うことにより、当該地区詳細計画は法的拘束力を有することになるが（建設法典10条1項～3項）、連邦行政裁判所2001年10月15日決定[21]は、①の議決および②の認可があっても③の公示がなかったときには規範統制の対象たりえない旨判示している。

2　申立適格

　行政裁判所法47条2項1文は、規範統制の申立適格を有する者として、「当該法規定又はその適用によってその権利を侵害されている又は近いうちに（in absehbarer Zeit）侵害されると主張する、すべての自然人又は法人」と「すべての行政庁」を挙げている。

(1) 自然人・法人の申立適格

　自然人・法人の申立適格について、1960年制定時の行政裁判所法47条2文は、「当該規定の適用によって不利益を受けた又は近いうちに予想せざるを得ない、すべての自然人又は法人」と規定していた。1976年改正直後の同法47条2項1文も、「当該法規定又はその適用によって不利益を受けた又は近いうちに予想せざるを得ない、すべての自然人又は法人」と規定しており、いずれにしても「不利益」を受ける（おそれがある）自然人・

---

[19]　Vgl. *Jörg Schmidt*, in: Erich Eyermann, VwGO, Kommentar, 14. Aufl. 2014, §47 Rn. 12-13; *Ziekow*, in: Sodan/Ziekow（Fn. 4），§47 Rn. 65; *Hufen*（Fn. 3），§19 Rn. 17.

[20]　BVerwG, Beschl. v. 02.06.1992 - 4 N 1/90 -, NVwZ 1992, 1088.

[21]　BVerwG, Beschl. v. 15.10.2001 - 4 BN 48/01 -, NVwZ-RR 2002, 256.

法人に申立適格が認められていた。1996年の改正で、自然人・法人の申立適格に関する規定は現在の文言に改められ、「権利侵害」を主張することが必要となった。従前から、取消訴訟・義務付け訴訟の出訴資格（Klagebefugnis）は、原告が「行政行為又はその拒否若しくは不作為によってその権利を侵害されていると主張する」場合に認められており（同法42条2項）、1996年改正の結果、自然人・法人の申立適格は、取消訴訟・義務付け訴訟の出訴資格に近いものになった[22]。自然人・法人が地区詳細計画を争う場合の申立適格については、本書第一部第一章において詳しく検討する。他方で環境・法的救済法は、環境保護団体が自己の権利の侵害を主張することなく規範統制の申立てをすることも認めているところ、同法に関する論点は本書第一部第三章で取り上げる。

(2) 行政庁の申立適格

行政裁判所法47条2項1文は、「すべての行政庁」にも申立適格を認めている。行政庁の場合は、「不利益」や「権利侵害」の主張は必要とされていない。このこと（および権利侵害が申立ての理由具備性の要件ではないこと）に着目して、規範統制は権利保護のみを目的とするのではない「客観的な抗議手続（Beanstandungsverfahren）」であると説明されることもある[23]。連邦行政裁判所1989年3月15日決定[24]は、行政庁が申立適格を有するのは当該行政庁に権利保護の利益が認められる場合に限られると述べており、当該行政庁が問題となる規範の執行に携わっている一方、自ら当該規範を廃止したり改正したりすることができない場合には、常に権利保護の利益が認められる旨判示している。学説においては、ここでいう権利保護の利益と申立適格は区別されるべきであるとの指摘もみられる[25]。

前掲連邦行政裁判所1989年3月15日決定は、市町村が行政庁として規範

---

[22] Vgl. BT-Drs. 13/3993, S. 10.

[23] *Thomas Würtenberger*, Verwaltungsprozessrecht, 3. Aufl. 2011, Rn. 435. 行政庁の申立適格は行政の法律適合性の原則から生ずると主張する説として、vgl. *Ludger Giesberts*, in: Herbert Posser/Heinrich Amadeus Wolff (Hrsg.), VwGO, Kommentar, 2. Aufl. 2014, §47 VwGO Rn. 42.

[24] BVerwG, Beschl. v. 15.03.1989 - 4 NB 10/88 -, BVerwGE 81, 307.

統制の申立適格を認められるためには、「争われている規範が、当該市町村の区域内において妥当し、かつ当該市町村によって固有の又は委託された事務の遂行に当たって顧慮されなければならない」ことで十分であると述べている。他方で同決定は、市町村が近隣の市町村の地区詳細計画の指定を争う場合には、当該指定は申立人である市町村の区域には適用されないため、法人としての市町村の申立適格のみが問題となる旨判示している。

3　申立期間
(1)　申立期間の導入と短縮

規範統制の申立ては、当該法規定の公布後1年以内にしなければならない（行政裁判所法47条2項1文）。1996年改正前の行政裁判所法には、規範統制の申立期間は定められていなかった。行政裁判所法第6次改正法の政府案では、当時における規範統制の申立ては、例外的な申立権の失効の場合を除き、法規定の施行後何年でもすることができること、そしてこのことは、特に建設計画法の領域において重要な、法的安定性の著しい侵害となりうることが指摘され、規範統制の申立期間を当該法規定の施行後1年以内とすることが提案されていた[26]。それに対して連邦参議院は、そのように短い期間では利害関係人が規範の影響を見通すことができないこと等を指摘し、政府案では規範統制の可能性が無に帰するとの意見を表明した[27]。結局1996年の改正では、規範統制の申立期間は「当該法規定の公布後2年以内」とされた。

2006年の「都市の内部開発のための計画立案の容易化に関する法律」（以下本章において「内部開発容易化法」という）により、規範統制の申立期間は「当該法規定の公布後1年以内」に短縮された。内部開発容易化法の

---

[25] Vgl. *Heinrich Amadeus Wolff*, in: Heinrich Amadeus Wolff/Andreas Decker, VwGO, VwVfG, Studienkommentar, 3. Aufl. 2012, §47 VwGO Rn. 45; *Dirk Ehlers*, Die verwaltungsgerichtliche Normenkontrolle, Jura 2005, 171 (176).

[26] BT-Drs. 13/3993, S. 4, 10.

[27] BT-Drs. 13/3993, S. 16.

政府案理由書は、「期間の導入は有効であることが実証されたが、2年では長すぎることが明らかである。というのも、すべての領域において経済的及び人口統計学上の（demografisch）展開を引き起こしている緊急の挑戦に鑑みると、行政にとっても、投資者、市民及びその他の利害関係人にとっても、遅滞のない法的安定性の確立が必要であるからである。1年の期間はこの願望（Anliegen）を満たし、規範統制の範囲内における実効的な権利保護の観点の下でも十分であることが明らかである」と説明している[28]。

（2） 付随統制との関係

申立期間が経過した後においても、行政行為の取消訴訟等において裁判所が法規定の効力を付随的に（前提問題として）審査することは妨げられない[29]。それゆえ学説においては、規範統制の申立期間を制限したとしても立法者の目的は不完全にしか達成できないという指摘もある[30]。また、法規定がその発布後に生じた事情により効力を失うケースについて、申立期間の例外を認めるか否かという問題がある。学説においては、このような場合には申立期間の制限は適用されないと解する説もみられたが[31]、連邦行政裁判所2013年7月22日決定[32]は、行政裁判所法47条1項2号により規範統制の対象となる州法律より下位の法規定については、事後的な違法が問題になる場合においても申立期間が適用される旨判示した。この判決

---

[28] BT-Drs. 16/2496, S. 17-18.

[29] *Hufen* (Fn. 3), §19 Rn. 40. このことは、行政裁判所法第6次改正法案（政府案）においても前提とされていた（vgl. BT-Drs. 13/3993, S. 10）。規範統制が客観的な統制手続であることから、他の権利保護手続と競合関係に立たないと説明するものとして、vgl. *Giesberts*, in: Posser/Wolff (Fn. 23), §47 Rn. 8.

[30] *Würtenberger* (Fn. 23), Rn. 450; *Giesberts*, in: Posser/Wolff (Fn. 23), §47 Rn. 51. 連邦行政裁判所2015年3月18日決定は、付随統制が可能であることも指摘して、申立期間のEU法適合性を肯定している。Vgl. BVerwG, Beschl. v. 18.03.2015 - 4 BN 7/15 -, ZfBR 2015, 379 Rn. 16.

[31] Vgl. *Wolff*, in: Wolff/Decker (Fn. 25), §47 VwGO Rn. 47; vgl. auch *Wolf-Rüdiger Schenke*, in: Ferdinand O. Kopp/Wolf-Rüdiger Schenke, VwGO, Kommentar, 23. Aufl. 2017, §47 Rn. 85.

[32] BVerwG, Beschl. v. 22.07.2013 - 7 BN 1/13 -, NVwZ 2013, 1547.

は、申立期間の経過後において裁判所が法規定の有効性を付随的に審査しなければならない場合があることも指摘している。その後連邦行政裁判所2016年4月6日判決[33]は、同法47条1項1号による条例（特に地区詳細計画）についても上記判示が妥当することを明らかにした。その結果、地区詳細計画の場合も、申立期間の経過後に生じた事情の変化が問題となるときには、取消訴訟等における前提問題としてその効力を争うべきことになった。

4　被申立人

規範統制の申立ては、当該法規定を発布した社団（Körperschaft）、営造物法人（Anstalt）、または財団（Stiftung）に対してするものとされている（行政裁判所法47条2項2文）。被申立人に関しては、権利主体主義（Rechtsträgerprinzip）が採用されている[34]。地区詳細計画の規範統制の場合、被申立人は当該地区詳細計画を発布した市町村となる[35]。

5　前置手続

行政裁判所法には、取消訴訟および行政行為の実施を求める申請が拒否された場合の義務付け訴訟について、異議（Widerspruch）の前置を定めた規定があるが（68条1項・2項）、規範統制の場合、異議手続は前置されない[36]。

---

[33] BVerwG, Urt. v. 06.04.2016 - 4 CN 3/15 -, NVwZ 2016, 1481.

[34] *Ziekow*, in: Sodan/Ziekow (Fn. 4), §47 Rn. 272; *Giesberts*, in: Posser/Wolff (Fn. 23), §47 Rn. 57; *Jochen Kerkmann/Elisabeth Lambrecht*, in: Klaus F. Gärditz (Hrsg.), VwGO, Kommentar, 2013, §47 Rn. 71.

[35] *Schmidt*, in: Eyermann (Fn. 19), §47 Rn. 60; *Kerkmann/Lambrecht*, in: Gärditz (Fn. 34), §47 Rn. 166; *Stefan Muckel/Markus Ogorek*, Öffentliches Baurecht, 2. Aufl. 2014, §5 Rn. 174.

[36] *Hufen* (Fn. 3), §19 Rn. 41; *Guido Odendahl*, Der praktische Fall - Öffentliches Recht - Tiefgarage statt Stadtpark, JuS 1996, 819 (820).

6 権利保護の必要性（または権利保護の利益）

　行政裁判所法に明文の規定はないものの、規範統制の申立てが適法とされるためには、すべての裁判手続と同様に、権利保護の必要性（または権利保護の利益）が存在しなければならないと考えられている[37]。連邦行政裁判所1989年2月9日決定[38]は、「一般的な解釈によると、裁判所による権利保護を求める申立てに権利保護の必要性が欠けるのは、とりわけ、求められた裁判所の裁断によって申立人が自己の法的地位を改善することができず、それゆえに裁判所の利用が彼にとって無益であるように思われる場合である。しかしこれがいつ起こるかは、基本的には個別事例におけるそのときどきの（jeweilig）状況による」と判示している。同決定は、地区詳細計画に含まれる道路計画に対して、道路の完成・供用開始後に、規範統制の申立てがなされた事件に関するものである。同決定は、「地区詳細計画の無効の場合に、申立人の、彼によって争われている施設を除去する法的可能性が、法的に改善されることが判明する」ならば権利保護の必要性が存在する旨述べ、これを肯定した上級行政裁判所の判断を支持している。

　権利保護の利益が否定された例として、連邦行政裁判所1995年9月22日決定[39]を挙げることができる。この事件では、地区詳細計画に基づいて隣地における多世帯用住宅の建築が許可されたため、これに不服がある申立人が当該建築許可に対する異議および当該地区詳細計画に対する規範統制の申立てをしたところ、手続係属中に当該地区詳細計画が廃止された。同決定は、争われている地区詳細計画が将来に対して何らの効果ももたなくなったため、「規範統制手続において求められた無効宣言による申立人の法的地位の改善は、せいぜい係属中の近隣争訟との関係で問題になるにすぎない」ことを指摘した上で、「当該隣地上の多世帯用住宅は、規範統制裁判所の法解釈によれば、当該地区詳細計画がなかったとしても許容され

---

(37) Vgl. *Stollmann/Beaucamp* (Fn. 8), §9 Rn. 21; *Schmidt*, in: Eyermann (Fn. 19), §47 Rn. 77; *Würtenberger* (Fn. 23), Rn. 461; *Ehlers* (Fn. 25), S. 176.

(38) BVerwG, Beschl. v. 09.02.1989 - 4 NB 1/89 -, NVwZ 1989, 653.

(39) BVerwG, Beschl. v. 22.09.1995 - 4 NB 18/95 -, NVwZ-RR 1996, 478.

ていたであろう」と述べ、結論的に申立人の法的地位が改善される可能性を否定している。

7 地区詳細計画等に対する規範統制の申立ての制限（2017年改正により削除）

(1) 異議の排除規定の導入

　内部開発容易化法により、行政裁判所法47条に第2a項が追加された。同項によると、地区詳細計画等を対象とする自然人・法人の申立ては、「当該申立てをする人が、縦覧（建設法典第3条第2項）の範囲内、又は影響を受ける公衆の参加（建設法典第13条第2項第2号及び第13a条第2項第1号）の範囲内において主張しなかった又は時機に遅れて主張したが、主張することができたであろう異議のみを主張する」場合であって、かつ「参加の範囲内においてこの法効果が指示（hinweisen）された」場合には、不適法である。内部開発容易化法により、建設法典3条2項2文には、地区詳細計画の策定に当たっては、申立人が縦覧の範囲内において主張しなかったまたは時機に遅れて主張したが、主張することができたであろう異議のみを主張する場合には、規範統制の申立ては不適法であることが指示されなければならないとする規定が追加されている。行政裁判所法47条2a項に関して、内部開発容易化法の政府案理由書では、「当該規律は、一般的な権利保護の必要性を具体化するものであり、既に〔地区詳細計画の〕策定手続において、そのときどきの利益を適時に衡量素材に加えるという目標に奉仕する関与権が存在しているという状況を考慮している。そのことと、計画策定者と行政裁判所との間の原則的な任務配分に、実質的な異議が苦もなく裁判手続において初めて主張されるということは矛盾するであろう」と説明されている[40]。地区詳細計画の策定手続において適時に異議を主張することができたにもかかわらず主張しなかった者による規範統制の申立てを不適法として却下する仕組みである。

---

[40]　BT-Drs. 16/2496, S. 18.

(2) 2017年改正

しかし、行政裁判所法47条2a項および建設法典3条2項2文の該当部分は、環境・法的救済法等改正法により削除された。同法の政府案理由書では、欧州司法裁判所2015年10月15日判決[41]が、出訴資格および裁判所の審査の範囲を行政手続における異議主張期間内に主張された異議に限定する環境・法的救済法の規定はEU指令に違反する旨判示したことから、行政裁判所法47条2a項も制限されなければならないことが指摘されるとともに、環境・法的救済法の適用範囲外において異議の排除規定を存続させておくことは実務上適当でないので行政裁判所法47条2a項を全部削除すると説明されている[42]。前掲欧州司法裁判所2015年10月15日判決は同項には直接言及していないが、この判決を受けた改正の結果、地区詳細計画に対する規範統制の申立ては従前よりも容易になっている。

一方で、環境・法的救済法等改正法により追加された環境・法的救済法7条3項は、同法1条1項1文4号による手続（地区詳細計画の策定・変更・補完・廃止の手続を除く）において環境保護団体が意見表明の機会を有していたにもかかわらず適時に主張しなかった異議は、同法7条2項による法的救済（同法1条1項1文4号による決定またはその不作為に対する法的救済）の手続において排除されることを定めており、これに対応して建設法典3条3項は、土地利用計画にあっては、環境保護団体が縦覧期間内に適時に主張しなかったが、主張することができたであろう異議は環境・法的救済法7条2項による法的救済の手続において排除されることが指示されなければならないことを定めるに至っている。土地利用計画に対する環境団体訴訟が可能であることを前提とした規定である。

---

[41] EuGH, Urt. v. 15.10.2015 - C-137/14 -, NVwZ 2015, 1665.
[42] Vgl. BT-Drs. 18/9526, S. 51. 2017年改正前において、行政裁判所法47条2a項の適用を制限する立場を採用した裁判例として、vgl. VGH Mannheim, Beschl. v. 05.09. 2016 - 11 S 1255/14 -, UPR 2017, 150（153）.

Ⅱ 規範統制の審理・判決およびその他の手続

1 申立ての理由具備性

　行政裁判所法47条5項2文前段は、「上級行政裁判所は、当該法規定が有効でない（ungültig）という確信に至る場合には、それが効力を有しない（unwirksam）ことを宣言」するものとしている。この規定に従えば、規範統制の申立てに理由があるのは、当該法規定が「有効でない」場合ということになるが、当該法規定がより上位の法に違反する場合すなわち違法である場合がこれに当たる[43]。行政行為の取消判決について定める同法113条1項1文は、「当該行政行為が違法でありかつそれによって原告がその権利を侵害されている」ことを理由具備性の要件としているところ、規範統制の場合、権利侵害は理由具備性の要件ではない。連邦行政裁判所2000年12月6日決定[44]は、「行政裁判所法47条による規範統制の手続は権利保護に奉仕するだけでなく、同時に客観的な法統制の手続に当たる」と述べ、「当該計画が単に客観的な（第三者を保護しない）法……に違反する場合であっても、規範統制の申立てには理由がある」ことを明言している。他方で建設法典には、建設法典の規定の違反のうち一定のものを地区詳細計画等の法的効力にとって顧慮されないものとする計画維持規定が存在しており（214条・215条）、これについては本書第二部で取り上げる。規範統制における違法判断の基準時について行政裁判所法に明文の規定はなく、原則的に当該法規定の発布時（公布時）とする説もみられるが[45]、判決時とする説も少なくない[46]。もっとも、計画維持規定である建設法典214条3項1文は、衡量については土地利用計画または条例の議決時にお

---

[43] Vgl. *Peter Wysk*, in: Peter Wysk (Hrsg.), VwGO, Beck'scher Kompakt-Kommentar, 2. Aufl. 2016, §47 Rn. 68; *Ziekow*, in: Sodan/Ziekow (Fn. 4), §47 Rn. 353; *Schenke*, in: Kopp/Schenke (Fn. 31), §47 Rn. 112.

[44] BVerwG, Beschl. v. 06.12.2000 - 4 BN 59/00 -, NVwZ 2001, 431.

[45] *Würtenberger* (Fn. 23), Rn. 472; vgl. auch VGH Kassel, Urt. v. 31.10.2003 - 11 N 2952/00 -, NVwZ-RR 2004, 470 (471).

ける事実および法状況が基準になると規定している。

2　法規定が効力を有しないことの宣言

2004年改正後の行政裁判所法47条5項では、上級行政裁判所は、当該法規定が有効でないという確信に至る場合、それが「効力を有しない」ことを宣言するものとされているが、1997年改正前の同法では、「無効（nichtig）」を宣言するものとされていた。同年の改正で、建設法典の規定により発布された条例または法規命令の瑕疵が建設法典の補完手続により除去されうる場合には、当該条例または法規命令は瑕疵の除去まで「効力を有しない（nicht wirksam）」ことを宣言するものとされた。これによって「無効」宣言と「効力を有しない」ことの宣言の区別が生じたが、2004年の改正で両者の区別は消滅し、効力を有しないことの宣言に統一された。以上の改正は建設法典の補完手続に関係するものであり、これについては本書第二部第五章で取り上げる。

行政裁判所法47条に明文の規定はないものの、上級行政裁判所は法規定の一部が効力を有しないことを宣言することができる場合もある。連邦行政裁判所1989年8月8日決定[47]は、同裁判所の判例によれば、条例の規定の一部が有効でないことは、「当該無効部分がなくても当該法規定が有意義に存続する場合」で、かつ「これがなくてもそれが発布されたであろうということが確実に推測される場合」には、全部の無効をもたらさないと述べている。他方で同判決は、「ある地区詳細計画の建築地区（Baugebiet）の指定が効力を有しないことが判明する場合、この指定の無効は通常は当該地区詳細計画のその他のすべての指定を包括する」ことを指摘している[48]。

---

(46)　*Unruh*, in: Fehling/Kastner/Störmer（Fn. 4），§47 VwGO Rn. 110; *Hufen*（Fn. 3），§30 Rn. 1; *Kerkmann/Lambrecht*, in: Gärditz（Fn. 34），§47 Rn. 142. 適法に発布された規範が事実・法状況の変化によって違法となるのは例外であることを指摘する説として、vgl. *Wolf-Rüdiger Schenke*, Verwaltungsprozessrecht, 15. Aufl. 2017, Rn. 913.

(47)　BVerwG, Beschl. v. 08.08.1989 - 4 NB 2/89 -, NVwZ 1990, 159.

3　判決の効力

　上級行政裁判所は、口頭弁論を要しないと考える場合は決定により、それ以外の場合は判決により裁断するが（行政裁判所法47条5項1文）、法規定が効力を有しないことの宣言には一般的な拘束力があり、その裁断は被申立人により当該法規定が公布される場合と同様の方法で公表されなければならない（同法47条5項2文後段）。規定の有効性を否定する上級行政裁判所の裁断が一般的な拘束力を有することは、1960年制定時の同法47条においても規定されており、同法の政府案理由書では、「抽象的規範統制の目的は、ただ一つの裁断によって一連の個別訴訟を回避し、それによって行政裁判所の負担を軽減することにある」と説明されている[49]。学説においても、規範統制には訴訟経済に奉仕する面があることを指摘するものがある[50]。他方、一般的拘束力が認められるのは、法規定が有効でないことが宣言される場合に限られる[51]。連邦行政裁判所1984年1月19日判決[52]は、規範統制の申立てを退ける上級行政裁判所の裁断は、既判力について定める行政裁判所法121条により、規範統制手続の当事者を拘束すると判示している。なお、上級行政裁判所の判決および決定に対しては、同法132条1項の規定に従って連邦行政裁判所に上告することが認められている[53]。

---

[48]　地区詳細計画の一部のみが効力を有しないとされる場合は例外であることを指摘した近時の連邦行政裁判所の判例として、vgl. BVerwG, Urt. v. 05.05.2015 - 4 CN 4/14 -, NVwZ 2015, 1537 Rn. 19.

[49]　Vgl. BT-Drs. 3/55, S. 33; vgl. auch BT-Drs. 3/1094, S. 6.

[50]　*Giesberts,* in: Posser/Wolff (Fn. 23), §47 Rn. 2; *Würtenberger* (Fn. 23), Rn. 437; *Schmidt,* in: Eyermann (Fn. 19), §47 Rn. 5; *Ehlers* (Fn. 25), S. 171.

[51]　行政訴訟規定改正法の政府案理由書は、法規定が有効であるとする上級行政裁判所の裁断に一般的拘束力を認めると、①当該法規定が基本法に適合しないと原告が主張した場合に憲法異議を認めざるをえなくなり、憲法異議の補充性の原則に矛盾する、②当該法規定が有効でないことを援用する可能性を他の利害関係人から奪うことは問題であると述べている。Vgl. BT-Drs. 7/4324, S. 12.

[52]　BVerwG, Urt. v. 19.01.1984 - 3 C 88/82 -, BVerwGE 68, 306.

[53]　1996年改正前の行政裁判所法47条は、上級行政裁判所は事件が原則的な意味を有する場合等において当該事件を連邦行政裁判所に提出する（vorlegen）ものとし（5項）、不提出（Nichtvorlage）は抗告によって争うことができるものとしていた（7項）。Vgl. *Giesberts,* in: Posser/Wolff (Fn. 23), §47 Rn. 94.1.

法規定が効力を有しないことが宣言された場合、当該法規定は遡及的に（当初から）効力を有しないこととなるのが原則である[54]。これに関して行政裁判所法47条5項3文は同法183条を準用しており、同条は、州の憲法裁判所が州法の無効を確認したり州法の規定の無効を宣言した場合でも、州の法律に特別の定めがあるときを除き、無効が宣言された規範に基づくもはや争いえない行政裁判所の裁断は影響を受けないこと（1文）、そのような裁断に基づく強制執行は許されないこと（2文）を定めている。この規定が準用されていることから、上級行政裁判所により法規定が効力を有しないことが宣言された場合でも、既に不可争となった行政行為の効力は影響を受けないと解されている[55]。学説の中には、建築主による建築許可の使用が同法183条2文により禁止される強制執行に当たるとする説もあるが[56]、私人による建築行為を強制執行と同視することはできないのではないかと思われる[57]。

4　第三者の訴訟参加

行政裁判所法47条2項4文は、「第65条第1項及び第4項並びに第66条が準用される」と規定する。同法65条は、裁判所が職権または申立てに基づいて、その法的利益が裁断に関係する他人を呼び出す（beiladen）ことができること（1項）、呼出決定とその理由および事件の状況がすべての

---

[54] *Hufen* (Fn. 3), §38 Rn. 50; *Schmidt,* in: Eyermann (Fn. 19), §47 Rn. 91; *Würtenberger* (Fn. 23), Rn. 471; *Wolff,* in: Wolff/Decker (Fn. 25), §47 VwGO Rn. 56.

[55] *Hufen* (Fn. 3), §38 Rn. 52; *Giesberts,* in: Posser/Wolff (Fn. 23), §47 Rn. 86; *Schmidt,* in: Eyermann (Fn. 19), §47 Rn. 104; *Kerkmann/Lambrecht,* in: Gärditz (Fn. 34), §47 Rn. 142

[56] *Ziekow,* in: Sodan/Ziekow (Fn. 4), §47 Rn. 380.

[57] Vgl. *Torsten Gerhard,* Das Verbot der Vollstreckung von Verwaltungsakten als Rechtsfolge prinzipaler Normenkontrolle, in: Peter Baumeister/Wolfgang Roth/Josef Ruthig (Hrsg.), Staat, Verwaltung und Rechtsschutz: Festschrift für Wolf-Rüdiger Schenke zum 70. Geburtstag, 2011, S. 721 (730); *Rainer Pieztner,* in: Friedrich Schoch/Jens-Peter Schneider/Wolgang Bier(Hrsg.), VwGO, Kommentar, 33. EL Juni 2017, §183 Rn. 44.

当事者に伝えられなければならず、呼出しは不可争であること（4項）を定めている。同法66条は、被呼出人は一方当事者の申立ての範囲内で独立して攻撃・防御手段を主張しうること等を規定している。

　2001年改正前の行政裁判所法47条には、同法65条・66条の準用規定はなかった。連邦行政裁判所1982年3月12日判決[58]は、当時の行政裁判所法47条6項2文が、法規定が無効であるとする上級行政裁判所の宣言は、手続参加の有無にかかわらず、すべての人を拘束する旨規定していること等を指摘して、地区詳細計画の規範統制の手続において第三者の呼出しは許されないと判示していた。しかしながら連邦憲法裁判所2000年7月19日決定[59]は、地区詳細計画が有効でないことを宣言する判決によって土地所有者の基本権が影響を受けることを指摘して、そのような判決によって影響を受ける者が、当該地区詳細計画が有効であることを裁判手続において主張することができないというのは、憲法上問題がある旨述べるに至った。2001年改正による行政裁判所法47条2項4文の追加は、この連邦憲法裁判所決定を契機として行われたものである[60]。

5　仮命令

　行政裁判所法47条6項は、裁判所は申立てに基づいて仮命令を発することができるものとし、その要件として、「これが重大な不利益の防除のために又はその他の重要な理由から緊急に必要である場合」を定めている。この規定は規範統制手続における仮の権利保護の制度を定めたものであり、実務では法規定の執行を停止する仕組みとして運用されている。地区詳細計画に対する仮命令の発展および運用については、本書第一部第二章で詳しく取り扱う。

---

[58]　BVerwG, Urt. v. 12.03.1982 - 4 N 1/80 -, BVerwGE 65, 131.
[59]　BVerfG, Beschl. v. 19.07.2000 - 1 BvR 1053/93 -, NVwZ 2000, 1283.
[60]　Vgl. BT-Drs. 14/6393, S. 9. 行政裁判所法47条2項4文は、第三者の必要的参加に関する同法65条2項・3項を準用していないところ、これに関する問題については、巽智彦『第三者効の研究――第三者規律の基層』（有斐閣、2017年）259頁以下参照。

第一部　地区詳細計画の規範統制の発展

Ⅲ　序章のまとめ

　1960年制定時の行政裁判所法は、上級行政裁判所による規範統制を導入するかどうかを州の立法に委ねていたが、1976年の改正で、連邦建設法の規定による条例、特に地区詳細計画の有効性が、連邦全域で規範統制手続において審査されることとなった。改正法案（政府案）の理由書では、実効的な権利保護のほか、法状況を適時に明らかにする必要性が指摘されている。準備的な建設管理計画である土地利用計画は、本来的には規範統制の対象とはならないが、風力発電施設の集中設置用地を表示する土地利用計画の規範統制を認めた連邦行政裁判所の判例もある。2017年の環境・法的救済法の改正により、環境保護団体による土地利用計画に対する規範統制の申立てが従前よりも広い範囲で認められるものと考えられる。

　自然人・法人の申立適格については、1996年の改正前においては、不利益を受けるかどうかが基準となっていたが、改正後においては、権利侵害の主張が必要とされている。いずれにしても、規範統制に自然人・法人の権利保護に資する面があることは明らかである。他方で、行政庁にも申立適格が認められており、権利侵害が申立ての理由具備性の要件とされていないという点では、規範統制は客観的な法統制の仕組みということができる[61]。また、法規定が効力を有しないとする上級行政裁判所の宣言が一般的拘束力を有するとされている点は、訴訟経済に資すると説明されている。他方で、規範統制の申立てを退ける判決・決定に一般的拘束力は認められず、行政行為の取消訴訟等における前提問題として付随的に法規定の有効性を審査すること（付随統制）も禁止されていない。

　1996年の改正で、規範統制の申立期間が定められ、申立期間は当該法規定の公布後2年間とされた。2006年の改正では、申立期間が1年間に短縮されるとともに、地区詳細計画等の規範統制の申立ては、当該地区詳細計

---

[61]　行政立法・行政計画を争う訴訟を客観訴訟として制度化することも可能とする説として、芝池義一「抗告訴訟の可能性」自研80巻6号（2004年）9頁。

画等の策定手続において主張することができたにもかかわらず主張しなかった、あるいは時機に遅れて主張した異議のみを主張する場合には、不適法であるとされた。1996年以降、立法者は規範統制の申立ての適法要件を厳格化してきたが、欧州司法裁判所の判決を受けた2017年の改正で、異議の排除に関する規定は削除された。その結果、地区詳細計画に対する規範統制の申立ては従前よりも容易になっている。

第一章

自然人・法人の申立適格

　行政裁判所法47条2項1文によれば、「当該法規定又はその適用によってその権利を侵害されている又は近いうちに侵害されると主張する、すべての自然人又は法人」に、規範統制の申立適格が認められる。一方、取消訴訟・義務付け訴訟の出訴資格は、原告が「行政行為又はその拒否若しくは不作為によってその権利を侵害されていると主張する」場合に認められる（同法42条2項）。自己の権利侵害の主張が必要とされている点で、自然人・法人の申立適格には、取消訴訟・義務付け訴訟の出訴資格との共通性がある。条文上の相違点としては、権利侵害の原因（行為）として「当該法規定又はその適用」が掲げられていること、自己の権利が「近いうちに」侵害されるという主張も認められていることが挙げられる。

　本章は、自然人・法人が地区詳細計画の規範統制の申立てをする事例において同法47条2項1文の規定により申立適格が認められるのはどのような場合か、という点を連邦行政裁判所の判例の展開を通じて明らかにすることを目的とする[1]。この点を解明することは、日本における立法論として都市計画を直接争う訴訟を構想するに当たって有益であることは明白で

---

(1) この論点に関する先行研究として、藤原静雄「西ドイツ行政裁判所法上の規範審査制度の展開――地区詳細計画の訴訟統制」雄川献呈『行政法の諸問題（中）』（有斐閣、1990年）453頁以下、竹之内一幸「規範統制訴訟における申立適格――ドイツ行政裁判所法47条にいう『不利益』概念」法学政治学論究8号（1991年）181頁以下、同「規範統制訴訟における申立適格――地区詳細計画をめぐる問題点を中心に」鹿児島女子大学研究紀要15号（1993年）47頁以下、同「ドイツ行政裁判所法47条改正と規範統制上の申立適格――連邦行政裁判所1998年9月24日判決を中心に」武蔵野女子大学現代社会学部紀要4号（2003年）49頁以下等がある。

あるし[2]、規範統制の申立適格が取消訴訟の出訴資格と一部で共通していることに鑑みれば、日本における取消訴訟の原告適格論との関係でも参考になる部分があると考えられる。

1996年改正前の同法47条2項1文は、「当該法規定又はその適用によって不利益を受けた又は近いうちに予想せざるを得ない、すべての自然人又は法人」に申立適格が認められる旨規定しており、当時においては「不利益」の発生またはそのおそれの有無が重要な争点となっていた。当時における申立適格に関する連邦行政裁判所の判例は、改正後における同裁判所の判決・決定においてなお参照されることがある。したがって、当時の判例の展開について把握しておくことが、申立適格を正しく理解するためには不可欠である。以下ではまず、1996年改正前における自然人・法人の申立適格に関する連邦行政裁判所の判例を取り上げ（Ⅰ）、続いて改正後における同裁判所の判例の展開の検討に移る（Ⅱ）。

Ⅰ　1996年改正前の状況
——申立適格を根拠づける「不利益」とは

1960年制定時の行政裁判所法47条2文は、「当該規定の適用により不利益を受けた又は近いうちに予想せざるを得ない、すべての自然人又は法人」に申立適格を認めていた。当時においても取消訴訟・義務付け訴訟の出訴資格は、「行政行為又はその拒否若しくは不作為によってその権利を侵害されていると主張する」場合に認められるものとされていた（同法42条2項）。この出訴資格の要件として自己の権利侵害の主張が明記されることとなったのは、立法過程における法務委員会の議決によるものであり、同委員会の報告書では、「基本法におけると同様に、取消・義務付け訴訟は権利侵害の場合にのみ許容されるということが明らかにされなければならない」との見解が示されている[3]。他方で、規範統制の申立適格の

---

(2) 日本における都市計画争訟制度の提案では、原告適格（または不服申立適格）に関しては、将来の学説・判例の展開に委ねられている部分が大きい。この点については、本書最終章でも取り上げる。

(3) BT-Drs. 3/1094, S. 5.

うち自然人・法人にかかる部分については、政府案において示されていた「当該規定の適用により不利益を受けた又は近いうちに予想せざるを得ない」という要件が維持されている[4]。このことから、取消訴訟・義務付け訴訟は基本法19条4項1文により保障される権利保護に該当するが、規範統制はこれには当たらないと考えられていたことがわかる[5]。

1976年改正後の行政裁判所法47条2項1文は、「当該法規定又はその適用により不利益を受けた又は近いうちに予想せざるを得ない、すべての自然人又は法人」に申立適格を認めていた。法規定自体によって不利益が生ずることも想定されており、「行政訴訟規定の改正に関する法律」の政府案理由書は、「いわゆる執行規範（Vollzugsnormen）の場合、既に規範そのものによって不利益が生じ得る」と指摘している[6]。不利益の発生（のおそれ）が要件となることについては従前と同様である。これに関して同理由書は、行政裁判所法42条2項のように権利侵害の主張を要件として定めない理由として、従前の規律のほうが、多様な種類の規範について裁判所が適切な解決をより良く見出すことができる旨説明している[7]。そこで問題となるのは、地区詳細計画（の適用）により自然人・法人に不利益が生ずるのはどのような場合か、という点である。これに関しては、次に取り上げる連邦行政裁判所1979年11月9日決定の判示が非常に重要である。

1　連邦行政裁判所1979年11月9日決定（79年決定）

自然人・法人が地区詳細計画を争う事例において申立適格が認められる

---

(4)　Vgl. BT-Drs. 3/55, S. 8; BT-Drs. 3/1094, S. 6, 31.
(5)　基本法19条4項1文は、「何人も公権力によりその権利を侵害される場合には、その者に出訴の途が開かれている」と規定する。連邦憲法裁判所1971年7月27日決定は、地区詳細計画の適法性は行政行為の取消訴訟等において付随的に審査されること、それによって十分な権利保護が保障されていること、行政裁判所法47条による地区詳細計画の規範統制は基本法19条4項により必要とされるものではないことを指摘している。Vgl. BVerfG, Beschl. v. 27.07.1971 - 2 BvR 443/70 -, BVerfGE 31, 364（370）.
(6)　BT-Drs. 7/4324, S. 11.
(7)　BT-Drs. 7/4324, S. 11.

のはどのような場合かという問題について、連邦行政裁判所の見解が初めて示されたのが、連邦行政裁判所1979年11月9日決定[8]である[9]。本決定（以下本章において「79年決定」という）の判示を詳しく紹介する。

(1) 申立適格の制限——衡量要請への着目

79年決定は、地区詳細計画の規範統制の場合、1996年改正前の行政裁判所法47条2項1文にいう「不利益」が存在するのは、「申立人が地区詳細計画又はその適用によって、この地区詳細計画の発布又は内容に関する決定に当たって申立人の私的利益として衡量において考慮されなければならなかった利益に、否定的すなわち侵害的な影響を受ける、ないしは近いうちに影響を受け得る場合」であると判示している。これは地区詳細計画の規範統制に特有の申立適格に関する判示であり、被侵害利益が「地区詳細計画の発布又は内容に関する決定に当たって申立人の私的利益として衡量において考慮されなければならなかった利益」に限定されていることが注目される。

行政裁判所法47条2項1文の文言上は、そのような限定はみられない。79件決定は、①「不利益」要件には、申立適格を有する者の範囲を制限して、少なくとも民衆の申立て（Popularantrag）の許容性を排除する目的があること[10]、②いかなる利益のいかなる侵害が「不利益」に該当するかは、訴訟法よりも実体法から明らかになること、③（建設）計画法においては衡量要請（Abwägungsgebot）が支配的な役割を演じており、衡量要請は、ある利益が影響を受けていることと、この利益を計画の発布および内容に関する決定に当たって考慮するという計画者の義務とを架橋することを指摘している。衡量要請とは、（建設管理）計画の策定に当たっては公的および私的利益が相互に（gegeneinander und untereinander）適正に衡

---

(8) BVerwG, Beschl. v. 09.11.1979 - 4 N 1/78 -, BVerwGE 59, 87.
(9) 公課条例の無効確認が求められた事件で、連邦行政裁判所1978年7月14日決定は、1996年改正前の行政裁判所47条2項1文の「不利益」は、当時の通説に従って、「法的に保護された利益の侵害」と解すべきであると述べていた。Vgl. BVerwG, Beschl. v. 14.07.1978 - 7 N 1/78 -, BVerwGE 56, 172（175）.
(10) 行政訴訟規定の改正に関する法律の政府案理由書でも、申立適格の定めにより、民衆の申立ては許されないことが指摘されている。Vgl. BT-Drs. 7/4324, S. 11.

量されなければならないとするものであり、当時の連邦建設法1条7項（2004年改正後の建設法典1条7項）に規定されているほか、連邦遠距離道路法（FStrG）等の部門計画法（Fachplanungsrecht）の領域でも妥当するものと考えられている[11]。79年決定は、実体法である衡量要請を用いて、訴訟法上の概念である「不利益」の内容を決定し、それによって地区詳細計画の規範統制の申立適格を有する者の範囲を制限しようとするものである。当時の行政裁判所法47条2項1文の解釈としては、より広い範囲で規範統制の申立適格を認めることも不可能ではなかったように思われるが[12]、他方で79決定のとる立場が全く成り立たないともいえないであろう。

(2) 衡量上有意な利益の範囲

そこで問題となるのは、衡量において考慮されなければならない利益とはどのようなものかという点である。79年決定は、①建設管理計画にあっては、必要な衡量素材（Abwägungsmaterial）は、事案の状況に応じて（nach Lage der Dinge）、衡量に取り入れられなければならないすべての（私的）利益を含む、②建設計画法においては、衡量素材として顧慮される私的利益は、公権（subjektive öffentliche Rechte）や、基本法14条（所有権）または2条2項（生命・身体）により保護されているものに限られない、③ある土地の利用が賃貸借契約や小作契約に基づくものにすぎないと

---

[11] 衡量要請が法治国的な計画策定の本質から生ずるものであり一般的に妥当することを指摘した連邦行政裁判所の判例として、vgl. BVerwG, Urt. v. 30.04.1969 - IV C 6.68 - NJW 1969, 1868（1869）; vgl. auch *Bernhard Stüer*, Querschnitte zwischen Bau- und Fachplanungsrecht, in: Klaus Grupp/Michael Ronellenfitsch（Hrsg.）, Planung - Recht - Rechtsschutz: Festschrift für Willi Blümel zum 70. Geburtstag, 1999, S. 564（576）。芝池義一「西ドイツ裁判例における計画裁量の規制原理」論叢105巻5号（1979年）23頁も参照。

[12] 確認訴訟における確認の利益にならって、行政裁判所法47条2項1文の不利益要件を「法律により具体化された権利保護の利益」として発展させることを主張した説として、vgl. *Walter Krebs*, Antragsbefugnis und Rechtsschutzinteresse im verwaltungsgerichtlichen Normenkontrollverfahren, VerwArch 69（1978）, 323（329）。これに対する批判として、vgl. *Norbert Achterberg*, Probleme des verwaltungsgerichtlichen Normenkontrollverfahrens, VerwArch 72（1981）, 163（176）。

いう事実は、それに関連する利益が衡量に当たって考慮されないままでなければならないという結論を当然にもたらすものではない、④既存の営業を拡大する利益は、それが所有権として憲法上保護されていない場合でも、衡量上有意（abwägungserheblich）でありうる、⑤土地の所有者は、その土地の前の交通状況が従前より悪化したとしても通常はその権利を侵害されないが、そうであるからといって、既存の交通状況の維持を求める沿道住民の利益は常に衡量に当たって考慮されないままでなければならないという結論は出てこないと述べている。

　このように、連邦行政裁判所のいう衡量素材ないし衡量上有意な利益は、権利とはいえない利益を含むものであり、その範囲はかなり広いということができる。取消訴訟・義務付け訴訟の出訴資格について定める行政裁判所法42条2項にいう「権利」は公権を意味すると解する説が多くみられるところ(13)、そのような立場からすれば、地区詳細計画の規範統制の申立適格が認められる範囲は、取消訴訟の出訴資格が認められる範囲よりも広いということができる(14)。

(3)　衡量上有意とはいえない利益ないし利益への影響

　他方で79年決定は、衡量に当たって顧慮されないままにすることのできる利益として、客観的に低価値（geringwertig）である利益または保護に値しない利益を挙げている。保護に値しない利益としては、「非難すべき（mit einem Makel behaftet）」利益が挙げられているほか、利益が保護に値しない場合として、当該利益の主体が「思慮分別に従って（vernünftigerweise）、『そういうことが起きる』ということに対応しなければならず」、それゆえに一定の市場状況や交通状況が存続・継続することに向けられたその信頼が保護に値しない場合が挙げられている。これは、地区詳

---

(13)　Vgl. *Peter Wysk*, in: Peter Wysk (Hrsg.), VwGO, Beck'scher Kompakt-Kommentar, 2. Aufl. 2016, §42 Rn. 110; *Michael Happ*, in: Erich Eyermann, VwGO, Kommentar, 14. Aufl. 2014, §42 Rn. 83; *Klaus F. Gärditz*, in: Klaus F. Gärditz (Hrsg.), VwGO, Kommentar, 2013, §42 Rn. 53.

(14)　この点で79年決定を支持する説として、vgl. *Wassilios Skouris*, Die Legitimation zur Anfechtung von Bebauungsplänen, DVBl 1980, 315（360）。

細計画の策定に伴って生ずる状況変化を不可避のものとして当事者が受容しなければならない場合を指すものと考えられる[15]。

さらに79年決定は、衡量上顧慮されるものは、「第1に僅少（geringfügig）を超え、第2にその発生の点で少なくとも蓋然的であり、第3に——特にこれである——計画策定機関にとって当該計画に関する決定に当たって衡量上顧慮されるものとして認識可能であるような影響」に限られるとする。ここでいう認識可能性に関しては、「計画策定機関が『見て』いないもの、それが所与の状況により『見る』必要もないものは、衡量に当たってそれによって考慮されることはできず、考慮される必要もない。1976・1979年連邦建設法2a条6項〔建設管理計画の案の縦覧〕による市民参加は、とりわけ、利益（が影響を受けていること）を計画策定機関に見えるようにする任務を有する。影響を受ける者が、その影響を市民参加の中で主張しなかった場合、当該影響が衡量上有意であるのは、計画策定機関にとってこの影響の事実が思い浮かばなければならなかったときに限られる」と判示されている。これは、利益だけでなく、利益への影響も衡量上有意でなければならないとするものである。

(4) 申立適格を根拠づける「不利益」に関する結論

79年決定は、結論的に、問題となる利益が「特定人の低価値ではなく保護に値する利益として、当該計画によって僅少を超える影響を受けることが、当該計画に関する決定に当たって十分な蓋然性をもって予測可能である」ことが必要である旨述べている。以上の判示を整理すると、地区詳細計画の規範統制の場合には、「衡量上有意な利益の侵害」、すなわち、①特定人の低価値ではなく保護に値する利益が僅少を超える程度の侵害的影響を受けること、かつ②そのことが計画決定時に蓋然的であり計画策定機関にとって認識可能であることが、当時の行政裁判所法47条2項1文にいう「不利益」に該当する、ということができる。権利とはいえない利益の侵害でも良く、侵害の程度も僅少を超える程度で足りるという点では、自然

---

[15] 何が低価値であるか、何が保護に値しないかという点が将来大きな問題になることを指摘する説として、vgl. *B.-F. Hoffmann*, Verwaltungsprozeßrecht: Normenkontrolle, Antragsbefugnis, JA 1980, 536 (539).

人・法人の申立適格を広く認めるものといえる。他方で、利益侵害が計画決定時に計画策定機関にとって認識可能であることが要求されていることには注意を要する。この基準では、計画決定後に発生した事情の変化を理由に自然人・法人が規範統制の申立てをすることは困難になると思われる[16]。

2　79年決定の射程の限定

79年決定は、衡量上有意な利益の侵害が1996年改正前の行政裁判所法47条2項1文にいう「不利益」に当たるという立場を示したものといえる。しかしながらその後の連邦行政裁判所の判例には、申立人の利用している土地に適用される地区詳細計画の指定が争われるケースにおいて、衡量上有意な利益の侵害の有無を問うことなく、申立適格を認めるものがある。

(1)　連邦行政裁判所1988年11月11日決定

連邦行政裁判所1988年11月11日決定[17]は、賃借人である申立人が規範統制の申立てをした事件に関するものである。申立人は、1985年より施行された地区詳細計画の適用区域内の事務所を1987年から賃借し、成人向け商品の販売を行ったところ、当該地区詳細計画の指定に基づき、当該事務所を当該商品販売のために利用することの禁止命令を受けたため、異議および規範統制の申立てをした。これまで当該事務所で成人向け商品の販売が行われたことはなく、規範統制裁判所は、申立人の主張する利益は計画の議決の時点で認識不可能であったとして申立適格を否定した。

それに対して本決定は、次のように判示し、事件を規範統制裁判所に差し戻した。「当裁判部の判例によると、行政裁判所法47条2項1文の意味における不利益は、衡量上有意な人格的利益が侵害される場合、既に存在

---

[16] この問題を指摘する説として、vgl. *Hans-Jürgen Papier*, Normenkontrolle（§47 VwGO）, in: Hans-Uwe Erichsen/Werner Hoppe/Albert von Mutius（Hrsg.）, System des verwaltungsgerichtlichen Rechtsschutzes: Festschrift für Christian-Friedrich Menger zum 70. Geburtstag, 1985, S. 517（524）. 反対に79年決定の判示を支持する説として、vgl. *Bernhard Stüer*, Erfahrungen mit der verwaltungsgerichtlichen Normenkontrolle, DVBl 1985, 469（475）.

[17] BVerwG, Beschl. v. 11.11.1988 - 4 NB 5/88 -, NVwZ 1989, 553.

している……。衡量上有意であるのは、市町村にとって思い浮かばなければならなかった利益、又は影響を受ける者によって主張された利益のみである。それによって、行政裁判所法47条2項1文による申立適格の前提となる人格的な影響の最も外側の境界が示されている。しかし本件ではそのような限界事例が問題になっているのではない。原告は（少なくとも第一次的には）市町村にとって地区詳細計画の発布の時点でもしかしたら認識できなかったかもしれない個人的利益ではなく、……土地所有権に結びつけられた利用権が現実に制限されていることを援用している。そのような権利侵害が同時に行政裁判所法47条2項1文の意味における不利益であることは、明らかである。規範統制手続における争訟提起資格は、行政裁判所法42条2項による出訴資格よりも著しく広く定められおり、後者の規定の意味における権利侵害を容易にその中に含むものである……。原告は争われている地区詳細計画に基づく利用禁止の名宛人である。既にそのことから、原告が当該地区詳細計画によって自己の権利を侵害され得ることが明らかになる」。

　本決定は、申立人が、自己の土地所有権または利用権が地区詳細計画の指定によって現実に制限されていることを援用する場合には、当時の行政裁判所法47条2項1文にいう「不利益」に含まれる権利侵害があるものとして、衡量上有意な利益の侵害の有無を問うことなく、申立適格が認められるという立場を示したものである[18]。この場合には、申立人の利益が地区詳細計画の議決時において計画策定機関にとって認識不可能であったとしても、申立適格が認められる。本決定は、地区詳細計画の指定は基本法14条1項2文にいう土地所有権の内容および制限を定め、土地の（公）法的特性を規律するので、そこから帰結される不利益は賃借人にも及びうると述べており、賃借人の申立適格を認めている点でも注目される。

---

[18]　この判示を支持する学説として、vgl. *Hansjochen Dürr*, Antragsbefugnis für einen Mieter im baurechtlichen Normenkontrollverfahren, DVBl 1989, 360（360-361）; *Wolfgang Groß*, Die Antragsbefugnis bei der Normenkontrolle von Bebauungsplänen, DVBl 1989, 1076（1079）.

(2) 連邦行政裁判所1992年12月17日決定

　連邦行政裁判所1992年12月17日決定[19]は、申立人が自己所有地に適用される地区詳細計画の指定を争った事件に関するものである。申立人の所有地は外部地域にあり、その土地では農業が行われていたところ、当該土地が地区詳細計画により「特別な住居需要のための一般住居地区」に指定された。当該指定は、収入が一定額以下である若年世帯、子供の多い世帯、片親世帯等のための住宅建築のみを認めるものであり、申立人はこの要件に該当しなかった。そこで申立人は規範統制の申立てをした。規範統制裁判所は、外部地域にある土地が地区詳細計画の指定により建築用地の性質を獲得し、地価が上昇した場合でも、土地所有者が不利益を受けているといえるか否かという問題を連邦行政裁判所に提出した。

　本決定は、「土地の所有者は、その土地の内容及び制限が地区詳細計画によって規定される場合には、行政裁判所法47条2項1文の意味における不利益を原則として主張することができる。このことは、従前の外部地域にある土地が地区詳細計画における指定によって、地価を上昇させる建築用地の性質を獲得するものの、当該計画が、当該所有者の視点からはより有利な土地利用を阻止する利用制限を含んでいる場合にも妥当する」と判示した。さらに本決定は、①基本法14条1項2文によれば、所有権がもたらす利用権は法律またはそれに基づく下位規範によってのみ制限されることが許されるので、地区詳細計画の指定が及ぶ土地の所有者は原則としてその効力を規範統制手続において審査させることができる、②79年決定が示した申立適格の最も外側の境界は、土地所有権に結びつけられた利用権の現実の制限が主張される場合には問題にならない、③土地の建築利用を地区詳細計画によって制限された土地所有者は、建築許可を申請し、その拒否に対して出訴することができるので、申立適格を否定することは、権利保護の迅速化に奉仕し、規範の有効性に関する行政裁判所の個別判断を可能な限り回避するという規範統制手続の目的と矛盾する[20]、④行政裁判

---

(19)　BVerwG, Beschl. v. 17.12.1992 - 4 N 2/91 -, BVerwGE 91, 318.

(20)　この点を既に指摘していた説として、vgl. *Hansjochen Dürr*, Die Antragsbefugnis bei der Normenkontrolle von Bebauungsplänen, 1987, S. 46.

所法47条2項1文の趣旨は民衆訴訟を排除することであり、地区詳細計画の指定によって直接に影響を受ける者にその有効性の審査を拒否することではない、といった点を指摘している。また本決定は、当該地区詳細計画が無効とされた場合、申立人にとってより有利な地区詳細計画が策定される可能性がないとはいえないことから、権利保護の利益が認められるものとしている。

本決定は、前掲連邦行政裁判所1988年11月11日決定の判示を援用しており、同決定と同様に、土地所有権に結びつけられた利用権の現実の制限が主張される場合には79年決定の判示は問題にならないことを指摘している（前記②）。この事件では、地区詳細計画の指定によって申立人の所有地の建築利用の可能性が客観的には拡大しているのであるが、申立人の土地利用になお制限があり、申立人がより有利な土地利用を欲している場合には、規範統制の申立適格が認められるものとされた点でも注目される。

(3) 連邦行政裁判所1993年1月6日決定

連邦行政裁判所1993年1月6日決定[21]も、申立人が自己所有地に適用される地区詳細計画の指定を争ったものである。申立人の所有地は、1968年の地区詳細計画で商業地区に指定されていたが、当時申立人の祖父が造園業を営んでおり、当該地区詳細計画には造園業を認める特別の定めがあった。申立人は1989年に造園業を中止して住宅を建築することを計画し、当該地区詳細計画が無効であるとして規範統制の申立てをした。規範統制裁判所は、当該地区詳細計画の策定時においては申立人の祖父が造園業以外の利用を望んでいることは認識不可能であり、むしろ地域指定は彼の考えに合致するものであったとして、申立人が当時の行政裁判所法47条2項1文にいう「不利益」を受けていることを否定した。それに対して本決定は、規範統制裁判所は不利益概念を誤解したとして、事件を規範統制裁判所に差し戻した。

本決定は、前掲連邦行政裁判所1992年12月17日決定を援用して、「土地の所有者は、その土地の内容及び制限が地区詳細計画によって規定される

---

[21] BVerwG, Beschl. v. 06.01.1993 - 4 NB 38/92 -, NVwZ 1993, 561.

場合には、行政裁判所法47条2項1文の意味における不利益を原則として主張することができる」と判示し、衡量上有意な利益の存在および認識可能性は重要でないことを指摘する。さらに本決定は、既に行われている利用を地区詳細計画に取り上げて規定することは当該土地所有者にとって利益でしかないとする規範統制裁判所の解釈は、地区詳細計画の指定の相反性（Ambivalenz）を誤解しているとして、「当該所有者にとってそれ自体としては有利な指定も、同時にその土地の建築利用を制限することがあり、その場合にはその限りで不利益的である」と述べている。土地の所有者にとって有利な側面をもつ地区詳細計画の指定が、当該土地の建築利用を同時に制限するというのは、前掲連邦行政裁判所1992年12月17日決定でもみられたところである。このような事案において、当該土地所有者が当該制限を不利益として主張する場合には、申立適格が認められることになる。

　これらの判例からすれば、地区詳細計画の指定が適用される土地の所有者および利用権者は、当該指定によって当該土地の利用が制限されている限り、通常は問題なく規範統制の申立適格を認められるといえる。それに対して、衡量上有意な利益の侵害の有無が争点になるのは、申立人の利用している土地には適用されない地区詳細計画の指定が争われる場合ということになる。

3　衡量上有意な利益の侵害とは

　申立人が利用している土地には適用されない地区詳細計画の指定が争われる場合において、申立適格が肯定されるためには、申立人が「衡量上有意な利益の侵害」を受けること、すなわち申立人の低価値ではなく保護に値する利益が僅少を超える程度の侵害的影響を受けること、さらにそのことが計画決定時に蓋然的であり計画策定機関にとって認識可能であることが必要となる。以下では、衡量上有意な利益の侵害について判断した連邦行政裁判所の諸決定を、いくつかの類型に分けて紹介する[22]。

(1)　交通騒音防止の利益

　地区詳細計画の策定に伴う交通騒音（Verkehrlärm）の増加が問題にな

るケースは少なくない。連邦行政裁判所1992年 2 月19日決定[23]は、従前は外部地域であった場所に別荘地区（テニスコート、体育館、屋内プール、ミニゴルフ場、乗用車375台・バス 5 台収容の駐車場等が設置される）が指定された事件に関するものである。申立人らは、当該地区に出入りする車両が自宅の前を通行することによって住居の静穏を害されると主張して、規範統制の申立てをした。規範統制裁判所は申立適格を肯定して当該地区詳細計画の無効を宣言し、本決定もその判断を是認している。本決定は、「増加する交通騒音を受けないという利益は、それ自体として決して低価値ではない」ことを指摘するとともに、「交通騒音は、……連邦イミシオン防止法（BImSchG） 3 条 1 項、41条 1 項の意味における『迷惑』に含まれる[24]。道路交通から生ずる（騒音による）迷惑が『著しい』場合、それは防止措置を求める請求権を発生させる。著しさの閾（Erheblichkeitsschwelle）に達しない場合、それは、個別事例において『僅少』であることが判明するのでない限り、必要な衡量素材に含まれる」と述べている。本件では、交通騒音の増加分が人間の耳ではほとんど知覚できない程度（ 2 デシベル未満）であったため、侵害の程度が僅少であるかどうかが問題となった。本決定は、どのような基準により1996年改正前の行政裁判所法47条 2 項 1 文の不利益が具体的に決定されるかは個別事例の問題であるとしつつ、「特別な状況のために、交通の増加の回避を求める付近住民の利益が、たとえそれに結びつけられた騒音の増加が、……人間の耳にとってほとんど知覚できないとしても、必要な衡量素材に含まれ得る」ことを指摘している。この点、規範統制裁判所は「高い魅力のある超地域的なレジャー事

---

[22] 1980年代までにおける上級行政裁判所の裁判例の分析については、竹之内・前掲注(1)「『不利益』概念」195頁以下、同・前掲注(1)「地区詳細計画」49頁以下参照。

[23] BVerwG, Beschl. v. 19.02.1992 - 4 NB 11/91 -, NJW 1992, 2844.

[24] 連邦イミシオン防止法 3 条 1 項は、「種類、程度又は期間に照らして、危険、著しい不利益又は著しい迷惑を公共又は近隣に惹起することに適したイミシオン」を「有害な環境影響」として定義しており、同法41条 1 項は、道路の建設等に当たっては、技術の水準に照らして回避可能な、交通騒音による有害な環境影響が惹起されないようにすることを要求している。

業により、──この比較的人口の少ない農村地域に騒々しさがもたらされるであろう」として「その程度及び正当化可能性（Vertretbarkeit）は建設管理計画の必要な衡量素材に含まれる」と述べていたところ、本決定も同裁判所が特別な地域状況等を考慮したものとしてその判断を是認している。また本決定は、1.5デシベルの交通騒音の増加を受けないという申立人の利益が保護に値するかという問題についても、連邦行政裁判所による解明の対象にならない個別事例の問題であるとしている[25]。

　連邦行政裁判所1994年3月18日決定[26]は、従前は森であった場所に住居専用地区を指定する地区詳細計画に対して、当該住居専用地区に通ずる道路の付近住民である申立人らが規範統制の申立てをした事件に関するものである。規範統制裁判所は、申立人らは従前の交通状況の維持を求める保護に値する利益を有しないとしてその申立適格を否定した。それに対して本決定は規範統制裁判所の判断を是認できないものとして事件を差し戻した。本決定は、法秩序において非とされた（mißbilligt）利益や、競業者の利益のように都市建設法上中立的な（städtebaurechtsneutral）利益は保護に値しないとする一方、申立人らの主張する利益は連邦イミシオン防止法や建設法典の規定において明文をもって保護の必要があるものとして評価されており[27]、「法秩序は交通騒音防止の利益及び建設管理計画にとってのその有意性に対して決して『中立的な』態度をとっているのではない」と判示している。その上で本決定は、規範統制裁判所は交通騒音の増加の僅少性について判断していないので、同裁判所がこの点を判断しなければ

---

[25]　知覚できない騒音の増加も当時の行政裁判所法47条2項1文にいう「不利益」を根拠づけるとする判例の立場に疑問を呈する学説として、vgl. *Hansjochen Dürr*, Die Entwicklung der Rechtsprechung zur Antragsbefugnis bei der Normenkontrolle von Bebauungsplänen, NVwZ 1996, 105（107）.

[26]　BVerwG, Beschl. v. 18.03.1994 - 4 NB 24/93 -, NVwZ 1994, 683.

[27]　本決定は、建設管理計画は環境保護に貢献すべきであること、健全な居住状況についての一般的要求や環境保護の利益が考慮されるべきであることを定める当時の建設法典1条5項1文および2文1号・7号、土地利用計画および地区詳細計画に連邦イミシオン防止法にいう有害な環境影響を防止するための用地を定めることができるものとする建設法典5条2項6号・9条1項24号の規定を挙げている。

ならない旨述べている。

　他方で連邦行政裁判所1995年11月28日決定[28]は、新たに指定された建築地区がもたらす交通騒音が問題になった事件で、当該建築地区に通じる道路の付近住民である申立人の申立適格を否定した規範統制裁判所の判断を是認している。本決定は、新たに指定された建築地区が交通量の増加をもたらす場合に、常に1996年改正前の行政裁判所法47条2項1文にいう不利益が認められるわけではなく、むしろ「一定の交通状況の存続に向けられた（理解できる）信頼がなお保護に値する利益とみなされ得るか否か」が重要であると述べている。本件では、前掲連邦行政裁判所1994年3月18日決定の事案とは異なって、申立人の所有地と当該建築地区との間に交差点があり、当該建築地区から出る車両の流れが当該交差点で分散することが認定されている。規範統制裁判所は、申立人の所有地付近での交通量の増加は「一般的な交通状況の変化」に起因するものである旨述べており、本決定もこの判断を支持している。

(2) その他の住環境の利益

　地区詳細計画が変更された場合において、変更前の計画に基づく住環境の維持を求める住民が、保護に値することが認められている。連邦行政裁判所1992年8月20日決定[29]は、住居専用地区および建築境界線を指定する地区詳細計画の変更が問題になった事件に関するものである。変更前の地区詳細計画の北側部分では道路に面した側でのみ建築が許され、庭園区域での建築は禁止されていた。申立人は当該計画に従って住宅を建築していたところ、計画変更によって、16メートル四方の建築可能な敷地部分が指定された。この建築可能な敷地部分は、申立人の住宅の庭から約10メートル離れていた。規範統制裁判所は、問題の場所で建築が行われないことに対する申立人の信頼は保護に値しないことや建築境界線の指定に隣人保護性が認められないことを指摘してその申立適格を否定した。それに対して本決定は、規範統制裁判所の判断を是認できないものとして事件を差し戻

---

[28] BVerwG, Beschl. v. 28.11.1995 - 4 NB 38/94 -, NVwZ 1996, 711.

[29] BVerwG, Beschl. v. 20.08.1992 - 4 NB 3/92 -, NVwZ 1993, 468.

した。本決定は、衡量上有意な利益は公権に限られないことに加え、「計画変更の結果、隣地をこれまでとは異なる方法で利用することが許容される場合、既存の状態の維持を求める隣人の利益も同様に原則的に必要な衡量素材に含まれる」こと、地区詳細計画の指定は「隣人にとって不利益に影響し得る変更は、彼らの利益を考慮する限りでのみなされるという、保護に値する信頼を通常根拠づける」ことを指摘する。その上で本決定は、僅少な変更の場合や隣地への影響が非本質的（unwesentlich）にすぎない場合には申立適格が制限されることを認めつつ、「住宅の後面区域を共同の休憩・保養地域として妨害的な建築から免れさせておくという付近住民の利益は明白である。それは、当該庭園区域への侵入（Einbruch）が、建築に対立する付近住民の利益と衡量することなしに、計画変更によって許容されてはならないという意味において保護に値する」と判示している。

　それに対して、眺望の変化が申立適格を根拠づけないとされた例がある。連邦行政裁判所1995年2月9日決定[30]は、将来商業地区を指定する目的で、従前風景保護地区に指定されていた地域の一部をそこから除外することを内容とする、風景保護地区に関する命令の変更が争われた事件に関するものである。将来の商業地区から300メートル離れた場所に住んでいる申立人は、商業地区の指定により眺望を害され、所有地の地価が低落すると主張して、規範統制の申立てをした。本決定は、当該命令の変更は後続の地区詳細計画と関連して商業地区の創出という目標の達成に奉仕するとみて、当該商業地区から1996年改正前の行政裁判所法47条2項1文にいう不利益が生ずる場合には、既に当該命令の変更「によって」不利益が「近いうちに予想」されるという具体的な蓋然性があるとする（後掲連邦行政裁判所1991年2月14日決定が援用されている）。しかしながら本決定は、申立人の土地の利用に対する影響はないか、非本質的にすぎないとして、その申立適格を否定した。本決定は、地区詳細計画の適用区域外における地価低落は衡量上有意とはいえないことを指摘するとともに、「申立人の眺望は『それ自体としては』商業地域によって侵害されていない。当該眺

---

[30] BVerwG, Beschl. v. 09.02.1995 - 4 NB 17/94 -, NVwZ 1995, 895.

望は、これまで建物の建てられていない風景への眺めが、将来的に300メートル離れた所で、いくつかの商業建築物によって『遮断』されるという限りで変化するにすぎない。そのような眺望の変化は、……原則的に衡量の範囲内で考慮されなければならないような重要性のある私的利益ではない」と判示している。

(3) 事業者の利益

競業者としての事業者の利益は、原則的に申立適格を根拠づけないものとされている。連邦行政裁判所1990年1月16日決定[31]は、ある大規模小売業のための特別地区が中心市街地の外に指定されたところ、中心市街地内のオフィスビルで事業を行っている企業に申立適格が認められるか否かが問題になった事件で、その申立適格を否定した。本決定は、「個々の営業者は、既存の競争上の状況が悪化しないことを求める請求権をもたず、そのことを求める彼の利益も、彼は常に新たな競争相手を計算に入れなければならないのであるから、保護に値しない」と述べ、「特別な性格の個別事例において、まさに個別事業の私的利益を考慮することを強く勧める状況が存在するのでない限り、市町村は、ある大規模小売業のための特別地区の計画策定に当たり、その事業が数キロメートル離れた中心市街地内にある個々の営業者の私的利益を特に考慮する必要はない」と判示している[32]。

それに対して、住宅建設に対立する事業者の利益が、申立適格を根拠づけるものとされた例がある。連邦行政裁判所1991年2月14日決定[33]は、E通りの南側に一般住居地区および混合地区を指定する地区詳細計画に対して、別の地区詳細計画で商業地区に指定された場所で出荷倉庫（Ausliefer-

---

[31] BVerwG, Beschl. v. 16.01.1990 - 4 NB 1/90 -, NVwZ 1990, 555.

[32] 違法な地区詳細計画に基づく競争による損害を受けないという事業者の利益が保護に値しないとはいえないことを主張する説として、vgl. *Jan Ziekow*, Die Zulässigkeit von Konkurrentenanträgen bei der Normenkontrolle von Bebauungsplänen, NVwZ 1991, 345 (346). 競業者の利益は原則的に保護に値しないとする立場を再び示した連邦行政裁判所の判例として、vgl. BVerwG, Beschl. v. 26.02.1997 - 4 NB 5/97 -, NVwZ 1997, 683 (683).

[33] BVerwG, Beschl. v. 14.02.1991 - 4 NB 25/89 -, NVwZ 1991, 980.

ungslager）を経営し、E通りで商品の運送を行っている申立人が規範統制の申立てをした事件に関するものである。規範統制裁判所は、E通りの南側に指定された一般住居地区および混合地区について基準値を超える交通騒音が発生し、将来の住民が不服を申し出た場合には、夜間におけるE通りでの貨物自動車の交通が道路交通法上制限されるという具体的危険が存在していること、そのような道路交通法上の命令によって発生する不利益を受けないという利益は衡量上有意であることを指摘して、申立てを適法とした。本決定もこの判断を是認しており、住居地区を指定する地区詳細計画の策定に当たって考慮されるべき利益に「近隣において適法に存在する排出（emittierend）事業の、計画上の指定に基づいて近づいてくる（heranrückend）保護を必要とする住宅建設を保護するためにその事業遂行の制限を要求されることから守られているという利益」も原則的に含まれると述べている。本件では、申立人がそのような利益を既に地区詳細計画の策定手続で主張したこと、それが客観的に低価値ではないことも認定されている。

　この事件では、申立人の事業は道路交通法上の命令によって制限されることとなるため、地区詳細計画の指定「によって」不利益が発生するといえるかという問題があった。本決定は、当該法規定またはその適用「によって」不利益が発生したまたは予想されるといえるためには、「不利益として挙げられた私的利益の侵害が、攻撃されている規範に事実上かつ法的に割り当てられ得る」か否かが重要であるとして、「攻撃されている規範から、不利益として主張された侵害への展開が、具体的な蓋然性を有しているのでなければならない」と判示する[34]。その上で本決定は、地区詳細計画の指定によって交通騒音に対する保護の必要性が発生し、それが当該地区詳細計画の騒音防止に関する規律によって十分には満たされなかった場合には、当該地区詳細計画に残された規律の欠缺が事後的に交通制限措置によって塞がれることについて十分に具体的な蓋然性が存在すると述べ

---

[34] 連邦行政裁判所の提示した「具体的な蓋然性」の基準を支持する説として、vgl. *Jan Ziekow*, in: Helge Sodan/Jan Ziekow（Hrsg.）, VwGO, Großkommentar, 4. Aufl. 2014, §47 Rn. 189.

ている。本決定は、住宅が建設されてしまうと、事業者が交通制限命令を争ったとしても勝訴の見込みがないことも指摘しており、本件では、地区詳細計画の規範統制が、将来の行政行為に対する予防的な権利保護の機能を果たしている。

(4) 市町村の利益

　市町村が、法人としての資格で、規範統制の申立てをすることがある。連邦行政裁判所1994年5月9日決定[35]は、申立人である市が、隣接市町村の制定した、ある大規模小売業のための事業案・開発計画に関する条例を規範統制手続において争った事件に関するものである。規範統制裁判所は申立適格を肯定し、本決定もその判断を是認している。本決定は、「当裁判部の判例によると、建設法典2条2項は、近隣の市町村のために、近隣市町村への受忍できない影響を配慮し回避することに向けられている、実体的な調整（Abstimmung）を求める請求権を根拠づける[36]。調整に当たっては特に、対立する近隣の利益の適正な衡量の要請が顧慮されなければならず、近隣市町村の保護に値する利益に配慮がなされなければならない……。つまり調整義務の核心は、まさに近隣市町村の対立する利益の適正な衡量であり、計画策定市町村が衡量要請に違反することによってその実体的な調整義務を近隣市町村にとって不利な形で無視すれば、後者はその権利を侵害される……。そこから導き出されるのは、建設法典2条2項により保護された近隣市町村の、他の建設管理計画の受忍できない影響を受けないという利益は、計画策定市町村により原則的に衡量に取り入れられなければならず、それは衡量上有意であり、行政裁判所法47条2項による申立適格を基礎づけるのに適切であるということである」と判示している。規範統制裁判所は、「申立人にあっては『許容されない競業者保護』

---

(35) BVerwG, Beschl. v. 09.05.1994 - 4 NB 18/94 -, NVwZ 1995, 266.
(36) 当時の建設法典2条2項（2004年改正後の建設法典2条2項1文）は、「近隣の市町村の建設管理計画は、相互に調整されなければならない」と規定する。この調整要請（Abstimmungsgebot）が市町村の権利を根拠づけることについては、拙稿「ドイツ行政裁判所法における不作為訴訟に関する一考察——行政行為・法規範に対する予防的権利保護」立命351号（2013年）31頁以下参照。

が問題になっているのではなく、自己の都市建設上の目標設定すなわち、その区域での住宅団地の近郊供給（Nahversorgung）の保障並びに被申立人の区域に隣接する市区（Stadtteil）の発展及び新秩序が問題となっている」と述べ、申立人の主張する利益は衡量上有意であることを認めていたところ、本決定もこの判断を是認している。調整要請が近隣市町村の請求権を根拠づけることが指摘されているものの、当該権利の侵害ではなく、衡量上有意な利益の侵害に着目して申立適格を認める構成がとられている。

4 まとめと検討
(1) 79年決定
　79年決定は、地区詳細計画の規範統制の場合には、「衡量上有意な利益の侵害」、すなわち特定の者の低価値ではなく保護に値する利益が僅少を超える程度の侵害的影響を受けること、さらにそのことが計画決定時に蓋然的であり計画策定機関にとって認識可能であることが、1996年改正前の行政裁判所法47条2項1文にいう「不利益」に該当する旨判示した。この判示は、当該規定が民衆の申立てを排除する趣旨を有すること、建設計画法においては衡量要請が支配的な役割を演ずることに着目したものであり、そのような解釈が全く成り立たないとはいえないように思われる。問題となるのは、反対に衡量上有意な利益の侵害がなければ、地区詳細計画の規範統制の申立適格は認められないのかという点である。ここでいう衡量上有意な利益の侵害は、計画決定時における利益侵害の認識可能性をその要素とするものであり、計画決定後に初めて認識可能になった利益侵害を含まない。そのような利益侵害を規範統制手続から除外して良いものか、疑問なしとしない[37]。

(2) 79年決定の射程の限定
　後に連邦行政裁判所は、申立人の利用している土地に適用される地区詳

---

[37] 市町村が当該利益（侵害）を知っていたとすれば、衡量に取り入れられなければならなかったであろう利益の侵害を、当時の行政裁判所法47条2項1文にいう「不利益」と解するべきである旨主張した説として、vgl. *Dürr* (Fn. 18), S. 361.

細計画の指定が争われる場合には、衡量上有意な利益の侵害の有無を問わず、原則として申立適格が認められるものとした。その理由としては、①申立人の土地所有権に結びつけられた利用権の現実の制限が主張される場合には、行政裁判所法42条2項にいう権利侵害がある、②基本法14条1項2文により所有権は法律（またはそれに基づく下位規範）によってのみ制限することが許されるので、地区詳細計画の指定が及ぶ土地の所有者はその効力を規範統制手続において審査させることができるという論理のほか、③土地利用を地区詳細計画によって制限された者は、その効力を行政行為の取消訴訟・義務付け訴訟において付随的に審査させることができるので、申立適格を否定することは適当でないという視点も示されている（2(2)参照）。その結果、地区詳細計画の指定によって建築利用を制限されている土地の所有者ないし利用権者は、計画決定時には認識できなかった利益侵害が発生した場合においても、規範統制手続により救済される可能性を有することになる。

(3) 衡量上有意な利益の侵害

他方で、申立人の利用している土地には適用されない地区詳細計画の指定が争われる場合においては、衡量上有意な利益の侵害の有無が問題となる。申立適格を肯定した規範統制裁判所の判断が是認されたものとしては、別荘地区の指定による交通騒音が問題になった事件（連邦行政裁判所1992年2月19日決定）、交通騒音を発生させる既存業者が申立てをした事件（連邦行政裁判所1991年2月14日決定）、大規模小売業のための条例に対して隣接市町村が申立てをした事件（連邦行政裁判所1994年5月9日決定）がある。また、住居地区内の庭園区域の維持が求められた事件（連邦行政裁判所1992年8月20日決定）では、変更前の地区詳細計画の指定が住民の保護に値する信頼を根拠づけるとされ、申立人の利益が明白でありかつ保護に値することが認定されている。

交通騒音防止の利益に関しては、決して低価値ではないこと（連邦行政裁判所1992年2月19日決定）、建設法典等の規定によって保護の必要があるものとして評価されていること（連邦行政裁判所1994年3月18日決定）が指摘されており、交通騒音の増加分が人間の耳で知覚できないにもかかわら

ず申立適格が認められた例もある（連邦行政裁判所1992年２月19日決定）。しかしながら、交通騒音が問題となる場合に常に申立適格が認められるわけではなく（連邦行政裁判所1995年11月28日決定）、事案の状況に応じた判断が不可欠である。

　一方、競業者の利益は、原則的に保護に値しない（連邦行政裁判所1990年１月16日決定）、都市建設法上中立的な利益（連邦行政裁判所1994年３月18日決定）とされている。大規模小売業に反対する隣接市町村の申立適格が認められた事件でも、近隣の市町村の建設管理計画は相互に調整されなければならないとする建設法典の規定（調整要請）が援用されており、競業者保護には当たらないことが指摘されている（連邦行政裁判所1994年５月９日決定）。したがって事業者が競業者としての立場で規範統制の申立てをすることは困難であるが、例外的に競業者の申立適格が認められる余地も残されている（連邦行政裁判所1990年１月16日決定）。

　従前の風景保護地区に商業地区が指定されることに伴う眺望の変化が申立適格を根拠づけないとされた事件では、申立人の土地の利用に対する影響が非本質的にすぎないことが理由になっている（連邦行政裁判所1995年２月９日決定）。これは当該事案の状況をふまえた判断であり、眺望の変化がいかなる事例においても申立適格を根拠づけないとするものではないと解される。

Ⅱ　1996年改正後の自然人・法人の申立適格
　　　──権利侵害の主張要件

1　「不利益」から「権利侵害」の主張へ

　1996年の行政裁判所法47条２項１文の改正で、「当該法規定又はその適用によってその権利を侵害されている又は近いうちに侵害されると主張する、すべての自然人又は法人」に、規範統制の申立適格が認められることとなった。この改正について、行政裁判所法第６次改正法案の理由書は、「行政裁判所による規範統制は、一方では権利保護であり、他方では客観的な法抗議手続（Rechtsbeanstandungsverfahren）である。将来的には個人的権利保護の保障が許容性要件としてより強い重要性を保持するべきであ

る。それゆえ申立適格は、訴えは原告が当該決定又はその拒否若しくは不作為によってその権利を侵害されていると主張する場合に限り許されるという、取消・義務付け訴訟に妥当する出訴資格に合わせられる。規範統制手続において権利侵害の主張をこえる申立適格を許容する根拠は、それに結びつけられた不利益を埋め合わせるものではない」と説明している[38]。

従前において連邦行政裁判所は、規範統制の申立適格は、行政裁判所法42条2項による出訴資格よりも広く、同項の意味における権利侵害を含むと判示していた。改正法の立法者は、このような判例の立場を、埋め合わせることのできない不利益をもたらすものとみており（もっともその不利益の具体的内容は示されていない）、申立適格が認められる者の範囲を、従前によりも制限することを意図していた[39]。いずれにせよ、改正後の行政裁判所法の下において地区詳細計画に対する自然人・法人の申立適格が認められるためには、当該地区詳細計画（の適用）によって自己の権利が侵害される（おそれがある）ことを主張する必要がある。そこで問題になるのは、そのような主張をしたことが認められるのはどのような場合かという点である。

2 所有権侵害の可能性を理由とする申立適格

土地所有者である申立人は、自己の所有地に適用される地区詳細計画の指定を争う場合には、基本法14条1項により保障される所有権を援用することが可能である。このような場合においては、行政裁判所法47条2項1文により要求される権利侵害を比較的容易に想定することができる。

---

[38] BT-Drs. 13/3993, S. 10.
[39] 行政裁判所法第6次改正法案の目的として「行政裁判所手続における負担軽減」が指摘されていることからすると（vgl. BT-Drs. 13/3993, S. 1)、従前の判例は（上級）行政裁判所にとって負担になると考えられていたのかもしれない。負担軽減、迅速化および簡素化のために規範統制へのアクセスを困難にすることが立法者意思であると述べる説として、vgl. *Matthias Schmidt-Preuß*, Leitentscheidung zur Neufassung der Antragsbefugnis gemäß §47 Abs. 2 Satz 1 VwGO, DVBl 1999, 103 (104).

(1) 連邦行政裁判所1997年7月7日決定

連邦行政裁判所1997年7月7日決定[40]は、傍論ではあるが、「計画地区内に位置する土地の所有者が指定を争う場合の規範統制の申立てについては、改正後の行政裁判所法47条2項1文による申立適格が通常存在する」と述べ、次のように判示する。「建設法典9条1項による計画上の指定は土地所有権の内容規定である……。そのような土地所有権への規範的侵害の違法性を、土地所有者は原則的に防除することが許される。規範統制手続は、建設計画法上の指定とそれと同時になされた内容規定が適法であるか否かを裁判的に審査することに奉仕する……。それに対応して、連邦行政裁判所はその判例において、自己の土地に直接的に関係する指定を争う土地所有者の申立適格を常に肯定してきた……。この法状況を変更することを立法者は意図していない」。法改正にかかわらず、申立人が自己の所有地に適用される地区詳細計画の指定を争う場合については、従前の判例を維持することが示されている。

(2) 連邦行政裁判所1998年3月10日判決

連邦行政裁判所1998年3月10日判決[41]は、従前は自己の所有地における建物の奥行は16メートルまで認められていたにもかかわらず、地区詳細計画の指定によりこれを14メートルに制限されたと主張する者が規範統制の申立てをした事件に関するものである。規範統制裁判所は、周辺における建物の奥行は大半が10メートル未満であり、申立人の法的地位は当該計画の発布前よりも改善していること、従前においても奥行16メートルの建築は認められなかったであろうことを指摘して、申立適格を否定した。それに対して本判決は申立適格を肯定した。

本判決はまず、前掲連邦行政裁判所1997年7月7日決定を引用して、「計画地区内に位置する土地の所有者が自己の土地に直接的に関係する指定を争う場合の規範統制の申立てについては、改正後の行政裁判所法47条2項1文による申立適格が通常存在している」と判示する。さらに本判決

---

[40] BVerwG, Beschl. v. 07.07.1997 - 4 BN 11/97 -, NVwZ-RR 1998, 416.
[41] BVerwG, Urt. v. 10.03.1998 - 4 CN 6/97 -, NVwZ 1998, 732.

は、行政裁判所法47条2項1文にいう権利侵害の「主張」の要件について、「申立適格のために必要であり、さらに十分であるのは、申立人が、地区詳細計画の指定によって自己の土地所有権を侵害されるということを、少なくとも可能性があると思わせる事実を、十分確証をもって（substantiiert）主張することである。権利侵害の可能性を要求することは、行政裁判所法42条2項の意味における出訴資格についての裁判及び実務を受け継いでいる」と述べている。これは、原告の主張によれば行政行為による権利侵害の可能性があると思われる場合に取消訴訟の出訴資格が認められるとする「可能性説（Möglichkeitstheorie）」[42]に従ったものである。権利侵害の「主張」の有無に関しては、取消訴訟の場合と同じ判断基準が用いられるということである。

また本判決は、前掲連邦行政裁判所1993年1月6日決定を引用して、「所有者にとって従前の法状況と比較してそれ自体としては有利な指定も、同時にその土地の建築利用を制限し、彼にとって不利益的である場合がある」と述べ、「審査の対象とされた地区詳細計画の無効が判明する場合に、申立人が一定の事業案を実施することが許されるか否かは、権利侵害の問題ではなく、規範統制手続にとっての権利保護の必要性の問題である」と判示している。その上で本判決は、問題の地区詳細計画の無効が宣言された場合、申立人の希望する建築に対立する障害の1つが除去され、申立人の利益となることを指摘して、権利保護の必要性を認めている。

(3) 連邦行政裁判所2013年9月25日決定

連邦行政裁判所2013年9月25日決定[43]は、地区詳細計画の指定によって物権としての通行権を制限されたと主張する者が規範統制の申立てをした事件に関するものである。本決定は、土地についての物権にも基本法14条

---

[42] Vgl. *Wysk*, in: Wysk (Fn. 13), §42 Rn. 124; *Happ*, in: Eyermann (Fn. 13), §42 Rn. 93; *Ralf P. Schenke*, in: Ferdinand O. Kopp/Wolf-Rüdiger Schenke, VwGO, Kommentar, 23. Aufl. 2017, §42 Rn. 66. 可能性説については、山本隆司「行政訴訟に関する外国法制調査――ドイツ（下）」ジュリスト1239号（2003年）109頁も参照。

[43] BVerwG, Beschl. v. 25.09.2013 - 4 BN 15/13 -, ZfBR 2014, 60.

1項の所有権保障が及ぶとして、地上権者や用益権者等、「所有者に類似する方法で土地について物権を有する者を、行政裁判所法47条2項1文による申立適格に関して、所有者と原則的に同視することが正当化される」と判示した。さらに本決定は、「地区詳細計画の指定によって基本法14条1項により保護された法的地位が直接的に影響を受ける場合、この影響が僅少を超えること、保護に値すること又は市町村にとって認識可能であることは、行政裁判所法47条2項1文による申立適格にとって重要でない」と述べている。ただし本決定は、当該地区詳細計画には、申立人の通行権との関係では、通行可能な敷地部分の幅員を最低3メートルとする定めがあるものの、最高限度は定められておらず、建築境界線の指定によれば幅員5メートル以上の通行可能な敷地部分があるとして、申立人の主張する通行権の制限がないことを理由にその申立適格を否定している。土地についての物権の主体が当該土地に適用される地区詳細計画の指定を争う場合にも、土地所有者が申立人となる場合と同様に原則的に申立適格が認められるが、申立人が主張する権利の制限が存在しなければ、やはり申立適格は認められないということである。

このように、申立人が自己の所有地に適用される地区詳細計画の指定を争う場合には、基本法14条1項により保護された土地所有権侵害の可能性を主張することにより、その申立適格が通常認められる[44]。当該土地について物権を有する者が当該権利の侵害の可能性を主張する場合も同様である。そうすると問題になるのは、それ以外のケースで申立人の権利侵害（の可能性）が認められるかどうかである。

3 　適正な衡量を求める権利の承認
―― 連邦行政裁判所1998年9月24日判決（98年判決）

所有権侵害の可能性を理由とする申立適格とは別に、衡量要請違反の可

---

[44] 地区詳細計画の指定が適用される土地の所有者が規範統制の申立てをする場合、当該地区詳細計画の施行の時点において当該土地を所有していたか否かは申立適格にとって決定的ではないことを指摘した連邦行政裁判所の判例として、vgl. BVerwG, Beschl. v. 25.01.2002 - 4 BN 2/02 -, ZfBR 2002, 493（493）.

能性ないしは「適正な衡量を求める権利」の侵害可能性を理由とする申立適格が認められることを示したのが、連邦行政裁判所1998年９月24日判決(以下本章において「98年判決」という)⑷⁵である。この事件は、従前は森であった場所に私的緑地（「長期小菜園（Dauerkleingärten）」。クラブハウスおよび駐車場を含む）を指定する地区詳細計画が争われたものである。申立人は、馬の放牧場として使用される幅員10メートルの保護帯（Schutz-streifen）によって当該計画地区と隔てられているにすぎない自己の住居地が小菜園およびクラブハウスから生ずる余暇騒音（Freizeitlärm）によって受忍できない被害を受けること、被申立人が衡量において住居の静穏の利益を無視し、建設法典９条１項24号の指定（有害な環境影響の防止のための指定）をすることを違法に怠ったことを主張した。上級行政裁判所は、申立人の住居地が小菜園の利用により受忍できない影響を受けるとはいえず、申立人は外部地域に隣接する土地の所有者として従前の状況が変化することを計算に入れなければならないとして、申立適格を否定した。それに対して98判決は、申立人の申立適格を肯定し、事件を差し戻している。

(1) 権利侵害の主張

98年判決はまず、前掲連邦行政裁判所1998年３月10日決定を引用して、「改正後の行政裁判所法47条２項１文による権利侵害の主張について、行政裁判所法42条２項による出訴資格に妥当するものよりも高い要求は設定され得ない。したがって申立人は、地区詳細計画の指定により権利を侵害されるということを、少なくとも可能性があると思わせる事実を十分確証をもって主張する場合には、その主張義務（Darlegungspflicht）を果たしている」と判示し、申立人の主張によれば「第三者保護的な衡量要請の違反が、明白かつ一義的にいかなる見方によっても不可能とはいえない」と述べている。また98年判決は、「権利侵害の主張のための要求については、これに関して適正な衡量を求める権利……が問題になる場合においても、より高い要求は設定され得ない。その場合でも、申立人が、衡量における

⑷⁵ BVerwG, Urt. v. 24.09.1998 - 4 CN 2/98 -, BVerwGE 107, 215.

その利益の瑕疵ある取扱いを、可能性があると思わせる事実を主張すれば十分である」と述べ、主張された衡量の瑕疵が建設法典214条3項2文により顧慮されるか否かは理由具備性の問題であることを指摘している[46]。行政裁判所法47条2項1文による権利侵害の主張について可能性説が採用されていることは明らかであるが[47]、衡量要請が第三者保護性を有すること、適正な衡量を求める権利が存在しうること、衡量要請の違反ないしは衡量における申立人の利益の瑕疵ある取扱いが権利侵害に該当しうることが示唆されていることも重要である。

(2) 衡量要請の保護規範性と適正な衡量を求める権利

98年判決は、当時の建設法典1条6項（2004年改正後の建設法典1条7項）に規定された衡量要請が第三者保護効果ないし保護規範性を有することを肯定している。98年判決は、「ある公法規範が第三者保護効果を有するか否かは、それが客観法的性格のみを有し、公的利益のみに奉仕するのか、あるいは、それが——少なくとも同時に——個人的利益の主体が当該法規の遵守を要求し得べきほどに、個人的利益の保護に奉仕することを規定されているのかに依存する」と判示した上で、①建設管理計画の策定に当たっては公的および私的利益が相互に適正に衡量されなければならないという規定の文言は、当該規範が私的利益にも奉仕することを規定されているという結論を支持すること、②それにもかかわらず衡量要請が公的利益のみに奉仕するということを明確に認識させる十分な手がかりは認められないこと、③連邦行政裁判所は既に従前から、計画確定（Planfeststellung）にあっては公的および私的利益が衡量において適正に考慮されなければならないとする部門計画法の衡量規定は第三者保護効果を有するとい

---

[46] 計画維持規定である建設法典214条3項2文は、衡量過程における瑕疵は「それらが明白でありかつ衡量結果に影響を及ぼした場合」に限り有意であることを規定している。衡量要請の違反が計画維持規定により顧慮されるか否かは申立適格にとって重要でないことを改めて指摘した連邦行政裁判所の判例として、vgl. BVerwG, Urt. v. 16.03.2010 - 4 BN 66/09 - , NVwZ 2010, 1246 Rn. 20.

[47] 可能性説によって申立人の主張責任が最小化されることを指摘する説として、vgl. Peter Schütz, Das "Recht auf gerechte Abwägung" im Bauplanungsrecht, NVwZ 1999, 929（930）.

第一部　地区詳細計画の規範統制の発展

う立場であり、衡量要請の保護規範性を認めた連邦行政裁判所1975年2月14日判決[48]は広範な賛同を得たことを指摘している。

つまり98年判決によれば、建設法典に定められた衡量要請は、個人的利益の保護にも奉仕することを規定されており、当該個人的利益の主体にその遵守すなわち適正な衡量を求める権利を与えるということである[49]。この発想は、公益の保護だけでなく、個人的利益の保護にも奉仕することを規定されている公法規範は個人の公権を根拠づけるという「保護規範説（Schutznormtheorie）」[50]に沿ったものである。98年判決が援用した連邦行政裁判所1975年2月14日判決は、連邦道路の新設にかかる計画確定決定（Planfeststellungsbeschluss）の取消訴訟が提起された事件で、衡量要請が計画策定によって影響を受ける者に適正な衡量を求める権利という公権を与えることを認めている[51]。ただし、連邦行政裁判所1977年7月29日判決[52]は、地区詳細計画の策定阻止を求める市民等が一般的給付訴訟として

[48]　BVerwG, Urt. v. 14.02.1975 - IV C 21.74 -, BVerwGE 48, 56.

[49]　これを支持する説として、vgl. *Wolf-Rüdiger Schenke*, Die Antragsbefugnis natürlicher und juristischer Personen im Normenkontrollverfahren gem. §47 Abs. 2 Satz 1, 1. Alt. n. F. VwGO, VerwArch 90（1999）, 301（318）; *Dirk Ehlers*, Die Befugnis natürlicher und juristischer Personen zur Beantragung einer verwaltungsgerichtlichen Normenkontrolle, in: Wilfried Erbguth/Janbernd Oebbecke/Hans-Werner Rengeling/ Martin Schlute（Hrsg.）, Planung: Festschrift für Werner Hoppe zum 70 Geburtstag, 2000, S. 1041（1049）.

[50]　Vgl. *Ulrich Ramsauer*, Die Dogmatik der subjektiven öffentlichen Rechte, JuS 2012, 769（771）; *Frank Stollmann/Guy Beaucamp*, Öffentliches Baurecht, 11. Aufl. 2017, §20 Rn. 11-12; *Wifried Erbguth/Thomas Mann/Mathias Schubert*, Besonderes Verwaltungsrecht, 12. Aufl. 2015, Rn. 1328. 保護規範説については、山本・前掲注（42）109頁以下も参照。

[51]　地区詳細計画が計画確定決定を代替する場合があることから、衡量を求める権利に関して両者を区別すべき理由がないことを指摘する説として、vgl. *Jost Hüttenbrink*, Das Recht auf fehlerfreie Abwägung als subjektiv-öffentliches Recht i. S. der Antragsbefugnis gemäß §47 Abs 2 VwGO n. F., DVBl 1997, 1253（1257）; *Wolf-Rüdiger Schenke*, Zur Antragsbefugnis im Rahmen eines Normenkontrollverfahrens, wenn dieses vor 1997 anhängig wurde und das subjektiv öffentliche Recht aus BauGB §1 Abs 6 abgeleitet werden soll, DVBl 1997, 853（854）.

[52]　BVerwG, Urt. v. 29.07.1977 - IV C 51.75 -, BVerwGE 54, 211.

の不作為訴訟（Unterlassungsklage）を提起した事件において、地区詳細計画は取消訴訟の対象ではないため、衡量要請から衡量を求める請求権が生ずると解することの実際上の意義は、計画手続中における予防的権利保護を認めるという点のみにあるところ、実体法が法制定措置に対する個人の不作為請求権を与えるのは稀有な例外事例に限られるとして、そのような請求権は認められない旨判示していた[53]。98年判決はこの判決について言及していないが、1996年の行政裁判所法改正後においては、適正な衡量を求める権利を承認することには、規範統制の申立適格を根拠づけることができるという点で、実際上の意義があることは明らかである。他方、2004年改正前の建設法典2条3項1文（改正後の建設法典1条3項2文）は「建設管理計画の策定に関して請求権は存在しない」と規定しているところ、98年判決はこの規定についても言及していない。もっとも、計画の策定を求める権利と適正な衡量を求める権利は区別することができるから、前者の権利が存在しないからといって後者の権利も否定されるとはいえないであろう[54]。

(3) 適正な衡量を求める権利と衡量上有意な利益

衡量要請が適正な衡量を求める権利を根拠づけるとすれば、申立人が適正な衡量を求める自己の権利の侵害の可能性、すなわち衡量における自己の利益の瑕疵ある取扱いの可能性を主張する場合には、申立適格が肯定されることになる。これに関して98年判決は、①申立人が衡量要請違反を主張する場合は、「当該衡量にとってそもそも顧慮されなければならなかった自己の利益」が侵害されることを主張しなければならないこと、②衡量において考慮されなければならない私的利益は「具体的な計画策定状況において都市建設上有意な関連性を有するもの」だけであることを指摘して、「その限りで改正前の行政裁判所法47条2項1文による不利益概念に

---

[53] 法制定措置の不作為を求める個人の請求権を承認することは、ドイツ法においても困難である。拙稿・前掲注(36)34頁以下参照。

[54] 建設管理計画の策定を求める請求権が存在しないとしても、瑕疵のない衡量を求める権利が存在しうることを主張した説として、vgl. *Hüttenbrink* (Fn. 51), S. 1256.

ついての当裁判部の判例を用いることができる……。つまり衡量上顧慮されないのは特に、低価値又は非難すべき利益、並びにその存続に関して保護に値する信頼が存在しないもの、あるいは市町村にとって当該計画に関する決定に当たって認識できなかったものである」と述べている。

つまり98年判決のいう適正な衡量を求める権利は、「衡量上有意な自己の私的利益」の適正な衡量を求める権利である。そして、衡量上有意な利益とはどのようなものかという点に関しては、従前の連邦行政裁判所の判例を参照することが明言されている。本章Ⅰで検討した通り、連邦行政裁判所は、申立人の利用している土地には適用されない地区詳細計画の指定が争われる場合には、衡量上有意な利益の侵害が1996年改正前の行政裁判所法47条2項1文にいう不利益に該当するとして、これに関する判例を蓄積してきた。したがって、従前において申立人が衡量上有意な利益の侵害を受けることが認められていたケースについては、改正後においても、衡量要請違反ないし適正な衡量を求める権利の侵害の可能性があるものとして、申立適格が認められることが考えられる。なお98年判決は、具体的事案に関しては、小菜園施設によって自己の土地状況が不利益に変化することを回避するという申立人の利益が衡量上有意な利益に該当すること、および申立人が、小菜園施設と自己の土地との間に指定された保護帯は障害の低減のために十分ではないという理由で、その利益が衡量において十分には考慮されなかったことを主張したことを認めている。

(4) 立法者意思との関係

以上の通り、適正な衡量を求める権利の承認は、申立適格の制限を意図した1996年改正の立法者意思と対立しうる。この点について、98年判決は次のように述べている。「立法者は明らかに、行政裁判所法第6次改正法による改正後の47条2項1文における申立適格の新たな表現（Neufassung）によって、地区詳細計画を（も）対象とする規範統制の許容性をこれまでの法よりも制限するという前提から出発した。当裁判部は、建設法典1条6項における『適正な衡量を求める権利』の承認のためにこの目標が達成されなくなったことを自覚している。しかし訴訟法上の規定の改正は実体法上の請求権の存在に対する影響をもち得ないのであるから、立法者の目

標はこの方法で達成されることのできないものでもあった」[55]。

4 適正な衡量を求める権利の侵害可能性を理由とする申立適格

98年判決によれば、建設法典1条に規定されている衡量要請は、衡量上有意な私的利益の主体に、当該利益の適正な衡量を求める権利を与えるところ、この権利が侵害される可能性を主張する申立人には、申立適格が認められる。98年判決は、衡量上顧慮されない利益の例として、低価値な利益、非難すべき利益、その利益が存続することへの信頼が保護に値しないもの、市町村が計画決定に当たって認識できなかった利益を挙げている。以下では、適正な衡量を求める権利の侵害可能性について判断した連邦行政裁判所の判例を、いくつかの類型に分けて紹介する。

(1) 騒音

98判決においては小菜園から生ずる余暇騒音が問題になったが、騒音防止の利益が衡量上有意なものとされた例は複数存在する。連邦行政裁判所1999年2月26日判決[56]は、これまで農業利用がなされていた場所に住居専用地区を指定する地区詳細計画が争われた事件に関するものである。当該計画地区は、既に住居専用地区に指定されていた申立人の土地の北側境界線に沿った袋小路（Stichstraße）と接続することになっていた。申立人は、予測される交通イミシオンにより受忍できない被害を受けること、開発施設の代替案が十分には審査されなかったこと等を主張した。本判決は、申立人の土地の北側境界線に沿って車両が通行することによる交通イミシオンの回避を求める申立人の利益が衡量上有意な利益に該当すること、および申立人が、自らの提案にかかる当該土地を害しない開発施設の代替案が十分には考慮されなかったという理由で、当該利益が衡量において軽視されたことを主張したことを認め、その申立適格を肯定した。

連邦行政裁判所2000年12月6日決定[57]は、多目的ホール等のための特別

---

[55] 立法者意思が実体法の解釈にとって決定的ではないことを指摘する説として、vgl. *Stefan Muckel*, Die fehlgeschlagene Einschränkung der Antragsbefugnis bei der Normenkontrolle von Bebauungsplänen, NVwZ 1999, 963 (964).

[56] BVerwG, Urt. v. 26.02.1999 - 4 CN 6/98 -, NVwZ 2000, 197.

地区を指定する地区詳細計画が争われた事件に関するものである。申立人は、約100メートル離れた外部地域内の土地で住宅および農場を建築しており、当該土地と当該特別地区および既存のスポーツ施設は、公共の交通の用に供されている農道でつながっていた。申立人は既存の道路が当該特別地区には適切でなく、大きな行事の場合には著しい交通上の迷惑が発生すること等を主張し、規範統制裁判所は当該地区詳細計画の無効を宣言した。本決定もこの判断を是認しており、申立適格に関しては、次のように判示している。「当裁判部は既に、争いのある計画地区の外にある土地の所有者が、計画地区内において許容された利用の、又はその住居地のすぐ前を通る、計画上指定された開発道路を行き来する交通の騒音イミシオンを受けないという利益が、衡量にとって有意な私的利益であり得ることを判示してきた……。計画地区外に存する沿道住民の、その土地の開発にも奉仕する道路の過重負担を受けないという利益も、衡量上有意な、保護に値する私的利益となり、行政裁判所法47条2項1文の意味における申立適格を根拠づけ得るということは、自明である」。

　連邦行政裁判所2007年5月24日決定[58]は、地区詳細計画の策定に伴う交通騒音の増加が申立適格を根拠づけるか否かについて一般論を展開している。本決定は、「計画が惹起する交通騒音の増加は限界値（Grenzwete）より低くても原則的に衡量素材に属し、それと同時に利害関係人の申立適格を根拠づけるということは、当裁判部の判例において明らかである。ただし騒音の増加が僅少である場合又はそれが隣地に非本質的に影響するにすぎない場合には、それは衡量に取り入れられる必要はなく、申立適格は消失する」と判示する。その上で本決定は、前掲連邦行政裁判所1992年2月19日決定を引用して、①交通騒音の増加による被害が僅少を超えるか否かは固定的な基準では判断できないこと、②騒音の増加が、人間の耳にとってほとんど知覚できないとしても、衡量素材に含まれる場合があること、③反対に、知覚可能な騒音の増加が常に衡量において考慮されなければな

---

[57]　BVerwG, Beschl. v. 06.12.2000 - 4 BN 59/00 -, NVwZ 2001, 431.

[58]　BVerwG, Beschl. v. 24.05.2007 - 4 BN 16/07, 4 VR 1/07, 4 BN 16/07 und 4 VR 1/07 -, ZfBR 2007, 580.

らないとはいえないことを指摘している。本件では規範統制裁判所は申立人の申立適格を否定しており、本決定もその判断を是認している。

(2) 眺望

　眺望の利益の侵害を理由として申立適格が認められるかどうかは、事案による。連邦行政裁判所2000年8月22日決定[59]は、既存の地区詳細計画を補完する地区詳細計画に対して規範統制の申立てがなされた事件に関するものである。申立人の所有地は既存の地区詳細計画の適用区域内にあり、規範統制の対象とされた地区詳細計画は申立人の所有地の隣地に住居地を指定するものであった。本決定はまず、計画地区内の土地所有者であっても、自己の所有地には適用されない地区詳細計画の指定を争う場合には、所有権侵害の可能性を理由とする申立適格は認められないことを指摘する。次に、衡量要請違反の可能性を理由とする申立適格に関しては、①衡量上有意な利益が存在する場合、市町村が当該利益を衡量に当たって正しく考慮しなかった可能性も原則的に存在するので、衡量上有意な私的利益を援用しうる者は申立適格を有すること、他方で②79決定によれば、僅少な影響や市町村にとって認識できない影響は衡量上有意ではないことを指摘する。その上で本決定は、「従前建築のされていない土地で将来建築をすることが許されるという状況だけでは、従前の状態の維持を求める隣人の利益は少なくともまだ衡量上有意な利益にはならない。他方で、いつ衡量上有意となるための閾が越えられるのか、それゆえにいつ隣人にとって不利となる衡量要請の違反が可能であるのかは、そのときどきの個別事例の問題である」と述べている。申立人は特別な眺望状況の維持という私的利益を主張したが、規範統制裁判所は特別に保護に値する眺望状況を認めず、本決定もその判断を是認している。

(3) 賃借人・小作人

　前掲連邦行政裁判所1988年11月11日決定は、地区詳細計画の指定が適用される土地の利用権者は、衡量上有意な利益の侵害の有無を問わず、当該指定に対する規範統制の申立適格を有するものとしていた。それに対して

---

[59] BVerwG, Beschl. v. 22.08.2000 - 4 BN 38/00 -, NVwZ 2000, 1413.

第一部　地区詳細計画の規範統制の発展

1996年改正後においては、計画地区内の土地所有者以外の利用権者（賃借人・小作人）が、自己の利用する土地に適用される指定を争う場合において、適正な衡量を求める権利の侵害可能性を理由とする申立適格を認める判例がみられる[60]。

連邦行政裁判所1999年11月5日判決[61]は、小作人である申立人が牧草地として利用している土地の一部が商業地区に指定された事件に関するものである。計画策定手続において、申立人の父は当該土地が牧草地として必要であることを主張していたが、被申立人の市議会は当該土地を商業地区から除外することを拒否していた。本判決は申立適格を肯定しており、①被申立人の市議会が当該地区詳細計画に関する決定に当たって衡量の範囲内において考慮しなければならなかった利益に、当該土地を引き続き牧草地として利用することができるという申立人の利益も含まれていたこと、②被申立人自身、申立人の利益を衡量上有意と考えていたことを指摘して、「申立人は、その利益を被申立人が当該地区詳細計画の策定に当たって十分には考慮しなかったというその主張をもって、行政裁判所法47条2項1文の要求を満たす」と判示している。また本判決は、79年決定を引用して、土地利用が賃貸借契約や小作契約に基づくものにすぎないという事実は、それに関連する利益が計画上の衡量に当たって考慮されないままでなければならないという結論を当然にもたらすものではないことを改めて指摘している。

連邦行政裁判所2008年4月9日判決[62]は、特別住居地区を指定する地区詳細計画が争われた事件に関するものである。当該地区詳細計画は、当該特別住居地区内におけるWB/1と名づけられた区域については、居酒屋および飲食店が禁止されることを定めていた。申立人は、建物の1階にある部屋を賃借してカクテルバーを経営しており、地階にもバーをも拡大した

---

[60] 前掲連邦行政裁判所1988年11月11日決定を引用して、賃借人・小作人にも所有権侵害の可能性を理由とする申立適格が認められるようにもみえる判示をするものとして、vgl. BVerwG, Urt. v. 29.06.2015 - 4 CN 5/14 -, NVwZ 2015, 1457 Rn. 11.
[61] BVerwG, Urt. v. 05.11.1999 - 4 CN 3/99 -, BVerwGE 110, 36.
[62] BVerwG, Urt. v. 09.04.2008 - 4 CN 1/07 -, NVwZ 2008, 899.

いと考えていたが、当該事業地が WB/1 に指定されたため、規範統制の申立てをした。本判決は申立適格を肯定しており、申立人が「自己の利益の衡量を求める権利」が侵害されていることを主張したことを認めている。その理由に関しては、申立人が賃借した部屋をバーとして利用することが建設計画法上許容されており、それゆえに拡大可能であるという申立人の利益は、衡量上有意であることが指摘されている。

(4) 計画地区の拡張

自己の所有地を地区詳細計画の適用区域に取り入れることを求める利益は、それ自体としては衡量上有意ではないとされている。連邦行政裁判所2004年4月30日判決[63]は、一般住居地区を指定する地区詳細計画が争われた事件に関するものである。申立人の所有地の後面部分は、既存の地区詳細計画によって建築不可能な敷地部分に指定されていた。申立人は、規範統制の対象とされた地区詳細計画の策定手続において、自己の所有地の後面部分を当該地区詳細計画の適用区域に取り入れてほしい旨を表明したところ、市町村の議会はこれを拒否した。規範統制裁判所は、申立人の利益は衡量上有意であるとしたが、本判決は申立適格を否定した。本判決は、計画地区を自己の所有地にも拡張することを求める所有者の利益につき、「そのような、建設計画法上の現状の改善とともに自己の権利領域の拡大を求める利益は、単なる期待であって、保護に値せず、それゆえに衡量上有意でもない」と判示し、その理由に関しては、当時の建設法典2条3項は建設管理計画の策定に関して請求権は存在しないと規定しており、「土地を地区詳細計画の適用区域に取り入れ、当該土地を建築用地として指定することを目的とする『瑕疵のない建設管理計画策定を求める公法上の請求権』」は認められないことを指摘している。他方で本判決は、「少なくとも土地が『恣意的に』地区詳細計画に取り入れられない事例において申立適格が問題になるか否か」については判断を留保しており、本件においては恣意的な計画策定は認められないことを指摘している[64]。

---

[63] BVerwG, Urt. v. 30.04.2004 - 4 CN 1/03 -, NVwZ 2004, 1120.

（5） 後の計画による道路用地指定

問題の地区詳細計画を前提とする地区詳細計画によって自己所有地を道路交通用地として指定される者について、申立適格を認める判例がある。連邦行政裁判所2011年6月16日判決[65]は、住居地区・特別地区等を指定する地区詳細計画に対して、当該地区詳細計画の適用区域外の土地を所有して農業に利用している申立人らが規範統制の申立てをした事件に関するものである。申立人らの所有地は別の地区詳細計画の適用区域内にあったが、前者の地区詳細計画によって指定された建築地区に接続する道路を整備するため、後者の地区詳細計画が変更され、申立人らの所有地の一部が交通用地として指定された。高等行政裁判所は、前者の地区詳細計画に対する規範統制については申立人らの申立適格を否定した。それに対して本判決は、新しい建築地区の主要開発道路として自己の土地を使用されないという申立人らの利益が衡量上有意な利益であり、既に当該建築地区を指定するに当たって考慮されなければならなかったとして、その限りで申立人らの申立適格が認められるものとした。本判決は、市町村は後の計画策定によって初めて現実化する影響を原則的に考慮する必要はないとしつつ、その例外として、当該影響が①先の計画策定の必然的な結果である場合、②建築地区の指定の基礎にある市町村の計画上の構想の結果であり、計画上の自己拘束の表れとして衡量に取り入れられなければならない場合を挙げる。そして本判決は、本件は①には該当しないものの、計画策定の間には「密接な構想上の関連性」があったとする。また本判決は、申立人らの利益が低価値ではなく保護に値し、都市建設上有意な関連性を有すること、建築地区を指定する地区詳細計画の策定に当たって衡量の瑕疵がある可能性があり、申立人らは「所有者の利益の瑕疵のない衡量を求める権利」が侵害されていることを主張することができることを認定している。

---

[64] 申立人の土地が恣意的に除外されたとはいえないとして申立適格を否定した上級行政裁判所の判断を是認したものとして、vgl. BVerwG, Beschl. v. 27.06.2007 - 4 BN 18/07 -, ZfBR 2007, 685 (686). 本判決の判示を改めて確認したものとして、vgl. BVerwG, Beschl. v. 10.08.2016 - 4 BN 20/16 -, juris Rn. 3.

[65] BVerwG, Urt. v. 16.06.2011 - 4 CN 1/10 -, BVerwGE 140, 41.

(6) 文化財所有者

連邦行政裁判所2016年1月12日決定[66]は、問題の地区詳細計画の適用区域外において文化財を所有する者に申立適格が認められる場合について判示している。この事件では、文化財である建物を所有する申立人が、その近隣を適用区域とする地区詳細計画に対して規範統制の申立てをした。本決定は、①権利侵害の主張に関しては、申立人が権利を侵害される可能性があると思わせる事実を主張すれば十分であること、②建設法典1条7項の衡量要請が私人に権利を与えることを改めて示した上で、「文化財保護の利益の侵害を主張する文化財所有者の申立適格は、行政裁判所法47条2項1文により、その私的利益が僅少を超える影響を受け、それゆえに衡量上有意であることを前提とする」と判示する。そして本決定は、「計画策定が、文化財を保護の下に置くことによって追求される目的を有意に侵害し、文化財所有者が自らに課せられた維持義務を履行して行った文化財への投資の価値を事後的に低下させ得る場合に初めて、当該文化財所有者は『自己の』利益を行政裁判所法47条2項1文の意味において侵害されるということができる」と述べている。この点、上級行政裁判所は申立人の建物の文化財としての性格が僅少を超える被害を受ける可能性を否定しており、本決定もその判断を是認している。

5 まとめと検討
(1) 法改正の趣旨

1996年の行政裁判所法47条2項1文の改正により、自然人・法人の申立適格が認められるためには、「その権利を侵害されている又は近いうちに侵害されると主張する」ことが必要となった。その趣旨は、規範統制の申立適格に関する定めを取消訴訟・義務付け訴訟の出訴資格に関する定めに合わせることによって、権利侵害を主張できない自然人・法人の申立適格を否定しようとするものであった。

---

[66] BVerwG, Beschl. v. 12.01.2016 - 4 BN 11/15 -, ZfBR 2016, 263.

(2) 所有権侵害の可能性を理由とする申立適格

　もっとも、申立人が自己の所有地に適用される地区詳細計画の指定を争う場合には、基本法14条により保護されている所有権の侵害（の可能性）を主張することによって、通常は問題なく申立適格が認められる。連邦行政裁判所1998年3月10日決定は、取消訴訟の出訴資格として要求されている権利侵害の「主張」の程度に関する可能性説に従って、地区詳細計画の指定によって自己の所有権が侵害されるという可能性があると思わせる事実を申立人が主張すれば、申立適格が認められるものとした[67]。自己所有地に地区詳細計画の指定が適用される場合、所有権侵害の可能性を主張することは通常は容易であり、従前と比較して申立適格が特に制限されることはないと考えられる。この決定の事案では、地区詳細計画の指定によって申立人の所有地の建築利用の可能性が拡大したともいえるところ、申立人がそれ以上の建築利用を欲しており、申立適格が肯定されている。連邦行政裁判所2013年9月25日決定は、地上権者や用益権者にも所有権侵害の可能性を理由とする申立適格が認められうること、この場合は申立人の受ける影響が僅少を超えることや市町村にとって認識可能であることは重要でないことを指摘する一方、当該事案については申立人の主張する権利の制限がないことを理由としてその申立適格を否定している。所有権侵害を理由とする申立適格は比較的簡単に認められるものではあるが、申立人の主張する所有権の制限が存在しない場合には、やはり申立適格は認められない。

(3) 適正な衡量を求める権利の承認（98年判決）

　問題となるのは、従前において衡量上有意な利益の侵害があることを理由として申立適格が認められていたケースである。98年判決は、建設法典

---

[67] 行政裁判所法47条2項1文にいう権利侵害の「主張」が可能性説により判断されることを示すものとして、vgl. *Peter Unruh*, in: Michael Fehling/Berthold Kastner/Rainer Störmer (Hrsg.), Verwaltungsrecht, VwVfG, VwGO, Nebengesetze, Handkommentar, 4. Aufl. 2016, §47 VwGO Rn. 84; *Ludger Giesberts*, in: Herbert Posser/Heinrich Amadeus Wolff (Hrsg.), VwGO, Kommentar, 2. Aufl. 2014, §47 Rn. 36.

に規定されている衡量要請が、衡量上有意な自己の私的利益について「適正な衡量を求める権利」を根拠づけるものとし、この権利が侵害される可能性を申立人が主張する場合には申立適格が認められるものとした。98年判決は、適正な衡量を求める権利を承認するに当たって、個人的利益の保護にも奉仕することを規定されている公法規範は個人の公権を根拠づけるとする保護規範説の考え方を用いている。衡量要請は私的利益についても適正な衡量を求めるものであるから、これが保護規範性を有するという解釈は自然であると思われる[68]。建設法典には建設管理計画の策定に関して請求権は存在しないとする規定があるものの、このことは、衡量要請の遵守を求める権利を承認することの妨げにはならないだろう。

　98年判決は、何が衡量上有意な利益に当たるかという点については、従前の判例を参照することを明言しており、連邦行政裁判所2000年8月22日決定は、従前の判例を引用して、申立人の受ける侵害的影響が衡量上有意であることも必要とされることを示している（この決定は、衡量上有意な利益を援用しうる者は申立適格を有するとも述べている）。したがって、適正な衡量を求める権利の侵害可能性を理由とする申立適格は、申立適格を認められる者の範囲という点では、衡量上有意な利益の侵害の有無を基準とする従前の考え方とほとんど変わらないといえよう[69]。この結論は、98年判決も自認している通り、申立適格の制限を意図した1996年改正の立法者意思とは対立しうるが、その後において申立適格をさらに制限する改正は行

---

[68]　当時の建設法典1条6項（2004年改正後の建設法典1条7項）が、衝突する私的利益を調整する「紛争調停プログラム（Konfliktschlichtungsprogramm）」を含む点で第三者保護性を有すると主張する説として、vgl. *Matthias Schmidt-Preuß*, Kollidierende Privatinteressen im Verwaltungsrecht, 2. Aufl. 2005, S. 728-729. それに対して、衡量要請は手続的な性格を有するにすぎず、実体的な保護の水準を定めていないと指摘した説として、vgl. *Peter Schütz*, Die Antragsbefugnis bei der Normenkontrolle von Bebauungsplänen nach dem 6. VwGOÄndG, 2000, S. 242.

[69]　従前との共通性を指摘する説として、vgl. *Friedhelm Hufen*, Verwaltungsprozessrecht, 10. Aufl. 2016, §19 Rn. 27; *Jörg von Albedyll*, in: Johann Bader/Michael Funke-Kaiser/Thomas Stuhlfauth/Jörg von Albedyll, VwGO, Kommentar, 6. Aufl. 2014, §47 Rn. 58-59; *Unruh*, in: Fehling/Kastner/Störmer (Fn. 67), §47 VwGO Rn. 73.

われていない。学説においても、建設法典に規定されている衡量要請が適正な衡量を求める権利を根拠づけること、これが行政裁判所法47条2項1文にいう権利に該当することについては、特に批判を加えないものが多い[70]。

(4) 適正な衡量を求める権利の侵害可能性を理由とする申立適格

適正な衡量を求める権利に関する連邦行政裁判所の具体的判断を見ると、騒音および眺望に関しては、従前と同様の考え方が維持されていることがわかる。連邦行政裁判所2007年5月24日決定は、交通騒音の増加が原則として衡量素材に属することを明言する一方で、騒音の増加が僅少である場合には申立適格は否定されると述べており、騒音に関する連邦行政裁判所の基本的な立場がわかりやすい形で示されているといえよう。連邦行政裁判所2000年8月22日決定は、眺望の利益の侵害を理由とする申立適格を認めていない。眺望の利益が一切保護に値しないとされているわけではないものの、眺望の利益が衡量上有意な利益に該当することを認めた連邦行政裁判所の判例は見当たらない。

小作人・賃借人が申立人となる場合に関しては、申立人の利用している土地に適用される地区詳細計画の指定が争われるケースであっても、適正な衡量を求める権利の侵害可能性を理由とする申立適格を認めたものがある[71]。従前はそのようなケースでは衡量上有意な利益の侵害の有無は問われなかったので、取扱いが異なっている。ただし79年決定は、賃貸借契約や小作契約に基づく土地利用に関する利益が衡量上有意となる可能性を示唆していた。所有権侵害の可能性を理由とする申立適格との違いとしては、被侵害利益が保護に値すること、侵害の程度が僅少を超えること、そ

---

[70] *Jochen Kerkmann/Elisabeth Lambrecht*, in: Gärditz (Fn. 13), §47 Rn. 81; *Wysk*, in: Wysk (Fn. 13), §47 Rn. 39; *Giesberts*, in: Posser/Wolff (Fn. 67), §47 Rn. 40. 建設法典1条7項に基づく自己の利益の適正な衡量を求める権利から申立適格が導出されうることを改めて示した連邦行政裁判所の判例として、vgl. BVerwG, Beschl. v. 21.12.2017 - 4 BN 12/17 -, juris Rn. 7.

[71] 賃借人・小作人が、衡量上有意な自己の利益を侵害される場合に申立適格を有することを指摘するものとして、vgl. *Ziekow*, in: Sodan/Ziekow (Fn. 34), §47 Rn. 216; *Unruh*, in: Fehling/Kastner/Störmer (Fn. 67), §47 VwGO Rn. 71.

れらが計画決定時に認識可能であることが要求されるという点があるが、連邦行政裁判所1999年11月5日判決の事案では、これらをすべて肯定することができる。連邦行政裁判所2008年4月9日判決は、事業を拡大する利益が衡量上有意な利益に該当するものとされた点で注目されるところ、この点も79年決定で示唆されていた。

　新たに判示された事項として、計画地区を自己所有地に拡張することを求める利益は原則的に衡量上有意ではないこと（連邦行政裁判所2004年4月30日判決）、後の計画によって生ずる影響が例外的に衡量上有意となる場合があること（連邦行政裁判所2011年6月16日判決）、文化財所有者が受ける影響の程度によってその利益が衡量上有意となる場合があること（連邦行政裁判所2016年1月12日決定）を挙げることができる。計画地区の拡張を求める者の権利を否定する判例に対しては、計画地区の境界設定について行政裁判所による統制が及ばなくなる、建設管理計画の策定を求める請求権が存在しないことは策定手続の範囲内における請求権とは関係がない、恣意的な境界設定がされた場合に例外が認められる理由が不明であるといった批判がある[72]。この批判にはもっともなところがあるが、この判例は変更されていない。

　競業者や市町村が適正な衡量を求める権利を主張しうるか否かに関する連邦行政裁判所の判例は見当たらない。衡量上有意な利益に関する従前の判例が維持されていることに鑑みると、競業者の利益は原則的に衡量上有意な利益に該当せず、その申立適格は通常認められないことになろう[73]。市町村に関しては、建設法典2条2項が近隣市町村相互間における建設管理計画の調整を求めている点でその利益が衡量上有意であることが認められていたところ、この調整要請が市町村の権利を根拠づけることも認められていたことからすると、市町村が調整要請に基づく権利の侵害可能性を

---

[72]　Vgl. *Wolfgang Rieger*, in: Hans Schrödter (Hrsg.), BauGB, Kommentar, 8. Aufl. 2015, §10 Rn. 76; *Schmidt*, in: Eyermann (Fn. 13), §47 Rn. 47.

[73]　前掲連邦行政裁判所1990年1月16日決定を援用して、競業者の利益が通常の場合保護に値しないことを判示した裁判例として、vgl. OVG Bremen, Urt. v. 03.05. 2016 - 1 D 260/14 -, BauR 2016, 2072 (2072).

第一部　地区詳細計画の規範統制の発展

主張する場合に申立適格が認められるという構成も考えられる[74]。

Ⅲ　第一章のまとめ

　1996年改正前の行政裁判所法47条2項1文は、当該法規定またはその適用によって「不利益」を受ける自然人・法人に規範統制の申立適格が認められる旨規定していた。連邦行政裁判所1979年11月9日決定（79年決定）は、地区詳細計画の規範統制の場合は、衡量上有意な自己の利益の侵害が申立適格を根拠づける不利益に当たるという立場を採用した。これは、建設管理計画の策定に当たっては公的および私的利益が相互に適正に衡量されなければならないとする衡量要請に着目するものである。ここでいう衡量上有意な利益の侵害は、計画決定時に計画策定機関にとって認識不可能であった利益または利益侵害を含まないものであるが、その後連邦行政裁判所は、申立人が自己の利用する土地に適用される地区詳細計画の指定を争う場合には、衡量上有意な利益の侵害の有無を問わず、通常申立適格が認められるものとした。

　1996年の同法47条2項1文の改正で、自然人・法人の申立適格が認められるためには、当該法規定またはその適用によって「権利を侵害されている又は近いうちに侵害されると主張する」ことが必要となった。この改正は、権利侵害を主張することのできない自然人・法人の申立適格を否定しようとするものであった。連邦行政裁判所は、土地所有者である申立人が自己所有地に適用される地区詳細計画を争う場合には、基本法14条によって保護された土地所有権の侵害可能性を主張することにより、申立適格が認められるものとした（所有権侵害の可能性を理由とする申立適格）。さらに連邦行政裁判所1998年9月24日判決（98年判決）は、衡量要請が衡量上有意な自己の私的利益の適正な衡量を求める権利を根拠づけることを承認し、当該権利の侵害可能性を主張する者にも申立適格が認められるものと

---

[74] 建設法典2条2項1文の調整要請の違反の可能性があるという理由で市町村の申立適格を認めた裁判例として、vgl. VGH München, Urt. v. 28.02.2017 - 15 N 15.2042 -, juris Rn. 35.

した（適正な衡量を求める権利の侵害可能性を理由とする申立適格）。98年判決は、何が衡量上有意な利益に当たるかについては、従前の判例を参照することを明言している。その結果、従前において衡量上有意な利益の侵害が認められ、申立適格が肯定されていたケースについては、改正後においても申立適格が認められるという状況になっている。

　所有権侵害の可能性を理由とする申立適格に関しては、地区詳細計画の指定によって申立人の所有地の建築利用の可能性が拡大している場合であっても、申立人がそれ以上の建築利用を欲しているときには、申立適格が認められることが注目される。もっとも、申立人の主張する所有権の制限が存在しなければ、申立適格は認められない。適正な衡量を求める権利の侵害可能性を理由とする申立適格に関しては、騒音防止が問題になるケースが多くみられるところ、被害の程度としては僅少を超える程度で足りるものとされていること、さらに騒音防止以外の利益が衡量上有意な利益に該当しうることも認められていることが注目される[75]。ただしドイツ法にいう衡量上有意な利益の侵害は、計画決定時に市町村にとって認識不可能であった利益または利益侵害を含まないものであり、申立適格を制限する側面を有することには注意が必要である。

---

[75] 日本法に関して、最大判平成17・12・7民集59巻10号2645頁は、都市計画法は騒音・振動等による著しい被害を受けないという周辺住民の利益を個別的利益として保護する旨判示しているが、都市計画において考慮されるべき住民の利益は当該利益に限定されているわけではない。

第二章

規範統制手続における仮命令

　行政裁判所法47条は、上級行政裁判所が申立てに基づいて地区詳細計画等の有効性に関して裁断する、規範統制について定めているところ、同条6項は、「裁判所は申立てに基づいて仮命令を発することができる」ものとし、その要件として、「これが重大な不利益の防除のために又はその他の重要な理由から緊急に必要である場合」を規定している。これは規範統制手続における仮の権利保護の制度であるが、仮命令に関しては、同法123条にも定めがある(1)。同条1項は、「申立てに基づいて裁判所は、訴え提起前であっても、既存の状態の変化によって申立人の権利の実現が不可能又は本質的に困難になり得るであろう危険が存在する場合には、訴訟物との関連において仮命令を発することができる」こと（1文）、「仮命令は、争われている法関係との関連において仮の状態を規律するためにも、この規律が、特に継続的な法関係の場合に、本質的な不利益を防止する若しくは差し迫る暴力を阻止するために又はその他の理由から必要であると思われるときには、許容される」こと（2文）を規定している。同法47条6項は、同法123条との関係では、規範統制事件についての特別規定とみることができる(2)。

　本章は、地区詳細計画の規範統制手続において、同法47条6項による仮

---

(1)　同条に定める仮命令制度の概要については、山本隆司「行政訴訟に関する外国法制調査——ドイツ（下）」ジュリ1239号（2003年）122頁以下、ヴォルフ＝リューディガー・シェンケ（村上裕章訳）「ドイツ行政訴訟における仮の権利保護」北法59巻1号（2008年）139頁以下、拙稿「建築紛争における仮命令」立命338号（2011年）47頁以下参照。

命令の申立てが認められるのはどのような場合か、という点を検討するものである。この点は、日本における立法論として都市計画を直接争う訴訟を構築しようとする場合には当然考慮されるべきであるし[3]、都市計画決定が取消訴訟の対象とされる場合における仮の救済のあり方という見地からも参考になる部分があるのではないかと思われる[4]。以下ではまず、同法47条に仮命令に関する規定が設けられた経緯、仮命令の要件・内容等を概観する（Ⅰ）。その後、仮命令の申立ての理由具備性に注目して、その判断の基準ないし方法についてどのような考え方があるのか（Ⅱ）、裁判所が具体的事例においてどのような判断を行っているのか（Ⅲ）を明らかにする。

Ⅰ　制度の概要

1　仮命令に関する規定の追加

1960年制定時の行政裁判所法は、仮の権利保護の制度として、行政行為に対する異議および取消訴訟の延期効（aufschiebende Wirkung）ないしは執行停止（同法80条）[5]、および仮命令（同法123条）の制度を定めていたが、当時の同法47条は、仮の権利保護については規定していなかった。学説および裁判例は、規範統制の申立てに延期効は認められないという点で

---

(2) Vgl. *Joachim Buchheister*, in: Peter Wysk (Hrsg.), VwGO, Bech'scher Kompakt-Kommentar, 2. Aufl. 2016, § 123 Rn. 1; *Adelheid Puttler*, in: Helge Sodan/Jan Ziekow (Hrsg.), VwGO, Großkommentar, 4. Aufl. 2014, § 123 Rn. 5.

(3) 大橋洋一「都市計画争訟制度の発展可能性」新都市63巻8号（2009年）97頁は、高さ制限を緩和する高度地区の指定がなされた場合には、都市計画違法確認訴訟の係属中に、高層の建築物が建築され、当該建築物が既存不適格建築物となる可能性があるので、都市計画の執行停止制度を設ける必要があると指摘する。

(4) 都市計画決定を取消訴訟の対象とすることとした場合の論点については、久保茂樹「都市計画と行政訴訟」芝池義一ほか編『まちづくり・環境行政の法的課題』（日本評論社、2007年）91頁以下参照。

(5) 同条に定める延期効ないし執行停止制度の概要については、山本・前掲注(1)116頁以下、シェンケ・前掲注(1)133頁以下、拙稿「ドイツにおける建築許可の執行停止」鹿法41巻2号（2007年）4頁以下参照。

は一致していたが(6)、規範統制手続において裁判所が仮命令を発付することができるかどうかについては議論があった(7)。

　1976年の「行政訴訟規定の改正に関する法律」による行政裁判所法の改正で、同法47条に仮命令に関する規定が設けられた。1976年改正時の同法47条7項は、「裁判所は申立てに基づいて仮命令を発することができる」ものとし、その要件として「これが重大な不利益の防除のために又はその他の重要な理由から緊急に必要である場合」を規定した。この規定は、1986年の建設法典制定に伴う行政裁判所法改正で同法47条8項に移り、1996年の同法改正によって同法47条6項に移動したが、その文言は全く変わっていない。規範統制手続における仮の権利保護は、1976年の法改正以降一貫して、延期効ではなく、仮命令によるものとされている。

　1976年改正によって設けられた行政裁判所法47条7項に関して、行政訴訟規定の改正に関する法律の政府案理由書は、「第7項は、第47条による手続において仮命令を発することができるか否かという、依然として争いのある問題を、肯定的な意味において判定する。その表現は、連邦憲法裁判所法第32条に範をとっている」と説明している(8)。連邦憲法裁判所法32条1項は、「連邦憲法裁判所は係争事件において仮命令によって状態（Zustand）を仮に規律することができる」ものとし、その要件として「これが重大な不利益の防除のために、差し迫る暴力の阻止のために又はその他の重要な理由から、公共の福祉のために緊急に必要である場合」を規定している。この条文と行政裁判所法47条6項（1996年改正後のもの。以下、断りのない限り同じ）を比較すると、「重大な不利益の防除のために」、「そ

---

(6) Vgl. *Erhard Klotz*, Normenkontrolle nach §47 VwGO und einstweilige Anordnung, DÖV 1966, 186 (187); *Rüdiger Zuck*, Die einstweilige Anordnung im Normenkontrollverfahren nach §47 VwGO, DÖV 1977, 848 (848).

(7) Vgl. *Hans H. Klein/Hans-Wolfram Kupfer*, Die einstweilige Anordnung im verwaltungsgerichtlichen Normenkontrollverfahren gegen Hochschulsatzungen, DÖV 1970, 73 (74-76); *Klaus Engelken*, Einstweilige Anordnungen nach §123 VwGO im verwaltungsgerichtlichen Normenkontrollverfahren (§47 VwGO)?, DÖV 1971, 331.

(8) BT-Drs. 7/4324, S. 12.

第二章　規範統制手続における仮命令

の他の重要な理由から」、「緊急に必要である」という文言は共通している。他方で連邦憲法裁判所法32条1項では、「状態を仮に規律する」ことが「公共の福祉のために」緊急に必要であることが、仮命令の要件とされているところ、行政裁判所法47条6項にはこのような文言はない。また同項による仮命令を発するためには申立てが必要であるが、連邦憲法裁判所32条による仮命令の場合は、申立ては要件ではない[9]。学説においては、行政裁判所法47条6項による仮命令の申立ての理由具備性を判断するに当たっては、連邦憲法裁判所法32条に関する連邦憲法裁判所の判例を参照すべきであるとするものが少なくないが[10]、このような考え方に対しては異論もある[11]。

　行政裁判所法123条1項と同法47条6項の文言を比較すると、同法123条1項が現状を維持するための保全命令（1文）と仮に現状を変更することを目的とする規律命令（2文）を区別しているのに対して、同法47条6項にはこのような区別はみられない。また同法123条1項が、「本質的な不利益」を防止するために、または「その他の理由から」、「必要であると思われる」場合に、規律命令を発することができる旨定めているのに対して、同法47条6項においては、「重大な不利益」の防除のために、または「その他の重要な理由から」、「緊急に必要である」ことが要件とされている。同法47条6項による仮命令の要件は、その文言上は、同法123条1項2文の場合よりも厳格なものとみることもできる[12]。

　連邦憲法裁判所法32条には、仮命令は口頭弁論を経ないで発することが

---

[9]　連邦憲法裁判所法32条による仮命令は、職権でこれを発することもできる。Vgl. BVerfG, Urt. v. 07.04.1976 - 2 BvH 1/75 -, BVerfGE 42, 103（119）.

[10]　Vgl. *Jörg Schmidt*, in: Erich Eyermann, VwGO, Kommentar, 14. Aufl 2014, §47 Rn. 106; *Jörg von Albedyll*, in: Johann Bader/Michael Funke-Kaiser/Thomas Stuhlfauth/Jörg von Albedyll, VwGO, Kommentar, 6. Aufl. 2014, §47 Rn. 137; *Ludger Giesberts*, in: Herbert Posser/Heinrich Amadeus Wolff（Hrsg.）, VwGO, Kommentar, 2. Aufl. 2014, §47 Rn. 92.

[11]　*Friedrich Schoch*, in: Friedrich Schoch/Jens-Peter Schneider/Wolgang Bier （Hrsg.）, VwGO, Kommentar, 33. EL Juni 2017, §47 Rn. 137; *Matthias Dombert*, in: Klaus Finkelnburg/Matthias Dombert/Christoph Külpmann, Vörlaufiger Rechtsschutz im Verwaltungsstreitverfahren, 7. Aufl. 2017, Rn. 598.

できること（2項）、仮命令が決定によって発付された場合または拒否された場合には、異議を申し立てることができること（3項）、仮命令に対する異議は延期効を有しないこと（4項）等を定めた規定がある。また行政裁判所法123条は、仮命令の発付については本案の裁判所が管轄権を有すること（2項）、民事訴訟法（ZPO）の仮差押えまたは仮処分に関する規定が準用されること（3項）、裁判所は決定によって裁断すること（4項）等を定めている。それに対して行政裁判所法47条には、これらに相当する規定は存在しない。行政訴訟規定の改正に関する法律の政府案理由書は、「これ以上の手続規定は必要ではない。従前と同様に……行政裁判所法第2部第7章〔一般的手続規定〕、第9章〔第一審における手続〕、そして今では第10章〔判決及びその他の裁断〕が適用可能である」と述べるにとどまっている[13]。学説においては、行政裁判所法47条6項による仮命令の手続に関しては、同法123条2項以下の規定を類推適用すべきことを主張する説がみられる[14]。

2　仮命令の要件──特に申立ての適法性について

　行政裁判所法47条6項は、仮命令の発付が「重大な不利益の防除のために又はその他の重要な理由から緊急に必要である場合」に、裁判所は申立てに基づいて仮命令を発することができると規定している。この引用部分は、仮命令の申立ての理由具備性に関するものである。この点を裁判所が判断するための前提として、仮命令の許容性ないしは適法性に関する要件が充足されている必要がある[15]。申立ての理由具備性の判断については本章Ⅱ以下で取り扱うので、ここでは申立ての適法性に関する要件を取り上げる。

---

[12]　Vgl. *Zuck* (Fn. 6), S. 850; *Wysk*, in: Wysk (Fn. 2), §47 Rn. 94; BVerwG, Beschl. v. 18.05.1998 - 4 VR 2/98 -, NVwZ 1998, 1065 (1066).

[13]　BT-Drs. 7/4324, S. 12.

[14]　*Wolf-Rüdiger Schenke*, in: Ferdinand O. Kopp/Wolf-Rüdiger Schenke, VwGO, Kommentar, 23. Aufl. 2017, §47 Rn. 156; *von Albedyll*, in: Bader/Funke-Kaiser/Stuhlfauth/von Albedyll (Fn. 10), §47 Rn. 146; *Wysk*, in: Wysk (Fn. 2), §47 Rn. 84.

（1） 出訴の途・管轄裁判所

　行政裁判所法47条1項は、上級行政裁判所が「その裁判権の範囲内において」法規定の有効性に関して裁断する旨規定しているが、同条6項による仮命令についても裁判所は「その裁判権の範囲内において」裁断するのであって、同法40条1項にいう行政上の出訴の途（Verwaltungsrechtsweg）が開かれていることが必要とされる[16]。もっとも、地区詳細計画の有効性に関して裁断することが、上級行政裁判所の裁判権の範囲内に含まれることに疑いはない[17]。同法47条6項は「裁判所」が仮命令を発することができると規定しているが、ここでいう裁判所は本案の裁判所を指すものであり、仮命令についても原則的に上級行政裁判所が管轄権を有する[18]。規範統制の申立てに対する上級行政裁判所の裁断に対して上告がなされた場合には、連邦行政裁判所が本案の裁判所として仮命令の申立てについても裁断しなければならないというのが判例である[19]。

（2） 申立ての対象

　行政裁判所法47条6項による仮命令の申立ては、それが同条による規範統制の対象となる法規定に対して向けられたものである場合には、仮の権利保護を供与するための適法な形式である[20]。同条による規範統制の対象

---

[15] Vgl. *Dombert*, in: Finkelnburg/Dombert/Külpmann（Fn. 11）, Rn. 556; *Wysk*, in: Wysk（Fn. 2）, §47 Rn. 85; *Jochen Kerkmann/Elisabeth Lambrecht*, in: Klaus F. Gärditz（Hrsg.）, VwGO, Kommentar, 2013, §47 Rn. 159.

[16] Vgl. *Friedghelm Hufen*, Verwaltungsprozessrecht, 10. Aufl. 2016, §34 Rn. 3. 行政裁判所法40条1項1文は、「行政上の出訴の途は、非憲法的性質のすべての公法上の紛争において、当該紛争が連邦法律により他の裁判所に明示的に割り当てられているのでない限り、存在している」と規定している。

[17] Vgl. *Ziekow*, in: Sodan/Ziekow（Fn. 2）, §47 Rn. 49; *Peter Unruh*, in: Michael Fehling/Berthold Kastner/Rainer Störmer（Hrsg.）, Verwaltungsrecht, VwVfG, VwGO, Nebengesetze, Handkommentar, 4. Aufl. 2016, §47 VwGO Rn. 24.

[18] *Dombert*, in: Finkelnburg/Dombert/Külpmann（Fn. 11）, Rn. 557; *Wysk*, in: Wysk（Fn. 2）, §47 Rn. 87; *Unruh*, in: Fehling/Kastner/Störmer（Fn. 17）, §47 VwGO Rn. 135.

[19] BVerwG, Bechl. v. 18.05.1998 - 4 VR 2/98 -, NVwZ 1998, 1065（1065-1066）.

[20] *Schoch*, in: Schoch/Schneider/Bier（Fn. 11）, §47 Rn. 144; *Wysk*, in: Wysk（Fn. 2）, §47 Rn. 88; *Hufen*（Fn. 16）, §34 Rn. 6.

となる法規定は、既に発布された（公布された）ものでなければならない[21]。建設法典33条1項は、地区詳細計画の策定開始の議決がなされた後において、将来の地区詳細計画の指定と対立しないことが推測される事業案を一定の要件の下で許容しているが、この場合においても、地区詳細計画の案に対して仮命令の申立てをすることはできない[22]。他方で、発布された法規定の発効（施行）を阻止するための仮命令の申立ては許される[23]。法規定が失効した場合には、原則として仮命令の申立ては認められない[24]。市町村が従前の地区詳細計画を新たな地区詳細計画に置き換えた場合、従前の地区詳細計画はその法的効力を失うので、この場合には従前の地区詳細計画に対する仮命令の申立ては認められないというのが判例である[25]。

(3) 申立適格・被申立人

行政裁判所法47条2項1文により規範統制の申立適格を有する者は、同条6項による仮命令の申立てをすることができる[26]。自然人・法人については、「当該法規定又はその適用によって自己の権利を侵害されている、又は近いうちに侵害されると主張する」ことが必要であるが（同条2項1文）、土地所有者である申立人が自己の所有地に適用される地区詳細計画の指定を争う場合には、通常申立適格が認められる[27]。また、地区詳細計

---

[21] BVerwG, Beschl. v. 02.06.1992 - 4 N 1/90 -, NVwZ 1992, 1088 (1089); *Unruh*, in: Fehling/Kastner/Störmer (Fn. 17), §47 VwGO Rn. 26; *Dombert*, in: Finkelnburg/Dombert/Külpmann (Fn. 11), Rn. 584.

[22] *Schoch*, in: Schoch/Schneider/Bier (Fn. 11), §47 Rn. 144; Unruh, in: Fehling/Kastner/Störmer (Fn. 17), §47 VwGO Rn. 136. 反対説として、vgl. *von Albedyll*, in: Bader/Funke-Kaiser/Stuhlfauth/von Albedyll (Fn. 10), §47 Rn. 143.

[23] *Ziekow*, in: Sodan/Ziekow (Fn. 2), §47 Rn. 387; *Wysk*, in: Wysk (Fn. 2), §47 Rn. 88; *Unruh*, in: Fehling/Kastner/Störmer (Fn. 17), §47 VwGO Rn. 136.

[24] 過去の事実関係が当該法規定により判断されうる場合には、例外的に仮命令の申立てが許される。Vgl. *Dombert*, in: Finkelnburg/Dombert/Külpmann (Fn. 11), Rn. 585; *Schoch*, in: Schoch/Schneider/Bier (Fn. 11), §47 Rn. 144.

[25] BVerwG, Beschl. v. 19.04.2010 - 4 VR 2/09 -, juris Rn. 2.

[26] *Schoch*, in: Schoch/Schneider/Bier (Fn. 11), §47 Rn. 148; *Dombert*, in: Finkelnburg/Dombert/Külpmann (Fn. 11), Rn. 559; *Wysk*, in: Wysk (Fn. 2), §47 Rn. 89.

[27] BVerwG, Urt. v. 10.03.1998 - 4 CN 6/97 -, NVwZ 1998, 732 (733).

第二章　規範統制手続における仮命令

画の適用区域外の土地所有者であっても、衡量における自己の利益の取扱いに瑕疵があった可能性があると思わせる事実を主張すれば、衡量要請（建設法典1条7項）に基づく適正な衡量を求める権利が侵害される可能性があるものとして、申立適格が認められるというのが判例である[28]。行政裁判所法47条2項2文によると、規範統制の申立ては、「当該法規定を発布した社団、営造物法人又は財団に対して向けられなければならない」と規定されており、同条6項による仮命令の申立ての場合も、これらの高権主体が被申立人となる[29]。地区詳細計画に対する仮命令の場合、被申立人は計画を策定した市町村となる[30]。なお、同項による仮命令の申立てをするに当たっては、規範統制手続が既に係属している必要はないと解されている[31]。

(4)　権利保護の必要性

　行政裁判所法47条6項による仮命令の申立てが適法とされるためには、同条2項による規範統制の申立ての場合と同様に、権利保護の必要性ないしは権利保護の利益が存在していなければならない[32]。地区詳細計画に対する規範統制の申立ての場合は、裁判所による裁断が申立人にとって利益となりうることが否定されえないときには権利保護の必要性が存在し、これが欠けるのは、当該規定は効力を有しないとの宣言が原告にとって法的または事実上の利益を全くもたらしえないことが明白であり、それゆえに裁判権の発動が無益であるように思われるときに限られるというのが判例である[33]。

---

[28]　BVerwG, Urt. v. 24.09.1998 - 4 CN 2/98 -, BVerwGE 107, 215 (218-219).

[29]　*Hufen* (Fn. 16), §34 Rn. 5; *Unruh*, in: Fehling/Kastner/Störmer (Fn. 17), §47 VwGO Rn. 137; *Schoch*, in: Schoch/Schneider/Bier (Fn. 11), §47 Rn. 150.

[30]　*Dombert*, in: Finkelnburg/Dombert/Külpmann (Fn. 11), Rn. 562; vgl. auch OVG Münster, Beschl. v. 17.09.1979 - Xa ND 8/79 -, NJW 1980, 1013 (1013).

[31]　*Wysk*, in: Wysk (Fn. 2), §47 Rn. 87; *Unruh*, in: Fehling/Kastner/Störmer (Fn. 17), §47 VwGO Rn. 136; *von Albedyll*, in: Bader/Funke-Kaiser/Stuhlfauth/von Albedyll (Fn. 10), §47 Rn. 139.

[32]　*Schoch*, in: Schoch/Schneider/Bier (Fn. 11), §47 Rn. 151; *Dombert*, in: Finkelnburg/Dombert/Külpmann (Fn. 11), Rn. 586; *Unruh*, in: Fehling/Kastner/Störmer (Fn. 17), §47 VwGO Rn. 139.

同法47条6項による仮命令の場合には、同法に定める他の仮の権利保護との関係が問題にされることが多い。ある事業案について建築許可が与えられた場合、当該建築許可によって自己の権利を侵害されたと主張する近隣住民は、取消訴訟の出訴資格を有しうるが（同法42条2項）、建設法典212a条1項は、建築監督による事業案の許認可に対する第三者の異議および取消訴訟は延期効を有しないと規定している。しかしながら行政裁判所法80a条は、名宛人に利益を与える行政行為に対して第三者が法的救済を求めた場合において、行政庁が申立てに基づき執行を停止することができること（1項2号）、および本案の裁判所が申立てに基づき延期効を命ずることができること（3項2文。同法80条5項の準用）を認めている。また、事業案が地区詳細計画の指定に適合するとして建築許可を受けることなく実施される場合において[34]、これに不服がある近隣住民は、建築監督庁の介入を求めて、同法123条1項による仮命令の申立てをすることもできる。

　学説においては、同法47条6項による仮命令は、他の仮の権利保護に対して原則的に補充的であるとする説もみられる[35]。それに対して、同項による仮命令の申立てについての権利保護の必要性は、同法80条、80a条、123条による仮の権利保護の可能性がある場合であっても、原則的に失われないと主張する説も少なくない[36]。前者に近い立場から、法規定を執行する行為がなされるまでは、同法47条6項による仮命令のほうが実効的で

---

[33] BVerwG, Beschl. v. 11.02.2004 - 4 BN 1/04 -, BauR 2004, 1264（1265）. 規範統制の申立ての適法要件としての権利保護の必要性に関しては、本書第一部序章Ⅰ6も参照。

[34] 州によって詳細は異なるが、地区詳細計画の適用区域内において、当該地区詳細計画の指定に反しない等、一定の要件を充足する住宅の建築については、建築許可を要しないものとされる場合が多い。Vgl. *Frank Stollmann/Guy Beaucamp*, Öffentliches Baurecht, 11. Aufl. 2017, §18 Rn. 17-18.

[35] *Schmidt*, in: Eyermann（Fn. 10）, §47 Rn. 107; vgl. auch *Hufen*（Fn. 16）, §34 Rn. 8.

[36] *Schoch*, in: Schoch/Schneider/Bier（Fn. 11）, §47 Rn. 141, 151; *Unruh*, in: Fehling/Kastner/Störmer（Fn. 17）, §47 VwGO Rn. 140; *Dombert*, in: Finkelnburg/Dombert/Külpmann（Fn. 11）, Rn. 586.

あるが、執行行為がなされた場合には、当該執行行為に対する仮の権利保護を求めるべきである旨主張する説がある[37]。他方で、同項による仮命令の補充性を原則的に否定する立場からは、地区詳細計画に対する仮命令の申立てが認められなければ、当該地区詳細計画に基づいて新たな建築許可がなされうるような場合には、権利保護の必要性が認められると主張されている[38]。もっとも、後者の立場に立つ学説においても、地区詳細計画の指定が建築許可によって既に（ほぼ完全に）実現されてしまった場合には、権利保護の必要性は失われるものとされている[39]。同法80条、80a条、123条による仮の権利保護の可能性があることは、同法47条6項による仮命令の申立ての理由具備性の判断に当たって考慮されると主張する説もある[40]。

3　仮命令の形式・内容・効力等

行政裁判所法47条6項による仮命令の申立てについては、同法123条による仮命令の場合と同様に（同条4項参照）、裁判所は決定によって裁断するものと解されている[41]。同法80条8項は、延期効の命令（または回復）を求める申立てについて、緊急の場合には裁判長が裁断することができると規定しており、同法123条2項3文はこの規定を準用している。しかしながら、同法47条6項による仮命令の場合には、裁判長のみによる決定は許されないと解されている[42]。

規範統制の申立てに理由がある場合には、裁判所は当該法規定が効力を

---

(37) *Wysk*, in: Wysk (Fn. 2), §47 Rn. 91-92.
(38) *Schoch*, in: Schoch/Schneider/Bier (Fn. 11), §47 Rn. 151; *Giesberts*, in: Posser/Wolff (Fn. 11), §47 Rn. 88; *Schenke*, in: Kopp/Schenke (Fn. 14), §47 Rn. 149.
(39) *Dombert*, in: Finkelnburg/Dombert/Külpmann (Fn. 11), Rn. 588; *Schoch*, in: Schoch/Schneider/Bier (Fn. 11), §47 Rn. 151.
(40) *Dombert*, in: Finkelnburg/Dombert/Külpmann (Fn. 11), Rn. 589; *Schenke*, in: Kopp/Schenke (Fn. 14), §47 Rn. 149. 反対説として、vgl. *Ziekow*, in: Sodan/Ziekow (Fn. 2), §47 Rn. 399.
(41) *Ziekow*, in: Sodan/Ziekow (Fn. 2), §47 Rn. 390; *Unruh*, in: Fehling/Kastner/Störmer (Fn. 17), §47 VwGO Rn. 147; *Hufen* (Fn. 16), §34 Rn. 12.

有しないことを宣言するものとされているが（同条5項2文）、同条6項は、仮命令の内容については何も定めていない。学説においては、仮命令の場合には、「仮の」措置のみが問題となりうることから、法規定が効力を有しないことを宣言することは許されず、法規定の適用ないし執行を停止することができるにとどまる（場合によっては法規定の発効ないし施行を停止することができる）と解されている[42]。地区詳細計画については、個別の土地に限定してその執行を停止することもできる[44]。同項による仮命令によって、法規定の改正を義務付けることはできない[45]。

本案手続における法規定が効力を有しないことの宣言が一般的拘束力を有すること（同条5項2文）と同様に、同条6項による仮命令も一般的拘束力を有すると解されている[46]。仮命令によって法規定の執行が停止された場合、当該法規定は存在していないものとして扱われなければならない[47]。ただし、既に発せられた行政行為は仮命令による影響を受けない[48]。したがって、建築許可の基礎となった地区詳細計画の執行が停止された場合においても、既に付与された建築許可は有効であり、建築主はこれを利用することが許される[49]。

---

[42] *Schoch*, in: Schoch/Schneider/Bier (Fn. 11), §47 Rn. 176; *von Albedyll*, in: Bader/Funke-Kaiser/Stuhlfauth/von Albedyll (Fn. 10), §47 Rn. 146; *Schmidt*, in: Eyermann (Fn. 10), §47 Rn. 111.

[43] *Schoch*, in: Schoch/Schneider/Bier (Fn. 11), §47 Rn. 181; *Unruh*, in: Fehling/Kastner/Störmer (Fn. 17), §47 VwGO Rn. 149; *Hufen* (Fn. 16), §34 Rn. 13.

[44] *Dombert*, in: Finkelnburg/Dombert/Külpmann (Fn. 11), Rn. 610; *Schoch*, in: Schoch/Schneider/Bier (Fn. 11), §47 Rn. 182.

[45] *Ziekow*, in: Sodan/Ziekow (Fn. 2), §47 Rn. 403; *Unruh*, in: Fehling/Kastner/Störmer (Fn. 17), §47 VwGO Rn. 149; *Hufen* (Fn. 16), §34 Rn. 13.

[46] *Unruh*, in: Fehling/Kastner/Störmer (Fn. 17), §47 VwGO Rn. 151; *Ziekow*, in: Sodan/Ziekow (Fn. 2), §47 Rn. 404; *Schmidt*, in: Eyermann (Fn. 10), §47 Rn. 112.

[47] *Dombert*, in: Finkelnburg/Dombert/Külpmann (Fn. 11), Rn. 618; *Ziekow*, in: Sodan/Ziekow (Fn. 2), §47 Rn. 403; Wysk, in: *Wysk* (Fn. 2), §47 Rn. 101.

[48] *Dombert*, in: Finkelnburg/Dombert/Külpmann (Fn. 11), Rn. 619; *Ziekow*, in: Sodan/Ziekow (Fn. 2), §47 Rn. 405. 仮命令が将来に向かってのみ効力を有することを指摘する説として、vgl. *Unruh*, in: Fehling/Kastner/Störmer (Fn. 17), §47 VwGO Rn. 152.

同項による仮命令の申立てに対する決定は、同法152条1項により連邦行政裁判所に抗告することが許される上級行政裁判所の裁断に含まれないことから、不可争であると解されている[49]。他方で同法80条7項は、本案の裁判所が延期効の命令または回復を求める申立てについての決定をいつでも変更すること、または取り消すことができること（1文）、いかなる当事者も、変化した状況または当初の手続において過失なく主張しなかった状況を理由として、決定の変更または取消しの申立てをすることができること（2文）を規定している。同項の規定は同法47条6項による仮命令の手続においても類推適用されると解されている[51]。仮命令によって地区詳細計画の執行が停止された後に市町村が建設法典214条4項の補完手続を実施して瑕疵を除去した場合、当該地区詳細計画を再び執行させたい市町村は、仮命令の変更の申立てをすべきであると主張する説がある[52]。

Ⅱ　理由具備性の判断基準（一般論）

ここでは、地区詳細計画に対する仮命令の申立ての理由具備性を判断するための基準ないし方法をめぐる議論を取り上げる。これに関する学説および裁判例はきわめて多様であるが、後掲の連邦行政裁判所2015年2月25

---

[49] *Schoch*, in: Schoch/Schneider/Bier（Fn. 11），§47 Rn. 185; *Schenke*, in: Kopp/Schenke（Fn. 14），§47 Rn. 151.

[50] *Unruh*, in: Fehling/Kastner/Störmer（Fn. 17），§47 VwGO Rn. 155. 行政裁判所法152条1項は、「上級行政裁判所の裁断は、この法律の第99条第2項〔行政庁の文書提出拒否等の適法性についての決定〕及び第133条第1項〔上告の不許可〕並びに裁判所構成法第17a条第4項第4文〔許容される出訴の途についての決定〕のものを除き、連邦行政裁判所への抗告をもって争うことができない」と規定している。

[51] *Schoch*, in: Schoch/Schneider/Bier（Fn. 11），§47 Rn. 186; *Unruh*, in: Fehling/Kastner/Störmer（Fn. 17），§47 VwGO Rn. 153; *Wysk*, in: Wysk（Fn. 2），§47 Rn. 108.

[52] *Ziekow*, in: Sodan/Ziekow（Fn. 2），§47 Rn. 409; *Schenke*, in: Kopp/Schenke（Fn. 14），§47 Rn. 159. 建設法典214条4項を含め、補完手続による瑕疵の除去については本書第二部第五章で検討する。

日決定が注目すべき一般論を提示しており、これに従う下級審裁判例も複数みられる。同決定の判示は後記(5)で紹介する。

1　行政裁判所法47条6項の文言の解釈

　行政裁判所法47条6項は、仮命令の発付が「重大な不利益の防除のために又はその他の重要な理由から緊急に必要である場合」には、これを発することができると定めている。この要件をその文言に従って解釈しようとすると、「重大な不利益」および「その他の重要な理由」とはどのようなものか、そして仮命令の発付が「緊急に必要である」のはどのような場合かという点が問題となる。連邦行政裁判所1988年5月18日決定[53]は、一般住居地区を指定する地区詳細計画に対して仮命令の申立てがなされた事件で、同法47条6項に定める要件が同法123条による仮命令の要件よりも厳格であることを指摘し、「重大な不利益」および「その他の重要な理由」を否定しているが、これらの要素の意義および判断方法に関する一般論を提示していない。

　学説を参照すると、「重大な不利益」が存在するのは、法的に保護された利益が全く特別な（ganz besonder）程度において侵害される場合、または利害関係人に異常な（außergewöhnlich）犠牲が課される場合であるとする説がみられる[54]。「その他の重要な理由」は、「重大な不利益」に比肩しうる重要性を有するものでなければならないと解されているが[55]、何がこれに該当するかに関しては様々な考え方がある。まず、仮命令が発付されなければ既成事実（vollendete Tatsachen）が発生する危険があることが、「重要な理由」に該当すると主張する説がある[56]。本案において規範統制

---

[53]　BVerwG, Beschl. v. 18.05.1998 - 4 VR 2/98 -, NVwZ 1998, 1065.

[54]　*Hans-Uwe Erichsen/Arno Scherzberg*, Die einstweilige Anordnung im Verfahren der verwaltungsgerichtlichen Normenkontrolle（§47 VwGO）, DVBl 1987, 168 (174); *Schoch*, in: Schoch/Schneider/Bier (Fn. 11), §47 Rn. 166; *von Albedyll*, in: Bader/Funke-Kaiser/Stuhlfauth/von Albedyll (Fn. 10), §47 Rn. 141.

[55]　*Ziekow*, in: Sodan/Ziekow (Fn. 2), §47 Rn. 393; *Unruh*, in: Fehling//Kastner/Störmer (Fn. 17), §47 VwGO Rn. 145; *Dombert*, in: Finkelnburg/Dombert/Küpmann (Fn. 11), Rn. 604.

の申立てが認容される見込みが、「その他の重要な理由」を形成しうるという説もある[57]。それに対して、仮命令の審理手続においては、法規定が効力を有しないことを示すために申立人が挙げた理由は、原則的に考慮されるべきではないという立場もみられる[58]。「重大な不利益」が個人に関わるものであるのに対して、「その他の重要な理由」は公益に関わるものであると主張する説もある[59]。同法123条1項2文が、規律命令の発付が「必要であると思われる」場合にこれを発することができる旨規定する一方、同法47条6項は、仮命令の発付が「緊急に必要である」ことを要件としていることから、同法47条6項による仮命令の場合には同法123条の場合よりも厳格な基準が適用されなければならないといわれている[60]。「緊急に必要である」というためには、すべての利益を衡量した結果、仮命令の発付が不可避であり延期不可能であることを要すると主張する説がある[61]。

　上級行政裁判所の裁判例をみると、「重大な不利益」および「その他の重要な理由から緊急に必要である場合」についての解釈を示したものがある。ミュンスター上級行政裁判所2009年4月27日決定[62]は、「重大な不利

---

[56] *Unruh*, in: Fehling/Kastner/Störmer（Fn. 17）, §47 VwGO Rn. 145; *Schoch*, in: Schoch/Schneider/Bier（Fn. 11）, §47 Rn. 167.反対説として、*Ziekow*, in: Sodan/Ziekow（Fn. 2）, §47 Rn. 394; *Erichsen/Scherzberg*（Fn. 54）, S. 174.

[57] *Schenke*, in: Kopp/Schenke（Fn. 14）, §47 Rn. 153; *Dombert*, in: Finkelnburg/Dombert/Külpmann（Fn. 11）, Rn. 600; *von Albedyll*, in: Bader/Funke-Kaiser/Stuhlfauth/von Albedyll（Fn. 10）, §47 Rn. 141.

[58] *Schmidt*, in: Eyermann（Fn. 10）, §47 Rn. 106; *Ziekow*, in: Sodan/Ziekow（Fn. 2）, §47 Rn. 395; *von Albedyll*, in: Bader/Funke-Kaiser/Stuhlfauth/von Albedyll（Fn. 10）, §47 Rn. 144.

[59] *Ziekow*, in: Sodan/Ziekow（Fn. 2）, §47 Rn. 394; *Erichsen/Scherzberg*（Fn. 54）, S. 174-175; Dombert, in: Finkelnburg/Dombert/Külpmann（Fn. 11）, Rn. 604.

[60] *Schenke*, in: Kopp/Schenke（Fn. 14）, §47 Rn. 148; *Ziekow*, in: Sodan/Ziekow（Fn. 2）, §47 Rn. 396; *Unruh*, in: Fehling/Kastner/Störmer（Fn. 17）, §47 VwGO Rn. 142.

[61] *Zuck*（Fn. 6）, S. 850; *Erichsen/Scherzberg*（Fn. 54）, S. 175; *Unruh*, in: Fehling/Kastner/Störmer（Fn. 17）, §47 VwGO Rn. 146.

[62] OVG Münster, Beschl. v. 27.04.2009 - 10 B 459/09.NE -, NVwZ-RR 2009, 799.

益」は同法123条よりも厳格な要件であり、地区詳細計画の単なる執行はこれに該当せず、それが肯定されるのは、攻撃されている地区詳細計画の実現が申立人の法的に保護された地位の重大な侵害を予想させる場合に限られるとする。さらに同決定は、「その他の重要な理由から緊急に必要」でありうるのは、①仮の権利保護の手続における簡略な（summarisch）審理で当該地区詳細計画が明白に（offensichtlich）瑕疵を有することが判明し、本案手続において申立てに理由があることが予測される場合であるとするが、同法47条6項が申立人の個人的利益のために仮の権利保護を与えることに鑑みると、さらに②当該地区詳細計画の実現が、少なくとも仮命令が緊急に必要であるほど、具体的に申立人を侵害することが必要であると述べている[63]。

　これに近い考え方をとるものとして、ハンブルク上級行政裁判所2010年2月12日決定[64]がある。同決定は、「重大な不利益」が認められるためには、申立人の権利もしくは法的に保護された利益が全く特別な程度で侵害されるまたは申立人に異常な犠牲が課せられることを必要とすると述べている。さらに同決定は、①攻撃されている法規定が効力を有しないことが判明し、それゆえに本案において規範統制の申立てに理由があるということが、既に概算的な（überschlägig）審理で明白であり、かつ②当該法規定の執行によって原状回復が不可能または困難な既成事実が発生する場合には、仮命令の発付が「その他の重要な理由から」緊急に必要であると述べている[65]。

　リューネブルク上級行政裁判所2014年2月25日決定[66]は、「重大な不利益」が存在するのは、申立人の権利もしくは法的に保護された利益が全く特別な程度で侵害されるまたは申立人に異常な犠牲が課せられる場合に限

---

[63] 同一の判示をした同裁判所の裁判例として、vgl. OVG Münster, Beschl. v. 16.05.2007 - 7 B 200/07.NE -, ZfBR 2007, 574（574）; OVG Münster, Beschl. v. 25.01.2008 - 7 B 1743/07.NE -, ZfBR 2008, 280（281）.

[64] OVG Hamburg, Beschl. v. 12.02.2010 - 2 Es 2/09.N -, BauR 2010, 1040.

[65] ①および②の基準を採用した裁判例として、OVG Koblenz, Beschl. v. 15.03.2010 - 1 B 11357/09 -, BauR 2010, 1195（1196）.

[66] OVG Lüneburg, Beschl. v. 25.02.2014 - 1 MN 245/13 -, NVwZ-RR 2014, 463.

られるとするが、規範統制の申立てが認容されることに大きな蓋然性がある場合には、「その他の重要な理由から」仮命令の発付が必要であると述べている[67]。その他の重要な理由から仮命令を発することを比較的容易に認める考え方といえる。

2　本案の帰趨と結果の衡量（Folgenabwägung）

既述の通り、行政裁判所法47条6項に定める仮命令の制度が、連邦憲法裁判所法32条にならって設けられたものであることに着目して、連邦憲法裁判所が同条に関して発展させてきた諸原則を、行政裁判所法47条6項の適用に当たっても援用すべきであるという説があり、伝統的な考え方ということができる[68]。

連邦憲法裁判所法32条による仮命令を発するかどうかの判断について、連邦憲法裁判所1983年4月13日判決[69]は次のように述べている。「連邦憲法裁判所の確立した判例によると、連邦憲法裁判所法32条1項の要件の審理に当たっては、厳格な基準が定められなければならず、このことは特に、既に施行された法律が執行されないことになる場合に妥当する。その際裁判所は、攻撃されている規定の違憲性を示すために申立人が挙げた理由を、原則的に考慮しないままにしなければならず、その例外は、憲法異議（Verfassungsbeschwerde）が当初から不適法である又は明白に理由がないことが判明する場合である。仮命令は、本案の裁断にとって重要な法問題を綿密かつ包括的に審理するために必要な時間が裁判所にないという理由から必要となり得るのであり、その場合には、仮命令を発付するかどうかを不確実なもの、本案における認容可能性を簡略に評価することによって判断することはできないであろう……。むしろ連邦憲法裁判所は、仮命

---

[67]　同様の立場をとる同裁判所の裁判例として、vgl. OVG Lüneburg, Beschl. v. 24.03. 2009 - 1 MN 267/08 -, NVwZ-RR 2009, 549（550）; OVG Lüneburg, Beschl. v. 30.08. 2001 - 1 MN 2456/01 -, NVwZ 2002, 109（110）. OVG Lüneburg, Beschl. v. 04.05.2012 - 1 MN 218/11 -, ZfBR 2012, 470（470）.

[68]　Vgl. *Dombert*, in: Finkelnburg/Dombert/Külpmann（Fn. 11）, Rn. 591; *Schoch*, in: Schoch/Schneider/Bier（Fn. 11）, §47 Rn. 153.

[69]　BVerfG, Urt. v. 13.04.1983 - 1 BvR 209/83, 1 BvR 269/83 -, BVerfGE 64, 67.

令は出されなかったが、憲法異議が認容された場合に発生するであろう結果を、求められた仮命令が発付されたが、憲法異議は退けられなければならない場合に生ずるであろう不利益と衡量しなければならない」。

この考え方は、憲法異議が不適法である、または明白に理由がない場合には仮命令は発付されず、それ以外の場合には、仮命令を発付しなかったが、後に本案について理由があることが判明したときに生ずる結果ないし不利益と、仮命令を発付したが、後に本案について理由がないことが判明したときに生ずる不利益を衡量することによって、仮命令を発付するかどうかを判断するというものであり、この衡量は「結果の衡量」と呼ばれることがある[70]。本案における認容可能性が考慮事項に含まれないことに加えて、本案について理由があることが明白である場合が想定されていないことも特徴的である[71]。

このような連邦憲法裁判所の判例に沿った一般論を展開する上級行政裁判所の裁判例として、ミュンスター上級行政裁判所1979年9月17日決定[72]を挙げることができる。同決定は、行政裁判所法47条6項による仮命令が「必要である」か否かの判断に関して、「法的に類似の（rechtsähnlich）連邦憲法裁判所法32条1項の適用において連邦憲法裁判所が発展させた諸原則……を顧慮しつつ、規範統制の申立てが明白に不適法である場合又は申立てに理由がない場合を除いて、〔仮〕命令を支持する理由とこれに反対する理由が衡量されなければならない」と判示し、「問われなければならないのは、仮命令が拒否され、しかし後に法規定（本件では、〔地区詳細〕計画の変更）が無効であると宣言される場合に生ずる結果と、当該命令が発付され、しかしながら当該規範が有効とされる場合に生ずる結果であ

---

[70] *Schoch*, in: Schoch/Schneider/Bier（Fn. 11），§47 Rn. 153; *Ziekow*, in: Sodan/Ziekow（Fn. 2），§47 Rn. 395.「二重の仮定（Doppelhypothese）」という語を用いる説として、vgl. *Thomas Würtenberger*, Verwaltungsprozessrecht, 3. Aufl. 2011, Rn. 476.

[71] ただし、本案における裁断が遅きに失するおそれがある事案においては、仮命令の審理に当たっては、むしろ本案の帰趨に注目しなければならない旨判示した例もある。Vgl. BVerfG, Beschl. v. 16.10.1977 - 1 BvQ 5/77 -, BVerfGE 46, 160（164）.

[72] OVG Münster, Beschl. v. 17.09.1979 - Xa ND 8/79 -, NJW 1980, 1013.

る」と述べている。

　上級行政裁判所の裁判例においては、結果の衡量を行うことを原則としつつ、本案について理由がないことが明白である場合だけでなく、理由があることが明白である場合にも、例外的にその点が考慮されるとするものがみられる[73]。地区詳細計画が明白に違法であることまたは効力を有しないことが明白であることを理由として、仮命令の申立てを認容した例も存在している[74]。それに対して学説においては、法規定が有効でないことが明白である場合であっても、仮命令が緊急に必要であることが直ちに認められることにはならず、法規定の執行が停止されないことによって回復不可能な損害が生ずる危険があることを要すると主張する説もある[75]。

3　命令請求権（Anordnungsanspruch）と命令原因（Anordnungsgrund）

　学説の中には、行政裁判所法123条による仮命令と同様に、同法47条6項による仮命令についても、命令請求権および命令原因が存在する場合に、これを発することができると主張する説がみられる[76]。同法123条は、命令請求権や命令原因という語を用いてはいないが、一般に同条による仮

---

[73] VGH Mannheim, Beschl. v. 17.07.1997 - 3 S 1488/97 -, NVwZ-RR 1998, 421（421）; OVG Münster, Beschl. v. 30. 5. 1996 - 10a B 1073/96.NE -, NVwZ 1997, 923（923-924）. 本案において規範統制の申立てが認容される蓋然性が大きい場合にもこの点が考慮されると述べるものとして、vgl. OVG Berlin-Brandenburg, Beschl. v. 28. 08.2007 - OVG 2 S 63.07 -, NVwZ-RR 2008, 231（231）.

[74] OVG Münster, Beschl. v. 30.07.1992 - 11a B 885/92.NE -, NVwZ-RR 1993, 126（127）; OVG Münster, Beschl. v. 24.03.2006 - 10 B 2133/05.NE -, BauR 2006, 1696（1696）; OVG Bautzen, Beschl. v. 09.04.2008 - 1 BS 448/07 -, juris Rn. 4.

[75] *Ziekow*, in: Sodan/Ziekow（Fn. 2）, §47 Rn. 389; vgl. auch *Erichsen/Scherzberg*（Fn. 54）, S. 175; *Hans-Jürgen Papier*, Normenkontrolle（§47 VwGO）, in: Hans-Uwe Erichsen/Werner Hoppe/Albert von Mutius（Hrsg.）, System des verwaltungsgerichtlichen Rechtsschutzes: Festschrift für Christian-Friedrich Menger zum 70. Geburtstag, 1985, S. 517（532-533）.

[76] *Schoch*, in: Schoch/Schneider/Bier（Fn. 11）, §47 Rn. 159; *Unruh*, in: Fehling/Kastner/Störmer（Fn. 17）, §47 VwGO Rn. 142; *Dombert*, in: Finkelnburg/Dombert/Külpmann（Fn. 11）, Rn. 601.

命令の申立てについては、申立人が命令請求権および命令原因を疎明した場合に理由具備性が認められるものと解されている[77]。命令請求権とは、仮命令の申立人が本案訴訟において主張する実体的請求権を指し[78]、命令請求権の審理では、本案勝訴の見込みについて簡略な審理が行われる[79]。学説においては、現状維持を目的とする保全命令については、本案勝訴と本案敗訴の蓋然性が同程度であれば命令請求権が肯定されると主張する説もある[80]。同法47条6項による仮命令の手続においても、現状を仮に維持することが問題になることから、本案において規範統制の申立てが認容される見込みと、これが退けられる見込みが同程度であれば、命令請求権が肯定されると主張する説がある[81]。

　命令原因は、仮命令の必要性ないし緊急性に関する要件である[82]。これが肯定されるのは、保全命令については、「既存の状態の変化によって申立人の権利の実現が不可能又は本質的に困難になり得るであろう危険が存在する」場合であり（同法123条1項1文）、規律命令については、仮の規律が「本質的な不利益を防止する若しくは差し迫る暴力を阻止するために又はその他の理由から必要であると思われる」場合である（同項2文）[83]。そうすると、同法47条6項にいう、仮命令の発付が「重大な不利益の防除のため又はその他の重要な理由から緊急に必要である」場合とは、命令原

---

[77] *Buchheister*, in: Wysk（Fn. 2）, § 123 Rn. 15; *Puttler*, in: Sodan/Ziekow（Fn. 2）, § 123 Rn. 76; *Wolfgang Kuhla*, in: Posser/Wolf（Fn. 10）, § 123 Rn. 72.

[78] *Buchheister*, in: Wysk（Fn. 2）, § 123 Rn. 16; *Puttler*, in: Sodan/Ziekow（Fn. 2）, § 123 Rn. 77; *Kuhla*, in: Posser/Wolff（Fn. 10）, § 123 Rn. 73.

[79] *Puttler*, in: Sodan/Ziekow（Fn. 2）, § 123 Rn. 79; *Schoch*, in: Schoch/Schneider/Bier（Fn. 11）, § 123 Rn. 69; *Schenke*, in: Kopp/Schenke（Fn. 14）, § 123 Rn. 25.

[80] *Schoch*, in: Schoch/Schneider/Bier（Fn. 11）, § 123 Rn. 70; *Achim Bostedt*, in: Fehling/Kastner/Störmer（Fn. 17）, § 123 VwGO Rn. 68; *Funke-Kaiser*, in: Bader/Funke-Kaiser/Stuhlfauth/von Albedyll（Fn. 10）, § 123 Rn. 18.

[81] *Schoch*, in: Schoch/Schneider/Bier（Fn. 11）, § 47 Rn. 163; *Würtenberger*（Fn. 70）, Rn. 476.

[82] *Buchheister*, in: Wysk（Fn. 2）, § 123 Rn. 20; *Puttler*, in: Sodan/Ziekow（Fn. 2）, § 123 Rn. 80; *Kuhla*, in: Posser/Wolff（Fn. 10）, § 123 Rn. 119.

[83] *Kuhla*, in: Posser/Wolff（Fn. 10）, § 123 Rn. 122, 126; *Buchheister*, in: Wysk（Fn. 2）, § 123 Rn. 20; *Michael Happ*, in: Eyermann（Fn. 10）, § 123 Rn. 21.

因が認められる場合を定めたものと解することもできる[84]。仮命令の発付が「緊急に必要である」かどうかを判断するに当たっては、結果の衡量を行うべきであると主張する説もある[85]。

　地区詳細計画に対する仮命令の申立ての理由具備性を、命令請求権および命令原因の有無という観点から判断しようとする上級行政裁判所の裁判例もある。ミュンヘン高等行政裁判所2003年10月21日決定[86]は、次のように判示している。「申立人によって求められた命令は規範統制の裁断を先取り（Vorgiff）して出されることになる。それゆえにそれは、既に緊急手続（Eilverfahren）において十分な明確性をもって規範統制の申立ての認容が予測され得ることを必要とする（命令請求権）。さらに当該命令が重大な不利益の防除のために又はその他の重要な理由から緊急に必要でなければならない（命令原因）。したがって仮の権利保護が原則として考慮に値するのは、本案手続における裁断前の当該規範の（さらなる）執行が、申立人、影響を受ける第三者及び公共の利益を考慮しつつ、申立人の利益となる本案の裁断の有効性及び実現可能性に鑑みて仮の規律が延期不可能であるほどに重大である不利益を危惧させる場合に限られる」[87]。命令請求権が本案における認容の見込みに関わるものであること、同法47条6項に規定された仮命令の要件が命令原因に当たることが示されており、引用部分の後半は命令原因が認められる場合を説明したものと考えられる。

4　若干の検討

　仮命令の申立ての理由具備性の判断方法に関しては様々な見解が主張されているが、ここでは、①本案について理由があることが明白であり、か

---

[84] *Wysk*, in: Wysk（Fn. 2），§47 Rn. 94; *Schoch*, in: Schoch/Schneider/Bier（Fn. 11），§47 Rn. 164; *Unruh*, in: Fehling/Kastner/Störmer（Fn. 17），§47 VwGO Rn. 144.

[85] *Unruh*, in: Fehling/Kastner/Störmer（Fn. 17），§47 VwGO Rn. 146; *Schoch*, in: Schoch/Schneider/Bier（Fn. 11），§47 Rn. 168.

[86] VGH München, Beschl. v. 21.10.2003 - 15 NE 03.2580 -, juris.

[87] 同一の判示をする同裁判所の裁判例として、vgl. VGH München, Beschl. v. 22.10.2004 - 15 NE 04.2669 -, juris Rn. 16; VGH München, Beschl. v. 23.07.2007 - 15 NE 07.1226 -, juris Rn. 17.

つ攻撃されている法規定の執行によって既成事実が発生するおそれがある場合には、仮命令の発付が「その他の重要な理由から緊急に必要である」場合に該当するという説、②仮命令を発するかどうかは原則的に結果の衡量によって判断すべきであるという説、③命令請求権（本案における認容の見込み）および命令原因（緊急の必要性）が認められる場合に仮命令を発するべきであるという説について若干の検討を加える。

①に関しては、本案について理由があることが明白である場合には、直ちに仮命令を発することを認めるべきではないかという批判がありうる[88]。もっとも行政裁判所法47条6項の文言上は、仮命令の発付が「緊急に必要である」ことが要件とされているから、法規定が効力を有しないことが明白である場合であっても、緊急性がなければ仮命令は出されないという解釈が成り立たないとはいえない。

②は連邦憲法裁判所の判例にならったものであり、本来的には、本案について理由があることを考慮しない立場である。もっとも、②の立場をとる場合でも、本案について理由があることが明白であるときには、例外的に結果の衡量を行わず、①の基準を用いるものとすることが可能である。上級行政裁判所の裁判例においても、①と②を併用することを明言するものがみられる[89]。①と②を併用する立場では、本案について理由がないことが明白である場合には仮命令は出されない、反対に本案について理由があることが明白である場合には既成事実が発生するおそれを検討する、他方で本案の帰趨が不明である場合には結果の衡量を行う、ということになる。結果の衡量を、仮命令の発付が「重大な不利益の防除のために……緊急に必要である」かどうかを判断するための手法として位置づけるという解釈論も考えられる[90]。

---

[88] Vgl. *Henning Jäde*, Rechtsschutzaspekte der einstweiligen Anordnung im verwaltungsgerichtlichen Normenkontrollverfahren gegen Bebauungspläne, UPR 2009, 41 (46); *Werner Kalb/Christoph Külpmann*, in: Werner Ernst/Willy Zinkahn/Walter Bielenberg/Michael Krautzberger, BauGB, Kommentar, 127. EL Oktober 2017, §10 Rn. 343.

[89] OVG Koblenz, Beschl. v. 15.03.2010 - 1 B 11357/09 -, BauR 2010, 1195 (1196); vgl. auch OVG Magdeburg, Beschl. v. 07.09.2004 - 2 R 240/04 -, juris Rn. 6.

③は、伝統的な考え方である②に対して、本案における認容の見込みをより重視するべきであることを主張するものと考えられる[90]。行政裁判所法47条による規範統制においては、法律の憲法適合性が審査されるのではなく、法律より下位の法規定の適法性が問題になること、さらに地区詳細計画の場合は、その適法性・有効性に関して多数の判例の蓄積があることに鑑みると、本案の帰趨を基準とするほうがむしろ適切とも考えられる[92]。もっとも、本案において申立てが認容される見込みとこれが退けられる見込みが同程度であるとき、すなわち本案の帰趨が不明であるときには命令請求権が認められるものとし、さらに命令原因の有無は結果の衡量によって判断すべきであるという立場に立つ場合には、結論において②と③は大きく異ならないことになろう[93]。

5　連邦行政裁判所2015年2月25日決定

　連邦行政裁判所2015年2月25日決定[94]は、地区詳細計画に対する仮命令の申立ての理由具備性を判断するための基準ないし方法を提示しており注目される。本決定は、「少なくとも地区詳細計画の場合は、まずは本案において係属している規範統制の申立ての認容の見込みが、これが仮の権利保護の手続において既に予測され得る限り、行政裁判所法47条6項による手続における審理の基準である」と判示し、①規範統制の申立てが不適法であるか申立てに理由がないことが予測される（voraussichtlich）場合には、仮命令の発付が重大な不利益の防除のためにまたはその他の重要な理由から緊急に必要であるとはいえない、反対に②規範統制の申立てが適法

---

[90]　Vgl. OVG Münster, Beschl. v. 30.05.1996 - 10a B 1073/96.NE -, NVwZ 1997, 923 (924); OVG Münster, Beschl. v. 15.12.2005 - 10 B 1668/05.NE -, NuR 2006, 666 (667).
[91]　Vgl. *Dombert*, in: Finkelnburg/Dombert/Külpmann (Fn. 11), Rn. 602; *Unruh*, in: Fehling/Kastner/Störmer (Fn. 17), §47 VwGO Rn. 143.
[92]　Vgl. *Kalb/Külpmann*, in: Ernst/Zinkahn/Bielenberg/Krautzberger (Fn. 88), §10 Rn. 343; *Schoch*, in: Schoch/Schneider/Bier (Fn. 11), §47 Rn. 162.
[93]　②と③が結論においては異ならないことを指摘する説として、vgl. *Unruh*, in: Fehling/Kastner/Störmer (Fn. 17), §47 VwGO Rn. 142.
[94]　BVerwG, Beschl. v. 25.02.2015 - 4 VR 5/14 -, ZfBR 2015, 381.

であり、申立てに理由がある（ことが予測される）ことが判明する場合、これは当該地区詳細計画の執行を本案における裁断まで延期しなければならないということを示す本質的な徴候（Indiz）であり、この場合においては「本案手続における裁断前のその（さらなる）執行が、申立人、影響を受ける第三者及び（又は）公共の利益を考慮しつつ、申立人の利益となる本案の裁断の有効性及び実現可能性に鑑みて仮の規律が延期不可能であるほどに重大である不利益を危惧させる」ときには仮命令が出されうると述べている。本決定は、本案における認容の見込みを比較的重視する立場に立っているとみられるところ、申立ての理由の有無が「明白」であるかどうかではなく、それらが「予測される」かどうかが基準となっている。本案における認容の見込みについてどの程度の蓋然性が必要とされるのかは必ずしも明確ではない。本決定は、本案における申立てに理由がある（ことが予測される）ことが執行停止の必要性を示すものであることを承認している点でも注目されるが、その場合でも直ちに仮命令を発することができるとは述べていない。②の最後で引用した文章は、前掲ミュンヘン高等行政裁判所2003年10月21日決定が命令原因に関して述べていたものと同じである。本決定は命令請求権や命令原因という語は用いていないが、本決定の判示には、命令請求権および命令原因を審理する立場との共通性がみられる。

　さらに本決定は、③本案における認容の見込みを評価することができない場合には、仮命令を発するか否かは結果の衡量によって判断されなければならないとし、「その場合には、仮命令の発付を支持する考慮（Erwägungen）が、対立する利益よりも明らかに優勢でなければならず……、したがって、仮命令の発付が——本案の認容の見込みが未確定（offen）であるにもかかわらず——緊急に必要であるというほど、重要でなければならない」と述べている。本決定は、本案の帰趨が不明の場合には結果の衡量を行う立場であるが、本案における申立てに理由がある（ことが予測される）場合にも諸利益の考慮を要するという立場でもある（前記②）。この場合の諸利益の考慮に当たっては、本案における申立てに理由がある（ことが予測される）点で執行停止の必要性が認められることが十分に考慮され

なければならないと思われる。

本決定の提示した一般論は、連邦行政裁判所2015年 9 月16日決定[95]において引用されており、上級行政裁判所の裁判例においてもこれに従うものがみられる（後述）[96]。

Ⅲ　裁判例における具体的判断

ここでは、地区詳細計画に対する仮命令の申立ての理由具備性に関する具体的判断を明らかにするため、結果の衡量を行ったミュンスター上級行政裁判所の裁判例、命令請求権および命令原因を審理したミュンヘン高等行政裁判所の裁判例、そして前掲連邦行政裁判所2015年 2 月25日決定および同決定の提示した基準を採用する上級行政裁判所の裁判例を取り上げる。既述の通り、同決定は結果の衡量を行うべき場合があることを承認しており、また同決定には命令原因に関するミュンヘン高等行政裁判所の判示と共通する部分があった。したがってこれらの裁判例は相互に関連性を有すると考えられる。

1　結果の衡量が行われた例
(1)　ミュンスター上級行政裁判所1979年 9 月17日決定

前掲ミュンスター上級行政裁判所1979年 9 月17日決定は、結果の衡量を行った上で、仮命令の申立てを認容している。この事件では、既存の地区詳細計画の変更が問題になった。当初の計画では、申立人の所有地の近隣にある耕牧地462号・464号においては、 1 階建住宅 4 戸を建築することができるものとされていたが、変更後の計画では、少なくとも 7 戸の 1 階建列状住宅（Reihenhaus）を建築することが可能とされた。申立人は、変更後の計画に基づく隣地での住宅建築によって著しい迷惑がもたらされるこ

---

[95]　BVerwG, Beschl. v. 16.09.2015 - 4 VR 2/15 -, juris.
[96]　それに対して連邦行政裁判所の提示した基準を採用しない裁判例として、vgl. OVG Münster, Beschl. v. 29.02.2016 - 10 B 134/16.NE -, juris Rn. 9; OVG Münster, Beschl. v. 22.06.2016 - 10 B 536/16.NE -, juris Rn. 9.

とを危惧して規範統制の申立てを行い、当該地区詳細計画のうち変更された部分についてその執行を停止することを求めて仮命令の申立てをした。

　本決定は、耕牧地462号・464号における住宅建築事業案につき建築許可が出され、これが実施されることによって原状回復困難な既成事実が発生するおそれがあることを認めるとともに、既成事実の発生の危険は、少なくとも本件のような事例においては仮命令の発付を要求しうる「重要な理由」になるものとした。さらに本決定は、規範統制の申立てが退けられることが明白であるとはいえないことから、結果の衡量を行い、既成事実の発生を阻止するという申立人の利益が他の利益に優先することを認め、仮命令が「必要である」ものとした。これに関して本決定は、①被申立人の利益は、変更後の地区詳細計画に沿った都市建設上の発展が妨げられないことであるが、耕牧地462号・464号において当初の計画に従った建築がなされるのか、それとも変更後の計画に従った建築がなされるのか、およびいつ建築利用がなされるのかという点は、問題の区域における都市建設上の発展にとって格別の意義をもたない、②建築主の利益は、迅速に建築許可を得て建築事業案を実施することであり、これが阻止されたり遅延したりすればかなりの経済的損失が発生する可能性があるものの、当初の計画によっても当該耕牧地を有意義に利用することができた、③計画変更は当該耕牧地の旧所有者の働きかけでなされたものであり、その権利承継人は計画策定市町村と共同して、計画変更を退ける裁断がなされるリスクを負わなければならないことからすれば、建築事業案が一時的に停止することは受容されなければならないことを指摘している。最後に本決定は、建築許可の付与が目前に迫っていることから、仮命令が「緊急に」必要であるものとしている。

　本決定は、仮命令の発付が「重要な理由から」、「緊急に」、「必要である」という各要素を個別に認定しており、「必要である」という要素に結果の衡量が結びつけられている。結果の衡量に当たっては、変更後の地区詳細計画を早期に実現する必要性が認められないという点が考慮されている。

第二章　規範統制手続における仮命令

(2)　ミュンスター上級行政裁判所1993年12月21日決定

　仮命令の申立てを退けた例として、ミュンスター上級行政裁判所1993年12月21日決定[97]を挙げることができる。本決定は、被申立人が、ノルトライン＝ヴェストファーレン州の支援を受けて、かつて工場用地であった土地に「オーバーハウゼンの新都心（Neue Mitte Oberhausen）」を作ることを内容とする地区詳細計画を策定したことに対して、規範統制の申立てがなされた事件に関するものである。申立人は、新都心に将来接続することになる道路で騒音・排気ガスが増加すること、建設工事の騒音および有害物質で汚染された旧工場用地の開発によって健康被害を受けることを危惧して、当該地区詳細計画の執行停止を求めた。本決定はまず、新都心において交通施設を設置することを認める建築許可が既に付与されたことを指摘して、地区詳細計画の執行を停止することは申立人の被る不利益を防止するための手段としては適切ではなく、仮命令の申立ては権利保護の利益を欠くものとした。

　さらに本決定は、仮命令の申立ての理由具備性も否定した。本決定は、本案における規範統制の申立てが当初から不適法であるとも明白に理由がないともいえないことから、結果の衡量を行った上で、求められた仮命令は重大な不利益の防止のためにもその他の重要な理由からも緊急に必要であるとはいえない旨判示している。仮命令が発付されたが、本案において規範統制の申立てが退けられた場合の結果に関しては、公共近距離旅客輸送（ÖPNV）の路線の建設が停止することになるため、プロジェクト全体が危険にさらされ、「特に構造的に弱い市町村であるオーバーハウゼン市を支援し、その経済力と魅力を高め、とりわけオーバーハウゼンのみならず当該地域の他の場所でも多数の新たな職場を作るという、ノルトライン＝ヴェストファーレン州政府によって追求され、被申立人の地区詳細計画によって受け入れられ、実行に移された目標が、高い程度において脅かされるであろう」と判示されている。仮命令が発付されなかったが、本案において規範統制の申立てが認容された場合の結果に関しては、①工場用地

---

[97]　OVG Münster, Beschl. v. 21.12.1993 - 10a B 2460/93.NE -, NVwZ-RR 1994, 640.

の近隣に居住する者は建設工事に伴う騒音を計算に入れておかなければならない、②地下に浸透した有害物質が拡散するおそれについては建築許可に対する異議手続においてこれを主張すべきである、③新都心のプロジェクトに伴う交通騒音等の増加については、地区詳細計画の執行停止以外の方法で対処が可能であることが指摘されている。

本決定は、「重大な不利益」と「その他の重要な理由」と厳密に区別する立場をとっていない。結果の衡量に当たっては、地区詳細計画の執行停止による公益への影響が重視されているほか、申立人の権利保護のためには地区詳細計画の執行停止以外の方法があることが考慮されている（前記②・③）。

(3) ミュンスター上級行政裁判所1996年5月30日決定

ミュンスター上級行政裁判所1996年5月30日決定[98]は、結果の衡量を行った上で、仮命令の申立てを認容している。この事件では、住居地区等を指定する地区詳細計画が問題になった。申立人らは、当該地区詳細計画に基づいて住戸数約240戸の集合住宅が建築許可を要することなく建築されることを危惧して、当該地区詳細計画の執行停止を求めた。

本決定は、仮命令の発付の要件充足性は原則的に結果の衡量によって判断され、本案における申立てに明白に理由がある場合や理由がない場合には例外が認められるという立場に立っている。本決定は、当該計画の適法性には衡量の観点で疑問があることを指摘しつつ、本案について明白に理由があるともないともいえないとして、結果の衡量を行い、「仮命令が発付されず、しかし規範統制の申立てが本案において認容されるとすれば、申立人らに〔1996年改正前の〕行政裁判所法47条8項の意味における重大な不利益が発生するであろう」ということ、および「そこから導き出される彼らの利益は、当該計画を引き続いて執行することができることに向けられた、対立する利益に優越する」ことを認めた。

本決定は、①当該地区詳細計画の執行が停止されなければ、集合住宅が完成するおそれがあることに加えて、②申立人らの所有地から数メートル

---

[98] OVG Münster, Beschl. v. 30.05.1996 - 10a B 1073/96.NE -, NVwZ 1997, 923.

しか離れていない場所に駐車場が設置され、開発道路および4階建てのオフィスビルが建設されることになり、当該地区詳細計画の適用区域の大部分がその性格を完全に変化させ、申立人らが当該土地利用によって惹起される交通の問題によって不利益を受けるおそれがあること、③仮に本案手続において規範統制の申立てが認容され、建築許可なしで設置された住宅についての法的根拠が遡及的に消滅することになったとしても、当該地区詳細計画を執行する過程においてなされた建築はいずれにしても事実上は存在したままとなるので、申立人らの受ける不利益は持続的な性質を有することを指摘している。それに対して、当該地区詳細計画がその執行を仮に停止され、しかし本案手続においてそれが有効であると宣言される場合に発生する不利益は、申立人らの受ける不利益よりも重要性が低いと判示されている。

　本決定は、本案における申立てに明白に理由があることが考慮されるという立場に立っている点、「重大な不利益」との関係で結果の衡量を行っている点で特色がある。既成事実の発生によって申立人が受ける不利益が「重大な不利益」を構成する要素の１つとして考慮されているとみられる。

2　命令請求権および命令原因が審理された例
(1)　ミュンヘン高等行政裁判所2003年10月21日決定

　前掲ミュンヘン上級行政裁判所2003年10月21日決定は、命令請求権を肯定したものの、命令原因を否定して、仮命令の申立てを退けている。この事件では、村落地区を指定する地区詳細計画に対して、計画地区外で休暇宿泊施設を設置している申立人が規範統制の申立てをした。被申立人が建築主に計画地区内の土地で建築許可を要することなく車庫付き住宅を建築することを認めたため、申立人は地区詳細計画の執行停止を求めた。

　本決定は、村落地区の指定は建築利用令（BauNVO）5条とは両立しえないことが予測されるとして、申立人が命令請求権を援用することができることを認めた。その理由としては、建築利用令5条によれば村落地区は農林業の事業場を配置することに奉仕する地区であり、村落地区に指定される区域は農林業の事業場によって特徴づけられうるものではなければな

らないところ、実際に村落地区に指定された区域には農林業の事業場が存在していないため、これが村落地区として形成されることが期待できないという点が指摘されている。

しかしながら本決定は、申立人は命令原因を援用することはできないものとした。同決定はまず、車庫付き住宅の建築が申立人の宿泊業に受忍限度を超えるイミシオンをもたらすことは認められず、申立人にとって「重大な不利益」がないことを指摘している。さらに同決定は、「予測される規範統制の申立ての認容が、本案における裁断前の地区詳細計画の実現によって、部分的に効果を失うことがないという、申立人及び公共の利益は、建築主の利益と比較して、仮命令が緊急に必要であるというほど重大なものではない」と判示しており、その理由としては、①車庫付き住宅の建築工事が進行しており、既成事実が基本的に既に発生している、②地区詳細計画の執行を停止すれば、その有効性を信頼した建築主に著しい経済的損害が発生するおそれがある、③この決定が出された後においては、建築主は当該地区詳細計画の無効が予測されることを認識しつつ、自己のリスクで建築工事を実施することになるため、本案の裁断がなされた後において当該事業案に対して建築監督庁が介入することは妨げられないことが指摘されている。

本決定は、命令原因の審理において、「重大な不利益」を否定した後に、「緊急に必要である」か否かを検討し、そこで結果の衡量を行っている。結果の衡量においては、申立人の利益と公共の利益が対立するものとしては捉えられていない。当該地区詳細計画の違法・無効が予測されることが、仮命令の申立てに対する決定の中で示されることによって、申立人の権利保護の可能性が開かれるという点（前記③）も注目される。

(2) ミュンヘン高等行政裁判所2004年10月22日決定

ミュンヘン高等行政裁判所2004年10月22日決定[99]は、申立人が命令請求権および命令原因を援用できることを認め、仮命令の申立てを認容している。この事件では、既存の地区詳細計画の変更が問題になった。当初の計

---

[99] VGH München, Beschl. v. 22.10.2004 - 15 NE 04. 2669 -, juris.

画では、土地263/22号においては住宅１戸のみを建築することが許容されていたが、変更後の計画では、一世帯用住宅１戸、二戸建住宅１戸、２台用車庫１棟、３台分の駐車場を設置することが可能とされた。一世帯用住宅は既に完成していたが、他の施設はまだ設置されていなかった。当該土地の隣接地を所有する申立人らは、二戸建住宅の建築によって既成事実が発生すること、騒音および排気ガスにより受忍限度を超える迷惑を受けることを主張して、地区詳細計画の変更条例の執行を停止することを求めた。本決定は、命令請求権に関しては、申立人らの利益が当時の建設法典１条６項の枠内における衡量に当たって十分に考慮されたか否かは、より詳細な審理を必要とするとして、「規範統制の申立てが認容されるか否かは、現時点では未確定である」と判示している。命令原因に関しては、簡潔に、「建築開始が間近に迫っており、既成事実が発生し得るので、仮命令が緊急である」と判示されている。

　本決定は、本案の帰趨が不明である場合には命令請求権が認められ、既成事実の発生の危険があれば命令原因が認められるという立場をとるものとみられる。「重大な不利益」や「その他の重要な理由」に関する判示はない。かなり容易に仮命令の発付を認める裁判例といえるが、変更後の地区詳細計画を早期に実現する必要性が認められないという評価が背後にあるのかもしれない。

(3)　ミュンヘン高等行政裁判所2007年７月23日決定

　ミュンヘン高等行政裁判所2007年７月23日決定[100]も、申立人が命令請求権および命令原因を援用できることを認め、仮命令の申立てを認容している。この事件では、住宅建設を目的とする地区詳細計画に対して、当該地区詳細計画の適用区域に接続する道路の付近住民である申立人らが規範統制の申立てをした。本決定は、命令請求権に関しては、①建設法典３条２項１文および２文前段が、建設管理計画の案の縦覧に当たっては、どのような種類の環境関連情報が入手可能であるかに関する記述が少なくとも１週間前に公示されなければならないと規定しているにもかかわらず、この

---

[100]　VGH München, Beschl. v. 23.07.2007 - 15 NE 07.1226 -, juris.

指示が全く行われなかった、②当該違反は顧慮される、③この事実状況にあっては、建設法典214条4項の補完手続の開始が地区詳細計画の執行可能性に影響を及ぼすか否かを判断する必要はないことを認定して、「現時点の事実状況によれば規範統制の申立てには理由がある」と判示している。命令原因に関して本判決は、住宅建設に必要な開発施設が年内には完成する見込みであることを認定して、「効力を有しない法規定に基づいて発生するおそれのある、公的及び私的利益に対する重大な結果を伴う不可逆的な事実を阻止するという利益」は、仮命令の発付を緊急に要求する「重要な理由」に該当すると述べている。また本決定は、規範統制手続が客観法的性格を有することから、当該利益が申立人の利益であるか否かは重要でないと述べている。

　本決定は、命令原因に関して、仮命令の発付が重要な理由から緊急に必要であることを認定している。そこでは、既成事実の発生によって公益が侵害されるおそれが考慮されている。効力を有しない地区詳細計画が執行されることは公益に適合しないという発想があるように思われる。

3　連邦行政裁判所2015年2月25日決定およびそれに続く裁判例
(1)　連邦行政裁判所2015年2月25日決定

　前掲連邦行政裁判所2015年2月25日決定は、4つの商業地区を指定する地区詳細計画に対して規範統制の申立てがなされた事件で、仮命令の申立てを認容している。当該地区詳細計画は、プロジェクト主体である私企業のために立地を確保して事業の発展を図るために策定されたものである。申立人は計画地区内の土地を所有して農業を営んでいたが、規範統制手続の係属中に、指定された商業地域のうち2つを対象とする事業案についてプロジェクト主体が前回答（Vorbescheid）の付与を申請したため[100]、仮命令の申立てをした。申立人は、当該地区詳細計画の少なくとも一部が執行されることによって、自己の所有地が公道に接続しなくなり、当該土地の

---

[100]　前回答は、建築主の建築前照会（Bauvoranfrage）に基づき、事業案の適法性の一部を確認する行政行為である。Vgl. *Stollmann/Beaucamp*（Fn. 34），§18 Rn. 57-58.

利用に重大な不利益が生ずることを危惧していた。

　本決定は、「仮の権利保護の手続において唯一可能な、さらに十分でもある簡略な審理によると、申立人の上告には理由があることが予測される」と述べている。その理由としては、①計画地区の中央にある申立人の土地が公道に接続しなくなるところ、そのような計画策定は秩序ある都市建設上の発展と両立しえず、建設法典1条3項1文に違反する[102]、②計画地区内に開発道路がないという問題が当該計画において解決されておらず、建設法典1条7項の衡量要請の違反がある、③当該瑕疵によって当該地区詳細計画の全体が効力を有しないことに至ることが予測されることが指摘されている。

　さらに本決定は、仮命令の発付が「緊急に必要である」と判示した。その理由としては、①プロジェクト主体が前回答の付与を申請しており、当該前回答が付与された場合、隣人保護規定に違反しないことが予測されるので、申立人がこれを争うことができず、事業案の建設計画法上の許容性が確定する、②当該事業案のための計画に基づいて、申立人の土地が公道に接続しなくなり、接続しえなくなるおそれがある、③それによって、申立人が求める権利保護を無にする既成事実が発生するおそれがあることが指摘されている。

　本決定は、本案における認容の見込みに関しては簡略な審理しかできずまたそれで足りることを指摘した上で、問題の地区詳細計画が建設法典の規定に違反することを認定している。「重大な不利益」および「その他の重要な理由」に関する判示はない。仮命令の発付が「緊急に必要である」ことに関しては、既成事実の発生のおそれが重視されており、申立人の受ける不利益のほか、当該地区詳細計画の執行を停止する以外に申立人の権利を保護する手段がないことが考慮されている[103]。執行停止により影響を受ける建築主や市町村の利益に関する言及はないが、当該地区詳細計画が都市建設上必要ないものであることから、これらの利益を考慮する必要は

---

[102]　建設法典1条3項1文は、市町村が建設管理計画を策定しなければならない場合として、「それが都市建設上の発展及び整序のために必要である限り速やかに」と規定している。

ないと考えられているのかもしれない。

(2) ミュンヘン高等行政裁判所2015年4月21日決定

前掲連邦行政裁判所2015年2月25日決定の示した基準を採用しつつ、仮命令の申立てを退けたものとして、ミュンヘン高等行政裁判所2015年4月21日決定[104]がある。この事件では、住宅建設を内容とする事業案関連地区詳細計画に対して規範統制および仮命令の申立てがなされた。計画地区に隣接する土地で事業を行っている申立人らは、住宅建設によって地区の性格がこれまでの混合地区から住居地区に変化し、自らの事業についてイミシオン防止法上の制限が課されるおそれを危惧していた。本決定は、申立人らの事業の範囲等が明確でないとして、申立適格について疑問があることを指摘する一方、いずれにしても仮命令の申立てには理由がないとした。

本決定は、行政裁判所法47条6項による手続における審理の基準は、まずは本案における認容の見込みであること、仮の権利保護の手続においては簡略な審理が必要かつ十分であることを指摘しつつ、規範統制の申立てに理由があるか否かは現時点では未確定であり、同法47条6項の定めを考慮した純粋な利益衡量が行われなければならないとした。その上で本決定は、申立人らの主張からは、当該地区詳細計画の執行停止が重大な不利益の防除のためにまたはその他の重要な理由から緊急に必要であることを示す手がかりは見出せないと述べている。その理由に関しては、①申立人らは、当該地区詳細計画を実現することになる、許可を要しない建築事業案に対して争っており、同法123条による仮命令の可能性があることに鑑みれば、必要な緊急性が認められない、②地区詳細計画の執行停止は、既に開始された建築工事に対する建築監督庁の介入義務を自動的に発生させるものではなく、行政裁判所の個人的権利保護手続における認容の見込みが

---

[103] 本決定を、地区詳細計画の執行によって既成事実がどの程度発生するかについての衡量決定を行うものとして整理する説として、vgl. *Gerhard Spieß*, in: Henning Jäde/Franz Dirnberger, BauGB, BauNVO, Kommentar, 8. Aufl. 2017, §30 BauGB Rn. 124.

[104] VGH München, Beschl. v. 21.04.2015 - 9 NE 15.377 -, juris.

改善するかもしれないという見通しは重要な理由に該当しない、③申立人らの事業は既にイミシオン防止法上の制限を受けていること、申立人らの危惧する地区の変化は事業案が実施された後で生じうることからすれば、重大な不利益が認められない旨判示されている。

　本決定は、本案の帰趨が不明である場合の利益衡量において、「重大な不利益」、「重要な理由」、「緊急に必要である」という各要素について検討を行っている。事業案関連地区詳細計画の内容を実現する事業案について建築工事が始まっており、建築監督庁の介入を求めるべきものとされている点が重要である。

(3)　ベルリン＝ブランデンブルク上級行政裁判所2016年1月26日決定

　ベルリン＝ブランデンブルク上級行政裁判所2016年1月26日決定[105]は、村落地区を指定する地区詳細計画が問題になった事件で、仮命令の申立てを認容している。計画地区内の土地を所有する申立人らは、当該地区詳細計画に基づいて事業を制限されることを危惧して、規範統制および仮命令の申立てをした。申立人1は、当該地区詳細計画の議決前にイミシオン防止法上の許可申請を拒否されており、これに対する異議手続が係属中であった。申立人2はイミシオン防止法上の許可の期間延長を申請中であった。

　本決定はまず、当該地区詳細計画の案の縦覧に当たって、どのような種類の環境関連情報が入手可能であるかに関する指示が全くなされなかったこと、当該瑕疵は顧慮されることを認定して、「争われている地区詳細計画が効力を有しないことが明白であり、本案における規範統制手続が認容されるということを、既に仮の権利保護の手続において唯一可能であり必要である簡略な審理が明らかにするので、求められた仮命令を発するための重要な理由が存在する」と判示した。さらに本判決は仮命令が「緊急に必要である」ことを認めており、その理由に関しては、①当該地区詳細計画が効力を有せず、申立人らの規範統制の申立てが認容されることに疑いはないので、当該地区詳細計画のさらなる執行を求める保護に値する公

---

[105]　OVG Berlin-Brandenburg, Beschl. v. 26.01.2016 - OVG 10 S 10.15 -, juris.

的・私的利益は認められず、むしろその延期が、当該地区詳細計画においてなされた指定が有効に妥当する法的外観を除去する点で適切である、②当該地区詳細計画に基づいて申立人らは許可申請を拒否され、土地の経済的利用を長期間にわたって阻止されるおそれがある、③このことは、当該形式の瑕疵の治癒が、参加手続の再実施を要するため、容易に可能であるとはいえないことに鑑みれば、申立人らにとって受容できないことが指摘されている。

　本決定は、地区詳細計画が効力を有しないことが明白であることが、「重要な理由」に該当するとともに、「緊急に必要である」かどうかの判断に当たっても、当該地区詳細計画の執行を求める利益を排除することを指摘している点で特色がある。既成事実の発生のおそれは重視されていない。もっとも本決定は、申立人らが受容できない不利益を受けることも認定しており（前記②・③）、本案について理由があることのみを考慮しているわけではない。

（4）　マンハイム高等行政裁判所2016年8月9日決定

　前掲連邦行政裁判所2015年2月25日決定の示した基準を採用して、仮命令の申立てを認容した例として、マンハイム高等行政裁判所2016年8月9日決定[106]を挙げることもできる。この事件では、住居専用地区および交通用地を指定する内部開発の地区詳細計画に対して、計画地区外の土地所有者である申立人らが規範統制および仮命令の申立てをした。本決定は、簡略な審理によれば、当該地区詳細計画は高い蓋然性をもって効力を有しないので、申立人らの規範統制の申立てには理由があることが予測される旨判示している。その理由に関しては、①当該地区詳細計画は大部分において外部地域に属することが見込まれる土地を対象にしていること、②したがって当該地区詳細計画は内部開発の地区詳細計画に該当せず、特定の計画およびプログラムの環境影響の審査に関する2001年6月27日の欧州議会・理事会指令2001/42/EGを国内法化した建設法典2条4項の環境審査（Umweltprüfung）を実施することなく違法に策定されたものであるこ

---

[106]　VGH Mannheim, Beschl. v. 09.08.2016 - 5 S 437/16 -, NVwZ-RR 2017, 268.

と[107]、③当該瑕疵は顧慮されることが認定されている。

　さらに本決定は、環境審査の追完を不可能にする既成事実を回避するために、EU法上の重要な理由から仮命令の発付が緊急に必要である旨述べている。本決定は、計画地区における住宅建築事業案1件について既に建築許可が付与され、さらにもう1件建築許可申請がされたことを認定して、計画地区のかなりの部分において本案における裁断までに環境審査を実施することなく建物が建てられる具体的危険があることを指摘している。また本決定は、①EU法の適用優先の見地から、環境審査の不作為が申立人らの法的に保護された地位に関係しないとしても執行停止が必要であること、②そのような事案においては建設法典214条4項の補完手続において環境審査を追完する可能性があるとしても、地区詳細計画の執行を停止する「重要な理由」は原則的に否定されないことも指摘している。

　本決定は、当該地区詳細計画が効力を有しないという高い蓋然性があること、および、仮命令の発付が重要な理由から緊急に必要であることを認定している。後者については、環境審査がEU法上要求されていることと、その追完を妨げる既成事実の回避が重視されており、申立人の権利保護の視点が稀薄であるのが特色である。

(5)　ミュンヘン高等行政裁判所2017年1月31日決定

　ミュンヘン高等行政裁判所2017年1月31日決定[108]も、仮命令の申立てを認容している。この事件では、これまで農業利用がなされていた土地に住居専用地区を指定する地区詳細計画が問題になった。計画地区外で農業を営んでいる申立人らは、住宅建設に基づいてその事業を制限されるおそれがあると主張して、規範統制および仮命令の申立てをした。本決定は、簡略な審理によれば当該地区詳細計画は建築利用令の規定に違反し、顧慮さ

---

[107]　建設管理計画の策定について定める建設法典2条は、環境保護の利益については環境審査が実施されると規定している（4項1文前段）。一方、内部開発の地区詳細計画は迅速化された（beschleunigt）手続において策定することができるとされ（建設法典13a条1項1文）、迅速化された手続では建設法典2条4項は適用されない（建設法典13a条2項1号・13条3項1文）。内部開発の地区詳細計画については本書第二部第四章で取り上げる。

[108]　VGH München, Beschl. v. 31.01.2017 - 1 NE 16.2191 -, juris.

第一部　地区詳細計画の規範統制の発展

れる衡量の瑕疵を帯びているとして、「申立人の規範統制の申立ては当該詳細計画が効力を有しないという確認に至ることが予測される」と判示した。これに関しては、①建築利用令16条3項1号が建ぺい率等の指定を要求しているにもかかわらず、被申立人はこれに関する指定をしていないこと、②建設法典1a条2項2文が、農業に利用されている土地の用途変更は必要な範囲に限られるべきであると規定しているにもかかわらず、被申立人は十分な調査および評価を行っていないこと、③前記②の瑕疵がなければ異なる計画が策定された具体的可能性があることが認定されている。

また本決定は、「仮命令の発付が重要な理由からも緊急に必要である」と判示している。これに関しては、①規範統制手続の終結時にはもはや除去できないことが予測される住宅の建築によって、計画の適用対象とされた土地で農業を行うことが最終的に不可能になるおそれがあること、②被申立人が2016年10月7日に被呼出人の建築事業案は建築許可を要しないことを宣言しており、当該地区詳細計画によって発生した建築権の実現が間近に迫っていることが指摘されている。

本決定は、簡略な審理により衡量の瑕疵を含む複数の違法事由を認定している点で、前掲連邦行政裁判所2015年2月25日決定との共通性がある。仮命令の発付が重要な理由から緊急に必要であることに関しては、既成事実の発生の危険が考慮されているところ、地区詳細計画の執行停止以外の方法による申立人の権利保護の可能性については言及がない。既成事実の発生による公益侵害の回避が重視されているのかもしれない[109]。

4　まとめと検討

かつては、連邦憲法裁判所法32条による仮命令に関する連邦憲法行政裁判所の判例をそのまま採用して、結果の衡量に基づいて行政裁判所法47条6項による仮命令の申立ての理由具備性を判断する上級行政裁判所の裁判例がみられた（1 (1)・(2)）。この立場は、本来的には本案について理由が

---

[109]　仮命令の発付が公益上緊急に必要であることを明言した同裁判所の裁判例として、vgl. VGH München, Beschl. v. 26.06.2017 - 1 NE 17.716 -, juris Rn. 15.

あることを考慮しないものであったが、規範統制の申立てに理由があることが明白である場合には例外を認める裁判例もあった（1 (3)）。結果の衡量に当たっては、既成事実の発生の危険が考慮要素の１つとなるところ、これが「その他の重要な理由」に当たるとする裁判例（1 (1)）と、既成事実の発生により申立人の受ける不利益が「重大な不利益」に含まれるとする裁判例（1 (3)）がみられる。前者の裁判例は、地区詳細計画を早期に実現する必要性が認められないことを考慮して申立てを認容しており、後者の裁判例は、申立人らの受ける不利益が大きいことから申立てを認容している。他方で、既に付与された建築許可を争う等、地区詳細計画の執行停止以外に申立人の権利を保護する手段があることを考慮して、申立てを退けた例もある（1 (2)）。

ミュンヘン高等行政裁判所の裁判例には、仮命令の理由具備性の判断に当たって、命令請求権（本案における認容の見込み）および命令原因（緊急の必要性）をそれぞれ審理するものがみられた。これは、伝統的な結果の衡量を行う立場と比較して、本案における認容の見込みをより重視しようとするものと考えられる。命令請求権に関しては、建築利用令違反（2 (1)）や縦覧に関する規定の違反（2 (3)）を認めた裁判例があるほか、衡量の瑕疵があるともないともいえないことから命令請求権を認めたものもある（2 (2)）。命令原因を認めた裁判例では、既成事実の発生の危険が重視されており（2 (2)・(3)）、公益侵害を回避するためにも執行停止が必要であるという立場をとるものもある（2 (3)）。他方、地区詳細計画の執行停止以外にも申立人の権利を保護する手段があることを考慮して、命令原因を否定した裁判例もある（2 (1)）。

連邦行政裁判所2015年2月25日決定（以下本章において「2015年決定」という）は、仮の権利保護の手続において唯一可能であり十分でもあるとされる簡略な審理によって、本案における申立てに理由があることが予測されるか否かを判断するものとしており（3 (1)）、その後においては、このような審理方式を採用する裁判例が複数みられるようになっている。認定された違法事由としては、建築利用令違反（3 (5)）や縦覧に関する規定の違反（3 (3)）のほか、環境審査の不実施（3 (4)）、衡量の瑕疵（3 (1)・

(5))等がある。衡量の瑕疵は本案手続でなければ判断できない場合もありうるが（1(3)、2(2))、これが簡略な審理によって認定された例があることは注目される[110]。地区詳細計画が効力を有しないことについては、それが「予測される」とする裁判例（3(1)）のほか、「明白」であるとする裁判例（3(3))、「高い蓋然性がある」とする裁判例（3(4)）がみられる。

2015年決定は、本案における申立てに理由があることが予測されることを認定した後、緊急の必要性を検討した上でこれを肯定している（3(1))。その後の上級行政裁判所の裁判例においては、仮命令の発付が重要な理由から緊急に必要であることを認めたものが複数みられる（3(3)・(4)・(5))。これらの裁判例においては、既成事実の発生の危険を重視するものが多く、それによって申立人の受ける不利益に着目するものもあれば（3(1))、公益侵害の回避を重視しているとみられるものもある（3(4)・(5))。他方で、地区詳細計画が効力を有しないことが明白であることから、既成事実の発生の危険を問うことなく仮命令の申立てを認容した例もある（3(3)）[111]。手続・形式の瑕疵の存在が認定された事件では、その治癒ないし追完可能性が問題になることがあるが（3(3)・(4))、ここで取り上げた裁判例はいずれも仮命令の申立てを認容している[112]。

2015年決定は、本案における認容の見込みを評価することができない場合には、結果の衡量を行わなければならないという立場であり、その後の裁判例においても純粋な利益衡量を行って仮命令の申立てを退けた例がある（3(2))。この裁判例では、申立人の受ける不利益が重大とはいえないことのほか、地区詳細計画の執行停止以外に申立人の権利を保護する手段

---

[110] 簡略な審理によって衡量素材の調査・評価に関する瑕疵を認定した裁判例として、vgl. VGH München, Beschl. v. 03.03.2017 - 15 NE 16.2315 -, NVwZ-RR 2017, 558 Rn. 18.

[111] 地区詳細計画が効力を有しないことが明白であることから、仮命令の申立てを認容した裁判例として、vgl. VGH München, Beschl. v. 04.07.2017 - 2 NE 17.989 -, juris Rn. 16.

[112] 瑕疵が補完手続において除去可能であるか否かという問題は、仮の規律が延期不可能であるか否かの衡量に当たって意味があると主張する説として、vgl. *Kalb/Külpmann*, in: Ernst/Zinkahn/Bielenberg/Krautzberger（Fn. 88)、§214 Rn. 264e.

があることが考慮されている。

　全体としては、2015年決定が提示したように、まずは簡略な審理によって本案における申立てに理由があることが予測されるか否かを判断するという方向性は固まってきているとみられる。他方で、行政裁判所法47条6項にいう「重大な不利益」および「その他の重要な理由」の該当性や、仮命令の発付が「緊急に必要である」か否かの判断については、なお不明確な部分が残されている。本案における申立てに理由があることが予測される場合に関しては、既成事実の発生の危険を問うことなく、地区詳細計画の執行を停止することができるかという点が今後も論点になると思われる。本案の帰趨が不明である場合には、申立人が受ける不利益の程度や、地区詳細計画の執行停止以外に申立人の権利を保護する手段があるかどうかに加え、建築主および市町村の利益すなわち当該地区詳細計画を早期に実現する必要性を考慮する必要があるものと考えられる。

Ⅳ　第二章のまとめ

　行政裁判所法47条6項は、規範統制手続における仮の権利保護の制度として、裁判所が申立てに基づいて仮命令を発することができることを規定している。仮命令の内容は法定されていないが、この制度は規範統制手続の対象となる法規定の適用ないし執行を一時的に停止するものとして運用されている。したがって同項に定める仮命令の制度は、実質的には法規定の執行停止の制度とみることもできる。同項による仮命令は、既に発せられた行政行為には影響を及ぼさないものと解されている。したがって、ある事業案が地区詳細計画に適合するとして建築許可が与えられた場合には、その後に当該地区詳細計画の執行が停止されたとしても、当該事業案の実施を阻止することはできない。他方で、当該地区詳細計画に基づいて別の新たな建築許可がなされるおそれがある場合には、当該地区詳細計画の執行を停止することにも実益がある。

　同項によれば、仮命令の発付が「重大な不利益の防除のために又はその他の重要な理由から緊急に必要である」場合に、裁判所は申立てに基づい

第一部　地区詳細計画の規範統制の発展

てこれを発することができる。この規定は、連邦憲法裁判所が仮命令を発することを認める連邦憲法裁判所法32条１項にならったものであり、連邦憲法裁判所は、仮命令が発付されたが、本案における申立てが退けられた場合に生ずる結果と、仮命令は発付されなかったが、本案における申立てが認容される場合に生ずる結果を衡量すること（結果の衡量）によって、仮命令の申立ての理由具備性を判断するという立場をとっていた。この立場は、本案における認容可能性を考慮しないものであったが、上級行政裁判所の裁判例においては、結果の衡量を行うことを原則としつつ、本案について理由があることが明白である場合には例外的にこれを考慮するものが登場し、学説においても本案における認容の見込みをより重視すべきことが主張されるようになってきた。このような状況の中、連邦行政裁判所2015年２月25日決定（2015年決定）は、地区詳細計画の場合は、仮の権利保護の手続において唯一可能であり十分でもあるとされる簡略な審理により、本案における規範統制の申立てに理由があることが予測されるか否かを判断し、本案の帰趨が不明であるときには結果の衡量を行うという立場を明らかにした。2015年決定は、本案における申立てに理由があることが予測されることは地区詳細計画の執行を停止しなければならないことを示す本質的徴候である旨述べる一方、その場合でも諸利益の考慮および不利益の重大性を要するという立場をとっている。上級行政裁判所の裁判例においては、本案における申立てに理由があることが予測されることを示した上で、既成事実の発生の危険があることを認定して仮命令の申立てを認容した例があるほか、地区詳細計画が効力を有しないことが明白であることから、既成事実の発生の危険を問うことなく仮命令の申立てを認容した例もみられる。

　ドイツにおける地区詳細計画の執行停止にあっては、申立ての理由具備性に関しては、まずは簡略な審理によって本案における規範統制の申立てに理由があることが予測されるか否かを判断するという方向性は固まってきているとみられる。本案における申立てに理由があることが予測されることを認めた裁判例も複数存在しており、それに加えて既成事実の発生の危険が認められる場合には、地区詳細計画の執行が停止されるものと考え

られる。それに対して、既成事実の発生の危険を問うことなく、効力を有しないことが予測される地区詳細計画の執行を停止することができるかという点は、今後も論点になると思われる[113]。他方、本案の帰趨が不明である場合には結果の衡量を行うというのがドイツ法で定着した考え方ということができる。これまでの裁判例を参照すると、結果の衡量に当たっては、申立人が受ける不利益の程度や、地区詳細計画の執行停止以外に申立人の権利を保護する手段があるかどうかに加え、建築主および市町村の利益すなわち当該地区詳細計画を早期に実現する必要性を考慮する必要があるものと考えられる。

---

[113] 日本法の仮の救済における利益衡量の要素と本案勝訴の見込みの要素との関係については、長谷川佳彦「仮の救済」芝池古稀『行政法理論の探究』（有斐閣、2016年）498-499頁の分析を参照。

第三章

環境保護団体による規範統制の申立て

　2006年に制定された「EG 指令2003/35/EG による環境問題における法的救済についての補完的規定に関する法律」（環境・法的救済法）により、一定の要件を充足する環境保護団体が、自己の権利の侵害を主張することなく、環境適合性審査を実施する義務が成立しうる事業案の許容性に関する決定等に対して、行政裁判所法の定めによる法的救済を提起することができるものとされた。規範統制の申立適格について定める同法47条2項1文は、自然人・法人が申立人となる場合には、法規定またはその適用による自己の権利侵害の主張を要件としているところ[1]、環境・法的救済法に定める要件が充足されるときには、環境保護団体が、自己の権利の侵害を主張することなく、規範統制の申立てをすることができる。環境保護団体による規範統制の申立てに基づいて、地区詳細計画が効力を有しないことを宣言した上級行政裁判所の裁判例も存在している。

　本章は、環境保護団体が、環境・法的救済法の規定に基づいて、地区詳細計画に対する規範統制の申立てをすることができるのはどのような場合か、申立てに理由があることが認められた例はあるのかという観点から、ドイツの法状況を検討し、その特色を明らかにしようとするものである[2]。これらの点を解明することは、日本において環境団体訴訟や都市計画争訟制度を整備するに当たっても参考になる部分があると考えられる[3]。以下ではまず、制定時の環境・法的救済法につき、地区詳細計画の規範統制の場合にも重要であると考えられる規定を概観した上で（Ⅰ）、

（1）　これに関する検討については、本書第一部第一章参照。

それらの規定がEU指令等に適合するか否かに関する議論を参照して検討を加える（Ⅱ）。続いて、地区詳細計画に対する規範統制の申立て（仮命令の申立てを含む）の適法性ないし理由具備性に関する上級行政裁判所の裁判例を取り上げる（Ⅲ）。環境・法的救済法は2017年5月29日の「環境・法的救済法及びその他の規定の欧州及び国際法上の基準への適合に関する法律」により大きく改正されており、この改正については最後に紹介する（Ⅳ）。

Ⅰ　環境・法的救済法の制定

1　指令2003/35/EGとオーフス条約

特定の環境関連の計画またはプログラムの作成に当たっての公衆参加に関する2003年5月26日の欧州議会・理事会指令2003/35/EGにより、特定の公的および私的プロジェクトの場合の環境適合性審査に関する1985年6月27日の理事会指令85/337/EWGと、環境汚染の統合化された回避および削減に関する1996年9月24日の理事会指令96/61/EGが改正された。この改正は、1998年6月25日に採択されたオーフス条約（環境問題における情報へのアクセス、決定手続への公衆参加、裁判所へのアクセスに関する条約）の規定、特に同条約9条2項との完全な一致を確保するためのものである[4]。

---

(2) 環境・法的救済法は短期間に複数回改正されており、理解が容易でない法律であるが、参考になる邦語文献として、大久保規子「ドイツにおける環境・法的救済法の成立(1)(2)——団体訴訟の法的性質をめぐる一考察」阪法57巻2号（2007年）1頁以下、58巻2号（2008年）25頁以下、同「混迷するドイツの環境団体訴訟——環境・法的救済法2013年改正をめぐって」新世代法政策学研究20号（2013年）227頁以下、同「保護規範説を超えて——環境団体訴訟をめぐるドイツの葛藤と制度改革」滝井追悼『行政訴訟の活発化と国民の権利重視の行政へ』（日本評論社、2017年）474頁以下。

(3) 村上裕章「団体訴訟の制度設計に向けて——消費者保護・環境保護と行政訴訟・民事訴訟」論ジュリ12号（2015年）117頁は、行政訴訟として団体訴訟を設ける場合、環境保護に関しては、計画の違法確認訴訟を設けることを検討する必要があるとする。

第一部　地区詳細計画の規範統制の発展

　オーフス条約9条は、裁判所へのアクセスについて定めている。同条約9条2項は、以下の事項を規定している。すべての締約国は、(a)十分な利益を有するか、(b)権利侵害を主張する（締約国の行政訴訟法がこれを要件として求めている場合に限る）、影響を受ける公衆[5]の構成員が、同条約6条等の規定が適用される決定[6]、行為または不作為の実体法上および手続法上の適法性を争うために、裁判所その他の法律の根拠に基づいて創設された独立かつ中立の機関での審査手続にアクセスすることを、その国内の法規定の範囲内において保障する。何が十分な利益および権利侵害であるかは、国内法の要件により、影響を受ける公衆にこの条約の範囲内において裁判所への広いアクセスを与えるという目的と一致して規定される。この目的のため、同条約2条5号に掲げられた要件を充足するすべての非政府組織[7]の利益は、上記(a)の意味において十分である。そのような組織は、上記(b)の意味において侵害されうる権利の主体でもある。

　指令2003/35/EGにより、オーフス条約9条2項の規定は、指令85/335/EWG第10a条および指令96/61/EG第15a条として追加された。ドイツは、行政訴訟に関して引き続き上記(b)の仕組み（個人的権利保護モ

---

(4)　Vgl. ABl. L 165 v. 25.06.2003, S. 18. オーフス条約については、大久保規子「オーフス条約と環境公益訴訟」環境法政策学会編『公害・環境紛争処理の変容』（商事法務、2012年）133頁以下、高村ゆかり「情報公開と市民参加による欧州の環境保護——環境に関する、情報へのアクセス、政策決定への市民参加、及び、司法へのアクセスに関する条約（オーフス条約）とその発展」静法8巻1号（2003年）178頁以下も参照。

(5)　オーフス条約2条5号は、環境関連の決定手続により影響を受ける（蓋然性のある）公衆のほか、それについて利益を有する公衆を「影響を受ける公衆」として定義している。

(6)　オーフス条約6条は、特定の活動に関する決定への公衆参加についての規定である。同条1項は、同条が適用される決定として、(a)同条約附属書Iに掲げられた活動（エネルギー部門、金属・化学工業、遠距離鉄道・自動車道の建設等）を許容するかどうかに関する決定や、(b)同条約附属書Iに掲げられていない活動であるが、環境への有意な影響を有しうるものに関する決定を挙げている。

(7)　オーフス条約2条5号は、「環境保護に尽力し、かつ国内法により適用されるすべての要件を充足する非政府組織」も、影響を受ける公衆に含まれる旨規定している。

デル）を採用することは許されるものの、その場合であっても、環境保護に尽力する非政府組織が裁判所にアクセスすることが認められるよう国内法を整備しなければならないことになった。

2　環境・法的救済法の制定

指令2003/35/EGは、2005年6月25日までにドイツ法に転換（umsetzen）されなければならなかったにもかかわらず、完全な転換がなされなかったため、欧州委員会はドイツに対する条約違反手続を開始した[8]。同年9月、連邦政府は環境・法的救済法案を連邦議会に提出し、同法は同年12月に公布された。環境・法的救済法は、工業施設およびインフラ措置のための環境法上の許認可決定についての団体訴訟を、より広範に導入するものである[9]。指令2003/35/EGが採択されるよりも前に、連邦自然保護法（BNatSchG）61条1項（2002年公布時のもの）は、自然保護地区の保護のための禁止等の解除や一定の計画確定決定・計画許可に対して、承認された団体が出訴することを認めていた[10]。以下では、制定時の環境・法的救済法の規定のうち、地区詳細計画の規範統制の場合にも重要であると考えられるものを概観する。

(1)　法的救済の対象となる決定

環境・法的救済法1条は、同条各号に定める決定等に対する法的救済について同法が適用されることを定めている。法的救済の対象となる決定の代表例は、環境適合性審査法（UVPG）等により環境適合性審査を実施する義務が成立しうる事業案の許容性に関する、同法2条3項の意味における決定である（環境・法的救済法1条1項1文1号）。環境適合性審査法2条3項の意味における決定には、環境適合性審査の義務のある事業案（個

---

[8]　Vgl. BT-Drs. 16/2495, S. 7.
[9]　BT-Drs. 16/2495, S. 8.
[10]　連邦自然保護法における団体訴訟に関する規定は、各州の自然保護法で規律されていた団体訴訟の実践をふまえて設けられたものである（vgl. BT-Drs. 14/6378, S. 61）。大久保規子「ドイツにおける環境団体訴権の強化——2002年連邦自然保護法改正を中心として」行政管理研究105号（2004年）3頁以下も参照。

別事例の予備審査（Vorprüfung）を要するものを含む）を列挙する同法附則1の意味における特定の事業案の許容性が根拠づけられることになる地区詳細計画の策定・変更・補完に関する議決や、計画確定決定を代替する地区詳細計画に関する議決が含まれる（同法2条3項3号）。環境・法的救済法1条1項1文1号にいう決定に該当するためには、環境適合性審査を実施する義務が成立しうることが必要であるが、当該義務が成立していることは必要ではない。当該義務が成立していることは、理由具備性が認められるための要件である（同法2条5項）。環境適合性審査を要するか否かが個別事例の予備審査によって判断される事業案の場合、環境適合性審査が実施されなければならなかったかどうかは、理由具備性に関する問題として審理される[11]。

(2) 法的救済の提起に関する要件

団体が法的救済を提起することのできる要件に関しては、環境・法的救済法2条1項の規定が重要である。同法2条1項によれば、同法3条により承認された国内または外国の団体は、同法2条1項1号～3号の要件をいずれも充足する場合において、自己の権利の侵害を主張することなく、同法1条1項による決定またはその不作為に対して、行政裁判所法の定めによる法的救済を提起することができる。

環境・法的救済法3条は、団体の承認について定めている。承認は申立てに基づいて与えられる（同条1項1文）。承認が与えられるための要件は同条1項2文1号～5号に列挙されている。当該団体が、①その定款に従って環境保護の目標を推進すること、②承認の時点で少なくとも3年存立しており、この期間内に前号の意味において活動してきたこと、③適正な任務の遂行ための保障があること、④租税通則法（Abgabenordnung）52条の意味における公益目的を追求すること、⑤当該団体の目標を支持するすべての人が、会員集会における完全な投票権を有する会員として入会することを可能にすることが掲げられている。環境・法的救済法3条1項2文に掲げられた要件は、連邦自然保護法59条1項（2002年公布時のもの）

---

[11] BT-Drs. 16/2495, S. 11.

第三章　環境保護団体による規範統制の申立て

に定める団体の承認の要件をモデルにしている[12]。連邦自然保護法または州法上の規定により自然保護団体として承認された団体は、環境・法的救済法3条1項1文により承認されたものとみなされる（同法3条1項4文）。

　団体が法的救済を提起するための要件は、環境・法的救済法2条1項1号～3号にも列挙されている。環境・法的救済法2条1項1号は、当該団体が、「第1項第1項第1文による決定又はその不作為が、環境保護に奉仕し、個人の権利を根拠づけ、かつ当該決定にとって意味があり得る（von Bedeutung sein können）法規定と矛盾することを主張する」ことを求めている。環境・法的救済法の政府案理由書は、環境・法的救済法2条1項1号～3号は、団体訴訟の適法要件を定める連邦自然保護法61条2項（2002年公布時のもの）にならったものである旨説明している[13]。しかしながら同項は、法規定が「少なくとも自然保護及び景観保全の利益に奉仕することを規定されている」ことを要求しているものの（1号）、「個人の権利を根拠づける」ことを要求していない。同理由書は、「『個人の権利を根拠づける』基準は、提訴資格を、公権として承認されている法規定に制限する」と述べている[14]。ドイツでは、公益のみならず個人的利益をも保護する規範が公権を根拠づけるとする考え方（保護規範説）が一般的である[15]。したがって、環境・法的救済法2条1項1号によれば、当該団体は、環境を保護する法規定との矛盾があることだけでなく、当該法規定が個人的利益をも保護することを主張しなければならないことになる。もっとも後述の通り、欧州司法裁判所の判決を受けて「個人の権利を根拠づける」法規定の要件は削除される。「当該決定にとって意味があり得る」法

---

[12]　BT-Drs. 16/2495, S. 13. ⑤の要件に注目するものとして、島村健「環境法における団体訴訟」論ジュリ12号（2015年）129頁。

[13]　BT-Drs. 16/2495, S. 12.

[14]　BT-Drs. 16/2495, S. 12.

[15]　Vgl. *Ulrich Ramsauer,* Die Dogmatik der subjektiven öffentlichen Rechte, JuS 2012, 769 (771); *Thomas Würtenberger,* Verwaltungsprozessrecht, 3. Aufl. 2011, Rn. 276; *Peter Wysk,* in: Peter Wysk (Hrsg.), VwGO, Beck'scher Kompakt-Kommentar, 2. Aufl. 2016, §42 Rn. 113-114.

規定の要件は、決定にとって無意味な側面が争いの対象として主張されることを回避するためのものであると説明されている[16]。

環境・法的救済法2条1項2号は、当該団体が、環境保護の目標を推進するというその定款で定められた任務領域に同法1条1項1文による決定またはその不作為が関わっていることを主張することを要求している。団体の定款で定められた任務領域には環境保護に関係のない他の目的が含まれうることから、当該任務領域と法的救済の対象となる決定との間に関連性があることを要求する趣旨である[17]。

環境・法的救済法2条1項3号は、当該団体が、同法1条1項による手続に参加する権利を有していたこと、かつ、適用される法規定に従って意見を表明したこと、または適用される法規定に反して意見表明の機会を与えられなかったことを要求している。個別法で意見表明期間が定められている場合には、期間内に意見を表明することが求められる[18]。環境・法的救済法2条1項2号・3号は、連邦自然保護法61条2項2号・3号（2002年公布時のもの）との共通性がある。

環境・法的救済法2条4項は、同法1条1項1文による決定に対する法的救済を提起することのできる期間に関する規定である。地区詳細計画については行政裁判所法47条2項1文が適用される（環境・法的救済法2条4項3文）。地区詳細計画の規範統制の場合には行政裁判所法47条2項1文の申立期間（法規定の公布後1年間）が適用されるという趣旨である[19]。

(3) 異議の排除

環境・法的救済法2条3項によれば、当該団体が同法1条1項による手続において意見表明の機会を有していた場合、当該団体は、同法1条1項による手続において主張しなかったか、適用される法規定に従って適時には主張しなかったけれども、主張することができたであろうすべての異議を、法的救済に関する手続において主張することができない。これは連邦

---

[16] BT-Drs. 16/2495, S. 12.
[17] BT-Drs. 16/2495, S. 12.
[18] BT-Drs. 16/2495, S. 12.
[19] BT-Drs. 16/2495, S. 12.

自然保護法61条3項（2002年公布時のもの）をモデルとする規定である[20]。当該団体がそもそも意見を表明したかどうかは法的救済を提起することができるかどうかに関する問題であるが（環境・法的救済法2条1項3号）、個々の異議が排除されているかどうかは、理由具備性の審査において解明されるべき問題である[21]。

　2017年改正前の行政裁判所法47条2a項は、地区詳細計画等に対して規範統制の申立てをした自然人または法人が、縦覧（建設法典3条2項）または影響を受ける公衆の参加（建設法典13条2項2号・13a条2項1文）の範囲内において主張しなかったまたは時機に遅れて主張したが、主張することができたであろう異議のみを主張する場合において、規範統制の申立てが不適法である場合があることを定めていた。この規定は、申立人が計画策定に当たって適時に異議を主張し、その異議のうち1つを規範統制手続において主張することのみを要求するものであって、申立人が先に主張しなかった異議を規範統制手続において援用することを妨げるものではない[22]。この点で環境・法的救済法2条3項は、行政裁判所法47条2a項よりも強力な異議の排除を定めているといえる。

(4)　理由具備性に関する要件

　環境・法的救済法2条5項は、法的救済に理由がある場合について定めている。環境・法的救済法2条5項1文1号は、「第1条第1項による決定又はその不作為が、環境保護に奉仕し、個人の権利を根拠づけ、かつ当該決定にとって意味がある法規定に違反し、かつ当該違反が、当該団体によってその定款に従って推進されるべき目標に含まれる環境保護の利益に関わる場合」を挙げている。この要件には、同法2条1項1号・2号との関連性がある。環境保護に奉仕し、個人の権利を根拠づけ、かつ当該決定

---

[20]　BT-Drs. 16/2495, S. 12.

[21]　Vgl. *Thomas Bunge*, UmwRG, Kommentar, 2013, §2 Rn. 62; *Alexander Schmidt/ Christian Schrader/Michael Zschiesche*, Die Verbandsklage im Umwelt- und Naturschutzrecht, 2014, Rn. 164.

[22]　Vgl. BVerwG, Urt. v. 24.03.2010 - 4 CN 3/09 -, NVwZ 2010, 782 Rn 14; *Bunge* (Fn. 21), §2 Rn. 99.

にとって意味がある法規定との矛盾を主張することは法的救済の提起に関する要件であるが、当該法規定の違反があることは理由具備性に関する要件である。

環境・法的救済法2条5項1文2号は、地区詳細計画に関する特別の定めであり、「環境適合性審査の義務のある事業案の許容性を根拠づける地区詳細計画の指定が、環境保護に奉仕し、かつ個人の権利を根拠づける法規定に違反し、かつ当該違反が、当該団体によってその定款に従って推進されるべき目標に含まれる環境保護の利益に関わる」ことを要求している。行政裁判所法47条による規範統制の申立ての理由具備性に関しては、全面的な適法性審査が行われるのが基本であるが、環境・法的救済法2条5項が適用される場合、審査の対象となる地区詳細計画の指定および審査の基準となる法規定が限定されることになる[23]。同法2条5項1文2号は、法規定が「当該決定にとって意味がある」ことを要求していない。ただし同法4条2項は、地区詳細計画の策定等に関する議決が裁判所による審査の対象である場合には、計画維持規定である建設法典214条および215条の規定の適用を予定している[24]。したがって地区詳細計画の指定が環境・法的救済法2条5項1文2号の意味における法規定に違反する場合であっても、建設法典214条または215条の規定により、当該違反が顧慮されないものとされる可能性がある。なお後述の通り、環境・法的救済法2条5項1文1号・2号の「個人の権利を根拠づける」法規定の要件は、欧州司法裁判所の判決を受けて削除される。

環境・法的救済法2条5項2文は、「第1条第1項第1号による決定の場合は、それに加えて環境適合性審査を実施する義務が成立していなければならない」と規定している。地区詳細計画の場合、環境適合性審査を実施する義務が成立していなければならないことは、既に同法2条5項1文2号において要求されているとみることもできる[25]。

[23] *Bunge* (Fn. 21), §2 Rn. 152; *Martin Kment*, in: Werner Hoppe/Martin Beckmann, UVPG, Kommentar, 4. Aufl. 2012, §2 UmwRG Rn. 19.

[24] 計画維持規定である建設法典214条・215条については本書第二部で詳しく検討する。

Ⅱ 環境・法的救済法の問題点

　環境・法的救済法に対しては、学説・裁判例等において、様々な問題点が指摘されてきた[26]。そのような問題点の中には、2013年の改正により解決されたものもある（「個人の権利を根拠づける」法規定の要件）。以下では、環境・法的救済法に関する問題点のうち、地区詳細計画の規範統制の場合にも関係しうる主要なもののみを取り上げる。

1　「個人の権利を根拠づける」法規定の要件
(1)　「個人の権利を根拠づける」法規定の要件に対する批判

　環境・法的救済法2条1項1号の「個人の権利を根拠づける」法規定の要件に対しては、学説においては早くから批判があった。争われている法規定が「個人の権利を根拠づける」ことを団体訴訟の要件とすることは、影響を受ける公衆に裁判所への広いアクセスを与えるという目的（オーフス条約9条2項、指令85/337/EWG第10a条、指令96/61/EG第15a条）と両立しえないという批判のほか[27]、承認された団体が出訴資格を有することは指令85/337EWG第10a条（および指令96/61/EG第15a条）により包括的に規定されているのであって、国内法により制限することはできないという批判[28]、オーフス条約および指令2003/35/EGは、裁判所による統制を客観的な公益志向の環境法に対する違反に拡大することを目的とするもので

---

[25]　Vgl. *Bunge* (Fn. 21), §2 Rn. 150, 153.
[26]　Vgl. *Martin Gellermann*, Verbandsklagen im Umweltrecht - aktueller Stand, Perspektiven und praktische Probleme, DVBl 2013, 1341; *Max-Jürgen Seibert*, Verbandsklagen im Umweltrecht, NVwZ 2013, 1040. 大久保・前掲注(2)「環境・法的救済法の成立(2)」27頁以下、同・前掲注(2)「2013年改正」244頁以下、同・前掲注(2)「保護規範説」478頁以下も参照。
[27]　*Mario Genth*, Ist das Umwelt-Rechtsbehelfsgesetz europarechtskonform?, NuR 2008, 28 (30); vgl. auch *Wolfgang Ewer*, Ausgewählte Rechtsanwendungsfragen des Entwurfs für ein Umwelt-Rechtsbehelfsgesetz, NVwZ 2007, 267 (273); *Jan Ziekow*, Das Umwelt-Rechtsbehelfsgesetz im System des deutschen Rechtsschutzes, NVwZ 2007, 259 (260).

あるという批判がみられた[29]。

裁判例としては、シュレスヴィヒ上級行政裁判所2009年3月12日判決[30]の判示も注目される。同判決は、休暇・余暇センターを建設する地区詳細計画に対して自然保護団体が規範統制の申立てをした事件で、環境・法的救済法2条1項は欧州法ないし共同体法に適合的であるとした。その理由としては、環境適合性審査を義務付けられる規模のプロジェクトの場合は、環境保護に奉仕するだけでなく個人の権利をも根拠づける規定の違反の可能性を認めることが通常は可能であり、当該違反を環境団体が主張することができるので、環境団体を含めた影響を受ける公衆に裁判所への広いアクセスを与えるという目的が無視されることはないという点が指摘されている[31]。ちなみに同判決は、申立人が、公益および私益が相互に適正に衡量されなければならないものとする建設法典1条7項との矛盾を主張しており、この規定が付近住民の騒音防止に関する利益の適正な衡量を求める権利を根拠づけること、環境に関係のある利益の衡量が問題になる限りにおいて建設法典1条7項は環境保護に奉仕する規定でもあることを認定している。

他方で同判決は、環境・法的救済法2条5項1文2号は欧州法ないし共同体法に違反するものとした。同判決は、裁判所へのアクセスは、環境団体を含む影響を受ける公衆の構成員が、決定の実体法上および手続法上の適法性を争うことを可能にすべきものであり、このことからすれば、理由具備性の審査は、個人の権利を根拠づける規定の違反に限定されるのでは

---

[28] *Martin Kment,* Das neue Umwelt-Rechtsbehelfsgesetz und seine Bedeutung für UVP, NVwZ 2007, 274 (277).

[29] *Hans-Joachim Koch,* Die Verbandsklage im Umweltrecht, NVwZ 2006, 369 (379).

[30] OVG Schleswig, Urt. v. 12.03.2009 - 1 KN 12/08 -, NuR 2009, 498.

[31] リューネブルク上級行政裁判所2008年7月7日決定は、環境・法的救済法が克服を要する問題を投げかけていることと認めつつ、同法2条1項1号の規定が欧州法に違反することは否定し、「個人の権利」が根拠づけられているかを解釈する際に、影響を受ける公衆に裁判所への広いアクセスを与えるという目的を考慮すべきものとしていた。Vgl. OVG Lüneburg, Beschl. v. 07.07.2008 - 1 ME 131/08 -, NVwZ 2008, 1144 (1145).

なく、全面的な適法性統制が可能にされるべきである旨述べている。さらに同判決は、理由具備性の審査を、環境保護に奉仕するだけでなく個人の権利をも根拠づける規定に限定することは、地区詳細計画に対する環境団体の権利保護が、行政裁判所法47条による自然人および法人の権利保護よりも弱く、実効的でないものであるという点でも欧州法ないし共同体法に違反すると述べている[32]。

(2) 欧州司法裁判所2011年5月12日判決

欧州司法裁判所2011年5月12日判決[33]は、指令85/337/EWG第1条2項の意味における非政府組織（環境保護に尽力し、国内法により適用されるすべての要件を充足する非政府組織）に、同指令1条1項の意味において「環境への有意な影響を有する可能性のある」プロジェクトを認める決定に対する法的救済の範囲内において、EU法から生み出された環境保護を目的とする規定の違反を、この規定が公共の利益のみを保護し個人の法益を保護しないという理由で、裁判所で主張する可能性を認めない法規定は、同指令10a条に違反する旨判示した。

この事件は、行政庁が石炭火力発電所の設置・操業を企図する会社に対して当該事業案を認める前回答および部分許可を与えたところ、環境団体が当該各決定の取消訴訟を提起したというものである。問題の石炭火力発電所との距離が8キロメートル以内の場所には、自然生物圏並びに野生動物及び植物の保全に関する1992年5月21日の理事会指令92/43/EWG（生息地指令）の意味におけるFFH（植物相・動物相・生息地）地区があった。上級行政裁判所は、当該各決定が同指令に違反することを認めたが、環境団体は環境・法的救済法2条1項1号の意味における個人の権利を根拠づけない規定の違反を主張することができないので、水法および自然保護法

---

[32] 環境保護団体が自然人・法人よりも劣位に置かれる点で環境・法的救済法2条5項1文2号を批判した学説として、vgl. *Ziekow* (Fn. 27), S. 264; *Genth* (Fn. 27), S. 31.

[33] EuGH, Urt. v. 12.05.2011 - C-115/09 -, NVwZ 2011, 801. この判決については、大久保規子「環境アセスメント指令と環境団体訴訟——リューネン石炭火力訴訟判決（欧州司法裁判所2011年5月12日）の意義」甲南51巻4号（2011年）65頁以下も参照。

の規定ならびに連邦イミシオン防止法5条1項1文2号の事前配慮原則[34]の違反を主張することはできないものとした。これらの規定は公共に関わるものであって、個人の法益の保護には関わりがないというのはその理由である。しかしながら同裁判所は、そのような裁判所へのアクセスの制限は指令85/337/EWGの実際上の有効性を害するおそれがあることから、欧州司法裁判所の判断を求めた。

　本判決は、指令85/337/EWG第10a条の意味における決定、行為または不作為に対する裁判所での法的救済の範囲内において個人がその侵害を主張することのできる権利を公権に制限することは国内立法者の自由であるが、そのような制限を環境団体に適用することはできないものとした。それによって、同指令1条2項の要件を充足する組織を侵害される権利の主体とみなしている同指令10a条3項3文の目標が無視されることになるからである。また本判決は、EUの環境法から生み出された法規定は大抵の場合公共の利益に向けられているため、そのような法規定の遵守を審査させる権能が環境団体から奪われることになるという問題点も指摘している。

(3)　2013年の環境・法的救済法の改正

　前掲欧州司法裁判所2011年5月12日判決が、環境・法的救済法の規定は指令85/337/EWG第10a条に違反する旨判示したことを受けて、連邦政府は同法を改正する法案を連邦議会に提出し、2013年1月に改正法が公布され、同月29日から施行されることになった。団体が法的救済を提起するための要件を定めた同法2条1項1号は改正され、「個人の権利を根拠づける」法規定の要件は削除された。改正後の環境・法的救済法2条1項1号によれば、団体が「第1条第1項第1文による決定又はその不作為が、環境保護に奉仕し、かつ当該決定にとって意味があり得る法規定と矛盾することを主張する」ことが求められる。

---

[34]　連邦イミシオン防止法5条は、同法上の許可を要する施設の事業者の義務を定める規定であり、同法5条1項1文2号は、「有害な環境影響並びに危険、著しい不利益及び著しい迷惑に対する事前配慮（Vorsorge）が、とりわけ技術の水準に合致する措置によってなされること」を要求している。

法的救済が理由がある場合について定める同法2条5項も改正され、「第1条第1項第1文による決定又はその不作為が、環境保護に奉仕しかつ当該決定にとって意味がある法規定に違反する」ことが基本的な要件となり（同法2条5項1文1号）、地区詳細計画に関係する法的救済の場合には「環境適合性審査の義務のある事業案の許容性を根拠づける地区詳細計画の指定が、環境保護に奉仕する法規定に違反する」ことが必要とされることになった（同法2条5項1文2号）。いずれの場合も、問題の法規定が個人の権利を根拠づけることは不要である。他方で、当該違反が、当該団体がその定款に従って推進する目標に含まれる環境保護の利益に関わること（同法2条5項1文）、同法1条1項1文1号による決定にあっては、環境適合性審査を実施する義務が存在していなければならないこと（同法2条5項2文）は、従前と同様に必要とされる。

2 「環境保護に奉仕する」法規定の要件

環境・法的救済法2条1項1号および2条5項1文1号・2号は、「環境保護に奉仕する」法規定の違反（の主張）を要求しているが、この要件も問題とされている。ある学説は、「環境保護に奉仕する」法規定の要件を批判し、①オーフス条約9条2項、特定の公的および私的プロジェクトの場合の環境適合性審査に関する2011年12月13日の欧州議会・理事会指令2011/92/EU 第11条（指令85/337/EWG 第10a条と同内容の規定）そして工業排出に関する2010年11月24日の欧州議会・理事会指令2010/75/EU 第25条（指令96/61/EG 第15a条と同内容の規定）は、決定等の「実体法上及び手続法上の適法性」を争うために裁判所への広いアクセスを与える旨規定しており、原則的に裁判所の統制は具体的事例において適用されるすべての法規定に関係しなければならない、②オーフス条約および指令2003/35/EGは環境保護に奉仕するものであるが、これに基づく制限は、出訴資格を有する団体が環境保護に尽力する団体に限定されることと、環境を害する事業案が問題とならなければならないことで十分である、③環境を保護する規範以外の法規定に違反して許認可が与えられた場合にも、事業案が環境を害することがあるので、裁判所の審査可能性を拡大することは合目的的

でもあると主張している(35)。

それに対して連邦行政裁判所2013年10月24日判決(36)は、自然保護団体がイミシオン防止法上の許可に対して出訴し、建設法典の規定の違反を主張した事件で、「環境保護に奉仕する」法規定の要件は指令85/337/EWG第10a条およびオーフス条約9条2項に適合している旨判示した。同判決は、①指令85/337/EWG第10a条1項およびオーフス条約9条2項は、影響を受ける公衆の構成員に決定等の実体法上および手続法上の適法性を争う可能性を与える旨規定しているものの、これは全面的な適法性審査を命ずる趣旨ではない、②オーフス条約および指令2003/35/EGはこれらの規律が環境の保護に向けられていることを明確にしており、むしろ審査義務は環境問題における公衆参加に関連する法問題に限定される、③環境適合性審査の義務のある措置のみを争うことができ、環境保護の目標を追求する団体にのみ訴権が認められるとしても、全面的な審査は、環境保護の目標を超過する傾向を有しており、関係する環境法上の定めを超えて環境保護を拡大することになるおそれがあると述べている。

しかしながら、2014年に開催された第5回オーフス条約締約国会合は、環境・法的救済法に基づく法的救済を提起するための要件として、争われている決定が「環境保護に奉仕する」法規定と矛盾することを主張することを環境非政府組織に要求することは、オーフス条約9条2項を遵守していないとして、環境保護を推進する非政府組織が、同条約6条の適用対象となるすべての決定、行為または不作為の実体法上および手続法上の適法性を、争われている決定が「環境保護に奉仕する」法規定と矛盾すること主張することを要せずに、争うことができるよう、必要な立法上および行政上の措置をとることをドイツに勧告した(37)。理由具備性に関する要件として「環境保護に奉仕する」法規定の要件を定めることも、同条約9条2

---

(35) *Bunge* (Fn. 21), §2 Rn. 14; vgl. auch *Jörg Berkemann*, Die Umweltverbandsklage nach dem Urteil des EuGH vom 12. Mai 2011 - Die „noch offen" Fragen, NuR 2011, 780 (785-786).

(36) BVerwG, Urt. v. 24.10.2013 - 7 C 36/11 -, BVerwGE 148, 155.

(37) Vgl. ECE/MP. PP/2014/2/Add. 1, S. 66.

項に違反することになるのではないかと思われる。学説においても、環境・法的救済法2条1項1号および2条5項1文1号・2号の再改正を求めるものがある[38]。2017年の改正により、「環境保護に奉仕する」法規定の要件は、オーフス条約9条2項の適用範囲内においては、法的救済の提起に関する要件としても理由具備性に関する要件としても削除される。

3　異議の排除
(1)　連邦行政裁判所2011年9月29日判決とその批判

環境・法的救済法2条3項による異議の排除も問題とされている。連邦行政裁判所2011年9月29日判決[39]は、同法2条3項のEU法適合性を承認した。その理由としては、①法的救済の提起について適切な除斥期間（Ausschlussfrist）を定めることは、法的安定性という根本的原理の適用事例であることから、実効性原理（Effektivitätsprinzip）を原則的に満たすというのが欧州司法裁判所の判例であり、これは異議の排除についても妥当する、②異議の排除は裁判所で争うことのできる法行為がなされる前に生ずる点で除斥期間とは異なるが、異議申出権が早められた（vorgezogen）権利保護と同等のものであることに鑑みれば両者の相違は重要でない、③この早められた権利保護は、裁判所による権利保護を補完するものであり、事業案が計画上確定する前に影響を及ぼす機会を確保する点で異議申出権者の利益になるという点が挙げられている。

それに対して学説においては、同法2条3項および前掲連邦行政裁判所2011年9月29日判決を批判する説もある。ある学説は、①環境団体は指令85/337/EWGおよびオーフス条約において特別な役割を承認されたのであり、その出訴可能性が制約されてはならない、②指令85/337/EWGおよびオーフス条約は裁判所へのアクセスを予定しており、行政手続への参

---

[38]　*Moritz Grunow/Nadja Salzborn*, Zum Prüfungsumfang der Umweltverbandsklage, ZUR 2015, 156（159）; *Jörg Berkemann*, Vollkontrolle der Umweltverbandsklage! - "Empfehlung "des Compliance Committee 2013/2014 der Arhus-Konvention, DVBl 2015, 389（400）.

[39]　BVerwG, Urt. v. 29.09.2011 - 7 C 21/09 -, NVwZ 2012, 176.

加およびその範囲内での異議申出義務を通じてこれを無にすることはできない、③連邦行政裁判所は異議申出権が早められた権利保護と同等である旨述べているが、指令85/337/EWG 第10a条によれば権利保護は裁判所またはそれと同様の独立かつ中立の機関によるものでなければならない、④手続法は、EU の環境法に違反する可能性のある決定を裁判所で争うことができるように解釈されなければならず、行政手続における異議申出義務によりこれを妨げてはならないと主張している[40]。

(2) 欧州司法裁判所2015年10月15日判決

このような状況の中、欧州司法裁判所2015年10月15日判決[41]は、ドイツ連邦共和国は、環境・法的救済法2条3項および行政手続法（VwVfG）73条4項[42]の規定により、出訴資格および裁判所による審査範囲を、当該決定を採用するに至った行政手続における異議申出期間内において既に提出された異議に制限することによって、指令2011/92/EU 第11条および指令2010/75/EU 第25条から生ずる義務に違反したと判示した。その理由としては、①指令2011/92/EU 第11条4項および指令2010/75/EU 第25条4項により、裁判所に出訴する前に行政庁による法的救済を利用しつくす義務を国内法で定めることは可能であるが、これらの規定は、裁判所による法的救済の根拠となる理由を制限することを認めていない、②環境・法的救済法2条3項および行政手続法73条4項は、裁判所による統制を制限する特別の条件を定めており、それらは指令2011/92/EU 第11条および指令2010/75/EU 第25条において予定されていない、③裁判所による全面的な統制が法的安定性の原則を害するとはいえず、この原則によって、裁判所で主張することが許される理由の制限を正当化することはできない、④ある理由が裁判所で初めて主張されるという状況が、秩序適合的な

---

[40] *Walter Frenz*, Umweltverbandsklage und Präklusion, NuR 2012, 619 (621-622); vgl. auch *Bunge* (Fn. 21), § 2 Rn. 18.

[41] EuGH, Urt. v. 15.10.2015 - C-137/14 -, NVwZ 2015, 1665.

[42] 行政手続法73条は計画確定手続における聴聞手続について規定しており、同条4項3文は、異議申出期間の経過によってすべての異議（特別な私法上の権原に基づくものを除く）は排除されることを定めている。

（ordnungsgemäß）行政手続の進行を妨げる場合があるかもしれないが、指令2011/92/EU 第11条および指令2010/75/EU 第25条によって追求される目標は、裁判所による審査への可能な限り広いアクセスを市民に与えることだけでなく、争われている決定の実体法上および手続法上の全面的な適法性統制を可能にすることでもあるという点が指摘されている。他方で同判決は、例えば濫用的な（missbräuflich）または不正な（unredlich）主張は許されないといった、裁判所の手続の有効性を保障するために適切な措置に当たる手続規定を国内立法者が定めることは可能であるとしている。

　この判決を受けて、学説においては、法的救済の提起に関する要件である環境・法的救済法2条1項3号も維持できなくなったこと、さらに、同法による法的救済の対象となる地区詳細計画が問題となる場合には、行政裁判所法47条2a項および、有意な手続の瑕疵であっても地区詳細計画の公示後1年以内に市町村に対して主張されなかったときには顧慮されなくなる旨定める建設法典215条1項1文1号は適用できないことを主張する説がある[43]。2017年の改正により、それまでの環境・法的救済法2条3項および行政裁判所法47条2a項は削除され、環境・法的救済法2条1項3号の規定内容にも変更が加えられる。

4　手続の瑕疵の効果

　環境・法的救済法4条2項は、地区詳細計画の策定等に関する議決が裁判所による審査の対象となる場合には、建設法典214条・215条が適用されるものとしている。建設法典214項1項1文各号は、建設法典の手続・形

---

[43] *Tomas Bunge*, Weiter Zugang zu Gerichten nach der UVP- und der Industrieemissions-Richtlinie: Vorgaben für das deutsche Verwaltungsprozessrecht, NuR 2016, 11 (18); vgl. auch *Jörg Berkemann*, Querelle d´Allemand. Deutschland verliert die dritte Runde im Umweltverbandsrecht vor dem EuGH, DVBl 2016, 205 (214). 連邦行政裁判所2017年3月4日決定は、建設法典215条1項1文1号が指令2011/92/EU 第11条に適合するか否かという問題を欧州司法裁判所に提出したが、この事件は取下げにより終了した。Vgl. BVerwG, Beschl. v. 14.03.2017 - 4 CN 3/16 -, juris.

式規定の違反のうち、地区詳細計画等の法的効力にとって顧慮されるものを列挙している。列挙されていない建設法典の手続規定の違反は顧慮されず、列挙されたものであっても違反の性質等によっては顧慮されないことが定められている。建設管理計画の案の縦覧について定める建設法典3条2項の違反は建設法典214条1項1文2号に掲げられているものの、個々の人が参加させられなかった場合で、その利益が有意でなかったときまたは決定において考慮されたときは、顧慮されないものとされている[44]。

環境・法的救済法4条2項や建設法典214条・215条に言及しているわけではないが、手続の瑕疵の効果に関しては、欧州司法裁判所2013年11月7日判決[45]の判示が注目される。同判決は、①手続の瑕疵がなかったとしても、攻撃されている決定が異なる結果にならなかったであろうという可能性の存在が具体的事例の状況に応じて証明される場合には、指令85/337/EWG第10a条の意味における権利侵害が存在しないものとすることは、同条に違反しない、②しかしながら裁判所は、法的救済の申立人にはいかなる形式においても証明責任を負わせてならず、建築主または行政庁が提出した証拠および裁判所に存在する全記録に基づいて判断しなければならない、③その場合には、瑕疵の重大性の程度が考慮されなければならず、特に、影響を受ける公衆から指令85/337/EWGの目標と一致して彼らに情報へのアクセスおよび決定手続への参加を可能にするために創設された保障の1つが奪われたか否かを審査しなければならないと述べている。

前掲欧州司法裁判所2013年11月7日判決を受けた2015年の環境・法的救済法の改正で、手続の瑕疵を理由として決定の取消しを求めることができる場合を定める同法4条1項に、影響を受ける公衆から法律で定められた決定手続への参加の機会が奪われた場合で、当該瑕疵が治癒されなかった

---

[44] 2017年の建設法典改正前における参加に関する規定の違反の効果については、本書第二部第二章Ⅲ参照。

[45] EuGH, Urt. v. 07.11.2013 - C-72/12 -, NVwZ 2014, 49. この判決については、大久保規子「環境分野の司法アクセスとオーフス条約——ドイツの環境訴訟への影響を中心として」松本和彦編『日独公法学の挑戦——グローバル社会の公法』(日本評論社、2014年) 310頁以下も参照。

ときは、その種類および重大性に応じて、取り消されるべき手続の瑕疵が存在する旨の規定が設けられた（同条1項1文3号）。また、同条1項が適用されない手続の瑕疵については、行政手続法46条が適用されるところ[46]、手続の瑕疵が決定に影響したか否かを裁判所が解明することができない場合には影響が推定されるとする規定が追加された（環境・法的救済法4条1a項）[47]。ただし、地区詳細計画の策定等の議決については、従前通り建設法典214条・215条が適用される（環境・法的救済法4条2項）[48]。学説においては、建設管理計画の案の縦覧に関する規定の違反のうち一定のものを不顧慮とする建設法典214条1項1文2号の規定はEU法に適合しない旨主張する説もある[49]。

5 法的救済の対象となる決定
(1) オーフス条約9条2項と9条3項
環境・法的救済法はオーフス条約9条2項ないし指令85/337/EWG第

---

[46] 行政手続法46条は、手続・形式・土地管轄に関する規定に違反して成立した、無効ではない行政行為は、「当該違反が本案における決定に影響しなかったことが明白である場合には」取り消されない旨規定している。前掲欧州司法裁判所2015年10月15日判決は、行政手続法46条は、影響を受ける公衆の構成員に手続の瑕疵と結果の間の因果関係の存在についての証明責任が課される点で、指令2011/92/EU第11条に違反すると述べている。Vgl. EuGH, Urt. v. 15.10.2015 - C-137/14 -, NVwZ 2015, 1665 Rn. 62.

[47] 環境・法的救済法4条1項は絶対的な手続の瑕疵について定める一方、同条1a項は相対的な手続の瑕疵に関する規定であると説明されている（Vgl. BT-Drs. 18/5927, S. 9）。環境・法的救済法の2015年改正については、大久保・前掲注(2)「保護規範説」480頁以下も参照。

[48] Vgl. BT-Drs. 18/5927, S. 10. ドイツの立法者はEU法に適合しない規定であっても欧州司法裁判所がEU法違反を認定するまでは手をつけない傾向があることを指摘する説として、vgl. *Wolfgang Sinner*, Ein Meilenstein für die UVP?, UPR 2016, 7 (10).

[49] Vgl. *Schmidt/Schrader/Zschiesche* (Fn. 21), Rn. 258-259; *Thomas Bunge*, Zur gerichtlichen Kontrolle der Umweltprüfung von Bauleitplänen, NuR 2014, 1 (6). 建設法典214条1項1文2号のEU法適合性については、本書第二部第二章Ⅲ3も参照。

10a条および指令96/61/EG第15a条を国内法化することを目的として制定されたものであるが、これらの規定は環境に関わるあらゆる決定について団体の出訴を認めることを要求するものではない。指令85/337/EWGの対象は環境適合性審査であり（1条1項）、指令96/61/EG第15a条は、施設の設置や変更の許可に関して裁判所へのアクセスを認めるべきことを定めるものである。その結果、地区詳細計画については、環境適合性審査を実施する義務が成立しうる事業案の許容性に関する議決だけが、環境・法的救済法による法的救済の対象とされた[50]。建設法典では、建設管理計画の策定に当たっては環境審査を実施するものとされているが（2条4項）、これは指令85/337/EWGのみならず、特定の計画およびプログラムの環境影響の審査に関する2001年6月27日の欧州議会・理事会指令2001/42/EG（計画環境審査指令または戦略的環境審査指令）の要求を実現するものでもある[51]。環境審査を実施する義務があるからといって、当然に環境適合性審査を実施する義務も成立するわけではない[52]。

他方でオーフス条約9条3項は、すべての締約国に対して、同条約9条2項に掲げられた審査手続に加えて、公衆の構成員が、国内法で定められた基準を満たす場合に、国内法の環境関連規定に違反する私人および行政庁の行為または不作為を争うために、行政庁または裁判所の手続にアクセスすることを保障することを要求している[53]。2006年9月4日付けで連邦議会に提出された同条約の批准のための法律案に添付された覚書（Denk-

---

[50] Vgl. *Bunge* (Fn. 21), §1 Rn. 35, 59.

[51] Vgl. BT-Drs. 15/2250, S. 30-31. 建設管理計画の策定等に当たっては、環境適合性審査も戦略的環境審査も、建設法典の規定による環境審査として実施される（2017年改正前の環境適合性審査法17条1項・2項）。

[52] 大抵の地区詳細計画は指令2001/42/EGによって環境審査の実施を義務付けられるにとどまり、環境適合性審査が要求されることは多くないことを指摘する説として、vgl. *Bunge* (Fn. 43), S. 18; vgl. auch *Michael Kloepfer*, Umweltrecht, 4. Aufl. 2016, §11 Rn. 239-240.

[53] オーフス条約9条3項に関しては、大久保規子「欧州における環境行政訴訟の展開」阿部古稀『行政法学の未来に向けて』（有斐閣、2012年）468頁以下、小澤久仁男「ドイツ環境法における原告適格の新展開——オーフス条約9条3項からの影響」三谷古稀『市民生活と現代法理論』（成文堂、2017年）395頁以下も参照。

schrift）では、同条約9条3項の解釈および形成は各国に委ねられていること、特に国内法の基準を定めることは各国の自由であることが指摘され、「第3項は既存の欧州法及び国内法によって既に完全に転換されている」と記載されている[54]。同条約9条3項の要求を実現するために、特別法を制定したり法改正を行う必要はないということである。

(2) 欧州司法裁判所2011年3月8日判決および連邦行政裁判所2013年9月5日判決

欧州司法裁判所2011年3月8日判決[55]は、スロバキアにおけるヒグマ等の種の保護規制の例外の付与に関して、行政手続への参加を拒否された環境保護団体が出訴した事件で、オーフス条約9条3項の意義について判示している。同判決は、同条約が2005年2月17日の欧州理事会の議決2005/370/EGによって承認され、EU法秩序の一部となったことを認める一方、同条約9条3項は個人の法的状況を規律することができるような明確な義務付けを含んでいないとして、この規定は直接的効力をもたないものとした。しかしながら同判決は、同条約9条3項が実効的な環境保護の保障を可能にすることを目標とすることを指摘して、裁判所による審査手続を開始するための国内法の要件は、EUの環境法に違反する可能性のある行政手続を経て出された決定を環境保護団体が裁判所で争うことを可能にするために、可能な限り同条約9条3項の目標およびEU法によって与えられた権利のための裁判所による実効的な権利保護という目標と一致して解釈されなければならない旨判示した。同条約9条3項を直接適用して国内の裁判所への出訴を認めることはできないものの、環境保護団体の出訴が可能となるように国内法を解釈しなければならないということである。

その後連邦行政裁判所2013年9月5日判決[56]は、環境・法的救済法3条により承認された環境団体が連邦イミシオン防止法47条1項による大気清浄維持計画（Luftreinharteplan）の変更を求めて出訴した事件で、オーフ

---

[54] Vgl. BT-Drs. 16/2497, S. 48.

[55] EuGH, Urt. v. 08.03.2011 - C-240/09 -, NVwZ 2011, 673.

[56] BVerwG, Urt. v. 05.09.2013 - 7 C 21/12 -, BVerwGE 147, 312.

ス条約9条3項について言及している。大気清浄維持計画は、欧州のための大気質（Luftqualität）および清浄な大気に関する2008年5月21日の欧州議会・理事会指令2008/50/EGを国内法化するものであるが、環境・法的救済法による法的救済の対象にはなっていなかった。同判決はまず、同法の適用範囲を同条約9条3項の類推の方法で拡張することはできないものとした。その理由に関しては、立法者は同条約9条3項との関係では国内法を改正する必要はないとの見解を示しており、その見解は適切でないと考えられるものの、類推の前提となる規律の欠缺は認められないという点が指摘されている。他方で同判決は、前掲欧州司法裁判所2011年3月8日判決を援用して、「環境団体も大気質法の強行的規定の遵守を要求する権利を有するというように連邦イミシオン防止法47条1項を解釈することが、指令2008/50/EG第24条及びオーフス条約9条3項によって要請されている」と判示し、原告である環境団体が一般的給付訴訟の出訴資格を有することを認めた。環境・法的救済法の適用範囲外において環境団体が出訴することを認めた判決である。

(3) 第5回オーフス条約締約国会合の勧告

　個別法の解釈によって環境保護団体の出訴を認めた判例も存在しているところであるが、第5回オーフス条約締約国会合は、ドイツがその多くの部門法において国内法の環境関連規定と矛盾する行政庁または私人の行為または不作為を争うための環境非政府組織の出訴資格を保障しておらず、同条約9条3項を遵守していないとして、環境保護を推進する非政府組織の出訴資格についての基準が改定されることを確保するために必要な措置をとるよう勧告した[57]。学説においては、承認された環境団体に環境・法的救済法1条1項の範囲を超えて法的救済の手段が与えられなければならないことを主張する説もある[58]。2017年の改正により、戦略的環境審査を

---

[57] Vgl. ECE/MP. PP/2014/2/Add. 1, S. 66-67.
[58] *Thomas Bunge*, Rechtsbehelfe im Umweltangelegenheiten: Vorgaben der Aarhus-Konvention und deutsches Recht, NuR 2014, 605 (612); *Sabine Schlacke*, Zur fortschreitenden Europäisierung des (Umwelt-) Rechtsschutzes, NVwZ 2014, 11 (16).

実施する義務が成立しうる計画（特に建設管理計画）の採用に関する決定も、同法の適用対象とされることになる。

6 まとめと検討
(1) 環境・法的救済法とオーフス条約、連邦自然保護法

オーフス条約9条2項ならびに指令2003/35/EGにより追加された指令85/337/EWG第10a条（＝指令2011/92/EU第11条）および指令96/61/EG第15a条（＝指令2010/75/EU第25条）は、環境適合性審査の手続が適用される決定等の適法性を争うために、環境保護団体が裁判所にアクセスすることを認めることを要求し、環境・法的救済法はこの要求を満たすために制定された。団体の承認の仕組みや、法的救済の要件については、当時の連邦自然保護法の団体訴訟に関する規定が参考にされた。もっとも、連邦自然保護法の団体訴訟に関する定めにならった規定を設けることが、オーフス条約および上記の各指令との関係で直ちに正当化されるわけではない。裁判所へのアクセスに、同条約9条2項および上記の各指令の規定が予定していない制限を課すことは、これらの規定に違反するものとなる。

(2) 「個人の権利を根拠づける」法規定の要件

制定時の環境・法的救済法は、法的救済の提起に関する要件として、「個人の権利を根拠づける」法規定との矛盾を主張することを要求しており、理由具備性に関する要件としても、「個人の権利を根拠づける」法規定の違反があることを要求していた。「個人の権利を根拠づける」法規定の違反があること（を主張すること）は、連邦自然保護法の団体訴訟には定められていない要件であった。環境保護団体が、個人の権利を根拠づける法規定の違反を主張しなければならならず、しかもそのような法規定の違反がなければ勝訴できないという制度は、環境保護の見地からは不完全な仕組みであるといわざるをえない。欧州司法裁判所の判決を受けて「個人の権利を根拠づける」法規定の要件が削除されるに至ったことも当然であろう。行政裁判所法47条は、個人の権利を根拠づける法規定の違反があることを規範統制の申立ての理由具備性に関する要件とはしていないので、環境保護団体による規範統制の申立てが、自然人による申立てよりも

認容されにくいという問題もあった。
(3) 「環境保護に奉仕する」法規定の要件
　環境・法的救済法は、法的救済の提起に関する要件として、「環境保護に奉仕する」法規定との矛盾を主張することを要求し（２条１項１号）、理由があることに関する要件としても、「環境保護に奉仕する」法規定の違反があることを要求している（２条５項１文１号・２号）。「環境保護に奉仕する」法規定の違反（の主張）を要求することは、環境保護の見地からは一応理解可能であるようにも思われる。連邦自然保護法も、団体訴訟の適法要件として、「少なくとも自然保護及び景観保全の利益に奉仕することを規定されている」法規定との矛盾を主張することを要求している。しかしながら、オーフス条約９条２項には、法的救済の提起に関する要件として環境保護に奉仕する法規定との矛盾を主張しなければならないことや、裁判所による審査が環境保護に奉仕する法規定の違反の有無に限定されることを明記した箇所はない。第５回オーフス条約締約国会合は、団体が法的救済を提起するための要件として「環境保護に奉仕する」法規定との矛盾を主張することを要求することは、同条約９条２項を遵守していないとして、ドイツに対して是正を勧告した。理由具備性に関する要件として「環境保護に奉仕する」法規定の要件を定めることも、同条約９条２項に違反することになるのではないかと思われる。環境保護の見地からは、環境保護に奉仕する法規定の違反がない場合であっても、客観的に違法な地区詳細計画に基づく開発等は阻止されるべきであるとも考えられる[59]。行政裁判所法47条に基づく規範統制の場合、理由具備性に関しては全面的な適法性審査が行われるのが基本であるので、審査の基準となる法規定の範囲を限定しないほうがむしろ規範統制の本来のあり方に適合するという側面もある[60]。

(4) 手続参加・異議の排除
　環境・法的救済法は、当該団体が法的救済の対象となる決定等の手続に

---

[59]　環境法令違反に違法主張を限定することは適切ではないとする説として、越智敏裕「団体訴訟の制度設計」環境法政策学会編『公害・環境紛争処理の変容』（商事法務、2012年）176頁。

適法に参加して意見を表明したこと、または違法に意見表明の機会を奪われたことを法的救済の提起に関する要件とするとともに（2条1項3号）、当該手続において主張することができたにもかかわらず主張しなかった異議を排除する規定を置いている（2条3項）。これらの規定は、連邦自然保護法の団体訴訟に関する規定にならったものである。連邦行政裁判所は、環境・法的救済法2条3項は法的安定性に奉仕するものであるとして、そのEU法適合性を肯定していた。しかしながら欧州司法裁判所は、環境・法的救済法2条3項は裁判所による統制に指令2011/92/EU 第11条および指令2010/75/EU 第25条が予定していない制限を課すものであるとして、これらの規定に対する違反を認めた。欧州司法裁判所は、争われている決定の全面的な適法性統制を可能にすることも、これらの規定の趣旨であることを指摘している。法的救済の提起に関する要件を定める環境・法的救済法2条1項3号（および行政裁判所法47条2a項）も、環境保護団体が決定の適法性を争うことを制限する限りで、上記の各指令に違反することになるのではないかと思われる。これらの規定が適用されないとすると、環境保護団体が当該決定に関する手続に参加していなかったとしても、そのことを理由として法的救済が制限されることはないことになる。

(5) 瑕疵の不顧慮

建設法典214条・215条は、建設法典の規定の違反のうち一定のものは地区詳細計画等の法的効力にとって顧慮されないことを定めており、環境・法的救済法4条2項は、地区詳細計画が裁判所による審査の対象である場合には、建設法典214条・215条を適用することとしている。前掲欧州司法裁判所2013年11月7日判決は、手続の瑕疵がなかったとしても異なる結果にならなかったという可能性が具体的事例の状況に応じて証明される場合には、指令85/337/EWG 第10a条の意味における権利侵害が存在しないも

⑹　環境法規定の違反が団体の定款で定められた任務領域に関わることを要求することは規範統制手続に適合的でないとする説として、vgl. *Jeanine Greim*, Rechtsschutz bei Verfahrensfehlern im Umweltrecht, 2013, S. 274; vgl. auch *Katharina Sommerfeldt*, Die Verbandsklage der Umwelt-Rechtsbehelfsgesetzes, 2016, S. 330-301.

のとすることは同条に違反しないとしつつ、影響を受ける公衆に情報へのアクセスおよび決定手続への参加を可能にするために創設された保障が奪われたか否かを審査しなければならないと判示した。この判決を受けて2015年に環境・法的救済法が改正されたが、地区詳細計画については従前と同様に建設法典214条・215条を適用するものとされている。これらの規定により不顧慮とされる瑕疵の範囲はかなり広いようにも思われるが、これまでのところ欧州司法裁判所によってEU法違反が認定されたのは、内部開発の地区詳細計画に特有の計画維持規定である2013年改正前の建設法典214条2a項1号のみである[61]。

(6) 法的救済の対象・環境適合性審査を実施する義務

環境・法的救済法の規定による法的救済の対象となる地区詳細計画は、環境適合性審査を実施する義務が成立しうる事業案の許容性に関するものに限定されており（同法1条1項1文1号）、理由具備性に関する要件としても、環境適合性審査を実施する義務が成立していることが要求されている（同法2条5項）。地区詳細計画のうち、環境適合性審査を実施する義務が成立しうる事業案の許容性に関するものに限って法的救済の提起を認めることは、オーフス条約9条2項ならびに指令85/337/EWG第10a条および指令96/61/EG第15a条に違反するものではないと考えられる。ただし注意しなければならないのは、同条約9条3項が、同条2項とは別に、国内法で定められた基準を満たす公衆の構成員が、国内法の環境関連規定に違反する行政庁の行為等を争うために、裁判所の手続にアクセスすることを保障することを要求していることである。第5回オーフス条約締約国会合は、ドイツがその多くの部門法において国内法の環境関連規定に違反する行政庁の行為等を争うための環境非政府組織の出訴資格を保障していないとして、環境保護を推進する非政府組織の出訴資格についての基準の改定を勧告している。建設法典は、建設管理計画の策定に当たっては、環境保護の利益が考慮されなければならないこと（1条6項7号）、環境審査を実施すること（2条4項）を規定しており、これらの規定は、環境適合性

---

[61] これに関しては、本書第二部第四章Ⅲを参照。

審査を実施する義務が成立することを要件とするものではない。したがって、環境適合性審査を実施する義務が成立しない場合であっても、地区詳細計画等が環境関連規定に違反することはありうるが、そのような事例において環境保護団体の出訴が保障されているとはいえない。

Ⅲ　裁判例の展開

　以下では、団体が地区詳細計画に対して規範統制の申立て（または仮命令の申立て）をした事件の中から、環境・法的救済法の規定が適用される場合の特色を理解する上で参考になると考えられるものを取り上げる。

1　申立てが適法とされた例
(1)　シュレスヴィヒ上級行政裁判所2009年3月12日判決
　前掲シュレスヴィヒ上級行政裁判所2009年3月12日判決は、「個人の権利を根拠づける」法規定の要件が削除される前のものであるが、自然保護団体による規範統制の申立てを認容し、問題の地区詳細計画が効力を有しないことを宣言した。
　この事件は、州自然保護法の規定により承認された自然保護団体である申立人が、海軍基地の跡地に休暇・余暇センターを建設する地区詳細計画に対して、計画地区の内外における騒音紛争が十分に克服されていないこと等を主張して、規範統制の申立てをしたというものである。本判決はまず、2013年改正前の環境・法的救済法2条1項の要件がすべて満たされていることを認めた。①申立人は環境・法的救済法の意味における承認された団体であること、②当該地区詳細計画は、従前の外部地域に300以上のベッド数を有する休暇宿泊施設を建設するものであり、環境適合性審査法附則1第18．1．1号に該当し、環境適合審査を実施する必要があること、③申立人は個人の権利を根拠づける建設法典1条7項との矛盾を主張しており、この規定は本件のように環境に関係のある利益の衡量が問題になる限りで環境保護にも奉仕すること、④建設法典1条7項の違反があったとすれば、それは当該地区詳細計画の効力に関する決定にとって意味があり

うること、⑤申立人は、その定款で定められた任務領域に当該地区詳細計画が関わっていることを主張していること、⑥申立人は建設法典の規定により当該地区詳細計画の策定手続に参加する権利を有しており、実際に参加したことが認定されている。

　理由具備性に関して本判決は、「個人の権利を根拠づける」法規定の要件は不要とする一方、環境を保護する規定の違反があることを認めた。本判決は、建設法典1条7項の違反を認めている。当該地区詳細計画は、休暇施設の中心的な要素として多機能丘陵を建設することを予定していた。計画の理由書では、丘陵の高さに応じて段階化された建築方式（höhenabgestufte Bauweise）および集中的な緑化によって、景観への侵害は最小化される旨記載されていたが、これらの措置は当該地区詳細計画の指定によって保障されていなかった。本判決は、衡量素材の調査・評価に関する瑕疵（建設法典214条1項1文1号）ないしは衡量過程の瑕疵（建設法典214条3項2文）があることを認めており、いずれの瑕疵もそれが明白でありかつ結果に影響を及ぼした場合に顧慮されるところ、瑕疵が計画の理由書から判明するので明白であり、市議会が当該瑕疵を認識していたとしたら衡量決定が異なる結果になったことも明白である旨述べている。

(2)　ミュンスター上級行政裁判所2013年7月8日決定

　団体による地区詳細計画に対する仮命令の申立てを認容し、当該地区詳細計画の執行を停止した裁判例として、ミュンスター上級行政裁判所2013年7月8日決定[62]がある。環境・法的救済法には地区詳細計画に対する仮命令に関する特別の定めはないものの、本決定は、申立人の申立適格は同法の規定から導き出されるとして、同法2条1項の要件が充足されていることを認めた。①申立人は連邦自然保護法の規定によりノルトライン＝ヴェストファーレン州から承認された団体であり、環境・法的救済法3条により承認された国内団体であること、②当該地区詳細計画は従前の外部地域に面積10万平方メートル以上の工業地区を指定するものであり、環境適合性審査法附則1第18．5．1号に該当し、環境適合性審査を実施する義務

---

[62]　OVG Münster, Beschl. v. 08.07.2013 - 10 B 268/12.NE -, juris.

があること、③申立人は、自然・希少種保護法上の利益が十分考慮されていないこと、希少種保護法上の干渉禁止（連邦自然保護法44条1項）が無視されていることを主張しており、これらの法規定は環境保護に奉仕し、当該地区詳細計画に関する条例制定の議決にとって意味がありうること、④当該違反は環境保護の目標を推進するという申立人の定款で定められた任務領域に関わっていること、⑤申立人は当該地区詳細計画の策定手続に参加する権利を有しており、縦覧期間内に異議を申し出たことが認定されている。

　理由具備性に関して本決定は、環境・法的救済法2条1項は行政裁判所法の定めによる法的救済を参照しているので、同法47条6項による仮命令の手続における審理の基準については判例により発展した諸原則が適用されると述べている。本決定は、地区詳細計画の執行停止は、仮命令を発することが不可避である特殊な例外事例に限り正当化されると述べているが、本件はそのような事例に該当するものとされている。その根拠としては、①申立人は、計画地区において計画されている広範な森林の開墾によって希少種保護法上禁止されている干渉が現実化するおそれがあることを詳細に主張しており、申立人が主張する利益は相当な重要性も有している、②申立人の申立てが本案において理由があるか否かを確実性をもって判断することはできず、それゆえに結果の衡量が必要である[63]、③申立適格を有する団体がその代理人を務める保護された種に対する違法な干渉は、既に森林の開墾によって現実化するおそれがあり、そうなれば修復は不可能である、④環境・法的救済法による手続においては同法2条5項により審査範囲が限定されているので、上記の干渉が現実化した場合、本案手続における審理について申立人の権利保護の利益が消滅するおそれがあるという点が指摘されている。

(3)　ミュンスター上級行政裁判所2014年5月6日判決

　「個人の権利を根拠づける」法規定の要件の削除後において、環境保護

---

[63] 結果の衡量とは、仮命令は出されなかったが、後に本案について理由があることが判明した場合の結果と、仮命令が出された後で本案について理由がないことが判明した場合の結果を比較衡量するものである。本書第一部第二章Ⅱ2参照。

団体による規範統制の申立てを認容し、地区詳細計画が効力を有しないことを宣言した裁判例として、ミュンスター上級行政裁判所2014年5月6日判決[64]が注目される。本判決は、「環境保護に奉仕する」法規定の要件および環境・法的救済法2条3項はEU法に適合するという立場をとっている。この事件では、ノルトライン＝ヴェストファーレンにおいて承認された環境団体である申立人が、バイオエネルギーセンターを建設するための事業案関連地区詳細計画に対して規範統制の申立てをした。

本判決は、申立人が環境・法的救済法2条1項により申立適格を有することを認めた。①申立人は同法の規定により承認された団体であること、②バイオエネルギーセンターでは出力1メガワット以上のバイオガス施設の設置が予定されており、環境適合性審査法の規定による個別事例の予備審査の対象であるから、環境・法的救済法による法的救済の対象となる決定が問題となっていること、③申立人は、希少種保護法上の禁止（連邦自然保護法44条）および自然保護法上の侵害規律（連邦自然保護法15条）に対する違反を主張しており、それらは当該決定にとって意味がありうること、④それと同時に申立人は、環境保護の目標の推進というその定款で定められた任務領域に当該地区詳細計画が関わっていることを主張していることが認定されている。

理由具備性に関して、本判決は、環境・法的救済法2条5項の要件が充足されていることを認めた。本判決はまず、バイオエネルギーセンターの場合には環境適合性審査の義務のある事業案が問題となっていることを指摘する。そして本判決は、建設法典3条2項2文前段の違反を認めている。この規定は、地区詳細計画等の案の縦覧の少なくとも1週間前に、どのような種類の環境関連情報が入手可能であるかに関する記述が公示されなければならないとするものであり、連邦行政裁判所の判例によれば、存在する意見および資料において取り扱われた環境テーマをテーマブロックごとにまとめ、これらを公示において見出し語を付けて特徴づけなければならない[65]。しかしながら問題の地区詳細計画の策定手続における縦覧の

---

[64] OVG Münster, Urt. v. 06.05.2014 - 2 D 14/13.NE -, NuR 2015, 337.

公示は上記の要求を満たすものではなかった。そこで本判決は建設法典3条2項2文前段の違反を認め、これは建設法典214条・215条の規定により顧慮されないものではないこと、建設法典3条2項2文前段は環境保護に奉仕する規定であること、当該違反は申立人がその定款に従って推進する目標に含まれる環境保護の利益に関わることを指摘している。

　さらに本判決は、建設法典4a条3項1文の違反も認めている。この規定は、縦覧手続の後で地区詳細計画等の案を変更する場合には、縦覧を再実施しなければならないとするものである。本件では、縦覧手続の後で騒音・悪臭イミシオンの防止および雨水の取扱いに関する指定が変更されたにもかかわらず、縦覧が再実施されていなかった。同判決は、当該違反は建設法典214条・215条により顧慮されないものではないこと、上記の各指定は環境保護に奉仕するものであり、建設法典4a条3項1文は本件の場合は環境保護に奉仕する規定であることを指摘している。

(4)　コブレンツ上級行政裁判所2014年10月14日判決

　団体による地区詳細計画に対する規範統制の申立てを適法としたが、申立てには理由がないものとした裁判例として、コブレンツ上級行政裁判所2014年10月14日判決[66]を挙げることができる。この事件は、連邦自然保護法の規定により承認された団体である申立人が、これまで主として農業利用がなされていた地域にバイオガス施設のための特別地区を指定する地区詳細計画に対して規範統制の申立てをしたというものである。本判決は、申立人の申立適格は環境・法的救済法2条1項から生ずるとして、この規定の要件がすべて充足されていることを認めている。①申立人は同法の規定により承認された団体であること、②当該地区詳細計画により許容される事業案は、従前の外部地域における都市建設プロジェクトで、かつ建築可能面積が2万平方メートルを超えるものであるから、少なくとも環境適合性審査法附則1第18．7．2号に該当し、個別事例の予備審査の対象であること、③申立人は、連邦自然保護法の希少種保護法上の規定の違反を援

---

[65]　Vgl. BVerwG, Urt v. 18.07.2013 - 4 CN 3/12 -, BVerwGE 147, 206 Rn. 23.
[66]　OVG Koblenz, Urt. v. 14.10.2014 - 8 C 10233/14 -, NVwZ-RR 2015, 205.

用し、環境適合性審査法の規定による環境適合性審査を実施する義務の違反を主張しているので、当該地区詳細計画が環境保護に奉仕する法規定に違反することを主張していること、④申立人は、自然・環境保護を日々推進するというその定款で定められた任務領域に当該地区詳細計画が関わっていることを主張していること、⑤申立人は建設法典の規定により計画策定手続に参加し、許容される事業案と環境保護に奉仕する法規定の両立可能性の問題について意見を表明したことが認定されている。

他方で本判決は、当該地区詳細計画の指定は環境保護に奉仕する法規定に違反していないとして、規範統制の申立てには理由がないと判示した。手続的違法に関しては、①当初は建設法典3条2項2文（環境関連情報の公示）の違反があったが、この瑕疵は建設法典215条1項に定める期間内に書面で主張されておらず、建設法典214条4項による補完手続により治癒されたこと、②申立人は議会の会議日の公示に関する規定の違反を主張しているが、これは環境保護に奉仕する法規定ではないことが指摘されている。実体的違法に関しては、①当該地区詳細計画を実現する活動が希少種保護法上の禁止に違反し、克服不可能な執行上の障害が生ずるとはいえないこと、②バイオガス施設の稼働による希少種保護の利益への影響に関して衡量の瑕疵は認められないことが指摘されている。また本判決は、希少種保護法およびその他の環境・自然保護法の違反が認められないことから、環境適合性審査を実施する義務も成立しない旨述べている。

(5) ザールルイ上級行政裁判所2015年4月27日決定

団体による地区詳細計画に対する仮命令の申立てを適法としたが、申立てには理由がないものとした裁判例として、ザールルイ上級行政裁判所2015年4月27日決定を挙げることができる[67]。この事件は、承認された環境保護団体である申立人が、一般住居地区を指定する地区詳細計画に対して行政裁判所法47条6項に基づき執行停止の申立てをしたというものである。本決定は、環境・法的救済法2条1項の要件が充足されていることを認めている。①申立人が同法の規定により承認された団体であること、②

---

[67] OVG Saarlouis, Beschl. v. 27.04.2015 - 2 B 39/15 -, NuR 2015, 502.

当該地区詳細計画により許容される事業案は、従前の外部地域における都市建設プロジェクトで、かつ建築可能面積が2万平方メートルを超えるものであり、環境適合性審査法による個別事例の予備審査の対象となること、③申立人は、連邦自然保護法の希少種保護法上の規定の違反を援用することで、当該地区詳細計画が環境保護に奉仕する法規定に違反することを主張していること、④申立人は、建設法典の規定により計画策定手続に参加し、許容される事業案と環境保護に奉仕する規定の両立可能性の問題について発言したことが認定されている。

　他方で本決定は、当該地区詳細計画の執行停止を求める申立てには理由がないとした。同判決は、自然保護法上の厳格な禁止に対する明白かつ除去不可能な違反について確固たる根拠は現時点では存在しない旨述べ、結果の衡量が必要であるとしたが、その防除のために仮命令を発することを緊急に必要とする重大な不利益は認められないと結論づけている。その根拠としては、当該地区詳細計画の執行が停止され、後にそれが有効であることが判明するとすれば、著しい遅延が発生し、当該市において十分な住居を供給することに向けられた公益が影響を受けることになること、申立人によって代表される環境・自然保護法上の利益への重大な不利益的影響を認定することができないことが指摘されている。

(6)　マンハイム高等行政裁判所2016年9月5日決定

　団体による規範統制の申立てを適法とし、地区詳細計画が効力を有しないことを宣言した近時の裁判例として、マンハイム高等行政裁判所2016年9月5日決定[68]がある。この事件では、商業地区を指定する地区詳細計画に対して、バーデン＝ヴュルテンベルク州によって承認された自然保護団体および計画地区の隣接地の所有者が規範統制の申立てをした。本決定は申立人らの申立適格を肯定しており、自然保護団体である申立人については、①申立人は環境・法的救済法3条の意味における環境団体であること、②当該地区詳細計画は面積10万平方メートルを超える商業利用可能地を指定するものであり、環境適合性審査を実施する義務が成立しうるこ

---

[68]　VGH Mannheim, Beschl. v. 05.09.2016 - 11 S 1255/14 -, UPR 2017, 150.

第一部　地区詳細計画の規範統制の発展

と、③申立人は建設法典3条2項2文等の違反を主張しており、それらの規定は環境保護に奉仕し、かつ裁判所の判断にとって意味がありうること、④申立人は、その定款で定められた任務領域が関わっていることを主張していること、⑤申立人は計画手続に参加したことが認定されている。本決定は、同法2条1項3号については、本件における要件充足性が肯定されることから、EU法適合性について判断する必要はないとする一方、行政裁判所法47条2a項については、前掲欧州司法裁判所2015年10月15日判決を援用して、同項は指令2011/92/EUの適用範囲内の事業案に関わる手続においては適用できないとする立場をとっている。

　理由具備性に関して本決定は、①当該地区詳細計画によって従前の外部地域に面積10万平方メートルを超える商業利用可能地が指定されるので、当該地区詳細計画は環境適合性審査を実施する義務のある事業案であること、②当該地区詳細計画の指定は騒音排出に関してはドイツ工業規格（DIN）45691により調査する旨定めているところ、規範の内容がその名宛人にとって明確であるとはいえず、公示の瑕疵（建設法典10条3項違反）があること、③当該瑕疵は環境保護にも奉仕する規定の違反であり、申立人が推進する目標にも関わることを指摘している。本決定は、「環境保護に奉仕する」法規定の要件については特に問題視していない。

2　申立てが不適法とされた例
(1)　ミュンヘン高等行政裁判所2011年5月31日決定

　「個人の権利を根拠づける」法規定の要件が削除される前においては、申立人が個人の権利を根拠づけない法規定のみを援用しているという理由で、申立適格を否定する裁判例もみられた。ミュンヘン高等行政裁判所2011年5月31日決定[69]は、従前の外部地域において商業地区を指定する事業案関連地区詳細計画に対して環境団体が規範統制および仮命令の申立てをした事件で、当該団体は環境・法的救済法2条1項から申立適格を導き出すことはできない旨判示した。本決定は、景観保護との関連においては

---

[69]　VGH München, Beschl. v. 31.05.2011 - 15 NE 11.352, juris.

衡量要請（建設法典1条7項）は個人の権利を根拠づけないこと、地区詳細計画が土地利用計画から展開されなければならないことを定める建設法典8条2項も同様であることを指摘している[70]。

(2) マンハイム高等行政裁判所2014年2月4日判決

申立人が環境・法的救済法3条により承認された団体ではないことを理由として申立適格を否定した裁判例もある。マンハイム高等行政裁判所2014年2月4日判決[71]は、同法3条により承認された州団体の地方下部組織が地区詳細計画に対して規範統制の申立てをした事件で、申立人の申立適格を否定した。本判決は、州や連邦全体で活動する環境保護団体だけでなく、地方の団体も承認を受けることができることを指摘して、承認された団体以外の団体に法的救済の申立適格は認められない旨述べている。

(3) リューネブルク上級行政裁判所2014年4月30日判決

環境適合性審査を実施する義務の成立可能性がないことを理由として、団体による法的救済の提起を不適法とする裁判例もみられる。リューネブルク上級行政裁判所2014年4月30日判決[72]は、競走路としての目的を有する緑地を指定する地区詳細計画に対して規範統制の申立てがなされた事件で、環境・法的救済法3条により承認された団体による申立てを不適法とした。本判決は、①当該地区詳細計画は、恒常的な自動車レースの実施を可能にするものではないので、環境適合性審査法附則1第10.7号には該当しないこと、②競走路は、同法附則1第18.3号にいう休暇公園には該当しないこと、③本件では従前の外部地域における都市建設プロジェクトが問題となっているが、面積が2万平方メートル未満であり、同法による個別事例の予備審査の対象とならないことを指摘している。さらに本判決は、前掲欧州司法裁判所2011年3月8日判決はオーフス条約9条3項の直接的効力を否定したものであり本件には関わりがないこと、環境適合性審査を実施する義務が成立しえない事業案を可能にする計画に対する環境団

---

[70] 地区詳細計画が土地利用計画から展開されなければならないという原則（展開要請）については、本書第二部第三章で取り上げる。

[71] VGH Mannheim, Urt. v. 04.02.2014 - 3 S 147/12 -, NuR 2015, 206.

[72] OVG Lüneburg, Urt. v. 30.04.2014 - 1 KN 110/12 -, NuR 2014, 568.

体の包括的な出訴資格をEU法は要求していないことも指摘している。

　もっともこの事件では、問題の競走路の付近の土地所有者も規範統制の申立てをしており、当該申立てに基づいて本判決は当該地区詳細計画が効力を有しないことを宣言した。理由具備性に関して本判決は、当該地区詳細計画にあってはイミシオン防止のための措置が十分でないことを指摘している。環境保護の点での問題のある地区詳細計画に対して、環境保護団体による規範統制の申立ては認められず、土地所有者による申立てが認容される結果となっている。

(4)　マクデブルク上級行政裁判所2015年1月8日決定

　環境適合性審査を実施する義務が成立しないことから、団体による法的救済の提起を不適法としたもう1つの裁判例として、マクデブルク上級行政裁判所2015年1月8日決定[73]を挙げることができる。この事件は、従前の外部地域において一般住居地区等を指定する地区詳細計画に対して、承認された環境・自然保護団体が規範統制および仮命令の申立てをしたというものである。本決定は、当該地区詳細計画にあっては建築可能面積が2万平方メートルを下回っているため環境適合性審査法による個別事例の予備審査の必要はないこと、州環境適合性審査法も地区詳細計画については環境適合性審査または予備審査を実施する義務を定めていないことを指摘している。申立人は、建設法典2条4項により環境審査が定められている建設管理計画にも環境・法的救済法の適用範囲を拡張すべきことを主張したが、本決定は、前掲連邦行政裁判所2013年9月5日判決を援用して、同法の適用範囲をオーフス条約9条3項の類推の方法で拡張することはできない旨述べ、申立人の主張を退けている。

3　まとめと検討

　「個人の権利を根拠づける」法規定の要件の削除前においては、衡量要請（建設法典1条7項）がこれに当たるとする裁判例（1 (1)）と当たらないとする裁判例（2 (1)）がみられたが、要件削除後においてはこの問題

---

[73]　OVG Magdeburg, Beschl. v. 08.01.2015 - 2 R 94/14 -, NuR 2015, 408.

第三章　環境保護団体による規範統制の申立て

は解消している。「環境保護に奉仕する」法規定の要件については、第5回オーフス条約会合が同条約9条2項との不適合を認定しているのであるが、ここで紹介した裁判例においては、当該要件は問題視されていない。環境保護に奉仕する法規定としては、連邦自然保護法の規定のほか、衡量要請や環境関連情報の公示に関する建設法典3条2項2文が取り上げられることが多い。問題となる地区詳細計画の指定に応じて、縦覧の再実施に関する建設法典4a条3項1文や（1(3)）、地区詳細計画の公示に関する建設法典10条3項が（1(6)）、環境保護に奉仕する法規定とされることもあり、環境保護に奉仕する法規定の該当性は柔軟に判断されているといえよう。もっとも、環境保護に奉仕する法規定の該当性を否定した裁判例も存在するので（1(4)）、当該要件によって法的救済が制限されていないとはいえない。

　ここで紹介した裁判例の多くにおいては、団体が地区詳細計画の策定手続に参加して意見を述べたことが認定されており、環境・法的救済法2条1項3号ないし同法2条3項の適用によって法的救済が制限されたとみられるものはない。反対に、前掲欧州司法裁判所2015年10月15日判決を援用して、行政裁判所法47条2a項は適用できないとした裁判例がある（1(6)）。欧州司法裁判所はこの規定には言及していないものの、指令2011/92/EUの適用範囲内において同項の適用は排除されるという解釈は十分成り立ちうると思われる。

　環境・法的救済法4条2項は、地区詳細計画が裁判所による審査の対象である場合には、建設法典214条・215条を適用することとしている。裁判例においては、衡量の瑕疵が明白でありかつ結果に影響を及ぼしたといえることから、当該瑕疵は建設法典214条1項・3項により顧慮されないものではないことを認定した例や（1(1)）、環境関連情報の公示に関する規定の違反および縦覧の再実施に関する規定の違反が、建設法典214条・215条により顧慮されないものではないことを認定した例がある（1(3)）。反対に、環境関連情報の公示に関する規定の違反が、建設法典215条1項に定める主張期間の経過によって顧慮されなくなり、しかも建設法典214条4項による補完手続によって除去されたことを認定した例もある（1

(4))。

　環境・法的救済法の規定による法的救済の対象となる地区詳細計画は、環境適合性審査を実施する義務が成立しうる事業案の許容性に関するものに限定されており、理由具備性に関する要件としても、環境適合性審査を実施する義務が成立していることが要求されている。裁判例においては、従前の外部地域における開発プロジェクトが問題になる場合が多く、休暇・余暇センターの建設（1(1))、工業地区の指定（1(2))、商業地区の指定（1(6))に関して、環境適合性審査を実施する義務の成立が認められている。環境適合性審査を要するか否かが個別事例の予備審査により判断されるバイオガス施設の設置について、環境適合性審査を実施する義務の成立を認めた例もある（1(3))。反対に、環境適合性審査を実施する義務が成立しないことを理由として、団体による規範統制の申立てを不適法とした例もあり（2(3)・(4))、それらの裁判例は、オーフス条約9条3項に着目して団体の出訴を認めることもできないという立場をとっている。しかしながら、環境適合性審査を実施する義務が成立しないからといって、環境に対する悪影響が全くないとはいえず、団体による規範統制の申立てを退ける一方で、当該地区詳細計画にはイミシオン防止の観点で問題があることを指摘した例もある（2(3))。したがって、環境保護団体による地区詳細計画に対する規範統制の申立てをより広い範囲で認めることが望ましいように思われる。

　環境・法的救済法は地区詳細計画に対する仮の権利保護について、特別の定めを置いていない。地区詳細計画の執行停止を求める環境保護団体は、行政裁判所法47条6項に基づく仮命令の申立てをしている（1(2)・(5)、2(4))。申立ての適法性に関して、環境・法的救済法2条1項の要件が充足されているかどうかを審査した裁判例がある（1(2)・(5))。申立ての理由具備性に関しては、結果の衡量を行う裁判例があり、その場合には申立人が主張ないし代表する環境保護または自然保護の利益が当該地区詳細計画の執行によりどのように害されるのかが考慮されている。この点を考慮して地区詳細計画の執行停止の要否を判断することは、環境保護の見地からは基本的に適切であると考えられる。

Ⅳ　2017年の環境・法的救済法の改正

　環境・法的救済法は、2017年5月29日の「環境・法的救済法及びその他の規定の欧州及び国際法上の基準への適合に関する法律」(以下本章において「環境・法的救済法等改正法」という) により大きく改正された[74]。その後、2017年7月20日の「環境適合性審査の法の現代化に関する法律」による環境適合性審査法改正に伴って、環境・法的救済法において引用される環境適合性審査法の概念や条文番号に変更が加えられている。2017年9月に開催された第6回オーフス条約締約国会合は、ドイツが第5回オーフス条約締約国会合の勧告に完全に対処したことを認めている[75]。以下では、改正後の環境・法的救済法の規定のうち、環境保護団体による規範統制の申立てに関係があると考えられる主要なものを紹介する。

1　法的救済の対象となる決定

　環境・法的救済法が適用される決定としては、まず、環境適合性審査法等により環境適合性審査を実施する義務が成立しうる事業案の許容性に関する同法2条6項の意味における許認可決定が挙げられており (環境・法的救済法1条1項1文1号)、従前と同様に、環境適合性審査法2条6項の意味における許認可決定には、地区詳細計画の策定・変更・補完に関する建設法典10条による議決が含まれる。新たに追加された環境・法的救済法1条1項1文4号は、環境適合性審査法附則5等により戦略的環境審査を実施する義務が成立しうる、同法2条7項の意味における計画・プログラムの採用に関する決定を挙げている。同法附則5第1.8号は、戦略的環境審査の義務がある計画として、建設法典6条および10条による建設管理計画を挙げており、建設管理計画の策定等に当たって戦略的環境審査を実施する義務が成立する場合には、建設法典の規定による環境審査が実施さ

---

(74)　環境・法的救済等改正法に関しては、大久保・前掲注(2)「保護規範説」482頁以下も参照。

(75)　Vgl. ECE/MP. PP/2017/2/Add. 1, S. 34.

れる（環境適合性審査法50条2項）。他方、建設管理計画の変更等に関する簡素化された手続（建設法典13条）、内部開発の地区詳細計画の策定に関する迅速化された手続（建設法典13a条）では、環境審査を行わないものとされているところ、これらは戦略的環境審査の義務の例外として位置づけられる（環境適合性審査法37条・50条2項参照）。地区詳細計画が策定される多くの場合に環境・法的救済法1条1項1文4号該当性が認められることになると考えられるが、あらゆる地区詳細計画が同法による法的救済の対象になるわけではない。

環境・法的救済法等改正法の政府案理由書（以下本章において「政府案理由書」という）では、環境・法的救済法1条1項1文4号等の追加はオーフス条約9条3項の転換に奉仕すること、第5回オーフス条約締約国会合が、国内法の環境関連規定に違反する行政庁の行為等を争うための、環境保護を推進する非政府組織の出訴資格についての基準が改定されることを保障するために必要な措置をとることを勧告したことが指摘されており[76]、同法1条1項1文4号に該当するのは、特に「戦略的環境審査を実施する義務のある建設管理計画（土地利用計画及び地区詳細計画）」であると説明されている[77]。地区詳細計画はもちろん、土地利用計画も法的救済の対象となりうることが明言されている点で注目される。

2 法的救済の提起に関する要件

(1) 環境・法的救済法1条1項1文1号による決定を争う場合

環境・法的救済法2条1項は、同法3条により承認された団体が法的救済を提起できる場合について定めている。同法1条1項1文1号による決定またはその不作為を争う場合は、①当該決定またはその不作為が「当該決定にとって意味があり得る法規定」と矛盾することを主張すること（同法2条1項1文1号）、②環境保護の目標を推進するというその定款で定め

---

[76] BT-Drs. 18/9526, S. 32.

[77] BT-Drs. 18/9526, S. 34. 土地利用計画と地区詳細計画が同号に該当することを指摘する説として、vgl. *Michael Krautzberger/Bernhard Stüer*, Städtebaurechtsnovelle 2017, DVBl 2018, 7 (16).

第三章　環境保護団体による規範統制の申立て

られた任務領域に当該決定またはその不作為が関わっていることを主張すること（同法2条1項1文2号）、③参加権を有していたことが必要とされる（同法2条1項1文3号）。①に関しては、「環境保護に奉仕する」法規定の要件が削除されている。政府案理由書では、第5回オーフス条約締約国会合で当該基準が同条約9条2項に違反することが認定されたため、この基準は同条約9条2項の適用範囲内では失われなければならないことが指摘されている[78]。③に関しては、団体が決定手続に参加したかどうかは問われないことになっている。そのほか、環境・法的救済法等改正法により行政裁判所法47条2a項も全部削除されており、政府案理由書は、前掲欧州司法裁判所2015年10月15日が異議の排除は指令2011/92/EUおよび指令2010/75/EUの規定に違反する旨判示したことから、それに応じて同項も制限されなければならないこと、環境・法的救済法の適用範囲外において排除規定を存続させておくことは実務上適当でないことを指摘している[79]。環境適合性審査を実施する義務が成立しない地区詳細計画との関係においても、行政裁判所法の異議の排除規定が消滅したことが注目される。

(2)　環境・法的救済法1条1項1文4号による決定を争う場合

他方で、環境・法的救済法1条1項1文4号による決定またはその不作為を争う場合には、前記①および②に加えて、環境関連法規定（umweltbezogene Rechtsvorschriften）の違反を主張しなければならず（同法2条1項2文）、前記③に関しては、参加権を有していただけでなく、適用される法規定に従って意見を表明したこと、または適用される法規定に反して意見表明の機会を与えられなかったことが必要とされる。ここでいう環境関連法規定は、人間および環境の保護のために、環境情報法（UIG）2条

---

[78] BT-Drs. 18/9526, S. 38. ②によって、事実上、環境関連規定の主張が要求されているとする説として、vgl. *Silvia Pernice-Warnke,* Verwaltungsprozessrecht unter Reformdruck, DÖV 2017, 846 (850). この点を問題視する説として、vgl. *Alexander Brigola/Franziska Heß,* Die Fallstricke der unions- und völkerrechtlichen Metamorphose des Umwelt-Rechtsbehelfsgesetzes (UmwRG) im Jahr 2017, NuR 2017, 729 (733).

[79] BT-Drs. 18/9526, S. 51.

第一部　地区詳細計画の規範統制の発展

3項1号の意味における環境構成要素の状態（大気・水・土壌等）または同法2条3項2号の意味における要因（物質・エネルギー・騒音等）に関係する規定と定義されている（環境・法的救済法1条4項）。政府案理由書では、オーフス条約9条2項とは異なって、環境関連法規定の違反のみが主張され、審査されるものとすることは、同条約9条3項に合致するとされている[80]。また、指令2011/92/EU および指令2010/75/EU の適用範囲外においては、異議の排除に関する規定を存続させておくこともこれらの指令に違反しないという立場がとられていることがわかる。

　環境・法的救済法7条2項は、同法1条1項1文4号による決定またはその不作為を争う場合の裁判管轄や訴訟形式について定めており、形成訴訟・給付訴訟や行政裁判所法47条1項による申立てが適切な訴訟形式とならない場合には、同法47条が準用されるものとしている（環境・法的救済法7条2項2文）。政府案理由書は、計画・プログラムの不作為の場合には通常は給付訴訟が適切な訴訟形式となり、行政裁判所法47条1項1号の類推により土地利用計画における表示に対する規範統制が認められる場合は従前通りの取扱いとなるが、その他のすべての場合については同法47条による規範統制に関する規定が準用されると説明している[81]。したがって、環境保護団体による土地利用計画に対する規範統制の申立てが従前よりも広い範囲で認められるものと考えられる。

3　異議の排除

　環境・法的救済法7条3項1文は、環境保護団体が同法1条1項1文4号による手続において意見表明の機会を有していた場合、当該団体は、当

---

[80]　BT-Drs. 18/9526, S. 38. オーフス条約9条2項の適用範囲と同条3項のそれを区別することが実務上可能かどうかについて疑問を呈する説として、vgl. *Brigola/Heß* (Fn. 78), S. 733. 計画またはプロジェクトが保護地区を侵害するかどうかに関する審査について定める指令92/43/EWG 第6条3項の範囲内において国内の行政庁が発する決定はオーフス条約9条2項の適用範囲内にあるとした欧州司法裁判所の判例として、vgl. EuGH, Urt. v. 08.11.2016 - C-243/15 -, ZUR 2017, 86 Rn. 56.

[81]　BT-Drs. 18/9526, S. 42-43. 土地利用計画について行政裁判所法47条1項1号を類推適用する連邦行政裁判所の判例については、本書序章Ⅰ1(2)を参照。

該手続において主張しなかったか、適用される法規定に従って適時には主張しなかったけれども、主張することができたであろうすべての異議を、同法1条1項1文4号による決定またはその不作為に対する法的救済に関する手続において主張することができないものとしている。従前の同法2条3項の規定は前掲欧州司法裁判所法2015年10月15日判決を受けて削除されているが、新しい同法1条1項1文4号による手続は同判決の射程外であると説明されている[82]。

同法7条3項1文は、建設法典10条による地区詳細計画の策定・変更・補完・廃止の手続には適用されない（環境・法的救済法7条3項2文）。これに関して政府案理由書は、環境適合性審査の義務のある地区詳細計画は前掲欧州司法裁判所2015年10月15日判決の射程内であるところ、戦略的環境審査の義務のある地区詳細計画について同時に環境適合性審査の義務が認められるか否かを審査することは実務上困難であることを指摘している。その結果、地区詳細計画については従前の同法2条3項で定められていたような異議の排除規定が適用されることはないが、土地利用計画については異議の排除規定が適用されるという構造になっている。

同法5条は、法的救済の手続において初めて主張される異議は、それが濫用的または不正である場合には考慮されないと規定する。これは前掲欧州司法裁判所2015年10月15日判決の判示を条文化したものであり、行政手続において異議がないことを明らかにしていたにもかかわらず法的救済の手続において異議を主張するような場合は濫用的または不正であると説明されている[83]。この規定は個人が異議を主張する場合についても適用が予定されており、法的救済の対象となる決定も特に限定されていない。したがって、地区詳細計画が争われる事例についてもこの規定の適用がある[84]。

---

[82] Vgl. BT-Drs. 18/9526, S. 39, 43. それに対して、前掲欧州司法裁判所2015年10月15日判決の判示はオーフス条約9条3項の適用範囲においても妥当すると主張する説として、vgl. *Brigola/Heß* (Fn. 78), S. 733; vgl. auch *Sabine Schlacke*, Die Novelle des UmwRG 2017, NVwZ 2017, 905 (909).

[83] BT-Drs. 18/9526, S. 41.

4 理由具備性に関する要件

法的救済の理由具備性に関する要件は、環境・法的救済法2条4項に規定されている。同法1条1項1文1号による決定の場合は、①それが当該決定にとって意味がある法規定に違反すること（同法2条4項1文1号）、②当該違反が、当該団体がその定款に従って推進する目標に含まれる利益に関わること、さらに③環境適合性審査法1条1号の意味における環境審査を実施する義務が成立していること（環境・法的救済法2条4項2文）が必要とされる。①に関しては、「環境保護に奉仕する」法規定の要件が削除されている。③に関して、政府案理由書は、環境適合性審査法1条1号の意味における環境審査とは、環境適合性審査と戦略的環境審査の両者を含む概念であり、環境・法的救済法1条1項1文1号の場合は、環境適合性審査の義務の問題が審査されなければならないと説明している[85]。従前は地区詳細計画について特有の理由具備性に関する規定が置かれていたが、改正後はそのような規定は存在しなくなっている。

同法1条1項1文4号による決定の場合は、前記①に関しては、当該決定にとって意味がある環境関連法規定の違反が必要とされる（同法2条4項1文2号）。前記②および③も必要であり、前記③に関しては、戦略的環境審査の義務の問題が審査されなければならないことになる。

同法4条2項は、従前と同様に、環境適合性審査の義務のある地区詳細計画の策定等の議決については建設法典214条・215条の適用を予定しており、新しく追加された環境・法的救済法4条4項は、同法1条1項1文4号による決定に対する環境保護団体の法的救済についても、同法4条2項が準用されるものとしている。したがって、建設法典の規定の違反が土地利用計画および地区詳細計画の法的効力にとって顧慮されるか否かは、建設法典214条・215条によって判断されることになるものと考えられる[86]。

---

[84]　BT-Drs. 18/9526, S. 44.
[85]　BT-Drs. 18/9526, S. 39.
[86]　Vgl. BT-Drs. 18/9526, S. 40.

5　まとめ

2017年の環境・法的救済法の改正により、①環境適合性審査を実施する義務が成立しうる事業案の許容性に関する地区詳細計画の策定等に関する議決だけでなく、②戦略的環境審査を実施する義務が成立しうる計画・プログラム（特に建設管理計画）の採用に関する決定も、同法による法的救済の対象になるものとされた。①については、「環境保護に奉仕する」法規定の要件が削除されるとともに、従前の同法2条3項に定められていた異議の排除規定は適用されないものとされ、団体が決定手続に参加したか否かは問われなくなった。さらに、地区詳細計画に対する規範統制の申立てを制限していた行政裁判所法47条2a項も全部削除されており、これらの点では法的救済が拡充されたということができる。

他方で、前記②の決定に対する法的救済に関しては、環境関連法規定の違反（の主張）が必要とされ、地区詳細計画を除いて、従前の環境・法的救済法2条3項と同内容の異議の排除規定が適用される。オーフス条約9条3項は、国内法の環境関連規定に違反する行政庁の行為等に対して公衆の構成員が出訴しうることを要求しているので、環境関連法規定の違反（の主張）を要件として定めることが同条約9条3項に違反することはないと考えられる。しかしながら、環境適合性審査の義務のある計画と、戦略的環境審査の義務のある計画との間で、法的救済のあり方に差異を設けることは望ましいとはいえないように思われる[87]。

V　第三章のまとめ

2006年に制定された環境・法的救済法により、環境保護団体が、自己の権利の侵害を主張することなく、環境適合性審査を実施する義務が成立しうる事業案の許容性に関する地区詳細計画に対して、規範統制の申立てを

---

[87]　行政手続における異議の主張を出訴の要件とすることはオーフス条約9条3項に直ちに違反するものではないが、有効な法的救済を求める権利の制限に当たるため比例原則の遵守を要する旨判示した欧州司法裁判所の判例として、vgl. EuGH, Urt. v. 20.12.2017 - C-664/15 -, NVwZ 2018, 225 Rn. 88-90.

することができるようになった。同法は、オーフス条約9条2項ないし指令85/337/EWG 第10a 条（＝指令2011/92/EU 第11条）および指令96/61/EG 第15a 条（＝指令2010/75/EU 第25条）を国内法化することを目的として制定されたものである。制定時の同法によれば、法的救済を提起するためには、個人の権利を根拠づける法規定との矛盾を主張することが必要とされ、理由具備性が認められるためには、当該法規定の違反が必要であった。しかしながら2013年の改正でこれらの要件は削除された。環境保護団体による規範統制の申立てに基づいて、地区詳細計画が効力を有しないことを宣言した上級行政裁判所の判決も複数存在している。

　他方で、2013年の改正後においても、法的救済の提起に関する要件として、環境保護に奉仕する法規定との矛盾を主張することが必要とされ、理由具備性が認められるためには、当該法規定の違反が必要であった（「環境保護に奉仕する」法規定の要件）。また環境保護団体は、法的救済の対象となる決定の手続において主張することができたにもかかわらず主張しなかったすべての異議を、法的救済の手続において主張することができない（異議の排除）。さらに、法的救済の対象となる地区詳細計画は、環境適合性審査を実施する義務が成立しうる事業案の許容性に関するものに限定されており、環境適合性審査を実施する義務が成立しなければ、理由具備性は認められない。

　その後欧州司法裁判所は、異議の排除は指令2011/92/EU 第11条および指令2010/75/EU 第25条に違反する旨判示した。また、第5回オーフス条約締約国会合は、「環境保護に奉仕する」法規定の要件は同条約9条2項に違反すること、多くの部門法において環境関連規定に違反する行政庁の行為等を争うための環境保護団体の出訴資格が保障されていないことは同条約9条3項に違反することを認定して、ドイツに対して是正を勧告した。環境適合性審査を実施する義務が成立しないからといって、環境に対する悪影響が全くないとはいえないことに鑑みると、環境保護団体による地区詳細計画に対する規範統制の申立てをより広い範囲で認めることが望ましいように思われる。

　2017年の改正で、環境適合性審査を実施する義務が成立しうる事業案の

許容性に関する地区詳細計画に対する法的救済に関しては、「環境保護に奉仕する」法規定の要件は削除され、従前の異議の排除規定も消滅した。他方で、戦略的環境審査を実施する義務が成立しうる計画・プログラム（特に建設管理計画）の採用に関する決定も、同法による法的救済の対象になるものとされた。しかしながらこの場合には、環境関連法規定の違反（の主張）が要件となり、地区詳細計画を除いて、従前と同内容の異議の排除規定が適用される。環境適合性審査の義務のある計画と、戦略的環境審査の義務のある計画との間で、法的救済のあり方に差異を設けることは望ましいとはいえないように思われる。

第一部　地区詳細計画の規範統制の発展

第一部のまとめ

　1960年制定時の行政裁判所法47条は、上級行政裁判所による規範統制を導入するかどうかを州の立法に委ねていたが、1976年の改正で、地区詳細計画の有効性が連邦全域で規範統制手続において審査されることになった。改正法案（政府案）の理由書では、実効的な権利保護のほか、法状況を適時に明らかにする必要性が指摘されている。規範統制が、申立人である自然人・法人の権利保護に資する面を有することは明らかであるが、行政庁にも申立適格が認められるという点や、権利侵害が申立ての理由具備性の要件とされていないという点では、客観的な法統制の仕組みということができる。また、法規定が効力を有しないとする上級行政裁判所の宣言が一般的拘束力を有する点は、訴訟経済に資すると説明されている。他方で、規範統制の申立てを退ける判決・決定に一般的拘束力は認められず、行政行為の取消訴訟等における前提問題として付随的に法規定の有効性を審査すること（付随統制）も禁止されていない。付随統制が可能であることは、1996年の改正で規範統制の申立てに申立期間が定められたことによっても変わりがない。第二部でも取り上げるように、計画維持規定である建設法典214条・215条が、建設法典の規定の違反のうち一定のものは地区詳細計画等の法的効力にとって顧慮されない旨定めていることには注意を要する。

　自然人・法人の申立適格に関しては、1996年の改正前においては、「不利益」を受けるかどうかが基準となっていたが、同年の改正で、「権利を侵害されている又は近いうちに侵害されると主張する」ことが必要となった。この改正は、権利侵害を主張することのできない自然人・法人の申立

適格を否定しようとするものであった。連邦行政裁判所は、まず、土地所有者である申立人が自己所有地に適用される地区詳細計画を争う場合には、基本法14条によって保護された土地所有権の侵害可能性を主張することにより、申立適格が認められるものとした（所有権侵害の可能性を理由とする申立適格）。さらに連邦行政裁判所1998年9月24日判決は、建設管理計画の策定に当たっては公的・私的利益が相互に適正に衡量されなければならないとする衡量要請（当時の建設法典1条6項。2004年改正後の建設法典1条7項）が、衡量上有意な自己の私的利益の適正な衡量を求める権利を根拠づけることを承認し、当該権利の侵害可能性を主張する者にも申立適格が認められるものとした（適正な衡量を求める権利の侵害可能性を理由とする申立適格）。その結果、自然人・法人の申立適格が認められる範囲は従前と大きく変わらないという状況になっている。適正な衡量を求める権利の侵害が主張されるケースにおいては、騒音防止が問題になる場合が多いところ、被害の程度としては僅少を超える程度で足りるものとされていること、さらに騒音防止以外の利益が衡量上有意な利益に該当しうることも認められていることが注目される。ただしドイツ法にいう衡量上有意な利益の侵害は、計画決定時に計画策定機関にとって認識不可能であった利益または利益侵害を含まないものであり、申立適格を制限する側面を有することには注意が必要である。

　行政裁判所法47条6項は、規範統制手続における仮の権利保護の制度として、裁判所が申立てに基づいて仮命令を発することができることを認めており、これは実質的に法規定の執行停止制度として運用されている。同項によれば、仮命令の発付が「重大な不利益の防除のために又はその他の重要な理由から緊急に必要である」場合に、仮命令を発することができる。連邦行政裁判所2015年2月25日決定は、地区詳細計画の場合、簡略な審理により本案における規範統制の申立てに理由があることが予測されるか否かを判断し、本案の帰趨が不明であるときには、仮命令が発付されたが本案における申立てが退けられた場合に生ずる結果と、仮命令は発付されなかったが本案における申立てが認容される場合に生ずる結果を衡量する（結果の衡量）という立場を明らかにした。同決定は、本案における申

立てに理由があることが予測されることは地区詳細計画の執行を停止しなければならないことを示す本質的徴候である旨述べる一方、その場合でも諸利益の考慮および不利益の重大性を要するという立場をとっている。本案における申立てに理由があることが予測される場合で、かつ既成事実の発生の危険が認められるときには、地区詳細計画の執行が停止されるものと考えられる。それに対して、既成事実の発生の危険を問うことなく、効力を有しないことが予測される地区詳細計画の執行を停止することができるかという点は、今後も論点になると思われる。他方、本案の帰趨が不明である場合には結果の衡量を行うというのがドイツ法で定着した考え方である。結果の衡量に当たっては、申立人が受ける不利益の程度や、地区詳細計画の執行停止以外に申立人の権利を保護する手段があるかどうかに加え、建築主および市町村の利益すなわち当該地区詳細計画を早期に実現する必要性を考慮する必要があるものと考えられる。

　2006年に制定された環境・法的救済法により、環境保護団体が、自己の権利侵害を主張することなく、環境適合性審査を実施する義務が成立しうる事業案の許容性に関する地区詳細計画に対して、規範統制の申立てをすることができるようになった。他方で同法による法的救済に関しては、①個人の権利を根拠づける法規定の違反（の主張）が要件となる、②環境保護に奉仕する法規定の違反（の主張）が要件となる、③決定手続において主張することができたにもかかわらず主張しなかった異議を法的救済手続において主張することはできない、④法的救済の対象となる計画が、環境適合性審査を実施する義務が成立しうる事業案の許容性に関するものに限定されているといった問題点があった。①および③については欧州司法裁判所がEU法違反を認定し、②および④に関してはオーフス条約締約国会合が是正を勧告した。①は2013年の改正で削除され、2017年改正後の同法では、環境適合性審査を実施する義務が成立しうる事業案の許容性に関する決定を争う場合には、②および③も妥当しない。さらに、戦略的環境審査を実施する義務が成立しうる計画・プログラム（特に建設管理計画）の採用に関する決定も、同法による法的救済の対象になるものとされたが、この場合には、環境関連法規定の違反（の主張）が要件となり、地区詳細

計画を除いて、③が引き続き妥当する。環境適合性審査の義務のある計画と、戦略的環境審査の義務のある計画との間で、法的救済のあり方に差異を設けることは望ましいとはいえないように思われる。

第二部　計画維持規定の形成と展開

建設法典3章2部4節（214条〜216条）には「計画維持」という表題が付けられており、この節に含まれる規定は計画維持規定と呼ばれることがある。建設法典214条・215条は、建設法典の規定の違反であっても、土地利用計画および建設法典の規定による条例の法的効力にとって顧慮されない場合があることを定めている。違法な規範は無効であるというのが伝統的な考え方であるが（これを「無効のドグマ（Nichtigkeitsdogma）」ということがある）、建設法典214条・215条が適用されることによって、建設法典の規定に違反する地区詳細計画であっても、それが有効とされる場合があることになる。さらに、建設法典214条4項は、土地利用計画や条例は瑕疵の除去のための補完手続によって遡及的に施行することもできると規定している。建設法典214条・215条は、地区詳細計画等の効力を維持するために、一定の瑕疵を不顧慮としたり、瑕疵の除去を認める規定ということができる。これらの規定は、行政裁判所法47条による規範統制手続においてのみ適用されるのではなく、取消訴訟等において地区詳細計画の効力が前提問題として付随的に審査される場合にも妥当する。

　このような計画維持規定に相当する規定は、建設法典の前身である連邦建設法において既に設けられていた。手続・形式規定の違反のうち一定のものを不顧慮とする規定は、1976年の同法改正により初めて導入され、衡量過程における瑕疵を一定の場合に不顧慮とする規定や、瑕疵の除去に関する規定は、1979年の同法改正で設けられた。したがって、計画維持規定が設けられた経緯やその特色および問題点を正しく理解するためには、これらの改正や当時における運用状況をも参照することが必要である。本書第二部では、計画維持規定およびその前身となる規定について、立法資料や裁判例・学説を参照しながら検討を加え、そのような規定がいかなる理由から設けられ、正当化されているのか、地区詳細計画の効力が維持された例や、反対に計画維持規定によっても地区詳細計画の効力が維持できないものとされた例としてどのようなものがあるのか、計画維持規定につきなお改善可能と考えられる部分はあるかといった点を明らかにする。

　以下ではまず、衡量に関する瑕疵（衡量過程における瑕疵、衡量結果における瑕疵のほか、2004年の建設法典改正で登場した衡量素材の調査・評価に関

する瑕疵を含む）が地区詳細計画の効力にどのような影響を及ぼすかという観点から検討を加える（第一章）。次にその他の手続・形式規定の違反の効果（第二章）、地区詳細計画と土地利用計画の関係に関する規定の違反の効果（第三章）を取り上げ、2006年の建設法典改正で導入された内部開発の地区詳細計画に特有の論点についても検討する（第四章）。最後に、瑕疵を除去するための補完手続に関する規定およびその運用に関する論点を取り扱う（第五章）。

第一章

行政裁判所による衡量統制とその制限

　1960年制定時の連邦建設法1条4項は、その第2文において、建設管理計画にあっては「公的及び私的利益が相互に適正に衡量されなければならない」と規定していた。1976年改正後の同法1条7項は、「建設管理計画の策定に当たっては、公的及び私的利益が相互に適正に衡量されなければならない」と規定した。これと全く同一の規定が、1986年制定時の建設法典1条6項、2004年改正後の建設法典1条7項に置かれている。このような計画策定時における諸利益の適正な衡量の要請は、学説および判例において衡量要請と呼ばれている。

　地区詳細計画について衡量要請が遵守されているかどうかが争われた事案は多いが、これに関して看過することができないのは、裁判所による衡量統制を制限する規定が存在することである。1979年改正後の連邦建設法155b条2項2文は、「衡量過程における瑕疵は、それらが明白でありかつ衡量結果に影響を及ぼした場合に限り、有意である」と規定していた。1986年制定時の建設法典214条3項2文も、これと同一の規定であった。2004年改正後の建設法典においては、「建設管理計画の策定に当たっては、衡量にとって意味がある利益（衡量素材）が調査及び評価されなければならない」との規定（2条3項）が追加されるとともに、衡量素材の調査・評価に関する瑕疵は、「当該瑕疵が明白でありかつ手続の結果に影響を及ぼした場合」に限り、地区詳細計画等の法的効力にとって顧慮されるものとされている（214条1項1文1号）。さらに「その他の点では（im Übrigen）、衡量過程における瑕疵は、それらが明白でありかつ衡量結果に影響を及ぼした場合に限り、有意である」との規定が置かれている（建設

法典214条3項2文後段)。また、建設法典215条1項1文は、前記の規定により顧慮される瑕疵であっても、それらが地区詳細計画等の公示後1年以内に書面で市町村に対して主張されることがなかった場合には、顧慮されなくなるものとしている。建設法典214条・215条を含む建設法典3章2部4節は、1997年の改正で「計画維持」という表題を付けられており、これらの規定は計画維持規定と呼ばれることがある。

本章は、地区詳細計画について衡量に関する瑕疵が認められるのはどのような場合か、他方で、衡量に関する瑕疵を有する地区詳細計画の効力が計画維持規定によって維持されるのはどのような場合か、それがいかなる理由によって正当化されているのかという点を明らかにすることを目的に、立法資料および連邦行政裁判所の判例を中心として検討を加えるものである[1]。以下ではまず、1960年代後半から1970年代にかけて形成された伝統的な衡量瑕疵論を取り上げる(Ⅰ)。次に、連邦建設法155b条2項2文の合憲性をめぐる議論を紹介する(Ⅱ)。続いて、2004年改正前の建設法典の下での状況(Ⅲ)、同改正後の状況について検討を加える(Ⅳ)。なお、建設法典は2017年の「都市建設法における指令2014/52/EU〔特定の公的及び私的プロジェクトの場合の環境適合性審査に関する指令2011/92/EUの改正のための2014年4月16日の欧州議会・理事会指令2014/52/EU〕の転換及び都市における新たな共同生活の強化に関する法律」により改正されているが、建設法典1条7項・2条3項・215条に変更はない。建設法典214条も、衡量に関する瑕疵の効果について変更はない。

---

(1) 本章に関連する先行研究としては、山田洋『大規模施設設置手続の法構造』(信山社、1995年) 305頁以下、佐藤岩夫「都市計画をめぐる住民参加と司法審査──ドイツにおける近年の動向」原田純孝＝大村謙二郎編『現代都市法の新展開──持続可能な都市発展と住民参加──ドイツ・フランス』(東京大学社会科学研究所、2004年) 81頁以下、竹之内一幸「建設基本計画と司法による衡量統制──ドイツ建設法典改正を中心に」武蔵野大学現代社会学部紀要6号 (2005年) 61頁以下、大橋洋一『都市空間制御の法理論』(有斐閣、2008年) 68頁以下、高橋寿一『地域資源の管理と都市法制──ドイツ建設法典における農地・環境と市民・自治体』(日本評論社、2010年) 180頁以下等がある。

167

第二部　計画維持規定の形成と展開

I　伝統的な衡量瑕疵論

1　判例の展開
（1）　連邦行政裁判所1969年12月12日判決

　衡量統制に関する古典的判例として重要であるのが、連邦行政裁判所1969年12月12日判決[2]である。本判決はまず、建設管理計画は市町村が自らの責任において策定しなければならないことを規定していた当時の連邦建設法2条1項に注目して、「この規定は市町村の計画高権（Planungshoheit）の承認を含むものであり、その際に計画高権とは特に計画裁量（Planungsermessen）の付与を意味する」と述べ、「計画策定の権能は……形成の自由（Gestaltungsfreiheit）に関する余地を内包するものであり、また内包しなければならない」ことを指摘する[3]。その上で本判決は、「行政裁判所による計画策定の統制に関しては、計画策定と形成の自由の結びつきから不可避的に、個別事例において形成の自由の法律上の限界が越えられている否か、又は形成の自由がその授権に合致しない方法で行使されたか否かに制限される（行政裁判所法114条参照）」と述べている[4]。

　衡量要請に関して本判決は、衡量要請は「そもそも法治国的な計画策定の本質に内在する原則であり、それゆえに、もしも連邦建設法1条がそれを明文で規定していなかったとしても、建設管理計画はそれを顧慮しなければならないであろう」と述べる一方で、「そのときどきの計画策定が適正な利益衡量を基礎としているかどうかという問題は、監督庁及び行政裁

---

(2)　BVerwG, Urt. v. 12.12.1969 - IV C 105.66 -, BVerwGE 34, 301.
(3)　計画裁量の概念については、遠藤博也『計画行政法』（学陽書房、1975年）87頁以下、芝池義一「計画裁量概念の一考察」杉村還暦『現代行政と法の支配』（有斐閣、1978年）187頁以下、宮田三郎『行政計画法』（ぎょうせい、1984年）86頁以下参照。
(4)　1960年制定時の行政裁判所法114条は、行政行為に関して裁量が認められる場合、裁判所は、「裁量の法律上の限界が越えられている又は裁量が授権の目的に合致しない方法で行使された」ことにより違法であるか否かを審査するものと規定していた。

判所による統制を無制限に受けるわけではない」とする。そこで、いかなる場合に裁判所が衡量要請違反を認定しうるのかが問題となるが、本判決は次のように述べている。「適正な衡量の要請の違反があるのは、（適正な）衡量がそもそも行われていない場合である。その違反があるのは、利益についての衡量に、事案の状況に応じてそれに取り入れられなければならないものが取り入れられない場合である。さらにその違反があるのは、影響を受ける私的利益の意味（Bedeutung）が誤認される場合又は計画策定に関わる公的利益の間の調整が、個々の利益の客観的な重み（Gewichtigkeit）と比例しない方法で行われる場合である。しかしながら、そのようにして設定された範囲内においては、計画策定に携わる市町村が、異なる利益間の衝突に際して、一方のものを優先させ、それと同時に必然的に他方のものを劣後させる決定をしても、衡量要請の違反はない」（以下本章においてこの部分を「69年判示」という）。

(2) 連邦行政裁判所1974年7月5日判決

69年判示を前提に、それをさらに発展させた判例として、連邦行政裁判所1974年7月5日判決[5]も重要である。本判決はまず、「計画の判断に当たっては……過程としての計画と、この過程の産物としての計画が区別されなければならない」と述べ、計画策定の過程と結果を区別する視点を強調する。その上で、69年判示をそのまま引用した後、次のように続けている。「当裁判部はこの解釈を固持する。その際本件は、それ〔69年判示〕によって述べられた要求は原則的に衡量過程にも衡量結果にも向けられるということを明確にして付け加える機会を与える。例外は、〔69年判示の〕第1文で言及された衡量そのものの必要性についてのみ妥当し、それは……衡量過程の観点においてのみ実用的となり得る。しかしそれ以外の点では、衡量要請は、重みのある（gewichtig）利益が簡単には見過ごされないこと（〔69年判示の〕第2文）そして異なる利益の相互の関係における重みづけ（Gewichtung）が、これらの利益のうちの1つの客観的な重みが完全に見誤られる方法では行われないこと（〔69年判示の〕第3文）を衡量過

---

(5) BVerwG, Urt. v. 05.07.1974 - IV C 50.72 -, BVerwGE 45, 309.

程にも衡量結果にも要求する。連邦建設法1条4項2文の表現は……明らかに衡量の過程に関わる。そこからは、確かに論理必然的ではないけれども、しかし事柄の関連（Sachzusammenhang）に鑑みると不可避的に、それ以上に生み出された計画の内容も、衡量の——すなわち一定の衡量された状態の——要請に服するべきであることが導かれる。というのも、連邦建設法1条4項及び5項に掲げられた諸利益のすべてにつき[6]、それらが計画を策定する市町村によって考慮されることのみが重要であるべきであり、それに対して結果において現れ出たものは全く重要でないとすれば、それは明らかに事柄に反する（sachwidrig）であろう」。

2　衡量の瑕疵の4類型

ホッペ（Hoppe）は、1970年に発表された、前掲連邦行政裁判所1969年12月12日判決を分析した論考において、「連邦行政裁判所は4つの違反の構成要件（Verletzungstatbestand）を定立している」と主張し、これを「a) <u>衡量の欠落</u>（Abwägungsausfall）：適正な衡量がそもそも行われなかった。b) <u>衡量の不足</u>（Abwägungsdefizit）：衡量は行われたが、衡量に『事案の状況に応じてそれに取り入れられ』なければならない利益が取り入れられなかった。c) <u>衡量の誤評価</u>（Abwägungsfehleinschätzung）：影響を受ける（公的又は私的）利益の『意味』が見誤られている場合。d) <u>衡量の不均衡</u>（Abwägungsdisproportionalität）：計画策定に関わる（公的又は私的）利益間の調整が、個々の利益の客観的な重みと比例しない方法で行われる場合」と整理した[7]。

ホッペの整理では、衡量の誤評価および衡量の不均衡が公的利益と私的

---

[6]　1960年制定時の連邦建設法1条4項1文は、「建設管理計画は、住民の社会的及び文化的要求、その安全及び健康に向けられなければならない」と規定し、同条5項1文は、「建設管理計画は、教会及び公法の宗教団体により定められた礼拝及び教導のための必要条件を考慮し、経済、農業、青少年支援、交通及び国防の要求を顧慮し並びに自然及び景観保護の利益並びに地域及び景観像の形成に奉仕しなければならない」と規定していた。

[7]　*Wener Hoppe,* Die Schranken der planerischen Gestaltungsfreiheit（§1 Abs. 4 und 5 BBauG), BauR 1970, 15 (17).下線部分は原文ゴシック体。

利益のいずれにも関わるものとされており、前掲連邦行政裁判所1974年7月5日判決も、その点では同様に解しているとみられる。他方で同判決は、衡量の誤評価と衡量の不均衡を区別していないようにもみえるところであり、学説においても両者を区別しないものがある[8]。しかしながら前記の4類型は、多くの学説によって支持された[9]。以下、各類型につき若干補足する。

(1) 衡量の欠落

衡量の欠落すなわちそもそも適正な衡量が行われなかった場合の例としては、前掲連邦行政裁判所1974年7月5日判決が挙げられることが多い。この事件では、ガラス工場の設置を可能にすることを目的として工業地区を指定する地区詳細計画の有効性が問題となった。控訴審裁判所は、工場施設の立地が最初から確定していたことを認定して、計画手続外でその策定および内容に関する決定がなされ、それゆえにもはや計画手続において適正な衡量を行うことができない場合に該当するものとした。同判決も、（適正な）衡量がそもそも行われなかったという点で控訴審裁判所の判断を是認し、計画上の決定の先取りが衡量要請に違反することを認めている。ただし同判決は、決定の先取りが常に衡量要請に違反するとの立場はとっておらず、次の要件がすべて充足される場合には、衡量要請に適合するものとしている。「第1に、決定の先取りが先取りとして――それによって提案手続[10]が不利益を受けることに鑑みても――実質的に（sachlich）

---

[8] *Hilmar Ferner*, in: Hilmar Ferner/Holger Kröninger/Manfred Aschke (Hrsg.), BauGB, Handkommentar, 3. Aufl. 2013, §1 Rn. 54; vgl. auch *Franz Drinberger*, in: Henning Jäde/Franz Dirnberger, BauGB, BauVVO, Kommentar, 8. Aufl. 2017, §1 BauGB Rn. 98.

[9] *Frank Stollmann/Guy Beaucamp*, Öffentliches Baurecht, 11. Aufl. 2017, §7 Rn. 45; *Ulrich Battis*, Öffentliches Baurecht und Raumordnungsrecht, 7. Aufl. 2017, Rn. 258; *Stefan Muckel/Markus Ogorek*, Öffentliches Baurecht, 2. Aufl. 2014, §5 Rn. 136.

[10] 1960年制定時の連邦建設法2条6項2文は、「〔建設管理計画の案の〕縦覧の場所及び期間は、縦覧期間内に異議及び提案を提出することができることの指示とともに、少なくとも1週間前に地域的に通常の方法で公示されなければならない」と規定していた。

正当化されていなければならない。第2に、先取りに当たっては計画法上の権限規定が守られていなければならず、すなわち、計画策定が市町村議会の役割である限り、……議会が事前決定に関与することが確保されなければならない。最後に第3に、先取りされた決定は……内容的に異議を唱えられ得るものであってはならない。特に、もしもそれが最終的な衡量過程の構成要素としてなされるとすれば、それが満たさなければならないであろう要求を満たさなければならない」。同判決は、先取りに当たって工場の設置に対立する利益が全く考慮されなかったことから、第3要件の不充足を認定している。

（2） 衡量の不足

衡量に取り入れられなければならない利益が、衡量に取り入れられなかった場合、衡量の不足があることになる。問題となるのは、いかなる利益が衡量に取り入れられるべきか、という点である。この点、1976年改正後の連邦建設法1条6項、1986年制定時の建設法典1条5項、2004年改正後の建設法典1条6項は、建設管理計画の策定に当たって特に考慮されなければならない利益を列挙している。ただしそれらは例示であり、列挙された利益だけが考慮されれば良いというものではない。これに関して参考になるのが、連邦行政裁判所1979年11月9日決定[11]である。この決定は、①建設管理計画にあっては、必要な衡量素材は、事案の状況に応じて衡量に取り入れられなければならないすべての利益を含む、②ただし、低価値であるか、保護に値しないすべての（影響を受ける）利益は、衡量に当たって顧慮されないままにすることができる、さらに③衡量上顧慮されるものは、「第1に僅少を超え、第2にその発生の点で少なくとも蓋然的であり、第3に……計画策定機関にとって当該計画に関する決定に当たって衡量上顧慮されるものとして認識可能であるような影響」に限られると述べている[12]。

反対に、衡量に取り入れられてはならない利益が、これに取り入れられ

---

[11] BVerwG, Beschl. v. 09.11.1979 - 4 N 1/78 -, BVerwGE 59, 87

[12] いかなるものが衡量上有意な利益の侵害に該当するかについては、本書第一部第一章Ⅰ3参照。

るようなケースも考えられる。学説の中には、これを「衡量の過剰（Abwägungsüberschuss）」と呼び、衡量の不足とあわせて取り上げるものもある[13]。

(3) 衡量の誤評価

衡量に取り入れられた利益の重みづけに当たっては、各利益について法的および事実上の状況に応じてそれらが有する（客観的な）重みが認められなければならず、そうでなければ衡量の誤評価が存在する[14]。利益の重みづけに当たっては、特定の利益を可能な限り顧慮することを要求する法規定が存在することにも留意が必要である。1974年制定時の連邦イミシオン防止法50条は、空間的に重要な（raumbedeutsam）計画にあっては、一定の利用を予定する用地は、居住に奉仕する地区およびその他の保護を必要とする地区への有害な環境影響が「可能な限り」回避されるように、相互に配置されなければならないと規定していた[15]。連邦行政裁判所1985年3月22日判決[16]は、当該規定を最適化要請（Optimierungsgebot）と呼び、「そのような規定の意義は、それらに含まれる目標基準（Zielvorgabe）に特別な重みを付与し、その限りで計画上の形成の自由を制限することにある。そのような利益が、それらの客観的な重みとは全く両立し得ない方法で、誤った重みづけをされているか否かという問題の審査に当たっては、この法律上の基準が顧慮されなければならない」と述べている[17]。

(4) 衡量の不均衡

衡量の最終段階においては、対立する利益間の調整が必要となるが、

---

[13] *Winfried Erbguth/Thomas Mann/Matthias Schubert*, Besonderes Baurecht, 12. Aufl. 2015, Rn. 1008; *Klaus Finkelnburg/Karsten Michael Ortloff/Martin Kment*, Öffentliches Baurecht, Band I: Bauplanungsrecht, 7. Aufl. 2017, §5 Rn. 54.

[14] Vgl. *Erbguth/Mann/Schubert*（Fn. 13）, Rn. 1009; *Stollmann/Beaucamp*（Fn. 9）, §7 Rn. 49.

[15] 前掲連邦行政裁判所1974年7月5日判決は、住居地区と工業地区は可能な限り並立的に指定されるべきでないということは都市建設法上の計画策定の根本的原則である旨述べていた。Vgl. BVerwG, Urt. v. 05.07.1974 - IV C 50.72 -, BVerwGE 45, 309 (327).

[16] BVerwG, Urt. v. 22.03.1985 - 4 C 73/82 -, BVerwGE 71, 163.

個々の利益の客観的な重みと比例しない方法で調整が行われた場合、衡量の不均衡が存在する。連邦行政裁判所1978年9月29日判決[18]は、保養地区を指定する地区詳細計画の有効性が問題になった事件で、前掲連邦行政裁判所1974年7月5日判決が、利益の客観的な重みが「完全に見誤られ」てはならない旨述べていることに着目して、地区詳細計画の指定につき経済性の点でより優れた指定が考えられうるからといって、直ちに「完全な見誤り」が存在することにはならないことを指摘している。この立場では、個々の利益の客観的な重みと比例しないというためには、「完全な見誤り」が必要になると考えられる[19]。

他方で、公的利益が私的利益に対して当然に優先するとはいえないことを明言した連邦行政裁判所の判例もある。連邦行政裁判所1974年11月1日判決[20]は、「当該計画を公的利益が支持しており、それに反対するものとしては私的利益（のみ）が挙げられるという状況だけから既に、当該計画の指定を支持する結論が導き出されるとすれば、それは衡量要請の誤解であり、それゆえに最初から不均衡な誤った重みづけをもたらすであろう」と述べている。

3　衡量過程と衡量結果の区別

前掲連邦行政裁判所1974年7月5日判決は、「過程としての計画」と「この過程の産物としての計画」、そして衡量過程と衡量結果を区別し、衡量要請は衡量過程と衡量結果の双方を対象とする旨判示している。この部分は、学説においても広く受入れられてきた[21]。それに対して同判決が、衡量の欠落は衡量過程にのみ関わるものであるが、それ以外の衡量の瑕疵

---

[17]　その後連邦行政裁判所が「最適化要請」ではなく「衡量指令（Abwägungs-direktive）」という表現を用いるようになっていることを指摘する説として、vgl. *Finkelnburg/Ortloff/Kment* (Fn. 13), §5 Rn. 56; *Jörg Berkemann*, Zur Abwägungs-dogmatik: Stand und Bewertung, ZUR 2016, 323 (328).

[18]　BVerwG, Urt. v. 29.09.1978 - 4C 30/78 -, BVerwGE 56, 283.

[19]　Vgl. *Erbguth/Mann/Schubert* (Fn. 13), Rn. 1009; *Stollmann/Beaucamp* (Fn. 9), §7 Rn. 50.

[20]　BVerwG, Urt. v. 01.11.1974 - IV C 38/71 -, BVerwGE 47, 144.

は衡量過程と衡量結果の両者について問題になる旨判示した部分については議論がある。この判示に従うと、衡量統制に当たっては、衡量の不足、衡量の誤評価、衡量の不均衡の有無を衡量過程と衡量結果の両面にわたって審査すべきことになるが、このような「同一基準に基づく二重審査」に対しては批判もある[22]。ちなみに同判決は、決定の先取りがなされた点で衡量過程における瑕疵を認定しているほか（2(1)参照）、当該地区詳細計画によって指定された工業地区と付近の住居地区が並立することになり、当該地区詳細計画に対立する利益の重みづけはその客観的な重みと比例しないとした控訴審裁判所の判断を是認し、衡量結果における瑕疵も認めている。衡量過程における瑕疵と衡量結果における瑕疵をいかに区別すべきかという点は、その後においても問題となる。

　衡量過程と衡量結果の区別に関しては、前掲連邦行政裁判所1978年9月29日判決の判示も重要である。この事件で問題となった地区詳細計画第32.2号は、1972年ないし1973年に議決されたものであるが、施行されたのは1975年11月であった。同判決は、「万一地区詳細計画第32.2号が、それが衡量結果として指定するものの中に、その施行の時点において――つまり1975年11月において――重大な瑕疵を示したとすれば、より以前の時点ではいまだそのような瑕疵がなかったからといって、それを無視することはできないであろう。衡量結果の瑕疵は直接的な規範内容の瑕疵である。その衡量結果において（顧慮される方法で）瑕疵のある、すなわちこの結果のゆえに内容的に容認できない計画は、執行不可能又は無意味な内容を有する計画と同様に、施行できない」と述べ、「衡量過程の審査は（最終的な）議決時に、それに対して衡量結果の審査は最終的な公示時に、結びつけられなければならない」と判示している[23]。

---

[21]　Vgl. *Battis* (Fn. 9), Rn. 258; *Stollmann/Beaucamp* (Fn. 9), §7 Rn. 37; *Erbguth/Mann/Schubert* (Fn. 13), Rn. 999.

[22]　Vgl. *Martin Wickel/Karin Bieback*, Das Abwägungsgebot - materiell-rechtliches Prinzip oder Verfahrensgrundsatz?, DV 39 (2006), 571 (571-572); *Michael Happ*, Neues zur Abwägung (§1 VII BauGB)?, NVwZ 2007, 304 (305).

第二部　計画維持規定の形成と展開

Ⅱ　連邦建設法155b条2項2文とその合憲性

　連邦建設法は、1976年の改正で、条例の成立に当たっての手続・形式規定の違反についての規定を設けた（155a条）。それによると、「この法律による条例の成立に当たってのこの法律の手続又は形式規定の違反は、それが書面で当該違反を表示しながら当該条例の施行後1年以内に市町村に対して主張されなかった場合には、顧慮されない」（同条1文）。改正法案（政府案）の理由書は、この規定は法的安定性のために必要であること、1年の期間内に手続・形式の瑕疵を主張することは関係者にとって受容可能であること、期間内に主張があった場合にはすべての人にとって治癒は排除されることを指摘している[24]。もっともこの規定は、衡量要請違反ないし衡量の瑕疵については妥当しない。衡量の瑕疵に関する規定が連邦建設法に設けられるのは、1979年の改正によってである。

1　連邦建設法155b条の追加

　連邦建設法は、1979年の「都市建設法における手続の迅速化及び投資事業案の容易化に関する法律」によって改正された。連邦建設法155a条は、土地利用計画および条例の策定に当たっての手続・形式規定の違反についての規定とされ、土地利用計画または同法による条例の策定に当たっての同法の手続・形式規定の違反は、それが書面で当該土地利用計画または条例の公示後1年以内に市町村に対して主張されなかった場合は顧慮されな

---

[23]　下線部分は原文ゴシック体。1960年制定時の連邦建設法12条は、市町村は認可された地区詳細計画を公示しなければならないこと、公示によって当該地区詳細計画は法的拘束力を有することを規定していた。公示によって地区詳細計画が発効するという点は、建設法典の下でも変わりがない（10条3項4文）。

[24]　Vgl. BT-Drs. 7/2496, S. 62. 1976年の行政裁判所法改正で、地区詳細計画の有効性は連邦全域で上級行政裁判所による規範統制の対象とされることとなったが、1996年の改正前においては規範統制の申立期間は定められていなかった。1976年の連邦建設法改正および同法155a条に関しては、村上博「ドイツにおける都市計画瑕疵論」室井還暦『現代行政法の理論』（法律文化社、1990年）74頁以下も参照。

いこと（1項前段）等が定められた。さらに、建設管理計画策定に関するその他の規定の違反についての規定が設けられた。その第2項は、「衡量については、建設管理計画に関する議決の時点における事実及び法状況が基準となる。衡量過程における瑕疵は、それらが明白でありかつ衡量結果に影響を及ぼした場合に限り、有意である」と規定した。

政府案においては、連邦建設法155b条2項に相当する規定は存在しなかった。同項が設けられたのは、立法過程における国土整備・土木建築・都市建設委員会の議決によるものである。衡量についての基準時を議決時と定める同法155b条2項1文につき、同委員会の報告書は、次のように述べている。「第2項第1文は、衡量についての要求（第1条第7項）が遵守されているか否かという問題の審査に当たっては、当該建設管理計画に関する議決の時点において存在した事実及び法状況が基礎に置かれなければならないということを定める。それによって、建設管理計画の審査に当たって、市町村が当該建設管理計画に関する議決の際にはまだ考慮する必要のなかった、事後的な都市建設上の状況又は法規定の変更が基礎に置かれることが回避される。稀有な例外的事例において建設管理計画の施行の時点に注目する判例は、これによって影響を受けないままであるべきである」[25]。この規定の趣旨は衡量要請違反の判断の基準時を議決時にするという点にあるが、例外的に施行時（公示時）が基準時となる余地も認められている。前掲連邦行政裁判所1978年9月29日判決は、衡量結果の審査の基準時を公示時としていたが、上記の立法者意思を重視すると、衡量結果の審査の基準時も原則的には議決時ということになる。

より問題となるのは、衡量過程における瑕疵を、それが「明白」でありかつ「衡量結果に影響を及ぼした」場合に限り、有意なものとみなす同法155b条2項2文である。前記委員会報告書は、次のように述べている。「当委員会は、この規定〔＝連邦建設法155b条2項〕によって、市町村議会における政治的な意見の形成及び議決のすべての詳細及び状況が、裁判所による建設管理計画の審査に含められ、それに伴って裁判所が結論におい

---

(25) BT-Drs. 8/2885, S. 46.

て市町村の計画高権に介入することを排除することを意図する。市町村の中央組織（Spitzenverband）は、当委員会の見解では正当に、裁判所が全体として建設管理計画の策定及び計画手続について定めるあまりにも高い要求の結果、多くの市町村において、秩序ある都市建設上の計画策定及び発展のための基礎が消滅しかかっていることを指摘した」[26]。裁判所による建設管理計画の審査が厳格すぎるのでそれを制限するということである。

同報告書によると、①同法155b条2項2文は、衡量要請の審査が衡量過程と衡量結果の双方に関係することを考慮して、衡量過程の審査可能性を制限するものである、②衡量過程における瑕疵が「明白」であるのは、例えば「建設管理計画を議決した市町村議会の過半数が、明言して（erklärtermaßen）ないし明らかに、建設管理計画の適正な判断とはもはや何の関係もない考量に左右された場合」であり、反対に例えば「衡量過程における市町村議会の個々の構成員の考量が審査されたり、これに関して場合によっては証拠が採取されるということは排除されている」、③さらに衡量過程における明白な瑕疵は衡量結果に影響を及ぼしたのでなければならず、それによって衡量過程における瑕疵がそれだけで建設管理計画の法的効力にとって有意となりうることが阻止されるのであり、決定的であるのは衡量過程における瑕疵が計画内容にも影響したか否かである[27]。

なお1979年の改正で新たに設けられた連邦建設法155c条は、「土地利用計画又は条例の認可の権限を有する行政庁の、第155a条及び第155b条によりその違反が土地利用計画又は条例の法的効力に影響しない規定の遵守を審査する義務は、影響を受けないままである」と規定した。この規定によって、同法155a条および155b条が裁判所による統制のみを制限するものであることが明確にされている。

---

[26] BT-Drs. 8/2885, S. 36. 同報告書は別の箇所でも、行政裁判所が計画手続についてあまりにも高い要求をしており、結論においては問題のない建設管理計画をも破棄していることを指摘している（vgl. BT-Drs. 8/2885, S. 35）。

[27] BT-Drs. 8/2885, S. 46.

2　学説による批判

　裁判所による衡量過程の統制を制限する連邦建設法155b条2項2文は、当時において、少なからぬ学説から批判を受けた。グラヴェ（Grave）は、①「〔衡量において〕無視された観点が考慮されたならば異なる決定が実際にもたらされたであろうという証拠は、……ほとんど提出され得ないのではないか」との認識に基づき、衡量結果に実際に影響を及ぼしたことの証明を要求することは、「衡量過程が実際上もはや審査できない結果をもたらす」ことを主張するとともに、②委員会報告書において明白でない瑕疵の例として挙げられた、市町村議会の個々の構成員の考量における瑕疵は、これまでも裁判所による審査の対象ではなかったのであって、むしろ衡量過程は地区詳細計画の理由書や議会議事録といった書面に基づいて審査されたことを指摘し[28]、結論として「155b条は、地区詳細計画が裁判所により審理され得る範囲を縮減させることによって、基本法19条4項の出訴の途の保障を侵害する」と述べている[29]。キルヒホフ（Kirchhof）も、①「連邦建設法155b条2項2文により裁判所は衡量過程における瑕疵が衡量結果に影響したことを*積極的に*認定した場合に初めてそれらを審査することが許される」ところ、裁判所が結果への影響を認定することはほとんどできないとして、当該規定は基本法19条4項および14条（所有権保障）により要求される欠缺なき権利保護の要請に違反する、さらに②「隠された瑕疵が最終的な計画に対して重大な実体的影響を有し得る」として、衡量過程における瑕疵の明白性を要求することも欠缺なき権利保護の要請に違反すると主張している[30]。

　一方でバッティス（Battis）は、連邦建設法155b条2項2文を憲法適合的に解釈することを主張した。それによると、「明白性は、基本法19条4項の光の中で、衡量過程における瑕疵が行政訴訟において疑う余地なく証

---

[28] *Helmut Grave*, §155b BBauG - mißglückt und verfassungswidrig!, BauR 1980, 199（202-203）.

[29] *Grave*（Fn. 28）, S. 208.

[30] *Ferdinand Kirchhof*, Die Baurechtsnovelle 1979 als Rechtswegsperre?, NJW 1981, 2382（2386）. 下線部分は原文イタリック体。

明されているという意味に解されなければならない。そのように解すると、155b条2項2文の第1肢は自明であることを述べているにすぎない」。衡量過程における瑕疵が「衡量結果に影響を及ぼした」か否かについては、「法律の文言は、法律が因果関係の証明を要求しており、それゆえに瑕疵が実際に影響を及ぼしたことをそのつど認定しなければならないと解することを決して強制するものではない」との見地から、「計画策定の結果への影響は、異なる決定が可能であるように思われる場合には、既に肯定されなければならない」とされている[31]。

　ヴァイロイター（Weyreuther）は、連邦建設法155b条2項2文は「基本的に嘆かわしい（beklagenswert）ものであって——とりわけ憲法上の背景のゆえに——狭く解釈されなければならない」と主張し、「当該決定を行った機関が『法違反がなければ』異なる『結果に到達し得たであろうという可能性が少なくとも存在する場合』」に、「155b条2項2文が『影響を及ぼした』という語で述べている因果関係」を肯定する解釈を示唆する。ただし、「因果関係の——常に存在する——『裸の（nackt）可能性』だけでは十分ではなく、つまり事実状況も常に考慮に入れられなければならないというように155b条2項2文を理解することは、困難ではないのではなかろうか」とも述べている[32]。

3　連邦行政裁判所による憲法適合的解釈

　連邦行政裁判所1981年8月21日判決[33]（以下本章において「81年判決」という）は、連邦建設法155b条2項2文は憲法適合的解釈をすれば違憲ではない旨判示した。81年判決は、「この規定は解釈上の困難性をもたらしたのであって、その憲法適合性は度々疑われている」ことを認めた上で、当該規定の憲法適合的な解釈が可能であるとする。81年判決によると、

---

[31] *Ulrich Battis*, Grenzen der Einschränkung gerichtlicher Planungskontrolle, DÖV 1981, 433 (436).

[32] *Felix Weyreuther*, Das Bundesbaurecht in den Jahren 1978 und 1979, DÖV 1980, 389 (392).

[33] BVerwG, Urt. v. 21.08.1981 - 4 C 57/80 -, BVerwGE 64, 33.

第一章　行政裁判所による衡量統制とその制限

「すべての計画策定に結びつけられており、反対に、認可を受けて公示された建設管理計画が付随的に又は規範統制の方法で直接的に有効でないことを宣言されることによっても発生し得る、憲法上保障された所有権（基本法14条１項）への——利益的又は制限的な——影響、さらに衡量要請の法治国的な保障、最後に基本法19条４項の権利保護保障は、連邦建設法155b条２項２文を、建設管理計画の有効性にとって衡量の瑕疵が有意でないことをこの規定が命ずる限りにおいて、狭く解釈するよう要求する」。

　81年判決は、衡量過程における瑕疵の「明白」性に関しては、国土整備・土木建築・都市建設委員会の報告書で指摘された、建設管理計画の議決に当たっての議会構成員の考えは審査されるべきでないという点は法治国的に問題ないとした上で、次のように判示している。「依然として顧慮されるままであるのは、それが客観的に把握可能な事実状況に起因するという意味で、衡量過程の『外』面に属するすべてのものである。例えば衡量素材の編成（Zusammenstellung）及び選別（Aufbereitung）、すべての本質的な利益の認識及び衡量への取り入れ又は利益の重みづけに関わり、かつ例えば文書、議事録、案若しくは計画の理由書又はその他の書類から判明する瑕疵及び誤りは『明白』である」。「瑕疵が客観的に確認可能な状況に起因し、それらが議会（又は計画策定団体）の構成員をその計画策定の考えに関して尋問（Ausforschung）することなく法適用者にとって認識可能である場合、つまりその点で『明白』である」。

　衡量過程における明白な瑕疵が「衡量結果に影響を及ぼした」という点に関しては、次のような判示がなされた。「まさに瑕疵のために他ならぬそのような計画が策定されたという積極的な証明が要求されるとすれば、明白な衡量の瑕疵が『衡量結果に影響を及ぼした』事例はほとんど認定され得ないであろう。そうなると結論において衡量過程における瑕疵はほとんど全く有意でないことになるであろう。しかしながら立法者は、衡量過程における瑕疵にあらゆる有意性を一般的に認めないということを全く意図しなかった」。「それゆえに連邦建設法155b条２項２文の規定の目的に向けられた解釈は、衡量過程における瑕疵は、当該瑕疵がなければ異なる計画が策定されたであろうという可能性が存在する場合に既に、衡量結果

に『影響を及ぼした』という結論に至る。もちろん、適切な衡量の場合に異なる計画が策定されたであろうという抽象的な可能性は、決して排除され得ない。この抽象的な可能性を目標とするならば、そのような解釈は規定の目標とする方向から遠く離れるであろう。つまり当該規定の趣旨及び目的に適合するのは……そのときどきの事例の状況に応じて、計画策定の過程における瑕疵がなければ異なる結果になったであろうという具体的な可能性が存在する場合に、『影響を及ぼした』という構成要素の存在を肯定することである。そのような具体的な可能性は、計画の書類又はその他の認識可能な若しくは容易に思いつく状況に基づいて、衡量過程における瑕疵が衡量結果に影響を及ぼし得た可能性が明確になる場合には常に存在する」。「計画策定の主体が不適切に採用された利益を考慮に入れ、衡量結果を正当化し得るであろうその他の利益が建設管理計画の手続において言及されておらず、さらに明らかであるともいえない場合には、不適切な考量は『衡量結果に影響を及ぼした』」。

以上の判示事項を整理すると、①議事録・理由書その他の客観的に確認可能な状況から判明する瑕疵は「明白」な瑕疵に該当し、②衡量過程における瑕疵が「衡量結果に影響を及ぼした」場合とは、当該瑕疵がなければ異なる結果になったであろうという具体的な可能性が存在する場合を意味する[34]。この結論は、多くの学説に受け入れられたようであり[35]、連邦建設法155b条2項2文の合憲性をめぐる議論は沈静化する。

---

[34] ちなみに本件では、原告の所有地に適用される西側建築境界線の指定が問題となっていた。控訴審裁判所は、計画文書に基づき、当該西側建築境界線は風景保護地区の東側境界線に沿うことを前提に指定されたこと、しかし風景保護地区の境界線は計画策定団体の想定よりもずっと西側を走っていることを認定した。その上で同裁判所は、当該西側建築境界線の指定には衡量過程における明白な瑕疵があり、この瑕疵は地区詳細計画の一部無効をもたらす旨判示した。81年判決はこの判断を是認した。Vgl. BVerwG, Urteil v. 21.08.1981 - 4 C 57/80 -, BVerwGE 64, 33 (34, 41).

[35] Vgl. *Hans-Joachim Koch*, Das Abwägungsgebot im Planungsrecht, DVBl 1983, 1125 (1125); vgl. auch *Gunther Schwerdtfeger*, Rechtsfolgen von Abwägungsdefiziten in der Bauleitplanung - BVerwGE 64, 33, JuS 1983, 270 (273); *Michael Quaas/Kahl Müller*, Normenkontrolle und Bebauungsplan, 1986, Rn. 379.

Ⅲ　建設法典と衡量統制（2004年改正前）

1　1986年制定時の建設法典214条～216条

　1986年に連邦建設法と都市建設促進法を統合して制定された建設法典は、その３章２部４節「効力要件」（214条～216条）に、従前の連邦建設法155b条・155a条・155c条に対応する規定を置いた。建設法典214条は、土地利用計画および条例の策定に関する規定の違反が顧慮されるか否かについて定めている。同条１項１文は、手続・形式規定の違反のうち、土地利用計画および条例の法的効力にとって顧慮されるものを列挙し、同条２項は、地区詳細計画と土地利用計画の関係に関する規定の違反のうち、建設管理計画の法的効力にとって顧慮されないものを列挙する。

　1986年制定時の建設法典214条３項は、「衡量については、建設管理計画に関する議決の時点における事実及び法状況が基準となる。衡量過程における瑕疵は、それらが明白でありかつ衡量結果に影響を及ぼした場合に限り、有意である」と規定した。この文面は、従前の連邦建設法155b条２項と全く同一である。これに関して建設法典の政府案理由書は、「〔建設法典214条〕<u>第３項</u>は、従前の連邦建設法第155b条第２項に合致している」と述べるにとどまっている[36]。従前の連邦建設法155b条２項２文の合憲性をめぐる議論や、81年判決の憲法適合的解釈については、特に言及がない。

　建設法典215条１項は、手続・形式規定の違反等について主張期間を定めている。1986年制定時の建設法典215条１項によると、建設法典214条１項１文１号・２号に掲げられた手続・形式規定の違反（建設法典215条１項１号）は、土地利用計画または条例の公示から１年以内に書面で市町村に主張されなかった場合には顧慮されず、衡量の瑕疵（建設法典215条１項２号）については、土地利用計画または条例の公示から７年以内が主張期間とされた。政府案では、衡量の瑕疵について主張期間を設けることは予定

---

[36]　BT-Drs. 10/4630, S. 156. 下線部分は原文イタリック体。

されていなかった(37)。これに関して国土整備・土木建築・都市建設委員会の報告書は、次のように述べている。「当委員会は、裁判手続においてますます衡量の瑕疵及びそれとともに地区詳細計画の無効が認められることから生ずる是認できない結果を回避するために、衡量の瑕疵の主張に期限をつけることが必要であると考える。当委員会は、衡量の瑕疵を第215条第1項の『期限規律』に含めるに当たり、建設管理計画の存続を信頼する者の保護は、実施される措置についてそれが根拠となる期間が長ければ長いほど、いっそう高いという点を考慮に入れる。建設管理計画はその施行後7年以内に大半が大幅に執行の段階に到達したか、そうでなくてもその作用が感知可能になったということが、実務の経験に合致する。それゆえに衡量の瑕疵も、特にそれらが重大かつ明白な場合は、7年以内に利害関係人によって主張されることが期待される」(38)。

　衡量の瑕疵の主張期間を定めた建設法典215条1項2号に対しては、批判ないし懸念を表明する学説もあった。レーア（Löhr）は、基本的には同号に賛成の立場であるが、地区詳細計画がその策定後7年以内に執行されない場合等、「基礎にある事実関係が、立法者が規律しようとしたものとは著しく異なる場合には、当該規定は場合によっては……憲法適合的に限定して解釈されなければならないであろう」と述べる(39)。パイネ（Peine）は、「憲法に対する違反が顧慮されないと言明する規範は、憲法適合的ではあり得ない」との立場から、「建設法典215条1項2号は、基本法、特に基本法14条又は比例原則に対する違反には、最初から適用されない」と主張する(40)。それに対してドルデ（Dolde）は、「当該規律は、7年の期間の経過後も、行政行為の場合はその無効をもたらす重大かつ明白な瑕疵を顧

---

(37) Vgl. BT-Drs. 10/4630, S. 41. 立法過程において連邦参議院は、「衡量の瑕疵及びその他の実体法違反の主張に期限をつけることが必要である」と主張したが（vgl. BT-Drs. 10/5027, S. 22）、連邦政府は、「そのような規律は、憲法上の理由から少なくとも憂慮すべき（bedenklich）だけでなく、法政策的にも望ましくないであろう」と述べ、これに反対していた（vgl. BT-Drs. 10/5111, S. 16）。

(38) BT-Drs. 10/6166, S. 134.

(39) *Rolf-Peter Löhr*, Das neue Baugesetzbuch - Bauleitplanung, NVwZ 1987, 361 (369).

慮されないままにする点で、違憲である」と主張している[41]。

建設法典216条は、従前の連邦建設法155c条に対応する規定である。1986年制定時の建設法典216条は、「認可及び届出手続について権限を有する行政庁の、第214条及び第215条によりその違反が土地利用計画又は条例の法的効力に影響しない規定の遵守を審査する義務は、影響を受けないままである」と規定した[42]。

2 1997年の建設法典改正

1997年の建設法典改正では、3章2部4節(214条～216条)の表題が「計画維持(Planerhaltung)」に変更され、補完手続について定める建設法典215a条が追加された[43]。建設法典215a条1項は、「第214条及び第215条により顧慮されないものではなく、かつ補完手続によって除去され得る条例の瑕疵は、無効をもたらさない。当該瑕疵が除去されるまでは、当該条例は法的効力を発揮しない」と規定し、建設法典215a条2項は、「第214条第1項において掲げられた規定の違反又は州法によるその他の手続若しくは形式の瑕疵の場合、土地利用計画又は条例は遡及効をもって再び施行することもできる」と規定する。したがって、地区詳細計画に有意な実体法上の瑕疵がある場合は、これを補完手続によって除去することが可能なときであっても、当該地区詳細計画を将来に向かって施行することができるにとどまる。なお1997年の改正では、建設法典214条3項は全く変更さ

---

[40] Franz-Joseph Peine, Zur verfassungskonformen Interpretation des §215 I Nr. 2 BauGB, NVwZ 1989, 637 (639).

[41] Klaus-Peter Dolde, Die „Heilungsvorschriften" des BauGB für Bauleitpläne, BauR 1990, 1 (10-11).

[42] 1986年制定時の建設法典11条1項は、建設法典8条2項2文および8条2項4文による地区詳細計画〔独立地区詳細計画および先行地区詳細計画〕は上級行政庁の認可を要するものとする一方、それ以外の地区詳細計画は上級行政庁に届け出なければならないものとした。建設法典8条2項2文および4文については、本書第二部第三章Ⅱ1を参照。

[43] これに関して改正法案(政府案)の理由書は、「新たな第215a条の追加によって、計画維持の法原則が具体化されることになる」と述べている(vgl. BT-Drs. 13/6392, S. 73)。計画維持の原則については、本書第二部第五章Ⅱ2を参照。

れていない。建設法典215条1項についても、実質的な変更は加えられていない。建設法典216条も、地区詳細計画の届出手続の廃止に伴う変更があるのみである。

3 衡量過程における瑕疵と衡量結果における瑕疵

従前の連邦建設法155b条2項と全く同様に、2004年改正前の建設法典214条3項は、「衡量については、建設管理計画に関する議決の時点における事実及び法状況が基準となる。衡量過程における瑕疵は、それらが明白でありかつ衡量結果に影響を及ぼした場合にのみ、有意である」と規定した。同項2文は、衡量過程における瑕疵のみを対象としており、衡量結果における瑕疵には適用されない。したがって両者を明確に区別することが必要である。もっとも、前掲連邦行政裁判所1974年7月5日判決は、衡量の不足、衡量の誤評価ないし衡量の不均衡は、衡量過程と衡量結果の双方で問題になる旨判示していた。これに従うと、例えば衡量の誤評価が、衡量過程における瑕疵として認定される場合もあれば、衡量結果における瑕疵とされる場合もありうることになる。

(1) 学説

衡量過程と衡量結果の区別については、従前から、学説において様々な見解が主張されている[44]。コッホ（Koch）は、1983年に発表された論文で、衡量過程の統制は理由づけの統制である一方、衡量結果の統制は理由づけ可能性（Begründbarkeit）の統制であるとして、前者の場合は存在する理由づけが受容できるかどうかを問えば足りるところ、後者の場合は結果を支持する適法な理由づけが1つでも存在しうるかどうかが問われるため、労力を要するものであるとする[45]。他方で、理由づけが適法であれば理由づけ可能性は肯定され、判例は理由づけ可能性があることから衡量過程における瑕疵を不顧慮とみなす立場をとってはいないとの理解を前提

---

[44] 1980年代における衡量過程と衡量結果の区別に関する学説については、高橋滋『現代型訴訟と行政裁量』（弘文堂、1990）112頁以下、宮田三郎『行政裁量とその統制密度〔増補版〕』（信山社、2012年）197頁以下も参照。

[45] *Koch* (Fn. 35), S. 1129.

に、衡量過程と衡量結果の間で異なる法規範が適用される場合を除いて、理由づけ可能性の統制は不要であると述べている[46]。理由づけの統制と理由づけ可能性の統制の区別は理論的には成り立ちうるように思われるが[47]、衡量結果の統制を不要とすることは、判例の立場とは合致せず、立法者もそのような結論を想定していないと解される。

　エルプグート（Erbguth）は、1986年に発表された論文において、衡量の欠落、衡量の誤評価、衡量の誤評価は衡量過程のみに関わる瑕疵であり、衡量の不均衡は衡量結果のみに関わる瑕疵であると主張した。エルプグートによれば、①衡量は、動的要素である衡量過程と静的要素である衡量結果に区別される、②衡量過程の適法性にとっては、類型上過程的な性格を有する瑕疵のみが重要である、③事案の状況に応じて有意な利益の取入れに関する要求と、取り入れられた利益の適切な重みづけの要請にあっては、動的な過程に向けられた性質が特に明らかになる、④重みづけられた利益の調整は衡量における決定の要素であり、適正な利益調整についての要求は、静的な要素として、結果のみに関わる、⑤反対に衡量の不足および重みづけの瑕疵は、静的な決定の性格がなく、衡量結果の審査の基準ではない[48]。エルプグートの説は、学説上一定の支持を受けているが[49]、前掲連邦行政裁判所1974年7月5日判決の判示と両立しないのが難点である。また、衡量の誤評価と衡量の不均衡は区別が難しい場合もあるのではないか、利益調整に動的要素がないと言い切れるかという問題もある[50]。

　それに対してイプラー（Ibler）は、衡量過程の統制と衡量結果の統制を

---

[46]　*Koch* (Fn. 35), S. 1128; vgl. auch *Hans-Joachim Koch,* Abwägungsvorgang und Abwägungsergebnis als Gegenstände gerichtlicher Plankontrolle, DVBl 1989, 399 (404).

[47]　コッホの説を支持するものとして、vgl. *Robert Alexy,* Ermessensfehler, JZ 1986, 701 (709).

[48]　*Wilfried Erbguth,* Neue Aspekte zur planerischen Abwägungsfehlerlehre?, DVBl 1986, 1230 (1233-1234).

[49]　*Hildegard Blumenberg,* Neuere Entwicklungen zu Struktur und Inhalt des Abwägungsgebots im Bauplanungsrecht, DVBl 1989, 86 (90); *Hans-Cord Sarnighausen,* Abwägungsmängel bei Bebauungsplänen in der Praxis, NJW 1993, 3229 (3230).

区別するものは、統制対象であると主張する。この説によれば、①結果の統制の統制対象は、「産物としての計画」、「結果としての計画」であり、より正確には、図面および文字による定めからもたらされる、地区詳細計画においてなされた指定である、②過程の統制にあっては、追加の統制対象に立ち戻って、単なる「産物としての計画」からは認識できなかった衡量の瑕疵が探されなければならず、この追加の統制対象とは、計画の理由書、議事録、聴聞手続の意見、案の理由書、その他の書類である[51]。この説によれば、地区詳細計画の指定自体から判明する瑕疵が衡量結果における瑕疵であり、理由書や議事録等を参照して初めて判明する瑕疵は衡量過程における瑕疵ということになる[52]。

(2) 判例

2004年改正前の建設法典214条3項が妥当する時期において、連邦行政裁判所が衡量過程と衡量結果の区別に言及した例は少ないが、同条3項1文に関する連邦行政裁判所1997年2月25日決定[53]を挙げることができる。同決定は、「1978年9月28日判決……において当裁判部が詳しく説明したように、衡量結果の場合は、衡量過程の場合と異なって、議決のみが時間的な基準点として奉仕し得るわけではない。ある計画が衡量結果の点で衡量要請の要求に合致するか否かを審査すべき場合、むしろ施行の時点も1つの役割を果たす。衡量結果の瑕疵は規範の内容に直接的に現れる。そのような瑕疵のある計画は、執行不可能若しくは無意味な内容、又は都市建設上の発展及び整序に関係のない目標をもった計画と同様に、施行できな

---

[50] 利益の調査、重みづけおよび調整は衡量過程に属すると主張する説として、vgl. *Hans Friedrich Funke*, Die Lenkbarkeit von Abwägungsvorgang und Abwägungsergebnis zugunsten des Umweltschutzes, DVBl 1987, 511 (513).

[51] *Martin Ibler*, Die Differenzierung zwischen Vorgangs- und Ergebniskontrolle bei planerischen Abwägungsentscheidungen, DVBl 1988, 469 (472).

[52] イプラーの説を支持するものとして、vgl. *Robert Käß*, Inhalt und Grenzen des Grundsatzes der Planerhaltung: dargestellt am Beispiel der §§ 214-216 BauGB, 2002, S. 178; *Marcus Merkel*, Die Gerichtskontrolle der Abwägung im Bauplanungsrecht, insbesondere nach der Neuregelung der §§ 2 III und 214 BauGB durch das EAG Bau, 2012, S. 140-141.

[53] BVerwG, Beschl. v. 25.02.1997 - 4 NB 40/96 -, NVwZ 1997, 893.

い。計画策定に関わる利益の間の適切な調整をもたらすという、衡量要請によって追求される目的のあらゆる違反が、衡量結果を疑わしいものにするわけではない。むしろ、市町村が個々の利益の客観的な重みと比例しない調整を行う場合に初めて、計画上の形成の自由に定められている限界が越えられる。不均衡の禁止は憲法上の比例原則の直接的な現れである」と述べている。この判示は、衡量結果における瑕疵が「規範の内容に直接的に現れる」ものとみている点では、イプラーの説に適合的であるように思われる。ただしその後半部分は、衡量の不均衡がある場合に限り衡量結果における瑕疵が認められると述べているようにもみえる。なお上記判示は、衡量結果における瑕疵の判断の基準時が施行時となる場合もあることを指摘している点でも重要である。

連邦行政裁判所2003年10月9日決定[54]は、「建設法典214条3項2文を適用して、衡量過程における瑕疵の衡量結果への影響を否定する規範統制裁判所は、規範統制の申立てをもって攻撃された衡量結果をその適法性に関して審査する任務から解放されているのではない」と判示している。連邦行政裁判所が、衡量過程のみを審査すれば足りるという立場をとっていないことが明確に示されている。

4　衡量過程における瑕疵の明白性と衡量結果への影響

衡量過程における瑕疵が、地区詳細計画等の法的効力にとって有意であるのは、それが「明白」でありかつ「衡量結果に影響を及ぼした」場合に限られる。81年判決によれば、明白な瑕疵とは、理由書・議事録その他の書類から判明する瑕疵であり、瑕疵が衡量結果に影響を及ぼしたというのは、当該瑕疵がなければ異なった計画が策定されたであろうという具体的な可能性が存在することを意味する。建設法典の制定は、この判例に全く影響を及ぼしていない。以下、瑕疵の明白性および衡量結果への影響に関する3つの連邦行政裁判所の判決ないし決定を紹介する。

---

[54]　BVerwG, Beschl. v. 09.10.2003 - 4 BN 47/03 -, BauR 2004, 1130.

第二部　計画維持規定の形成と展開

(1)　連邦行政裁判所1992年1月20日決定

衡量過程における瑕疵が衡量結果に影響しなかったとする判例として、連邦行政裁判所1992年1月20日決定[55]がある。この事件では、地区詳細計画の適用区域内において、卸売市場用ホールを小売業に用途変更しようとした原告が、被告市によってこれを拒否されたため出訴した。控訴審裁判所は、1967年2月15日の営業監督局の意見を被告市の議会は知らなかったことを認定して、地区詳細計画に顧慮される衡量の瑕疵があるものとした。本決定は、市議会に意見が伝えられなかったことを明示するものが文書の中に含まれているならば、衡量過程における瑕疵は明白であるとして、その限りでは控訴審裁判所の判断を是認した。

控訴審裁判所は、「少なくとも議会の構成員の何名かは営業監督局の提案に関心をもって接したであろう」との理由で、瑕疵が衡量結果に影響を及ぼしたことを認めたが、本決定は、次のように述べ、この判断を退けた。「たとえ『少なくとも構成員の何名か』が営業監督局の提案に『関心をもって接し』たであろうとしても、それにもかかわらずそのことから、結果において異なる決定の具体的可能性を推論することはできない。とりわけそのことが妥当するのは、営業監督局によって言及されていた問題、すなわち商業及び住居利用の共存が、それ自体としては議会に完全に知られていたからである。それゆえに2と2分の1（zweieinhalb）の土地については『妨害的でない営業に限る』との制限が定められた。さらに3と2分の1（dreieinhalb）の土地についてもこれを定めよとの営業監督局の要求には、議会は——その要求を知らなかったが——実質からすれば応じなかった。それは既存の事業の制限を意味し、補償を支払うことでのみ可能であったであろうからである。そのことから判明するのは、議会はいずれにせよ結果を正当化する利益を考慮したということである」。

(2)　連邦行政裁判所1993年5月6日判決

連邦行政裁判所1993年5月6日判決[56]は、地区詳細計画における建ぺい

---

[55]　BVerwG, Beschl. v. 20.01.1992 - 4 B 71/90 -, NVwZ 1992, 663.
[56]　BVerwG, Urt. v. 06.05.1993 - 4 C 15/91 -, NVwZ 1994, 274.

率・容積率の指定が問題になった事件に関するものである。当該地区詳細計画は原告の所有地を村落地区・建ぺい率40％以内・容積率80％以内と指定するものであった。1977年建築利用令17条1項によれば、当該建ぺい率・容積率の数値は村落地区における最高値であった。ただし同条9項は、建築利用令の施行時に大部分建物が建てられていた地区においては、建ぺい率・容積率につき同条1項の最高値を上回る数値を指定することを、一定の要件の下で許容していた。本判決は、「呼び出された市町村が建築利用の容量の指定に当たって、1977年建築利用令17条1項の最高値を超過することがこの規定の第9項により法的に許容され得たということを見落としたかもしれないので、当該地区詳細計画は建設法典1条6項の衡量要請に違反し得る」と判示し、次のように述べ、事件を控訴審裁判所に差し戻した。「本件においては、市町村議会が1977年建築利用令17条9項による指定を考量した上で拒絶したことを示すものが欠けているだけではない。むしろ全事情が支持するのは、それがそのような指定の可能性を見落としたか、許されないものと考えたということである。計画の理由書によると、『建築利用令に照らし可能な限り最高の利用数値』が選択されたのであり、より高い利用数値の指定は『1977年建築利用令17条10項の最終文に従い、村落地区においては不可能である』とされている。それゆえに、万一1977年建築利用令17条9項の要件が存在することが証明されるならば、衡量過程における瑕疵は明白であろう。その場合、それは衡量結果にも影響した可能性があろう。というのも計画の理由書から、被呼出人の市町村議会は、その見解によれば存在する法的状況のみによって、より高い建築利用の容量の指定が妨げられると判断したということが判明するからである」。

(3) 連邦行政裁判所2004年3月18日判決

衡量過程における瑕疵の明白性と衡量結果への影響をいずれも肯定したものとして、連邦行政裁判所2004年3月18日判決[57]がある。本判決は、申立人の所有する採砂場の一部を州道路の予定路線として指定し、残りの部

---

(57) BVerwG, Urt. v. 18.03.2004 - 4 CN 4/03 -, BVerwGE 120, 239.

分を公的緑地と林業用地として指定する地区詳細計画に対して、規範統制の申立てがなされた事件に関するものである。当該地区詳細計画の構成要素とされた緑地整備計画（Grünordnungsplan）では、当該採砂場に指定される雨水浸透用地に雨水を浸透させるものとされていた。しかしながら被申立人の議会は、当該地区詳細計画の理由書において、地表水は既存の下水道を通じて排水するとの見解を表明していた。本判決は、当該地区詳細計画は「条例制定者の意思によればそれが有するべきでない規律を含んでいる」と述べ、次のように判示している。「その点で衡量の瑕疵が存在する。なぜなら、計画の内容が、それに向けられた衡量決定によって支えられてはいないからである……。この衡量過程における瑕疵は、建設法典214条3項2文の意味において顧慮される。それは、計画の指定とその理由書の比較から直接明らかになるので、明白である。それは衡量結果にも影響を及ぼした。というのも〔条例制定者の〕実際の意思は、それが実行に移された場合、異なる指定に至るであろうから」。なお本判決は、当該瑕疵は建設法典215a条による補完手続において除去しうるものとしている。

（4）まとめ

(1)の決定では、営業監督局の意見が議会によって考慮されなかったという点で、衡量の不足が問題になっていると考えられるが、当該意見が考慮されたとしても異なる指定はなされなかったものとされている。後二者の判決では理由書に着目した審査がなされており、衡量過程における明白な瑕疵が衡量結果に影響した（可能性がある）ことが認められている。建築利用令の規定の適用可能性が検討されなかった事件（(2)）では、その限りで（部分的に）衡量の欠落があるということもできるし、必要な事実関係が収集されなかった点で衡量の不足が問題になっているとみることもできる。地区詳細計画の指定と理由書の記載が合致しない事件（(3)）については、当該指定を支える衡量決定が存在しないという点で衡量の欠落があるということもできるが、独自の類型の衡量過程における瑕疵が問題になっているということもできる[58]。

Ⅳ　建設法典と衡量統制（2004年改正後）

　建設法典は、特定の計画およびプログラムの環境影響の審査に関する2001年6月27日の欧州議会・理事会指令2001/42/EG（計画環境審査指令または戦略的環境審査指令）の国内法化を主たる目的とする2004年6月24日の「建設法典のEU指令への適合に関する法律」（以下本章において「EU指令適合法」という）によって改正された。EU指令適合法の政府案理由書（以下本章において「政府案理由書」という）は、「計画維持に関する第3章第2部第4節（第214条から第216条まで）の規定は、原則的に実証された」と述べるとともに、「計画環境審査指令の建設法典への統合は、計画維持に関する規定を、新たな表現を与えられる第2条以下に、さらにその目的が決定の実体的な適法性の保障に向けられている手続規定の遵守に高い位置価値（Stellenwert）を付与する欧州的な法理解にも、適合させるための機会を与える」ことを指摘している[59]。EU指令適合法による改正後の建設法典では、衡量要請（1条7項）とは別に、「建設管理計画の策定に当たっては、衡量にとって意味がある利益（衡量素材）が調査及び評価されなければならない」という規定が設けられるとともに（2条3項）、環境保護の利益については環境審査が実施され、「予測される有意な環境影響が調査され、環境報告書（Umweltbericht）において記述及び評価される」こと（2条4項1文）、「環境審査の結果は衡量において考慮されなければならない」こと（2条4項4文）が定められている[60]。これに伴って、利益の調査・評価と衡量要請の関係をいかに解するかという問題が生じてい

---

[58]　この事件を衡量の欠落の例と解しているようにみられる連邦行政裁判所の判例として、vgl. BVerwG, Urt. v. 22.09.2010 - 4 CN 2/10 -, BVerwGE 138, 12 Rn. 22. この事件を衡量の相違（Abwägungsdivergenz）または不一致（Inkongruenz）の例として取り上げる説として、vgl. *Bernhard Stüer,* Handbuch des Bau- und Fachplanungsrechts, 5. Aufl. 2015, Rn. 1699.

[59]　BT-Drs. 15/2250, S. 62.

[60]　2004年の建設法典改正による環境審査の導入に関しては、高橋・前掲注(1) 117頁以下、大橋・前掲注(1) 71頁以下も参照。

る。以下で言及する建設法典の規定は、特に断りのない限り、EU指令適合法による改正後のものを指す。

1　建設法典214条・215条

　ここでは、建設法典214条1項1項1文1号、同条3項・4項そして建設法典215条1項を取り上げる。前三者の規定は、2006年の「都市の内部開発のための計画立案の容易化に関する法律」や、2017年5月4日の「都市建設法における指令2014/52/EUの転換及び都市における新たな共同生活の強化に関する法律」によっても変更を受けていない。建設法典215条1項は、規定の違反の主張期間を定めているところ、2006年の改正で主張期間が短縮されている。

(1)　建設法典214条1項1文1号

　建設法典214条1項1文は、建設法典の手続・形式規定の違反のうち土地利用計画および条例の法的効力にとって顧慮されるものを各号において列挙しており、1号は、「第2条第3項に違反して、市町村に知られていた又は知られていなければならなかったであろう、計画策定に関わる利益が、本質的な点において適切に調査又は評価されなかった」場合であって、しかも「当該瑕疵が明白でありかつ手続の結果に影響を及ぼした場合」と規定している。建設法典2条3項に関して政府案理由書は次のように説明している。「手続の根本規範（Verfahrensgrundnorm）としての〔建設法典2条〕第3項において、衡量素材の調査及び評価が規律される。内容的に当該規定は、すべての意味がある利益を衡量において考慮することは、まずそれらを秩序適合的に調査して適切に評価することを前提とするという、衡量要請から生ずる従前の法状態に合致している。衡量素材の調査及び評価の要素は、提案された第2a条……による建設管理計画の案についての理由書の作成、並びに第3条から第4a条まで……による公衆及び行政庁参加である。これに続くのが、調査、評価及び記述された利益を建設管理計画に関する議決において考慮することである。／策定手続の時間的経過についてのこれらの法律上の基準は、内容的に適正な――ここでは環境影響の――考慮という目標をもって、それらの調査、記述、評価に

焦点を合わせる計画環境審査及びプロジェクト環境適合性審査指令の手続構造にも合致している」[61]。建設法典2条3項は手続規定であるものの、内容的には衡量要請から生ずる従前の法状態に合致するとされている点が注目される。

建設法典214条1項1文1号は、衡量素材の調査・評価に関する手続規定である建設法典2条3項と密接に結びついている。政府案理由書では、次のような説明がなされていた。「それ〔=建設法典214条1項1文1号〕は、共同体法上の手続の基準によって引き起こされた、実体法上の衡量過程の、計画策定に関わる利益の調査及び評価という手続関連要素への変換を、計画維持に関する規定において追行することになる。この理由から、衡量過程における特定の瑕疵の有意性に関する従前の第214条第3項第2文における規律は、消滅することになる……。計画策定過程における瑕疵及びそれと同時に新たな第1号の意味における手続の瑕疵が存在するのは、事案の状況に応じて調査及び評価されなければならなかった計画策定に関わる利益がそもそも調査及び評価されなかった場合、又は調査された利益の意味が見誤られた場合である」[62]。この部分では、実体法上の衡量過程が衡量素材の調査・評価という手続に変換されること、従前の衡量過程における瑕疵が手続の瑕疵として把握されることが示されている。もっとも、後述の通り、最終的には衡量過程の概念は建設法典214条3項2文に残されることになる。

建設法典214条1項1文1号は、「本質的な点において」不適切な調査および評価のみが顧慮されるものとするところ、政府案理由書は、「それによって、計画策定の決定にとって非本質的な点に関わるにすぎない手続の瑕疵だけで、土地利用計画又は条例が効力を有しないことに至ることが阻止される」と説明している[63]。また「市町村に知られていた又は知られて

---

[61] BT-Drs. 15/2250, S. 42.

[62] BT-Drs. 15/2250, S. 63. 従前の建設法典214条3項2文を不要とする提案につき、vgl. auch *Klaus-Peter Dolde*, Umweltprüfung in der Bauleitplanung - Novellierung des Baugesetzbuchs - Bericht der Unabhängigen Expertenkommission, NVwZ 2003, 297 (301).

いなければならなかったであろう」利益のみが対象とされている点に関しては、「衡量上有意な利益が考慮されないにもかかわらず、当該利益が市町村に知られていなかった、かつ思い浮かばなければならなかったであろうともいえない場合には、計画策定過程における瑕疵は存在しないということが、判例において既に承認されている」との指摘がなされている[64]。

建設法典214条1項1文1号は、衡量素材の調査・評価に関する瑕疵は「当該瑕疵が明白でありかつ手続の結果に影響を及ぼした場合」に限り顧慮されるとする。瑕疵の明白性と結果への影響が要求される点では、従前の建設法典214条3項2文と同じであり、「手続の結果」に影響を及ぼしたことが要求されている点にのみ文言上の違いがある。政府案では当初、「個別事例の状況に応じて、当該瑕疵が手続の結果に影響しなかったことが明白である場合には、顧慮されない」という規定を設けることが提案されており、政府案理由書では、「当該規律は従前の第214条第3項第2文における規律対象を引き受ける」と説明されていた[65]。瑕疵の明白性は要求されず、瑕疵が結果に影響しなかったことの明白性が要求されるという点で、従前の建設法典214条3項2文とはかなり異なるものであった。

(2) 建設法典214条3項

建設法典214条3項は、「衡量については、土地利用計画又は条例の議決の時点における事実及び法状況が基準となる。第1項第1文第1号における規律の対象である瑕疵は、衡量の瑕疵として主張することはできず、その他の点では、衡量過程における瑕疵は、それらが明白でありかつ衡量結

---

[63] BT-Drs. 15/2250, S. 63.

[64] BT-Drs. 15/2250, S. 63. 連邦行政裁判所の判例によると、市町村に知られていなかった、かつ思い浮かばなければならないものでもなかった利益は、そもそも「衡量上有意な利益」に該当しない（vgl. BVerwG, Beschl. v. 09.11.1979 - 4 N 1/78 -, BVerwGE 59, 87（103-104））。その点で政府案理由書の説明は不正確である。

[65] BT-Drs. 15/2250, S. 21, 63. 2004年改正前の建設法典214条3項2文を、「衡量過程における瑕疵は、それらが明白に衡量結果に影響を及ぼさなかった場合には、有意でない」と読むべきことを主張した説として、vgl. *Günter Gaentsch*, Aktuelle Fragen zur Planerhaltung bei Bauleitplänen und Planfeststellungen in der Rechtsprechung des Bundesverwaltungsgerichts, UPR 2001, 201（205）.

果に影響を及ぼした場合に限り、有意である」と規定する。この規定の第1文は従前とほぼ同様である。第2文の前段は、衡量素材の調査・評価に関する瑕疵が、手続規定の違反として取り扱われることを明確にしている。第2文の後段は、従前の建設法典214条3項2文とほぼ同様となっている。

　政府案では、建設法典214条3項2文後段に相当する規定は存在せず、前記の通り政府案理由書では、改正後の建設法典214条1項1文1号が従前の建設法典214条3項2文の役割を引き受けるものとされていた。政府案理由書には、次のような説明もみられる。「提案された第2条第3項は、衡量素材の『調査及び評価』という表示を、手続規律として予定しており、それに関しては、新しい第1項第1文第1号において、衡量素材の調査及び評価に関する瑕疵が顧慮されることないしは顧慮されないことについての規律が含まれている。提案されたこれらの規律は、従前の法により特に連邦行政裁判所の判例に基づいて求められた衡量過程に関する要求及びこれに関連する従前の第3項第2文の不顧慮条項に、取って代わることになる」[66]。

　立法過程において連邦参議院は、「調査及び評価という概念によって衡量過程のすべての要求が満たされるか否か」ないしは「現行法によって達成された建設管理計画の存続力が、将来の規律によって、少なくとも維持されたままであるということが確保されているか否か」を審議すること、場合によっては必要な補完を提案することを求める意見表明を行った[67]。連邦政府はこの意見表明を受け入れ、建設法典214条3項2文後段の規定を追加することを提案した。これに関して連邦政府は、「建設法典第214条第3項第2文の新たな表現は、法律案によって予定された、衡量に関わる利益の調査及び評価という手続要素の衡量過程に対する強調に結びついている。今回提案された追加によって、衡量過程における特定の瑕疵の有意性に関する建設法典第214条第3項第2文における従前の規律には、補完

---

[66]　BT-Drs. 15/2250, S. 64-65.

[67]　BT-Drs. 15/2250, S. 87-88.

的な意味のみが認められる」と述べ、「調査及び評価という概念が例えば狭く解釈されて衡量要請に関するすべての要求を捕捉しない場合でも、従前の建設法典第214条第3項第2文によって達成された建設管理計画の存続力が少なくとも維持されたままであることが確保される」ことを指摘している[68]。従前の衡量過程における瑕疵の一部が衡量素材の調査・評価に関する瑕疵に該当しないと解されるおそれがあることから、従前の建設法典214条3項2文に相当する規定を残しておくということであり、改正後の建設法典214条3項2文後段は「不安条項（Angstklausel）」と呼ばれることがある[69]。

(3) 建設法典214条4項

建設法典214条4項は、補完手続について定めており、「土地利用計画又は条例は、瑕疵の除去のための補完手続によって遡及的に施行することもできる」と規定する。この改正により、有意な実体的瑕疵のある建設管理計画を遡及的に施行する可能性が開かれた。従前において補完手続を定めていた建設法典215a条は削除された。

(4) 建設法典215条1項

建設法典215条は、規定の違反の主張期間に関する規定である。2006年改正前の建設法典215条1項は、「第214条第1項第1文第1号から第3号までにより顧慮される、そこで掲げられた手続及び形式規定の違反」（1号）や「第214条第3項第2文により顧慮される衡量過程の瑕疵」（3号）は、「それらが土地利用計画又は条例の公示から2年以内に書面で市町村に対して当該違反を根拠づける事実関係を説明しながら主張されることがなかった場合には、顧慮されなくなる」と規定した。

---

[68] BT-Drs. 15/2250, S. 96. 建設法典214条3項2文後段の追加に伴い、建設法典214項1項1文1号も、衡量素材の調査・評価に関する瑕疵は「当該瑕疵が明白でありかつ手続の結果に影響を及ぼした場合」に限り顧慮されるという表現に改められることになった。Vgl. auch BT-Drs. 15/2996, S. 70-71.

[69] Vgl. *Wilfried Erbguth*, Rechtsschutzfragen und Fragen der §§ 214 und 215 BauGB im neuen Städtebaurecht, DVBl 2004, 802（807）; *Michael Uechtritz*, Die Änderungen im Bereich der Fehlerfolgen und der Planerhaltung nach §§ 214 ff. BauGB, ZfBR 2005, 11（14）.

まず注目されるのは、衡量結果における瑕疵については主張期間が消滅した点である。政府案理由書は、次のように説明している。「計画策定の結果における瑕疵が存在するのは、計画策定に関わる利益の間の調整が、個々の利益の客観的な重みと比例しない方法で行われる場合に限られる。そのような計画策定決定は、法治国原理（基本法第20条第3項）現れとして関わりのある利益の適正な衡量を要求する、提案された第1条第7項の衡量要請に違反し、そのような計画は憲法上の理由から有効でない。計画策定の結果が全く維持できない、そのような重大な事例においては、主張期間の経過による瑕疵の治癒は正当化されない……。／土地利用計画又は条例が衡量結果におけるそのような重大な瑕疵のために裁判所により無効とされた事例は、過去においてはきわめて稀であったのであり、将来的にもそのことを前提として出発することができよう。それゆえ法的安定性並びに土地利用計画及び条例の存続保障の観点の下でも計画策定の結果に関する裁判統制を制限するための期間の規律は必要ない」[70]。衡量の不均衡の場合に限り衡量結果における瑕疵すなわち衡量要請違反が認められるという立場がとられており、それが憲法違反に該当すること、衡量結果における瑕疵は主張期間の制限に服さないことが指摘されている。

　主張期間が2年間に統一された点も重要である。これに関して連邦政府は次のように述べている。「建設管理計画の瑕疵は、計画策定の結果が全く維持できないというほどに重大ではない限り、統一的に取り扱われることが適切であるように思われる。衡量要請に対する違反が存在する、そのような重大な事例においては、瑕疵に期限をつけることは、憲法の観点の下で正当化されない。その他の事例については、2年間の主張期間は、地区詳細計画に対する規範統制の申立てはその公示後2年以内に限り主張され得るとする行政裁判所法第47条第2項第1文に含まれる立法者の評価に合致する。／建設法典第214条による瑕疵の主張のための期間の統一化は特に、個別事例において困難であるかもしれない……建設法典第214条第1項第1文第1号による調査及び評価に関する瑕疵と……建設法典第214

---

[70]　BT-Drs. 15/2250, S. 65-66.

条第3項第2文後段によるその他の衡量過程の瑕疵との間の区別が不要であるという利点を有する」[71]。衡量素材の調査・評価に関する瑕疵と衡量過程における瑕疵の区別が困難である場合が想定されている点が注目される。

その後2006年の「都市の内部開発のための計画立案の容易化に関する法律」によって行政裁判所法および建設法典が改正され、規範統制の申立期間が法規定の公布後1年以内に短縮されるとともに、前記の主張期間も1年間に短縮されている[72]。

(5) まとめ

2004年の建設法典改正で、環境審査に関する規定が設けられるとともに（2条4項）、衡量要請（1条7項）とは別に、衡量素材が調査および評価されなければならないとする規定が追加された（2条3項）。政府案理由書では、「計画策定に関わる利益がそもそも調査及び評価されなかった場合、又は調査された利益の価値が見誤られた場合」は衡量素材の調査・評価に関する瑕疵に該当し、衡量結果における瑕疵すなわち衡量要請違反が存在するのは「計画策定に関係する利益の間の調整が、個々の利益の客観的な重みと比例しない方法で行われる場合」であるとされていたことからすると、衡量の欠落、衡量の不足、衡量の誤評価は衡量素材の調査・評価に関する瑕疵であり、衡量の不均衡が衡量結果における瑕疵であるとする立場が選択されていたとみられる[73]。しかしながら、衡量素材の調査・評価の概念が狭く解釈された場合には、衡量素材の調査・評価に関する瑕疵には該当しない衡量過程における瑕疵が発生しうることから、建設法典214条3項2文後段に、その他の衡量過程における瑕疵は「それらが明白でありかつ衡量結果に影響を及ぼした」場合に顧慮される旨の規定が残さ

---

[71] BT-Drs. 15/2250, S. 96.

[72] Vgl. BT-Drs. 16/2496, S. 17. 主張期間の短縮に批判的な学説として、vgl. *Michael Uechtritz*, Die Änderungen des BauGB durch das Gesetz zur Erleichterung von Planungsvorhaben für die Innenentwicklung der Städte - „BauGB 2007", BauR 2007, 476 (485).

[73] Vgl. *Wickel/Bieback* (Fn. 22), S. 576-577; vgl. auch *Uechtritz* (Fn. 69), S. 14; *Erbguth* (Fn. 69), S. 808.

れた（不安条項）。その結果、建設法典の条文上、衡量素材の調査・評価に関する瑕疵のほかに、衡量過程における瑕疵が存在しうることになった。

　衡量素材の調査・評価に関する瑕疵が顧慮されるのは、建設法典2条3項に違反して、「市町村に知られていた又は知られていなければならなかったであろう、計画策定に関わる利益が、本質的な点において適切に調査又は評価されなかった」場合であって、しかも「当該瑕疵が明白でありかつ手続の結果に影響を及ぼした」場合とされている（建設法典214条1項1文1号）。瑕疵の明白性および結果への影響が要求されている点では建設法典214条3項2文後段と同じであるが、建設法典214条1項1文1号には、「本質的な点」や「手続の結果」等、固有の要素ないし概念も存在する。他方で、衡量素材の調査・評価に関する瑕疵とその他の衡量過程における瑕疵は、主張期間に関しては同一の制限に服する（2006年改正後の建設法典215条1項によれば地区詳細計画等の公示から1年以内）。衡量結果における瑕疵は、主張期間の適用を意図的に除外されている。

2　衡量素材の調査・評価に関する瑕疵とその他の衡量過程における瑕疵（学説）

　建設法典の条文上は、建設法典214条1項1文1号の対象となる手続規定の違反である衡量素材の調査・評価に関する瑕疵のほかに、同条3項2文後段の対象となるその他の衡量過程における瑕疵が存在しうる。両者の区別に関しては、学説において様々な主張がみられる。

　シュテルケンス（Stelkens）は、衡量素材の評価の概念を狭く解することによって、建設法典214条1項1文1号の対象となる瑕疵を限定しようとする。シュテルケンスは、「『評価』は衡量素材の『調査』と緊密に結びつけられていなければならない」との立場から、「『評価』とは、ある特定の利益が客観的に衡量上有意であり、場合によってはその正確な範囲が調査されなければならず、少なくともそれが衡量に取り入れられなければならないかどうかの決定でしかあり得ない」と述べ、「客観的に衡量上有意な利益がそもそも衡量に取り入れられなかったという点に存する、従前の

用語の意味における『取入れの瑕疵』は、建設法典214条1項1号に包含される」ものの、「すべての『重みづけの瑕疵』は、それとともに衡量の不均衡の事例も、建設法典214条1項1号の『規律の対象』ではない」と主張している[74]。シュテルケンスは、衡量素材の調査に関する瑕疵は建設法典214条1項1文1号の対象であるが、衡量の欠落はその他の衡量過程における瑕疵に含まれると述べており[75]、この説によると、衡量の欠落、衡量の不足、衡量の誤評価、衡量の不均衡のうち、衡量の不足のみが衡量素材の調査・評価に関する瑕疵に該当することになる。

　それに対してピーパー（Pieper）は、衡量素材の調査・評価の概念を狭く解釈することには反対の立場である。ピーパーは、「連邦政府ないし立法者は、建設法典214条3項2文後段を後に挿入したことによって、当初の改正意図を放棄したのではなく、むしろ明確に『衡量に関わる利益の調査及び評価という手続要素の衡量過程に対する強調』を固持している」との認識に基づき[76]、次のように主張している。「衡量素材の完全な調査ないし編成及び秩序適合的な評価ないし重みづけという衡量要請は、専ら手続法に分類されなければならない。それに対する違反は建設法典214条1項1文1号の意味における手続の瑕疵であり、建設法典214条3項2文後段の意味における（実体的な）衡量過程における瑕疵ではない。／それに伴い衡量瑕疵論は、少なくとも衡量の不足及び衡量の誤評価に関して、部分的に不要になった」[77]。この説によれば、衡量の不足は衡量素材の調査

---

[74] *Ulrich Stelkens,* Planerhaltung bei Abwägungsmängeln nach dem EAG Bau, UPR 2005, 81 (84). 衡量素材の適切な重みづけの問題は実体法上の衡量過程の一部であるとする説として、vgl. *Ingo Kraft,* Gerichtliche Abwägungskontrolle von Bauleitplänen nach dem EAG Bau, UPR 2004, 331 (333); vgl. auch *Erbguth* (Fn. 69), S. 808.

[75] *Stelkens* (Fn. 74), S. 85.

[76] *Hans-Gerd Pieper,* Teilweiser Abschied von der materiellen Abwägungsfehlerlehre im EAG-Bau, Jura 2006, 817 (819-820).

[77] *Pieper* (Fn. 76), S. 820; 衡量の欠落、衡量の不足そして衡量の誤評価が衡量素材の調査・評価に関する瑕疵であり、衡量の不均衡は衡量過程ないし衡量結果における瑕疵であるとする説として、vgl. *Mario Martini/Xaver Finkenzeller,* Die Abwägungsfehlerlehre, JuS 2012, 126 (130); *Joachim Lege,* Abkehr von der „scg. Abwägungsfehlerlehre"?, DÖV 2015, S. 361 (369).

の瑕疵に吸収され、衡量の誤評価は衡量素材の評価の瑕疵として把握されることになる。

　ハップ（Happ）は、建設法典214条1項1文1号にいう調査・評価の「適切」性を純粋に手続法的に理解すべきことを主張している。ハップは、「調査が実体的に不適切（つまり誤り又は不完全）であるか否か」という問題や、「実体的な意味において適切な、利益の重みづけの意味における評価の問題」について建設法典2条3項は基準とならず、「この実体的な意味において適切な利益の調査及び評価は建設法典1条7項において要求される適正な衡量の根本的な構成要素である」として、「手続規範として理解された建設法典2条3項は調査されたものの実体的な正しさ若しくは完全性（誤った事実関係、不完全な事実関係）又は評価のそれを全く特徴づけない。すべての手続法と同様に当該規範は、別のところ（建設法典1条7項）で記述された実体的な正しさを適切な手続規律によって保障することにのみ助力すべきである」と述べている(78)。手続法的な理解では、市町村が調査を実施しなかった場合、特に情報を収集しなかったり、専門家を呼ばなかったり、実地調査を行わなかった場合等が不適切な調査であり、評価が全く行われなかった場合や無権限の機関によって行われた場合は不適切な評価であるとされる(79)。この説では、伝統的な意味における衡量の瑕疵は衡量素材の調査・評価に関する瑕疵に該当しないことになると考えられる。

3　衡量素材の調査・評価に関する瑕疵とその他の衡量過程における瑕疵（判例）

　建設法典214条1項1文1号ないし同条3項2文後段が問題になった事

---

(78)　*Happ*（Fn. 22), S. 306-307. それに対して、建設法典2条3項はデータの「完全」な収集および評価を要求しているとする説として、vgl. *Christoph Labrenz*, Zur neuen Diskussion über das Wesen der Abwägung im Bauplanungsrecht, DV 43 (2010), 63 (77).

(79)　*Happ*（Fn. 22), S. 307. 手続法的な理解を支持する説として、vgl. *Merkel* (Fn. 52), S. 267, 282.

件について、連邦行政裁判所の判決が複数存在している。結論から言えば、連邦行政裁判所は衡量素材の調査・評価に関する瑕疵とその他の衡量過程における瑕疵の厳密な区別を行わず、瑕疵がいずれに分類されるとしても計画が効力を有するか否かに関する結論は異ならないという立場に立っているとみられる。以下では3つの連邦行政裁判所の判決を紹介する。

(1) 連邦行政裁判所2007年3月22日判決

　連邦行政裁判所2007年3月22日判決[80]は、高速道路の付近に一般住居地区を指定する地区詳細計画に対して規範統制の申立てがなされた事件で、衡量素材の調査の瑕疵を認定し、当該地区詳細計画は効力を有しないものとした。上級行政裁判所は、地区詳細計画によって新たに指定された住居地区が既存の道路から発生する騒音にさらされており、その騒音が日中および夜間においてドイツ工業規格18005の基準値を上回り、超過分が10デシベルを超える場合には、当該地区の将来の住民に受動的な騒音防止を求めることは誤りである旨述べ、衡量結果における瑕疵を認定した。それに対して本判決は、少なくとも本件のように、超過分が10デシベルを超えるのは住居地区の周縁部に限られ、地区の内部では基本的に基準値が守られる場合には、上級行政裁判所の判断には従えないものとした。

　しかしながら本判決は、「高速道路A45のほうを向いた、当該建築地区の東側に、能動的な騒音防止措置を指定する可能性に関して、衡量素材が十分には調査されなかった」ことを認定し、「この瑕疵は、それが手続規定の違反として、それとも衡量過程における瑕疵として判定されるべきかにかかわらず、当該地区詳細計画は効力を有しないという結果をもたらす」と判示した。本判決は、能動的な騒音防止措置がとられた場合にどの程度騒音が低減されるかを被申立人が調査しなかったこと等を指摘して、当該瑕疵が建設法典214条1項1文1号により顧慮されるとする一方、「当該瑕疵が建設法典214条3項2文後段の意味における衡量過程における瑕疵として評価されるべきであるとしても、この規定は瑕疵の有意性については建設法典214条1項1文1号を上回る要求を含んでいないから、異な

---

[80] BVerwG, Urt. v. 22. 3. 2007 - 4 CN 2/06 -, BVerwGE 128, 238.

るものは生じないであろう」とも述べている。

　本判決は、建設法典214条1項1文1号の要件充足性に関しては、①高速道路A45から生ずる騒音による住居地区の被害は被申立人にとって知られた利益であったこと、②能動的な騒音防止によって達成されうる効果はこの利益にとって本質的な点であること、③その点で不十分な衡量素材の調査は「衡量過程の『外』面に関わっており、それゆえに明白である」こと、④「住居地区の保護には相当な重みが認められる——上級行政裁判所の認定によれば、新たな住宅地の、高速道路A45に面した北東及び南東側にあっては、一貫してドイツ工業規格18005の基準値を日中は5〜8デシベル、夜間は8〜11デシベル超過する——ので、被申立人が、衡量素材を必要な範囲で調査したとすれば、住宅地の東端に能動的な騒音防止が定められた可能性は、否定され得ない」ことを指摘している。瑕疵の明白性（上記③）に関しては、81年判決が援用されており、衡量過程における瑕疵と全く同様となっている。結果への影響（上記④）に関しては、瑕疵がなければ異なる指定がなされた可能性が指摘されている。

(2)　連邦行政裁判所2008年4月9日判決

　連邦行政裁判所2008年4月9日判決[81]は、建設法典214条1項1文1号にいう「本質的な点」、瑕疵の明白性および結果への影響に関する一般論を提示するとともに、衡量素材の調査・評価に関する瑕疵が結果に影響しなかったものとしている。この事件では、特別住居地区を指定する地区詳細計画に対して規範統制の申立てがなされた。計画地区は6階までの建物が立ち並んでいる市街地であり、建物の1階にはレストラン、バー、ディスコ等が入居していた。上級行政裁判所は、被申立人が、①既存の3つのディスコは中心地区に特有のものであって特別住居地区では許されないこと、および②ツルピヒャー通り沿いの8事業者が後面の敷地部分を居酒屋・飲食店として利用することが計画法上許されなくなることを誤認した可能性があることを認めたものの、衡量素材の調査・評価に関する瑕疵が顧慮されるためには「計画策定にとって本質的な問題における重大な誤評

---

[81]　BVerwG, Urt. v. 09.04.2008 - 4 CN 1/07 -, BVerwGE 131, 100.

価」が必要であるとの立場から、建設法典214条1項1文1号にいう本質的な点の該当性を否定した。

それに対して本判決は、「衡量上顧慮されるものではなかった利益は、建設法典214条1項1文1号の意味において本質的ではない」とするが、「市町村が計画策定に関わる利益の1つを、具体的な計画策定状況の中で衡量にとって意味があった点において適切に調査又は評価しなかった場合、この点は『本質的』である」と判示し、前記①および②の問題は本質的な点に関わっていたこと、影響を受ける土地所有者および事業者の利益は衡量上有意であったことを認定している。本判決は、2004年の建設法典改正に当たって立法者は「衡量過程における瑕疵が顧慮されることを追加的な要件に依存させようとはしなかった」とも述べており、衡量素材の調査・評価に関する瑕疵が顧慮されるための要件を衡量過程における瑕疵のそれと同じものにしようとする意図が感じられる[82]。

また本判決は、瑕疵が結果に影響を及ぼしたというのは、「そのときどきの事例の状況に応じて、当該瑕疵がなければ計画策定の過程において異なる結果になったであろうという具体的な可能性が存在する場合であり、そのような具体的な可能性は、計画の書類又はその他の認識可能な若しくは容易に思いつく状況に基づいて、衡量過程における瑕疵が衡量結果に影響を及ぼし得た可能性が明確になる場合には常に存在する」と述べ、81年判決を援用している。瑕疵の明白性および結果への影響については、衡量過程における瑕疵の場合と同じ方法で判断することが示されている。本判決は、上記の具体的な可能性を否定しており、①なぜ被申立人がディスコにより大きな重みを認めるべきであったのかを申立人は説明しなかったことに加えて、このことが明らかであるともいえないこと、②ツルピヒャー通り沿いの事業の侵害は、被申立人が住居の静穏を保護するというその目標を大きく後退させたかもしれないという程度の重みをもたないことを指摘している。

---

[82] 建設法典214条1項1文1号を、同条3項2文に関する連邦行政裁判所の判例の意味において解釈すべきことを主張する説として、vgl. *Alexander Kukk,* in: Wolfgang Schrödter (Hrsg.), BauGB, Kommentar, 8. Aufl. 2015, §214 Rn. 18.

（3）　連邦行政裁判所2012年12月13日判決

連邦行政裁判所2012年12月13日判決[83]は、風力発電のための４つの特別建築用地を表示する土地利用計画に不服がある申立人が規範統制の申立てをした事件で、顧慮される衡量過程における瑕疵を認定した上級行政裁判所の判断を是認している。当該特別建築用地は風力発電施設の集中設置用地であり、それ以外の場所では風力発電施設の設置が通常許容されないものとなる[84]。まず本判決は、「衡量過程への要求は、建設法典２条３項の手続法上の基準から生じ、それらは判例が建設法典１条７項の衡量要請から展開した要求と重なる」と判示する。衡量過程と手続の区別がつかなくなっており、衡量要請からは衡量過程への要求が生じないかのような表現になっている。その上で本判決は、集中設置用地の表示に当たっては、いかなる理由によっても風力発電施設の設置が禁止される「固い禁止区域」と市町村の意思により風力発電施設の設置が禁止される「柔らかい禁止区域」を区別すべきであるというのが判例であることを指摘している[85]。

上級行政裁判所は、計画の理由書および総括説明書[86]の分析に基づき、被申立人が固い禁止区域と柔らかい禁止区域を区別しなかったことを認定して、衡量の瑕疵があるものとした。また同裁判所は、被申立人が特別建築用地の数および大きさに関して異なる表示をしたであろうという具体的な可能性が存在するとして、当該瑕疵は「建設法典214条１項１文１号、３項２文後段により不顧慮ではない」と判示した。本判決はこの判示を是認しており、①瑕疵が明白であるのは、それが客観的に確認可能な状況に起因し、議会の構成員を尋問することなく認識可能である場合であること、②衡量結果に影響を及ぼしたのは、当該瑕疵がなければ計画策定が異なる結果になったであろうという具体的な可能性が存在する場合であるこ

---

[83]　BVerwG, Urt. v. 13.12.2012 - 4 CN 1/11 -, BVerwGE 145, 231.
[84]　風力発電施設の集中設置用地を表示する土地利用計画に対する規範統制の申立てが可能であることについては、本書第一部序章Ⅰ１(2)参照。
[85]　Vgl. BVerwG, Beschl. v. 15.09.2009 - 4 BN 25/09 -, ZfBR 2010, 65 (66).
[86]　土地利用計画には、環境利益および公衆・行政庁参加の結果がどのように考慮されたかや、当該計画が選択された理由に関する総括説明書が添付されなければならないものとされている（2017年改正前の建設法典６条５項３文）。

とを改めて指摘している。結論としては衡量過程における有意な瑕疵が認定されているのであるが、上級行政裁判所も本判決も、建設法典214条1項1文1号と同条3項2文後段を明確に区別しているとはいえない。

(4) まとめ

連邦行政裁判所は、衡量素材の調査・評価に関する瑕疵とその他の衡量過程における瑕疵の厳密な区別を行わない立場である。(1)の判決は、衡量素材の調査の瑕疵を認定する一方、当該瑕疵が衡量過程における瑕疵として把握される可能性も示唆している。(3)の判決は、衡量過程における瑕疵を認定しているものの、建設法典214条1項1文1号と同条3項2文後段を明確に区別しているとはいえない。いずれの事例も、異なる内容の指定または表示を行う可能性が十分検討されなかったという点で、衡量の欠落があるとみることもできるし、事実関係が十分調査されなかったということもできる。(2)の判決では衡量素材の調査・評価に関する瑕疵が問題になっているが、衡量上有意な利益が考慮されなかったという点で衡量の不足があるとみることもできる。

瑕疵の明白性と結果への影響については、衡量過程の調査・評価に関する瑕疵についても、81年判決の判示に従って判断するものとされている。衡量素材の調査の瑕疵が結果に影響したことが肯定された例では、騒音防止の利益が重要であることが指摘されている一方((1))、結果への影響が否定された例では、事業者の利益の重要度が高くないことが指摘されており((2))、被侵害利益の重要性が大きな役割を果たしている[87]。建設法典214条1項1文1号に特有の要素である「本質的な点」については、衡量上の有意性によって判断することが明らかにされており((2))、衡量素材の調査・評価に関する瑕疵が顧慮されるための要件を衡量過程における瑕疵のそれと同じものにするための法的構成として理解することができる。

---

[87] 環境保護の利益の重みが大きければ大きいほど、環境適合性審査法の意味における調査、既述および評価の不十分さが計画策定の結果に影響しえたという前提から出発することができることを指摘した連邦行政裁判所の判例として、vgl. BVerwG, Urt. v. 18.11.2004 - 4 CN 11/03 -, BVerwGE 122, 207 (213).

4　瑕疵が顧慮されるための要件の問題性

2004年の建設法典改正は指令2001/42/EGの国内法化を主たる目的とするものであったが、学説においては、建設法典214条1項1文1号ないし同条3項2文後段のEU法適合性を批判的に検討するものがみられる。また、建設法典の規定に言及しているわけではないものの、手続の瑕疵や衡量に関する瑕疵が結果に影響を及ぼさなかったことを認定することのできる場合を限定しようとする判例が登場している。

(1)　学説

クメント（Kment）は、2005年に発表された論文で、建設法典214条1項1文1号には欧州法上問題がある旨述べており、①欧州法では「本質的な手続規定の違反のみを罰する又は瑕疵の因果関係に焦点を合わせる」という基準が主として選択されているところ、同号は本質性と因果関係の両方を要求していること、②同号は市町村にとって知られていたまたは知られていなければならなかったであろう利益のみを対象としているが、指令2001/42/EGは「『思慮分別に従って』把握され得た利益に焦点を合わせている」こと、③同号は明白な瑕疵のみが顧慮されるものとするが、「明白性の基準は欧州法においては定着していない」ことを指摘している[88]。

それに対してブンゲ（Bunge）は、同号をEU法適合的に解釈しようとしており、①「本質的な点」および「手続の結果に影響を及ぼした」という要件は統一的な定式とみなされなければならず、それぞれの利益はそれらが衡量に取り入れられなければならない場合に既に本質的な意義を有する、この意味において本質的なすべての利益は手続の結果に影響を及ぼす、個別事例の状況に応じて計画策定が異なる結果になったであろうという具体的な可能性が存在すれば十分であると解するならば、この解釈はEU法の基準に合致するのではないか、②市町村が「知らなければならない」という概念は、これまでよりも広く、「市町村はそのつど考慮に入れられるべき代替案を常に知っていなければならない」という意味に解する

---

[88]　*Martin Kment*, Zur Europarechtskonformität der neuen baurechtlichen Planerhaltungsregeln, AöR 130 (2005), 570 (596); vgl. auch *Finkelnburg/Ortloff/Kment* (Fn. 13), §12 Rn. 57.

ことができる、③瑕疵の明白性を要求することは指令2001/42/EGと矛盾するが、環境審査の結果は環境報告書に記述されるので、環境影響の調査・評価に関する瑕疵は実際上常に「明白」であるのではないかと述べている[89]。ブンゲは、建設法典214条3項2文後段に関しても、「裁判所の統制を明白な欠陥に限定することは欧州法上の基準と一致しない」と述べており、瑕疵の明白性の要件を特に問題視している[90]。

一方ベルケマン（Berkemann）は、2012年に公刊された論文で、瑕疵が結果に影響を及ぼしたというのは「衡量過程における瑕疵がなければ計画策定の過程において異なる結果になったであろうという『具体的な可能性』が存在する場合」であり、「そのような具体的な可能性は、計画の書類又はその他の認識可能な若しくは容易に思いつく状況に基づいて、衡量過程における瑕疵が衡量結果に影響を及ぼし得たであろう可能性が明確になる場合には常に存在する」というのが連邦行政裁判所の判例であることを示した上で、「それによって結論において論証責任（Argumentationslast）は攻撃する原告のところにある」こと、「この問題の見方（Problemsicht）は欧州司法裁判所の手続に関連する基本傾向と一致しない」ことを指摘していた[91]。

(2) 裁判例の展開

建設法典214条1条1項1文に言及しているわけではないものの、手続の瑕疵が結果に影響を及ぼしたことに関して原告側に証明責任を課してはならない旨判示した欧州司法裁判所の判決があり注目される。特定の公的および私的プロジェクトの場合の環境適合性審査に関する1985年6月27日の理事会指令85/337/EWG（環境適合性審査指令）10a条は、同指令の公衆

---

[89] *Thomas Bunge*, Zur gerichtlichen Kontrolle der Umweltprüfung von Bauleitplänen, NuR 2014, 1 (5). 下線部分は原文イタリック体。

[90] Vgl. Bunge (Fn. 89), 10. 下線部分は原文イタリック体。瑕疵の明白性の要件の再検討を求める説として、vgl. *Martin Beckmann*, Abwägung als Verfahren - Abwägung als materielles Recht, BauR 2016, 1417 (1424).

[91] *Jörg Berkemann*, Die Entwicklung der Rechtsprechung des Bundesverwaltungsgerichts zum Planungsrecht, in: Wilfried Erbguth/Winfried Kluth (Hrsg.), Planungsrecht in der gerichtlichen Kontrolle, 2012, S. 11 (26).

参加に関する規定が適用される決定の実体法上および手続法上の適法性を争うために、影響を受ける公衆の構成員が、権利侵害を主張する場合に、裁判所にアクセスすることを保障することを加盟国に求めているところ、欧州司法裁判所2013年11月7日判決[92]は、「攻撃されている決定は、法的救済の申立人によって主張された手続の瑕疵がなくても異なる結果にならなかったであろうという可能性が、具体的事例の状況に応じて証明できるように（nachweislich）存在する場合」には同条の意味における権利侵害は存在しないとすることも許されるとしつつ、このことが妥当するのは「法的救済に携わる裁判所……がその点で法的救済の申立人にいかなる形式においても証明責任を課さず、場合によっては建築主又は所轄の行政庁によって提出された証拠及びより一般的には裁判所……に存在する全記録に基づいて判断する場合に限られる」と判示した。さらに欧州司法裁判所2015年10月15日判決[93]は、手続の瑕疵を理由とする行政行為の取消しを制限する行政手続法46条について、「『影響を受ける公衆の構成員』としての法的救済の申立人に、彼によって主張された手続の瑕疵と行政決定の結果の間の因果関係の存在についての証明責任が課される行政手続法46条の要求は、指令2011/92/EU 第11条〔指令85/337/EWG 第10a 条と同内容の規定〕の違反に該当する」と判示した。環境適合性審査指令の適用範囲内においては、手続の瑕疵が結果に影響しなかった場合に当該手続の瑕疵を不顧慮とすることは許されるものの、これに関して原告側に証明責任を課してはならないというのが、欧州司法裁判所の判例であると解される。

　ドイツ国内においても、部門計画法の領域では、衡量の瑕疵が結果に影響を及ぼさなかったことを認定することのできる場合を限定的に解する判例が登場している。連邦憲法裁判所2015年12月16日決定[94]は、「事業案に関わる公的及び私的利益の衡量に当たっての瑕疵は、それらが明白でありかつ衡量結果に影響を及ぼした場合に限り、有意である」と規定していた2013年改正前の連邦遠距離道路法17e 条6項1文に関して、衡量の瑕疵が

---

[92] EuGH, Urt. v. 07.11.2013 - C-72/12 -, NVwZ 2014, 49.
[93] EuGH, Urt. v. 15.10.2015 - C-137/14 -, NVwZ 2015, 1665.
[94] BVerfG, Beschl. v. 16.12.2015 - 1 BvR 685/12 -, NVwZ 2016, 524.

なければ異なる決定がなされたであろうという具体的な可能性が存在する場合に限り結果への影響が認められるというのが連邦行政裁判所の判例であることを指摘した上で[95]、「しかしながら裁判所はその場合、基本法14条1項から生ずる実効的な権利保護の要請を考慮して、認定された衡量の瑕疵が衡量結果にとって有意でないことが不確実であればあるほど、瑕疵の不顧慮規律を適用することは利害関係人の権利保護をいっそう制限するという状況を常に顧慮しなければならない」と述べ、「それゆえ衡量の瑕疵を回避する場合に異なる衡量決定がなされなかったであろうという推定は、計画確定庁がそれにもかかわらず同じ決定をしたであろうという具体的な手がかりが証明可能 (nachbweisbar) である限りでのみ正当化される。それに対して、記録又はその他の裁判所の認識から、単に計画確定庁が当該瑕疵を回避する場合に異なる決定をしたであろうという具体的な手がかりが生じないということは、通常は十分でない。というのも、異なる決定のための具体的な手がかりがないというだけでは、瑕疵がなければどのような計画策定の結果が生じたかということに関する十分に確実な逆推論 (Rückschluss) は原則的に許されないからである」と判示した。実効的な権利保護の観点から、衡量の瑕疵と結果との因果関係を否定することが許されるのは、異なる決定がなされたであろうという具体的な手がかりがある場合ではなく、同じ決定がなされたであろうという具体的な手がかりが証明可能である場合に限られるとするものである。明示的な言及はないものの、上記判示は欧州司法裁判所の判例に影響を受けているようにも思われる[96]。この連邦憲法裁判所決定を受けて、連邦行政裁判所2016年2月10日判決[97]は、2013年改正前の連邦遠距道路法17e条6項1文と同内容の規定である行政手続法75条1a項1文に関して、「計画確定庁が秩序適合的な衡量の事例においても同じ決定をしたであろうという具体的な手がかり

---

[95] 2013年改正前の連邦遠距離道路法17e条6項1文と同内容の規定であった2006年改正前の同法17条6c項1文につき、81年判決を援用しつつ、瑕疵がなければ異なる計画上の決定がなされたであろうという具体的な可能性が存在する場合に、衡量の瑕疵が衡量結果に影響を及ぼしたと解する立場を示した連邦行政裁判所の判例として、vgl. BVerwG, Urt. v. 21.03.1996 - 4 C 19/94 -, BVerwGE 100, 370 (379-380).

が証明可能である場合に限り、有意性を否定することができる」と明言した。

一方、連邦行政裁判所2016年1月13日決定[98]は、建設法典214条1項1文1号の解釈につき、前掲連邦行政裁判所2008年4月9日判決および前掲連邦行政裁判所2012年12月13日判決を引用して、衡量素材の調査・評価に関する瑕疵が手続の結果に影響を及ぼしたというのは「そのときどきの事例の状況に応じて当該瑕疵がなければ計画策定が異なる結果になったであろうという具体的な可能性が存在する場合である」と判示するとともに、81年判決を援用して、「そのような具体的な可能性は、計画の書類又はその他の認識可能な若しくは容易に思いつく状況に基づいて、衡量過程における瑕疵が衡量結果に影響を及ぼし得た可能性が明確になる場合には常に存在する」と述べている。81年判決以来の判例法理が維持されており、前掲連邦行政裁判所2015年12月16日決定の判示について言及はない[99]。

それに対してマンハイム高等行政裁判所2016年6月22日判決[100]は、建設法典214条1項1項1文にいう「手続の結果に影響を及ぼした」の解釈につき、次のように判示しており注目される。「結果への影響は、連邦行政裁判所の確立した判例によると、個別事例の状況に応じて当該瑕疵がなければ異なる決定がなされたであろうという具体的な可能性が存在する場合に肯定され得る。その際〔瑕疵と〕結果との因果関係は、当該瑕疵を回避する場合でも同じ決定がなされたであろうという具体的な手がかりが証明可能であるときに限り、否定することが許される。このことは、連邦憲法

---

[96] この決定が、欧州司法裁判所、連邦憲法裁判所そして連邦行政裁判所の判例の調和に貢献すると主張する説として、vgl. Bernhard Stüer, Anmerkung zum Beschluss des BVerfG vom 16.12.2015（1 BvR 685/12), DVBl 2016, 311（313); vgl. auch Ulrich Ramsauer/Peter Wysk, in: Ferdinand O. Kopp/Ulrich Ramsauer, VwVfG, Kommentar, 18. Aufl. 2017, §75 Rn. 27b.

[97] BVerwG, Urt v. 10.02.2016 - 9 A 1/15 -, BVerwGE 154, 153.

[98] BVerwG, Beschl. v. 13.01.2016 - 4 B 21/15 -, juris.

[99] 従前の判例法理に従っているようにみられる裁判例として、vgl. VGH Kassel, Urt. v. 05.07.2016 - 3 C 1439/14.N -, BauR 2016, 1861（1864); OVG Lüneburg, Urt. v. 16.11.2017 - 1 KN 54/16 -, ZfBR 2018, 165（167).

[100] VGH Mannheim, Urt. v. 22.06.2016 - 5 S 1149/15 -, BauR 2016, 2043.

第二部　計画維持規定の形成と展開

裁判所が……判示したように、実効的な権利保護の保障と結合した基本法14条1項1文の所有権保障から生じる」。瑕疵が結果に影響を及ぼしたか否かの判断に関して、従前の連邦行政裁判所の判例における基本的な部分は維持した上で、因果関係を否定することのできる場合を限定的に解する前掲連邦憲法裁判所2015年12月16日決定の考え方が取り入れられている[101]。

5　衡量結果における瑕疵に関する判例
(1)　連邦行政裁判所2010年9月22日判決

衡量結果における瑕疵に関して、新たな判例の展開がみられる。連邦行政裁判所2010年9月22日判決[102]は、衡量結果における瑕疵を認定したわけではないが、一般論として、衡量結果における瑕疵が認められるのは「瑕疵のない必要な衡量の取戻し（Nachholung）が、そうでなければ計画策定に関わる公的利益の間の調整が個々の利益の客観的な重みと比例しない方法で行われるであろうから、同じ結果に全くなり得ないであろう場合」であると判示した。瑕疵のない衡量をやり直せば同じ結果になりえない場合には衡量結果における瑕疵が認められるということであるが、上記引用部分については、衡量の不均衡の場合にのみ衡量結果における瑕疵が認められるとした政府案理由書の参照が指示されており、連邦行政裁判所がそのような立場を採用したようにもみえる[103]。

---

[101]　前掲連邦行政裁判所2016年1月13日決定と前掲連邦憲法裁判所2015年12月16日決定の判示を引用した上で、同じ地区詳細計画が議決されたであろうということが証明できないことから瑕疵と結果との因果関係を肯定した裁判例として、vgl. VGH München, Urt. v. 27.04.2016 - 9 N 13.1408 -, juris Rn. 51-52.

[102]　BVerwG, Urt. v. 22.09.2010 - 4 CN 2/10 -, BVerwGE 138, 12.

[103]　衡量の不均衡は衡量結果のみに関わる瑕疵であるとする説として、vgl. *Andreas Voßkuhle/Anna-Bettina Kaiser*, Grundwissen - Öffentliches Recht: Der Bebauungsplan, JuS 2014, 1074 (1076); *Wolfgang Rieger*, in: Schrödter (Fn. 82), § 1 Rn. 569. 衡量の不均衡は衡量過程における瑕疵に該当するが、通常は衡量結果すなわち計画自体において目に見える（sichtbar）と主張する説として、vgl. *Ute Mager*, Neues vom Abwägungsgebot?, JA 2009, 398 (400).

(2) 連邦行政裁判所2015年5月5日判決

　前掲連邦行政裁判所2010年9月22日判決の判示を引用しつつ、衡量結果における瑕疵を認定したものとして、連邦行政裁判所2015年5月5日判決[104]が注目される。この事件では、4つの商業地区を指定する地区詳細計画に対して、指定された2つの商業地区内に土地を所有して農業を経営している申立人が規範統制の申立てをした。当該地区詳細計画は建築地区内に交通用地を指定していなかったが、規範統制裁判所は、建設法典45条以下の規定による区画整理手続の方法で施設整備が可能であるとして衡量の瑕疵を否定していた。それに対して本判決は、交通用地を用意するための区画整理は、地区詳細計画において当該用地が指定されている限りでのみ許容されることを指摘して、規範統制裁判所の判断を是認できないものとした。

　本判決はまず、前掲連邦行政裁判所1969年12月12日判決を援用して、「衡量要請の違反があるのは、衡量がそもそも行われない若しくは利益についての衡量に、事案の状況に応じてそれに取り入れられなければならないものが取り入れられない場合、又は計画策定に関わる利益の間の調整が、個々の利益の客観的な重みと比例しない方法で行われる場合である」と述べる。衡量の欠落、衡量の不足、衡量の不均衡がいずれも衡量要請違反であることが示される一方、衡量の誤評価には言及がない。さらに本判決は、計画策定によって惹起された紛争を未解決のままにすることは許されず、その後の段階での紛争克服のための措置の実施が可能でありかつ保障されている場合に限り紛争の移転（Konflikttransfer）が許されることを指摘して、次のように判示した。「地区詳細計画が、紛争の移転は許されないにもかかわらず、それによって投げかけられた紛争を解決しない場合、このことは衡量決定に瑕疵があることをもたらす……。考えられ得るいかなる観点の下でも市町村の計画上の解決が理由づけられず、それゆえに市町村の計画策定に理由づけ可能性がない場合には、このことはさらに衡量過程における瑕疵を（も）もたらす。というのも、瑕疵のない必要な

---

[104]　BVerwG, Urt. v. 05.05.2015 - 4 CN 4/14 -, NVwZ 2015, 1537.

第二部　計画維持規定の形成と展開

衡量決定の取戻しが、そうでなければ計画策定に関わる公的利益の間の調整が個々の利益の客観的な重みと比例しない方法で行われ、それゆえに計画上の形成の自由の限界が越えられるであろうから、同じ結果に全くなり得ないであろう場合には、そのような瑕疵が認められなければならないからである」。理由づけ可能性がない場合には衡量結果における瑕疵が認められるとする点は、コッホの説（Ⅲ3 (1)）を想起させるものである[105]。前掲連邦行政裁判所2010年9月22日判決の判示も引用されており、衡量の不均衡の場合にのみ衡量結果における瑕疵が認められるという立場がとられているようにもみえる。また本判決は、「衡量過程における瑕疵（建設法典214条1項1文1号、3項2文、215条1項1文1号及び3号）とは異なり衡量結果における瑕疵は常に顧慮され、それは、さらなる衡量の瑕疵の存在に関係なく、地区詳細計画（の一部）が効力を有しないことをもたらす」ことを指摘している。

　本判決は、申立人の所有地が公道に接続せず、「商業地区の島（Gewerbegebietsinsel）」が発生するおそれがあることを指摘して、「そのような計画策定は秩序ある都市建設上の発展と両立し得ず、それは支持され得ない方法で基本法14条1項によって保護された申立人の所有者利益を無視し、それゆえに計画上の形成の自由の限界を越える」と判示している[106]。

Ⅴ　第一章のまとめ

連邦行政裁判所1969年12月12日判決は、当時の連邦建設法1条4項2文（2004年改正後の建設法典1条7項）に規定されていた衡量要請の違反があ

---

[105] コッホは、近年の論文で、計画上の指定が正当化不可能である場合には衡量結果における瑕疵が認められると述べている。Vgl. *Hans-Joachim Koch*, Das Abwägungsgebot in der Rechtsprechung des Bundesverwaltungsgerichts - Grundlegung und Entwicklungslinien, in: Paul Kirchhof/Stefan Paetow/Michael Uechtritz (Hrsg.), Umwelt und Planung: Anwalt im Dienst von Rechtsstaat und Demokratie: Festschrift für Klaus-Peter Dolde zum 70. Geburtstag, 2014, S. 401（416）.

[106] この判決の参照を指示しながら衡量結果における瑕疵を否定した連邦行政裁判所の判例として、vgl. BVerwG, Beschl. v. 15.05.2017 - 4 BN 6/17 -, juris Rn. 14.

る場合として、衡量がそもそも行われなかった場合（衡量の欠落）、衡量に取り入れられなければならない利益が取り入れられなかった場合（衡量の不足）、利益の意味が誤認された場合（衡量の誤評価）、利益相互間の調整が、個々の利益の客観的な重みと比例しない方法で行われた場合（衡量の不均衡）を挙げた。連邦行政裁判所1974年7月5日判決は、衡量の欠落は衡量過程にのみ関わる瑕疵であるが、それ以外は衡量過程と衡量結果の両面で問題になる旨判示した。これらの判例を通じて形成された伝統的な衡量瑕疵論は、多くの学説によって支持された。

　1979年の連邦建設法改正では、裁判所による建設管理計画の審査が厳格すぎるとして、衡量過程における瑕疵は、それらが明白でありかつ衡量結果に影響を及ぼした場合に限り有意であるとする規定が追加された（155b条2項2文）。当時の学説においてはこの規定が違憲であると主張する説もみられたが、連邦行政裁判所1981年8月21日判決（81年判決）は当該規定の憲法適合的解釈を行った。それによると、議事録・理由書その他の客観的に確認可能な状況から判明する瑕疵は明白であり、衡量結果に影響を及ぼしたというのは、瑕疵がなければ異なる結果になったであろうという具体的な可能性があることを意味する。

　2004年改正後の建設法典においては、衡量にとって意味がある利益（衡量素材）が調査・評価されなければならないとする手続規定（2条3項）が新設されるとともに、計画維持規定として、衡量素材の調査・評価に関する瑕疵は、当該瑕疵が明白でありかつ手続の結果に影響を及ぼした場合に限り顧慮されるとする規定が置かれた（214条1項1文1号）。また、その他の衡量過程における瑕疵は、それらが明白でありかつ衡量結果に影響を及ぼした場合に限り有意であるとする規定も残された（建設法典214条3項2文後段）。さらに、これらの規定により顧慮される瑕疵であっても、一定期間内（2006年改正後は地区詳細計画等の公示後1年以内）に市町村に対して主張されなかった場合には、顧慮されなくなる（215条1項）。

　学説においては、衡量素材の調査・評価に関する瑕疵とその他の衡量過程における瑕疵の区別に関して、様々な見解がみられる。それに対して連邦行政裁判所は、両者の厳密な区別を行わず、いずれにしても客観的に確

認可能な状況から判明する瑕疵は明白であり、瑕疵がなければ異なる結果になったであろうという具体的な可能性が存在する場合には当該瑕疵は結果に影響を及ぼしたと解する立場に立っている。その点では、81年判決以来の判例法理が維持されている。顧慮される衡量素材の調査・評価に関する瑕疵ないし衡量過程における瑕疵を認定して、地区詳細計画等が効力を有しないとした連邦行政裁判所の判決も複数存在しており、裁判所による衡量統制および利害関係人の権利保護の要請と、計画維持の要請との間に一定の均衡が達成された状態にあるとみることもできる。

　他方で近時、学説においては建設法典214条1項1文1号ないし同条3項2文後段のEU法適合性を批判的に検討する説があり、手続の瑕疵と結果との因果関係の存在について原告側に証明責任を課してはならないとする欧州司法裁判所の判決も出されている。部門計画法の領域では、衡量の瑕疵を不顧慮とすることが許されるのは、同じ決定がなされたであろうという具体的な手がかりが証明可能である場合に限られるとする連邦憲法裁判所の決定が出されており、建設法典の計画維持規定の解釈に関しても、上級行政裁判所の裁判例においては、連邦憲法裁判所の判示に従うものがみられるようになっている。

　衡量結果における瑕疵は、建設法典214条1項1文1号・3項2文後段および建設法典215条1項の適用を受けないが、これまで連邦行政裁判所が地区詳細計画について衡量結果における瑕疵を認定することは少なかった。連邦行政裁判所2015年5月5日判決は、地区詳細計画の指定によって申立人の所有地が公道に接続しなくなることが問題になった事件で、衡量結果における瑕疵を認定した。この判決は、瑕疵のない衡量決定をやり直せば同じ結果になりえない場合には衡量結果における瑕疵が認められる旨述べており、衡量の不均衡の場合にのみ衡量結果における瑕疵が認められるという立場に立っているようにもみえる。仮にそうであるとすると、伝統的な衡量瑕疵論は衡量結果における瑕疵に関しては修正されたということになる。

第二章

手続・形式規定の違反の効果

　建設法典は、計画維持という表題を付された3章2部4節（214条～216条）において、地区詳細計画等に対する裁判的統制を制限する規定を置いている。建設法典214条1項1文は、「この法典の手続及び形式規定の違反が、土地利用計画及びこの法典による条例の法的効力にとって顧慮される」場合を、各号において限定列挙しており、衡量素材の調査・評価に関する瑕疵（1号）、公衆・行政庁参加に関する規定の違反（2号）、理由書に関する規定の違反（3号）、議決・認可・公示に関する瑕疵（4号）を挙げている。建設法典の手続・形式規定の違反があったとしても、それが建設法典214条1項1文各号に掲げられていないものであれば、裁判所は当該違反を理由として土地利用計画や地区詳細計画が効力を有しないものとすることはできない。さらに建設法典215条1項1文は、建設法典214条1項1文1号から3号までの規定により顧慮される手続・形式規定の違反であっても、それらが土地利用計画または条例の公示から1年以内に書面で市町村に対して当該違反を根拠づける事実関係を説明しながら主張されることがなかった場合には、顧慮されなくなることを定めている。例えば、地区詳細計画の策定手続において建設法典214条1項1文2号により顧慮される公衆参加規定の違反があったとしても、建設法典215条1項1文に定める期間内に適式な主張がなされなかった場合には、やはり裁判所は当該違反を理由として地区詳細計画が効力を有しないものとすることはできないことになる。
　本章は、建設法典の手続・形式規定の違反のうち一定のものを地区詳細計画等の法的効力にとって顧慮されないものとする規定がいかなる経緯で

設けられたのか、それはどのような理由から正当化されているのか、他方で手続・形式規定の違反を不顧慮とすることに問題点はないのかという点を明らかにすることを目的とする[1]。前記の通り建設法典214条・215条は、土地利用計画のほか建設法典による条例について適用されるものであるが、地区詳細計画以外の条例は検討対象外とする。以下ではまず、建設管理計画の策定手続についての規定を概観した上で（Ⅰ）、手続・形式規定の違反の効果に関する規定（建設法典制定前における連邦建設法の規定を含む）の検討に移る（Ⅱ）。参加に関する規定の違反についての建設法典214条1項1文2号、理由書に関する規定の違反についての建設法典214条1項1文3号は、複雑な構造を有しているため、別に項目を設けて検討する（ⅢおよびⅣ）。建設法典214条1項1文2号は、2017年5月4日の「都市建設法における指令2014/52/EU の転換及び都市における新たな共同生活の強化に関する法律」（以下本章において「指令2014/52/EU 転換法」という）、同年5月29日の「環境・法的救済法及びその他の規定の欧州及び国際法上の基準への適合に関する法律」（以下本章において「環境・法的救済法等改正法」という）および同年7月20日の「環境適合性審査の法の現代化に関する法律」（以下本章において「環境適合性審査現代化法」という）によって改正されており、これらの法律による改正についても言及する（建設法典214条1項1文3号・4号や215条の内容に変更はない）。衡量素材の調査・評価に関する瑕疵（建設法典214条1項1文1号）については、本書第二部第一章で検討したので、詳しくは取り扱わない。本書第二部第四章で取り上げる内部開発の地区詳細計画に関わる事項も同様である。以下、本章において言及する建設法典の規定は、特に断りのない場合、指令

---

[1] 本稿に関連する先行研究として、村上博「ドイツにおける都市計画瑕疵論」室井還暦『現代行政法の理論』（法律文化社、1991年）72頁以下、佐藤岩夫「都市計画をめぐる住民参加と司法審査――ドイツにおける近年の動向」原田純孝＝大村謙二郎編『現代都市法の新展開――持続可能な都市発展と住民参加――ドイツ・フランス』（東京大学社会科学研究所、2004年）81頁以下、大橋洋一『都市空間制御の法理論』（有斐閣、2008年）68頁以下、高橋寿一『地域資源の管理と都市法制――ドイツ建設法典における農地・環境と市民・自治体』（日本評論社、2010年）180頁以下等がある。

2014/52/EU 転換法による改正前のものを指す。

I　建設管理計画の策定手続

　ここでは、建設法典214条1項の理解に必要な限りで、建設管理計画の策定手続についての建設法典の規定を概観する。なお、建設管理計画の策定に関する建設法典の規定は、その変更・補完・廃止にも妥当する（1条8項）。

1　策定開始の議決
　建設管理計画は、市町村が自己の責任で策定しなければならず（建設法典2条1項1文）、建設管理計画を策定するという議決は、地域的に通常の方法で公示されなければならない（同項2文）。地域的に通常の方法とは、州法や市町村の基本条例（Hauptsatzung）で定められた方式のことで、公報や新聞への掲載等が考えられる[2]。

2　衡量素材の調査・評価、環境審査
　建設管理計画の策定に当たっては、衡量にとって意味がある利益（衡量素材）が調査および評価されなければならない（建設法典2条3項）。環境保護の利益については、環境審査が実施され、そこでは、予測される有意な環境影響が調査され、環境報告書において記述および評価される（同条4項1文前段）。環境審査は、特定の計画およびプログラムの環境影響の審査に関する2001年6月27日の欧州議会・理事会指令2001/42/EG（計画環境審査指令または戦略的環境審査指令）の国内法化を主たる目的とする2004年の建設法典改正によって導入されたものである。環境審査に関して市町村は、すべての建設管理計画につき、衡量にとって利益の調査がどの範囲およびどの詳細度（Detaillierungsgrad）で必要であるかを確定する（いわゆ

---

[2]　Vgl. *Frank Stollmann/Guy Beaucamp,* Öffentliches Baurecht, 11. Aufl. 2017, §6 Rn. 7; *Klaus Finkelnburg/Karsten-Michael Ortloff/Martin Kment,* Öffentliches Baurecht, Band I: Bauplanungsrecht, 7. Aufl. 2017, §6 Rn. 15.

るスコーピング(3)。建設法典2条4項2文)。環境審査の結果は、衡量において考慮されなければならない(同項4文)。環境審査は、建設管理計画の策定手続から独立した手続ではなく、建設管理計画の策定手続の「統合された構成要素」である(4)。

3 案の理由書、環境報告書

市町村は、策定手続において、建設管理計画の案に理由書を添付しなければならない(建設法典2a条1文)。2004年の改正前においては、土地利用計画の理由を記載する文書は解説報告書(Erläuterungsbericht)と呼ばれていたが、同年の改正で、建設管理計画の理由を記載する文書の名称が理由書に統一された。理由書においては、手続の状況に応じて、建設管理計画の目標、目的および本質的な影響が説明されなければならず(同条2文1号)、環境報告書においては、環境審査に基づいて調査および評価された環境保護の利益が説明されなければならない(同条2文2号)。環境報告書は、理由書の「分離された一部分」である(同条3文)。理由書の内容は、手続の進行とともに書き改められることが予定されている(5)。

4 公衆参加
(1) 早期の公衆参加

公衆は、可能な限り早期に、計画策定の一般的な目標および目的、地区の新形成または発展のために考慮に値する相互に本質的に異なる解決策(Lösungen)、ならびに計画策定の予測される影響について、公に告知(unterrichten)されなければならず(建設法典3条1項1文前段)、公衆には意見表明および討議の機会が与えられなければならない(同条1項1文後段)。2004年の改正前は、建設法典3条は「市民」の参加について定め

---

(3) Vgl. BT-Drs. 15/2250, S. 42.
(4) BT-Drs. 15/2250, S. 42.
(5) Vgl. *Hans D. Jarass/Martin Kment,* BauGB, Beck'scher Kompakt-Kommentar, 2. Aufl. 2017, §2a Rn. 2; *Gerhard Spieß,* in: Henning Jäde/Franz Dirnberger, BauGB, BauNVO, Kommentar, 8. Aufl. 2017, §2a BauGB Rn. 3.

ていたところ、改正後は公衆という文言が用いられている[6]。公衆の範囲は無限定であり、環境・法的救済法の規定により承認された団体も同条にいう公衆に含まれる[7]。意見表明および討議の方式について、明文の規定はない[8]。告知および討議を実施しないことができるのは、地区詳細計画が策定もしくは廃止され、かつこれが計画地区および近隣地区に影響しないもしくは非本質的に影響するにすぎない場合（同条１項３文１号）、または告知および討議が既に先に別の根拠に基づいて行われた場合（同条１項３文２号）である。討議が計画策定の変更をもたらす場合においても、告知および討議に引き続いて、建設法典３条２項による縦覧が実施される（同条１項４文）。

(2) 縦覧

建設管理計画の案は、理由書および市町村の評価によれば本質的な、既に存在する環境関連の意見とともに、１月間公衆の縦覧に供しなければならない（建設法典３条２項１文）。指令2014/52/EU転換法および環境適合性審査現代化法による改正後の建設法典３条２項１文では、縦覧期間は１月であることに加えて最低30日が必要であるとされ、重要な理由が存在する場合にはより長い適切な期間について縦覧を実施しなければならないものとされている[9]。

縦覧の場所および期間ならびにどのような種類の環境関連情報が入手可能かに関する記述は、少なくとも１週間前に地域的に通常の方法で公示されなければならない（建設法典３条２項２文前段）。その場合には、①縦覧

---

(6) 市民参加の概念を公衆参加の概念に置き換えるのは、国際法・欧州法上の用語に対応するものである旨説明されている。Vgl. BT-Drs. 15/2250, S. 43.

(7) *Jarass/Kment* (Fn. 5), §3 Rn. 5; *Spieß*, in: Jäde/Dirnberger (Fn. 5), §3 BauGB Rn. 3; *Wolfgang Schrödter*, in: Wolfgang Schrödter (Hrsg.), BauGB, Kommentar, §3 Rn. 40.

(8) Vgl. *Spieß*, in: Jäde/Dirnberger (Fn. 5), §3 BauGB Rn. 5; *Alexander Schink*, in: Willy Spannowsky/Michael Uechtritz (Hrsg.), BauGB, Kommentar, 2. Aufl. 2014, §3 Rn. 39, 41.

(9) 改正前においても市町村が１月より長い縦覧期間を定めることは可能であったが、改正後はこれが義務付けられる場合があることになる。Vgl. BT-Drs. 18/10942, S. 41.

期間内に意見を提出することができること、②期間内に提出されなかった意見は建設管理計画に関する議決に当たって考慮されないままになりうること、③地区詳細計画の策定に当たっては、行政裁判所法47条による規範統制の申立ては、それによって、申立人が縦覧の範囲内において主張しなかったまたは時機に遅れて主張したが、主張することができたであろう異議のみが主張される場合には、不適法であることが指示されなければならない（同条2項2文後段）。③は2006年の改正による行政裁判所法47条2a項の追加とともに導入されたものであるが、環境・法的救済法等改正法により、行政裁判所法47条2a項は削除され、③も消滅することとなった[10]。

建設法典4条2項により参加する行政庁および公的利益の主体は、縦覧について通知されなければならない（建設法典3条2項3文）。期間内に提出された意見は審査されなければならず、その結果は通知されなければならないが（同条2項4文）、通知の代わりに結果の閲覧によることができる場合もある（同条2項5文）。建設法典6条または10条2項により建設管理計画を認可庁に提出するに当たっては、考慮されない意見が市町村の意見とともに添付されなければならない（建設法典3条2項6文）。

環境・法的救済法等改正法により追加された建設法典3条3項は、土地利用計画にあっては、同条2項2文後段による指示に加えて、環境・法的救済法の規定により団体が土地利用計画を争う場合においては、当該団体が縦覧期間内に主張しなかったまたは適時には主張しなかったが、主張することができたであろうすべての異議は法的救済の手続において排除されていることが指示されなければならないことを規定している。環境・法的救済法等改正法により、地区詳細計画の規範統制に関しては異議の排除規定が削除された一方、環境・法的救済法の規定により環境保護団体が土地利用計画を争うことが認められるとともに、その場合には異議の排除が妥当するものとされたのである[11]。

---

(10) 行政裁判所法47条2a項の追加と削除については、本書序章Ⅰ7を参照。
(11) これに関しては、本書第一部序章Ⅰ7 (2)、第三章Ⅳ3も参照。

第二章　手続・形式規定の違反の効果

5　行政庁参加
(1)　早期の行政庁参加

その任務領域が計画策定に関係しうる行政庁およびその他の公的利益の主体は、建設法典3条1項1文前段に従って告知されなければならず、建設法典2条4項による環境審査の必要な範囲および詳細度に関しても、意見を求められなければならない（建設法典4条1項1文）。建設法典3条1項による告知は、建設法典4条1項による告知と同時に行うことができる（建設法典4a条2項）。建設法典4条1項による早期の行政庁参加は、2004年の改正で導入されたものであり、建設法典2条4項2文によるスコーピングと結合している点に1つの特色がある[12]。早期の公衆参加とは異なって、建設法典4条1項は、早期の行政庁参加を省略できる場合を予定していない[13]。行政庁等の意見が計画策定の変更をもたらす場合においても、これに引き続いて、建設法典4条2項による意見聴取が実施される（同条1項2文）。

(2)　行政庁の意見聴取

市町村は、計画の案および理由書に関して、その任務領域が計画策定に関係しうる行政庁およびその他の公的利益の主体の意見を聴取する（建設法典4条2項1文）。建設法典3条2項による縦覧は、建設法典4条2項による意見聴取と同時に実施することができる（建設法典4a条2項）。行政庁等は1月以内に意見を提出しなければならないが（建設法典4条2項2文前段）、重要な理由が存在する場合には市町村はこの期間を適切に延長するべきである（同項2文後段）。環境適合性審査現代化法による改正後の建設法典4条2項2文前段には、意見提出期間は30日を下回ってはならないとする規定が追加されている。

---

[12]　Vgl. BT-Drs. 15/2250, S. 44-45; *Klaus Joachim Grigoleit*, in: Spannowsky/Uechtritz (Fn. 8), §4 Rn. 9; *Jarass/Kment* (Fn. 5), §4 Rn. 8.

[13]　Vgl. *Grigoleit*, in: Spannowsky/Uechtritz (Fn. 8), §4 Rn. 7; *Jarass/Kment* (Fn. 5), §4 Rn. 8; *Spieß*, in: Jäde/Dirnberger (Fn. 5), §4 BauGB Rn. 11.

6　参加に関する共通規定
(1)　再度の参加

　建設管理計画の案が、建設法典3条2項または4条2項による手続により変更または補完される場合、案は再び縦覧されなければならず、行政庁等の意見が再び聴取されなければならない（建設法典4a条3項1文）。その場合、変更または補完された部分についてのみ意見を提出することができることを定めることができ（同条3項2文前段）、このことは建設法典3条2項2文による再度の公示において指示されなければならない（建設法典4a条3項2文後段）。縦覧期間および意見表明期間は適切に短縮することができる（同条3項3文）。建設管理計画の案の変更または補完が、計画策定の基本的特徴に関係しない場合、意見聴取は、当該変更または補完によって影響を受ける公衆ならびに関係のある行政庁およびその他の公的利益の主体に制限することができる（同条3項4文）。

(2)　インターネットによる情報提供

　指令2014/52/EU転換法による改正前の建設法典4a条4項1文は、公衆・行政庁参加では電子的情報技術を用いることができることを定めていたところ、改正後の建設法典4a条4項1文は、「第3条第2項第2文による地域的に通常の公示の内容及び第3条第2項第1文により縦覧に供される書類は、加えてインターネットに取り入れられなければならず、州の中心的なインターネットポータルを通じてアクセスできるようにしなければならない」と規定している。縦覧に関してはインターネットを通じた情報提供が義務付けられたことになる。

(3)　国境を越える参加

　近隣国に有意な影響を有しうる建設管理計画にあっては、近隣国の市町村および行政庁は、相互性（Gegenseitigkeit）および対等性（Gleichwertigkeit）の原則に従って、告知されなければならない（建設法典4a条5項1文）。この場合の告知については相互保証主義がとられており、計画策定市町村が外国の市町村等に対して当然に告知義務を負うわけではない[14]。それに対して、ある他国に有意な環境影響を有しうる建設管理計画にあっては、これを環境適合性審査法の規定に従って参加させなければならず

（同条5項2文前段）、他国の公衆および行政庁の意見については、適時に提出されなかった意見の法効果も含め、建設法典の規定が準用される（4a条5項2文後段）。この規定の趣旨については、参加の要否に関しては環境適合性審査法において規律されるが、参加手続は建設法典の規定によるという説明がある[15]。建設管理計画にあって建設法典4a条5項2文による（環境影響に関する）国境を越える参加が必要である場合、このことは建設法典3条2項2文による公示の際に指示されなければならない（建設法典4a条5項3文）。

7 簡素化された手続
(1) 簡素化された手続の要件

建設管理計画の変更もしくは補完が計画策定の基本的特徴に関係しない場合等において、市町村が簡素化された手続を適用することができるのは、①環境適合性審査法または州法により環境適合性審査を実施する義務のある事業案の許容性が準備（vorbereiten）されるまたは根拠づけられることのないとき（建設法典13条1項1号）で、かつ②建設法典1条6項7号bに掲げられた保護法益（連邦自然保護法の意味における Natura2000地区の保全目標および保護目的）を侵害する手がかりが存在しないとき（建設法典13条1項2号）であるとされている。②に関しては、FFH（植物相・動物相・生息地）地区または鳥類保護地区の侵害が問題となる[16]。指令2014/52/EU転換法による改正後においては、簡素化された手続を適用するための要件として、③計画策定に当たって連邦イミシオン防止法50条1文による重大な事故の影響を回避または制限する義務が顧慮されなければ

---

[14] Vgl. BT-Drs. 13/6392, S. 46; *Grigoleit/Spannowsky*, in: Spannowsky/Uechtritz (Fn. 8), §4a Rn. 17; *Spieß*, in: Jäde/Dirnberger (Fn. 5), §4a BauGB Rn. 23.

[15] BT-Drs. 15/2250, S. 46; vgl. auch *Spieß*, in: Jäde/Dirnberger (Fn. 5), §4a BauGB Rn. 24; *Wilfried Erbguth/Thomas Mann/Mathias Schubert*, Besonderes Verwaltungsrecht, 12. Aufl. 2015, Rn. 912.

[16] Vgl. *Henning Jaeger*, in: Spannowsky/Uechtritz (Fn. 8), §13 Rn. 27; *Jarass/Kment* (Fn. 5), §13 Rn. 6; *Spieß*, in: Jäde/Dirnberger (Fn. 5), §13 BauGB Rn. 8.

ならないという手がかりが存在しない（建設法典13条1項3号）ことが追加されている。連邦イミシオン防止法50条1文は、空間的に重要な計画策定に当たっては、有害な環境影響のほか、事業区域における重大な事故により惹起される住居地区等への影響が可能な限り回避されるように用地を配分することを求めている。

(2) 簡素化された手続の特色

簡素化された手続においては、①建設法典3条1項および4条1項による早期の参加を行わないことができ（建設法典13条2項1文1号）、②影響を受ける公衆に適切な期間内に意見を表明する機会を与えるか、建設法典3条2項による縦覧を実施するかを選択することができ（建設法典13条2項1文2号）、③関係する行政庁およびその他の公的利益の主体に適切な期間内に意見を表明する機会を与えるか、建設法典4条2項による参加を実施するかを選択することができる（建設法典13条2項1文3号）。建設法典13条2項1文2号により影響を受ける公衆を参加させる場合には、建設法典3条2項2文後段の指示義務（Hinweispflicht）が妥当する（建設法典13条2項2文）。

簡素化された手続においては、建設法典2条4項による環境審査、建設法典2a条による環境報告書、建設法典3条2項2文によるどのような種類の環境関連情報が入手可能かに関する記述、ならびに建設法典6条5項3文および10条4項による総括説明書（zusammenfassende Erklärung）は不要である（建設法典13条3項1文前段）。建設法典13条2項1文2号による参加にあっては、環境審査が行われないことが指示されなければならない（同条3項2文）。2004年の建設法典改正で、建設管理計画の策定に当たっては原則的に環境審査を実施するものとされたのであるが、簡素化された手続がとられる場合には環境審査が行われない。指令2014/52/EU転換法による改正後においては、土地利用計画および地区詳細計画に総括説明書を添付しなければならないことは建設法典6a条1項および10a条1項で規定されており、建設法典13条3項1文前段もそれに対応して変更されている。

なお、2006年の建設法典改正で導入された内部開発の地区詳細計画は、

迅速化された手続において策定することができるが（13a条1項1文）、迅速化された手続においては、建設法典13条2項・3項1文による簡素化された手続の規定が準用される（13a条2項1号）。したがってこの場合にも、環境審査は行われない。

8　計画の理由書

　土地利用計画においては、市町村の全域について、意図される都市建設上の発展から生ずる土地利用の種類が基本的特徴において表示されなければならない（建設法典5条1項1文）。土地利用計画から用地およびその他の表示を除外することができるのは、そのことが上記の基本的特徴に関係せず、かつ市町村が後の時点で表示を行うことを意図している場合であり（同条1項2文前段）、理由書においてはこれについての理由が説明されなければならない（同条1項2文後段）。土地利用計画には、建設法典2a条に従った記述を有する理由書が添付されなければならない（5条5項）。

　地区詳細計画には、建設法典2a条に従った記述を有する理由書が添付されなければならない（9条8項）。計画の理由書と案の理由書の内容は、同じである場合もありうるが、異なることも考えられる[17]。

9　議決

　市町村は地区詳細計画を条例として議決する（10条1項）。土地利用計画については、このような定めはない。学説においては、土地利用計画は法規範ではなく単純な計画であり、市町村議会の単純な議決がなされると説明するものがある[18]。

---

[17]　Vgl. *Spannowsky*, in: Spannowsky/Uechtritz (Fn. 8), §9 Rn. 174; *Stephan Mtschang/Olaf Reidt*, in: Ulrich Battis/Michael Krautzberger/Rol-Peter Löhr, BauGB, Kommentar, 13. Aufl. 2016, §9 Rn. 236.

[18]　*Finkelnurg/Ortloff/Kment* (Fn. 2), §6 Rn. 68; vgl. auch *Stollmann/Beaucamp* (Fn. 2), §6 Rn. 34.

10 　認可、公示、総括説明書
(1) 　土地利用計画の場合

　土地利用計画は上級行政庁の認可を必要とする（建設法典6条1項）。ここでいう上級行政庁は、州によって定められるが、行政区長官（Regierungspräsident）や行政区政府（Bezirksregierung）が考えられる[19]。認可の拒否は、土地利用計画が秩序適合的には成立しなかった場合、または建設法典、建設法典に基づいて発布されたもしくはその他の法規定と矛盾する場合に限り許される（同条2項）。上級行政庁の審査権は、適法性の統制に限定されている[20]。認可については3月以内に判断されなければならない（同条4項1文前段）。認可は、それが期間内に理由を示して拒否されなければ、付与されたものとみなされる（同条4項4文）[21]。

　認可の付与は、地域的に通常の方法で公示されなければならない（同条5項1文）。公示をもって土地利用計画は効力を生ずる（同条5項2文）。土地利用計画には、環境利益および公衆・行政庁参加の結果がどのように考慮されたか、ならびに当該計画が、審査され、考慮に値する他の計画策定の可能性との衡量によりどのような理由から選択されたのかについての総括説明書が添付されなければならない（同条5項3文）。いかなる者も、土地利用計画、理由書および総括説明書を閲覧することができ、その内容について情報（Auskunft）を求めることができる（同条5項4文）。総括説明書は、2004年の建設法典改正で導入されたものであるが、環境報告書とは異なり、理由書の構成要素ではない。

　指令2014/52/EU転換法による改正で、従前の建設法典6条5項3文に相当する規定は改正後の建設法典6a条1項、従前の建設法典6条5項4文に相当する規定は改正後の建設法典6条5項3文となり、さらに、効力

---

[19] 　Vgl. *Reidt*, in: Battis/Krautzberger/Löhr (Fn. 17), §6 Rn. 6.
[20] 　*Jarass/Kment* (Fn. 5), §6 Rn. 2; *Schrödter*, in: Schrödter (Fn. 7), §6 Rn. 6; *Stollmann/Beaucamp* (Fn. 2), §6 Rn. 38.
[21] 　認可は市町村にとっては行政行為であるが、市民にとっては行政行為ではないことを指摘する説として、vgl. *Reidt*, in: Battis/Krautzberger/Löhr (Fn. 17), §6 Rn. 5; *Jarass/Kment* (Fn. 5), §6 Rn. 13.

を有する土地利用計画は理由書および総括説明書とともにインターネットに取り入れられ、州の中心的なインターネットポータルを通じてアクセスできるようにされるべきであるとの規定（改正後の建設法典6a条2項）が追加されている[22]。

(2)　地区詳細計画の場合

建設法典8条2項2文（独立地区詳細計画）、8条3項2文（並行手続）、8条4項（先行地区詳細計画）による地区詳細計画は上級行政庁の認可を必要とし（建設法典10条2項1文）[23]、建設法典6条2項から4項までの規定が準用される（建設法典10条2項2文）。それに対して建設法典8条2項1文により土地利用計画から展開される地区詳細計画は、認可を要しない[24]。

認可の付与または、認可が不要である場合には、市町村による地区詳細計画の議決が、地域的に通常の方法で公示されなければならない（建設法典10条3項1文）。地区詳細計画は、理由書および総括説明書とともに、すべての者が閲覧できるようにしておかなければならず（同条3項2文前段）、その内容については請求に基づいて情報が与えられなければならない（同条3項2文後段）。公示においては、どこで地区詳細計画を閲覧できるかが指示されなければならない（同条3項3文）。公示をもって地区詳細計画は発効する（同条3項4文）。地区詳細計画には、環境利益および公衆・行政庁参加の結果がどのように考慮されたか、ならびに当該計画が、審査され、考慮に値する他の計画策定の可能性との衡量によりどのような理由で選択されたのかについての総括報告書が添付されなければならない（同条4項）。

---

[22]　建設管理計画の電子的公表に関する規律は自治体に裁量の余地を認めるものである。Vgl. BT-Drs. 18/10942, S. 46.

[23]　建設法典8条2項2文、8条3項2文、8条4項については、本書第二部第三章 II 1を参照。

[24]　州は認可を要しない地区詳細計画につき届出手続を導入することができるが（建設法典246条1a項）、届出手続を導入している州はないようである。Vgl. *Rolf Blechschmidt,* in: Werner Ernst/Willy Zinkahn/Walter Bielenberg/Michael Krautzberger, BauGB, Kommentar, 127. EL Oktober 2017, §246 Rn. 29.

指令2014/52/EU 転換法による改正で、従前の建設法典10条4項に相当する規定は改正後の建設法典10a条1項となり、さらに、発効した地区詳細計画は理由書および総括説明書とともにインターネットに取り入れられ、州の中心的なインターネットポータルを通じてアクセスできるようにされるべきであるとの規定（同条2項）が追加されている。

II　手続・形式規定の違反の効果（概観）

建設法典214条〜216条は、土地利用計画および建設法典による条例の策定に関する規定の違反について定めている。以下ではまず、建設法典制定前において、連邦建設法が手続・形式規定の違反の効果についてどのような規定を置いていたかを参照する。その上で、建設法典214条〜216条が、手続・形式規定の違反をどのように取り扱っているかを概観する。

1　連邦建設法の規定
(1)　1976年の連邦建設法改正

連邦建設法は、1976年の改正で、条例の成立に当たっての手続・形式規定の違反についての定めを置いた（155a条）。それによると、同法による条例の成立に当たっての同法の手続・形式規定の違反は、それが書面で当該違反を表示しながら当該条例の施行後1年以内に市町村に対して主張されなかった場合には、顧慮されない（同法155a条1文）。このことは、条例の認可または公布に関する規定の違反があった場合には、妥当しない（同法155a条2文）。条例の公布に当たっては、同法155a条1文および2文による法効果が指示されなければならない（同法155a条3文）。地区詳細計画の法的拘束性は、建設管理計画への市民の参加に関しては、同法2a条6項による手続が遵守されたか否かのみによって決定される（同法155a条4文）。1976年改正で追加された同法2a条は、市民参加につき、早期の市民参加（2項〜5項）および縦覧（6項）を定めていたが、早期の市民参加に関する規定の違反は顧慮されないものとされた。

改正法案（政府案）の理由書は、手続・形式規定の違反の主張期間に関

して、次のように述べている。「これは、法的安定性のために必要である。というのも、地区詳細計画は数多くの執行行為の根拠であるからである。また、地区詳細計画が状況によっては地区の建設がなされた後や、多数の土地所有者がその存続力を信頼してきた執行行為（例としては区画整理が挙げられる）が完了した後に何年も経って初めて主張された形式及び手続の瑕疵に基づいて無効であると宣言されるのは、市民のためにもならない。定められる1年の期間内にこの瑕疵を主張することは、関係者にとって受容され得る。ただしその場合すべての人に対して治癒は排除されている」[25]。法的安定性および信頼保護のほか、期間内に主張があった場合にはすべての人との関係で治癒が排除されることが指摘されている点が注目される。1976年改正で追加された連邦建設法155a条4文は、立法過程における国土整備・土木建築・都市建設委員会の議決に基づくものであるが、同委員会の報告書は「地区詳細計画の存続力を保障するため」とだけ述べている[26]。

(2) 1979年の連邦建設法改正

1979年7月6日の「都市建設法における手続の迅速化及び投資事業案の容易化に関する法律」（以下本章において「都市建設迅速化法」という）による改正後の連邦建設法においては、土地利用計画および条例の策定に当たっての手続・形式規定の違反についての定め（155a条）、建設管理計画策定に関するその他の規定の違反についての定め（155b条）、認可庁の任務についての定め（155c条）が設けられた。

同法155a条1項は、土地利用計画または同法による条例の策定に当たっての同法の手続・形式規定の違反は、それが書面で当該土地利用計画または条例の公示から1年以内に市町村に対して主張されなかった場合には、顧慮されないこと（前段）、当該違反を根拠づけることになる事実関

---

[25] BT-Drs. 7/2496, S. 62. 1976年の行政裁判所法改正で、地区詳細計画の有効性は連邦全域で上級行政裁判所による規範統制の対象とされることになったが、1996年の改正前においては規範統制の申立期間は定められていなかった。

[26] BT-Drs. 7/4793, S. 54. 1976年の連邦建設法改正および同法155a条に関しては、村上・前掲注(1)74頁以下も参照。

係が説明されなければならないこと（後段）を規定した。土地利用計画または地区詳細計画の法的効力は、建設管理計画への市民の参加に関しては、同法2a条6項（縦覧）および7項（制限された参加）[27]による手続が遵守されたか否かのみによって決定される（同法155a条2項）。同法155a条1項は、土地利用計画または条例の認可および公示に関する規定の違反には妥当しない（同法155a条3項）。土地利用計画または条例の認可の公示に当たっては、手続・形式規定の違反の主張についての要件および法効果が指示されなければならない（同法155a条4項）。市町村は、土地利用計画もしくは条例の認可および公示に関する規定の違反から生ずる瑕疵、または同法もしくは州法によるその他の手続もしくは形式の瑕疵を除去する場合、当該土地利用計画または条例を遡及効をもって再び施行することができる（同法155a条5項）。

同法155b条1項1文は、建設管理計画策定の原則および衡量についての要求が守られている場合には、建設管理計画の法的効力にとって顧慮されない瑕疵を、各号において列挙しており、建設管理計画に関係する個々の公的利益の主体が建設管理計画の策定に参加させられなかったという瑕疵（2号）、土地利用計画の解説報告書、地区詳細計画の理由書または縦覧に供されなければならない建設管理計画の案の解説報告書もしくは理由書が不完全であるという瑕疵（3号）等を挙げていた。また同法155b条1項2文は、解説報告書または理由書が衡量にとって本質的な関係において不完全である場合で、正当な利益が説明されるときは、市町村は請求に基づいて情報を与えなければならないと規定した。

同法155c条は、土地利用計画または条例の認可権限を有する行政庁の、その違反が同法155a条および155b条により土地利用計画または条例の法的効力に影響しない規定の遵守を審査する義務は免除されない旨規定した。

国土整備・土木建築・都市建設委員会の報告書は、手続・形式規定およ

---

[27] 1979年改正後の連邦建設法2a条7項は、縦覧後に地区詳細計画の案が変更・補完される場合、縦覧の代わりに、参加主体が限定される「制限された（eingeschränkt）参加」を実施することができる旨規定していた。

びその他の規定の治癒可能性の拡大が「迅速化改正（Beschleunigungs-novelle）の真の核心」であるとして、次にように述べている。「これらの規定は全体として、放棄し得ない法治国的な要求を維持しながら土地利用計画、地区詳細計画及びその他の条例の存続力を確保するという、必要な貢献（Beitrag）である……。この拡大された可能性についての緊急の利益は、……計画手続並びに解説報告書及び理由書についてのあまりにも高い要求のために、建設管理計画及び条例を、それらが結果においては異議を唱えられない場合ですら破棄するという行政裁判所の裁判実務が増加していることから生ずる。この実務は、……是認し得ない市町村の負担をもたらすだけでなく、……建築を意図する市民の利益をも侵害する」[28]。ここでは、手続よりも結果を重視する立法者の姿勢を読み取ることができる。

　連邦行政裁判所1979年9月7日判決[29]は、「いずれにせよ1979年連邦建設法155a条以下も、形式の要求（Formanforderungen）に対して地区詳細計画を可能な限り『保持する（halten）』という、適切な傾向の表れである」と述べ、これらの規定につき早い段階から肯定的な評価を下した。連邦行政裁判所1986年11月21日判決[30]も、1979年改正後の連邦建設法155a条・155b条は「法的安定性の理由から建設管理計画の存続を保障し、計画策定及び規範制定についての法治国的な要求並びに建設管理計画策定の原則に関係しない瑕疵を、広範囲にわたって、計画の有効性に影響させないという目標を追求する」と述べ、これらの規定の意義を認めている。

2　建設法典214条1項

　建設法典214条1項1文は、「この法典の手続及び形式規定の違反が、土地利用計画及びこの法典による条例の法的効力にとって顧慮される」場合

---

[28]　BT-Drs. 8/2885, S. 35. 1976年改正による建設法典155a条の追加は、建設管理計画が手続・形式の瑕疵を帯びることに関して改善をもたらさなかったとする説として、vgl. *Robert Käß*, Inhalt und Grenzen des Grundsatzes der Planerhaltung: dargestellt am Beispiel der §§ 214-216 BauGB, 2002, S. 70.

[29]　BVerwG, Urt. v. 07.09.1979 - IV C 7.77 -, BauR 1980, 40.

[30]　BVerwG, Urt. v. 21.11.1986 - 4 C 22/83 -, BVerwGE 75, 142.

を、1号～4号において限定列挙している。建設法典の手続・形式規定の違反があったとしても、それが建設法典214条1項1文各号のいずれにおいても掲げられていなければ、当該違反は土地利用計画ないし条例の法的効力にとって顧慮されない（これを「外部不顧慮（externe Unbeachtlichkeit）」ということがある）[31]。このような規定の仕方は、建設法典の制定とともに採用されたものであるが、顧慮されない手続・形式規定の違反が認められやすい構造になっているともいえる[32]。

建設法典の手続・形式規定の違反のうち、建設法典214条1項1文各号に掲げられていないものの例として、建設法典2条1項2文（策定開始の議決の公示）の違反を挙げることができる[33]。これに関して連邦行政裁判所1988年4月15日決定[34]は、「秩序適合的な計画策定議決の存在は、連邦法によれば、その後の地区詳細計画にとっての有効要件ではない」と判示し、その理由として、「連邦建設法・建設法典2条1項2文による策定議決は、建設管理計画の策定のための手続に関するその他の規定において言及されない」という点を挙げている。この判示に従うと、策定開始の議決に関する瑕疵は建設管理計画の法的効力にとって顧慮されないことになる[35]。

(1) 建設法典214条1項1文1号

建設法典214条1項1文1号は、「第2条第3項に違反して、市町村に知

---

[31] Michael Uechtritz, Die Änderungen im Bereich der Fehlerfolgen und der Planerhaltung nach §§ 214ff. BauGB, ZfBR 2005, 11 (12); *Johannes Kirchmeyer*, in: Hilmar Ferner/Holger Kröninger/Manfred Aschke (Hrsg.), BauGB, Handkommentar, 3. Aufl. 2013, § 214 Rn. 17; *Erbguth/Mann/Schubert* (Fn. 15), Rn. 1073.

[32] これを原則・例外関係の転換とする説として、vgl. *Käß* (Fn. 28), S. 81. 顧慮されない手続・形式規定の違反についての明確性が欠けることを批判した説として、vgl. *Martin Morlok*, Die Folgen von Verfahrensfehlern am Beispiel von kommunalen Satzungen, 1988, S. 228.

[33] 立法資料では、建設法典2条4項2文（スコーピング）の違反が挙げられている。Vgl. BT-Drs. 15/2996, S. 70.

[34] BVerwG, Beschl. v. 15.04.1988 - 4 N 4/87 -, BVerwGE 79, 200.

[35] Vgl. *Stollmann/Beaucamp* (Fn. 2), § 8 Rn. 4; *Finkelnurg/Ortloff/Kment* (Fn. 2), § 6 Rn. 16; *Uechtritz*, in: Spannowsky/Uechtritz (Fn. 8), § 2 Rn. 10.

られていた又は知られていなければならなかったであろう、計画策定に関わる利益が、本質的な点において適切に調査又は評価されなかった」場合であって、しかも「当該瑕疵が明白でありかつ手続の結果に影響を及ぼした場合」を挙げている(36)。この規定については、本書第二部第一章Ⅳで検討している。

(2) 建設法典214条1項1文2号

建設法典214条1項1文2号前段は、「第3条第2項〔縦覧〕、第4条第2項〔行政庁の意見聴取〕、第4a条第3項〔再度の参加〕及び第5項第2文〔環境影響に関する国境を越える参加〕、第13条第2項第1文第2号及び第3号〔簡素化された手続における参加〕……による公衆及び行政庁参加に関する規定の違反があった」場合を挙げている。早期の公衆・行政庁参加についての規定（建設法典3条1項・4条1項）の違反は、顧慮されない（外部不顧慮）。他方で建設法典214条1項1文2号後段は、同号前段に掲げられた規定の違反がある場合においても、当該違反が顧慮されないときがあることを定めている（この種の規定を、「内部不顧慮条項（interne Unbeachtlichkeitsklausel）」ということがある)(37)。詳細および2017年の改正による変更点については、Ⅲで取り上げる。

(3) 建設法典214条1項1文3号・同項2文

建設法典214条1項1文3号前段は、「第2a条〔案の理由書〕、第3条第2項〔縦覧〕、第5条第1項第2文後段及び第5項〔土地利用計画の理由書〕、第9条第8項〔地区詳細計画の理由書〕……による土地利用計画及び条例並びにそれらの案の理由書に関する規定の違反があった」場合を挙げ

---

(36) 手続・形式規定の違反が「結果に影響を及ぼした」場合に顧慮されるという点で、ドイツ法で定着した「手続法の奉仕的機能」という理解が明らかにされていると主張する説として、vgl. Martin Kment, Planerhaltung auf dem Prüfstand: Die Neuerungen der §§ 214, 215 BauGB 2007 europarechtlich betrachtet, DVBl 2007, 1275 (1275). 手続の瑕疵の効果に関するドイツ法の「実体法志向」とその変革の必要性を指摘するものとして、山田洋『ドイツ環境行政法と欧州〔第1版改版〕』（信山社、2008年）9頁参照。

(37) BT-Drs. 15/2250, S. 63; *Kirchmeyer,* in: Ferner/Kröninger/Aschke (Fn. 31), § 214 Rn. 17; *Erbguth/Mann/Schubert* (Fn. 15), Rn. 1073.

ている。建設法典214条1項1文3号中段および後段は、同号前段に掲げられた規定の違反がある場合においても、当該違反が顧慮されないときがあることを定めている（内部不顧慮条項）。他方で同項2文は、理由書が不完全である場合における市町村の情報提供義務について定めている。詳細については、Ⅳで検討する。

(4) 建設法典214条1項1文4号

建設法典214条1項1文4号は、「土地利用計画若しくは条例に関する市町村の議決がなされなかった、認可が付与されなかった、又は土地利用計画若しくは条例の公示によって追求される指示目的（Hinweiszweck）が達成されなかった」場合を挙げている。いずれも、計画策定手続の最終段階における瑕疵が問題になっている。土地利用計画または条例に関する議決は、計画ないし条例の成立根拠であり、これが欠ける場合、計画ないし条例は効力を有しない[38]。建設法典制定前であるが、連邦行政裁判所1986年12月5日判決[39]は、地区詳細計画について、その内容に関わる条件つきの認可が付与された事件で、「市町村により議決された内容を有する地区詳細計画が認可庁により認可されず、条件付きで認可された計画が認可の公示及び計画の縦覧の前に市町村によりそのように議決されなかった場合、そのような地区詳細計画は効力を有し得ない」と判示している。

建設法典214条1項1文4号にいう「認可が付与されなかった」場合は、認可が当然無効の場合を含むが、認可が単に違法である場合を含まない[40]。同号にいう「土地利用計画若しくは条例の公示によって追求される指示目的」とは、新たな法を市民に指示する目的を意味する[41]。建設法典制定前であるが、連邦行政裁判所1984年7月6日判決[42]は、「〔地区詳細計画の〕認可の公示において含まれる指示は、当該計画地区を限定若しくは

---

[38] *Kirchmeyer*, in: Ferner/Kröninger/Aschke (Fn. 31), §214 Rn. 31; *Uechtritz*, in: Spannowsky/Uechtritz (Fn. 8), §214 Rn. 68; *Alexander Kukk*, in: Schrödter (Fn. 7), §214 Rn. 29.

[39] BVerwG, Urt. v. 05.12.1986 - 4 C 31/85 -, BVerwGE 75, 262.

[40] *Jarass/Kment* (Fn. 5), §214 Rn. 31. 地区詳細計画の施行後における認可の職権取消しは許されないというのが判例である。Vgl. BVerwG, Urt. v. 21.11.1986 - 4 C 22/83 -, BVerwGE 75, 142 (146-147).

他の方法で規定する道路、耕牧地名又は類似の見出し語を付けた（schlagwortartig）当該計画地区の特徴づけの記述によって、大抵は達成され得る」と判示している。他方、そもそも公示が存在しない場合には、指示目的は最初から達成されえない⁽⁴³⁾。

3 建設法典214条4項

建設法典214条4項は、「土地利用計画又は条例は、瑕疵の除去のための補完手続によって遡及的に施行することもできる」と規定する。建設法典制定前において、1979年改正後の連邦建設法155a条5項は、市町村が手続・形式の瑕疵を除去し、土地利用計画または条例を遡及的に施行することができる旨定めていた。前掲連邦行政裁判所1986年12月5日判決は、「そこに存する遡及効は、計画に関わる者の保護に値する信頼への許容されない侵害をもたらすのではなく、むしろそれは、立法者の意思によれば、まさにこの範囲の人から（瑕疵のある）計画に寄せられた信頼を保護することを意図している」と判示し、この規定の合憲性を認めた。建設法典214条4項にいう補完手続により除去しうる瑕疵は、手続・形式規定の違反に限定されておらず、実体的瑕疵を有する地区詳細計画を遡及的に施行することも条文上可能になっている⁽⁴⁴⁾。詳しくは本書第二部第五章で検討する。

---

(41) Vgl. *Uechtritz,* in: Spannowsky/Uechtritz（Fn. 8），§214 Rn. 77. 連邦憲法裁判所の判例によると、法治国原理は「法規範が、その内容を利害関係人が確実に知ることのできる方法で、正式に公衆に公開されること」を要求する。Vgl. BVerfG, Urt. v. 22.11.1983 - 2 BvL 25/81 -, BVerfGE 65, 283（291）.

(42) BVerwG, Urt. v. 06.07.1984 - 4 C 22/80 -, BVerwGE 69, 344.

(43) 地区詳細計画の一部についての認可が公示された事件で、残りの部分については公示がないことを指摘した連邦行政裁判所の判例として、vgl. BVerwG, Beschl. v. 22.12.2003 - 4 B 66/03 -, BauR 2004, 1129（1129）.

(44) Vgl. BT-Drs. 15/2250, S. 45.

第二部　計画維持規定の形成と展開

4　建設法典215条
(1)　違反の主張期間

「第214条第1項第1文第1号から第3号までにより顧慮される、そこで掲げられた手続及び形式規定の違反」（建設法典215条1項1文1号）は、「それらが土地利用計画又は条例の公示から1年以内に書面で市町村に対して当該違反を根拠づける事実関係を説明しながら主張されることがなかった場合には、顧慮されなくなる」（建設法典215条1項1文）。2006年の改正前においては、規範統制の申立期間が法規定の公布後2年以内とされており、建設法典215条1項の期間も土地利用計画または条例の公示から2年以内であったが、改正後においては、規範統制の申立期間も違反の主張期間も1年間になっている[45]。建設法典215条（および214条）は、行政行為の取消訴訟や義務付け訴訟において地区詳細計画等の効力が争われる場合にも妥当する[46]。建設法典制定前においては、1979年改正前の連邦建設法155a条1文および改正後の同条1項が、手続・形式規定の違反につき1年間の主張期間を定めていた。その立法趣旨は、既述の通り法的安定性の確保ないし信頼保護にあるが、適式な主張を契機として市町村が瑕疵を除去することも期待されている[47]。連邦行政裁判所1982年6月18日決定[48]は、「具体的に書面で1年の期間内に市町村に対して主張されなかった、いかなる個々の手続又は形式の瑕疵も、……条例の有効性にとって無害（unschädlich）となる」と述べ、1年間の主張期間を特に問題とすることなく容認した[49]。

---

[45]　Vgl. BT-Drs. 16/2496, S. 17. 主張期間の短縮に批判的な学説として、vgl. *Michael Uechtritz*, Die Änderungen des BauGB durch das Gesetz zur Erleichterung von Planungsvorhaben für die Innenentwicklung der Städte - „BauGB 2007", BauR 2007, 476 (485).

[46]　*Kukk*, in: Schrödter (Fn. 7), §215 Rn. 1; *Kirchmeyer*, in: Ferner/Kröninger/Aschke (Fn. 31), §215 Rn. 4; *Spieß*, in: Jäde/Dirnberger (Fn. 5), §215 BauGB Rn. 1.

[47]　Vgl. BT-Drs. 8/2885, S. 44; BVerwG, Beschl. v. 02.01.2001 - 4 BN 13/00 -, ZfBR 2001, 418 (418). 大橋・前掲注(1)73頁は、これを「市町村に対する自己是正の機会付与機能」と呼ぶ。

[48]　BVerwG, Beschl. v. 18.06.1982 - 4 N 6/79 -, NVwZ 1983, 347.

第二章　手続・形式規定の違反の効果

(2)　主張期間が適用されない瑕疵

建設法典214条1項1文4号により顧慮される瑕疵（議決・認可・公示に関する瑕疵）は、建設法典215条1項1文各号に掲げられていないため、主張期間の適用を受けない（これらの瑕疵を「絶対的瑕疵」ということがある）[50]。建設法典制定前においても、認可および公示に関する規定の違反は、主張期間の適用を除外されており、都市建設迅速化法の政府案理由書は「法治国的に本質的な意味がない手続及び形式の瑕疵のみ」に主張期間が及ぶ旨説明していた[51]。連邦行政裁判所1986年2月21日決定[52]は、「1979年連邦建設法155a条及び155b条の規定からは、ある段階づけ（Abstufung）が導出され得る」と述べ、次のように判示していた。「建設管理計画策定に関する規定に対する一定の違反を立法者は一般的に顧慮されないものとみなした……（1979年連邦建設法155b条1項1文1号～8号）。それに対して、より大きな重みを有する瑕疵は……計画の無効をもたらし得るが、このことは、それらが期間通りに告発（rügen）される場合に限られる（1976年連邦建設法155a条1文＝1979年連邦建設法155a条1項）。一定の手続及び形式の瑕疵を立法者は、それらが……常に告発なしで計画の無効をもたらすというほどに重大であるとみなしている（1976年連邦建設法155a条2文又は1979年連邦建設法155a条3項……）」。①一般的に顧慮されない瑕疵、②期間内に主張があった場合に顧慮される瑕疵、③常に顧慮される瑕疵の3区分は、建設法典の下でも妥当する[53]。

---

(49)　連邦建設法155a条1項が憲法適合的であることを主張した学説として、vgl. *Ferdinand Kirchhof,* Die Baurechtsnovelle 1979 als Rechtswegsperre?, NJW 1981, 2382 (2384); *Hartmut Maurer,* Bestandskraft für Satzungen?, in: Günter Püttner(Hrsg.), Festschrift für Otto Bachof zum 70. Geburtstag am 6. März 1984, 1984, S. 215 (240-241).

(50)　*Uechtritz,* in: Spannowsky/Uechtritz (Fn. 8), §214 Rn. 67; *Kukk,* in: Schrödter (Fn. 7), §214 Rn. 28; *Battis,* in: Battis/ Krautzberger/Löhr (Fn. 17), §214 Rn. 10.

(51)　BT-Drs. 8/2451, S. 31.

(52)　BVerwG, Beschl. v. 21.02.1986 - 4 N 1/85 -, BVerwGE 74, 47.

(53)　Vgl. *Hans Karsten Schmaltz,* Rechtsfolgen der Verletzung von Verfahrens- und Formvorschriften von Bauleitplänen nach §214 BauGB, DVBl 1990, 77 (77); *Kukk,* in: Schrödter (Fn. 7), §214 Rn. 8; *Stollmann/Beaucamp* (Fn. 2), §8 Rn. 2.

(3) 主張の効果等

建設法典215条1項1文の主張は、あらゆる者がなしうる[54]。また、期間内に適式な主張がなされた場合の効果は、すべての者に及ぶ[55]。したがって、訴訟の原告が期間内に違反の主張をしていない場合でも、他の何者かが適式な主張をしているときは、当該違反が建設法典215条1項1文により顧慮されないものとなることはない[56]。さらに、土地利用計画または条例の施行に当たっては、規定の違反の主張についての要件および法効果が指示されなければならない（建設法典215条2項）。この指示がなかったり、不完全である場合には、1年間の期間は走らない[57]。

(4) EU法適合性に関する問題

建設法典の規定に言及しているわけではないものの、欧州司法裁判所2015年10月15日判決[58]は、裁判所による審査範囲を行政手続における異議申出期間内に提出された異議に制限する2017年改正前の環境・法的救済法2条3項が、特定の公的および私的プロジェクトの場合の環境適合性審査に関する2011年12月13日の欧州議会・理事会指令2011/92/EU 第11条に違反する旨判示した。同指令11条1項は、影響を受ける公衆の構成員が、同指令の公衆参加に関する規定が適用される決定等の適法性を争うために、裁判所等での審査手続にアクセスすることを保障することを加盟国に要求している。学説においては、環境適合性審査を実施する義務が成立しうる地区詳細計画については、建設法典215条1項1文1号は適用できないことを主張する説がある[59]。

---

[54] *Jarass/Kment* (Fn. 5), §215 Rn. 4; *Spieß*, in: Jäde/Dirnberger (Fn. 5), §215 BauGB Rn. 8; vgl. auch BT-Drs. 8/2885, S. 44.

[55] *Uechtritz*, in: Spannowsky/Uechtritz (Fn. 8), §215 Rn. 33; *Kukk*, in: Schröeter (Fn. 7), §215 Rn. 20; vgl. auch BT-Drs. 7/2496, S. 62.

[56] Vgl. auch BVerwG, Beschl. v. 18.06.1982 - 4 N 6/79 -, NVwZ 1983, 347 (347-348); BVerwG, Beschl. v. 02.01.2001 - 4 BN 13/00 -, ZfBR 2001, 418 (418).

[57] *Kirchmeyer*, in: Ferner/Kröninger/Aschke (Fn. 31), §215 Rn. 16; *Jarass/Kment* (Fn. 5), §215 Rn. 3; vgl. auch BVerwG, Beschl. v. 31.10.1989 - 4 NB 7/89 -, NVwZ-RR 1990, 286 (286).

[58] EuGH, Urt. v. 15.10.2015 - C-137/14 -, NVwZ 2015, 1665.

連邦行政裁判所2017年3月14日決定[60]は、建設法典215条1項1文1号が同指令11条に適合的か否かという問題を欧州司法裁判所に提出した。この事件では、同指令の規定が適用される、風力発電施設の設置に関する地区詳細計画に対して、計画地区内の土地所有者が規範統制の申立てをした。当該地区詳細計画の策定手続においては、縦覧に関する規定（環境関連情報の公示）の違反があったものの、当該地区詳細計画の公示後1年以内に当該違反が主張されず、他方で建設法典215条2項の指示はなされていた。同決定は、行政庁による審査手続を裁判所による審査手続に前置することを認める同指令11条4項に着目して、建設法典215条1項1文1号は同指令11条4項により開かれた余地内の規律であると述べているほか、規範統制の申立期間の経過後に建築許可をめぐる争訟等において地区詳細計画が効力を有しないことを主張することは妨げられないため、建設法典215条1項1文は法的安定性の理由から正当化されるとの立場をとっている。

その後、欧州司法裁判所の裁断の前に申立人は規範統制の申立てを取り下げ、他の当事者もこれに同意したため、連邦行政裁判所は2018年3月1日の決定で手続を中止した。その結果、上記の問題に関して欧州司法裁判所の判断は下されないこととなった。

5　建設法典216条

建設法典216条は、認可手続について権限を有する行政庁の、その違反が建設法典214条および215条により土地利用計画または条例の法的効力に影響しない規定の遵守を審査する義務は免除されない旨規定する。建設法典制定前においても、連邦建設法155c条が、実質的に同一の内容を定め

---

[59] *Thomas Bunge*, Weiter Zugang zu Gerichten nach der UVP- und der Industrieemissions-Richtlinie: Vorgaben für das deutsche Verwaltungsprozessrecht, NuR 2016, 11 (18); vgl. auch *Jörg Berkemann*, Querelle d'Allemand. Deutschland verliert die dritte Runde im Umweltverbandsrecht vor dem EuGH, DVBl 2016, 205 (214).

[60] BVerwG, Beschl. v. 14.03.2017 - 4 CN 3/16 -, juris.

ていた。そもそも1976年ないし1979年改正後の連邦建設法において一定の瑕疵が顧慮されないものと定められたのは、裁判所が建設管理計画を無効とすることが問題視されたためであり、認可手続における行政庁の審査を制限する必要性は存在しなかった。認可手続における適法性審査が機能している限り、裁判所による統制を一定程度制限することも正当化されるという考え方もありうる[61]。ただし建設法典においては、認可を要する地区詳細計画は限定されており、認可庁による審査がそもそも及ばない場合が少なくないことには注意が必要である。

6 まとめ

　建設法典制定前から、手続・形式規定の違反が地区詳細計画等の法的効力にとって顧慮されるか否かについては明文の規定が置かれており、①一般的に顧慮されないもの、②一定期間内に主張されなかった場合には顧慮されなくなるもの、③常に顧慮されるものが存在している。建設法典214条は、同条1項1文各号において掲げられていない手続・形式規定の違反はすべて①に該当するものとしており、構造的に①が認められやすくなっているともいえる。2006年の建設法典改正後においては、②の期間は地区詳細計画等の公示後1年以内となっている（215条1項1文）。これらの規定は、認可庁による地区詳細計画等の適法性審査を制限するものではなく（建設法典216条）、裁判所による審査を制限することを意図している。連邦行政裁判所は、建設法典の計画維持規定について肯定的な立場に立っている。連邦行政裁判所2017年3月14日決定は、建設法典215条1項1文1号がEU指令の規定に適合的であるか否かという問題を欧州司法裁判所に提出したが、この事件は取下げにより終了した。

---

[61]　認可の拒否が裁判所で争われる場合には建設法典214条・215条は妥当しないことを指摘する説として、vgl. *Battis*, in: Battis/Krautzberger/Löhr (Fn. 17), §216 Rn. 3; *Kukk*, in: Schrödter (Fn. 7), §216 Rn. 3.

第二章　手続・形式規定の違反の効果

Ⅲ　参加に関する規定の違反

1　原則的顧慮／外部不顧慮

　建設法典214条1項1文2号前段は、「第3条第2項〔縦覧〕、第4条第2項〔行政庁の意見聴取〕、第4a条第3項〔再度の参加〕及び第5項第2文〔環境影響に関する国境を越える参加〕、第13条第2項第1文第2号及び第3号〔簡素化された手続における参加〕……による公衆及び行政庁参加に関する規定」の違反を挙げており、これらの規定の違反は地区詳細計画等の法的効力にとって原則的に顧慮されるということができる。反対に、参加に関する規定の違反であっても、建設法典214条1項1文2号前段に掲げられていないものは、顧慮されない（外部不顧慮）。既述の通り、建設法典214条1項1文2号により顧慮される参加に関する規定の違反は、地区詳細計画等の公示後1年以内に市町村に対して主張されなかった場合には、顧慮されなくなる（建設法典215条1項1文）。

(1)　公衆参加（建設法典3条）

　公衆参加について定める建設法典3条の規定のうち、同条2項（縦覧）の違反は原則的に顧慮される。建設法典制定前においては、縦覧手続が遵守されたかどうかは、地区詳細計画等の法的効力にとって有意なものとして位置づけられていた。連邦行政裁判所1968年1月8日決定[62]は、1976年改正前の連邦建設法2条6項による縦覧手続が終了する前に条例の議決がなされた事件で、「連邦建設法2条6項の違反が条例の無効をもたらすことは、その場合に法制定手続の本質的な瑕疵が問題となるので……疑問の余地がない」と判示した。連邦行政裁判所1978年4月11日決定[63]は、縦覧の公示において「補償に関する事項を計画策定手続において取り扱うことはできない」旨の付記がなされた事案で、「そのような、法律上予定された市民の参加を不公正に制限する付記は、〔1976年改正前の〕連邦建設法2

---

(62)　BVerwG, Beschl. v. 08.01.1968 - IV CB 109.66-, DVBl 1968, 517.

(63)　BVerwG, Beschl. v. 11.04.1978 - 4 B 37/78 -, juris.

第二部　計画維持規定の形成と展開

条 6 項、1976年連邦建設法2a 条 6 項に違反し、当該地区詳細計画の無効をもたらす」と判示した。連邦行政裁判所1978年 5 月26日判決[64]は、縦覧の公示において地区詳細計画の番号のみが表示され、どの地区について計画が策定されるのかが不明であった事件で、十分な公示がなされていないことを理由に当該地区詳細計画を無効とした。建設法典の下においては、これらは原則的に顧慮される瑕疵として位置づけられよう。そのほか顧慮される瑕疵としては、縦覧期間が 1 月に満たない場合や、縦覧の期間・場所の公示が不十分である場合等が考えられる[65]。他方で連邦行政裁判所2009年12月 3 日決定[66]は、建設法典 3 条 2 項 4 文による通知は地区詳細計画の施行後に行うことも可能であり、地区詳細計画の有効要件ではない旨述べている。

　建設法典 3 条 1 項（早期の公衆参加）の違反は顧慮されない[67]。したがって、法律上早期の公衆参加を省略できる場合（同条 1 項 3 文各号）に該当しないにもかかわらず、これが全く実施されなかったとしても、当該瑕疵は地区詳細計画等の法的効力に影響しない。早期の市民参加手続は1976年の連邦建設法改正で初めて導入されたものであるが、それと同時に、早期の市民参加に関する規定の違反は地区詳細計画の法的拘束性にとって有意でないものとされた。学説においては、早期の市民参加は憲法上必要とされるものではなく、土地所有者の権利は縦覧手続によって守られていることを指摘する説がある[68]。都市建設法迅速化法の政府案理由書は、早期の市民参加に関する規定の違反は「それ自体として見れば（für sich betrachtet）」地区詳細計画を無効とするものではない旨述べているところ[69]、学

---

[64]　BVerwG, Urt. v. 26.05.1978 - IV C 9.77-, BVerwGE 55, 369.

[65]　*Jürgen Stock*, in: Ernst/Zinkahn/Bielenberg/Krautzberger (Fn. 24), §214 Rn. 41. 他方、連邦行政裁判所2003年 7 月23日決定は、縦覧の公示期間が法律上必要とされる期間よりも 1 日短く、縦覧期間が 1 日長かったという事件で、公示期間の短縮は地区詳細計画の有効性に影響しない旨判示している。Vgl. BVerwG, Beschl. v. 23.07.2003 - 4 BN 36/03 -, NVwZ 2003, 1391 (1391).

[66]　BVerwG, Beschl. v. 03.12.2009 - 4 BN 25/08 -, ZfBR 2009, 274.

[67]　連邦行政裁判所も、このことを特に問題視していない。Vgl. BVerwG, Beschl. v. 23.10.2002 - 4 BN 53/02 -, NVwZ-RR 2003, 172 (173).

説においては、早期の公衆参加の不実施が衡量の瑕疵をもたらしうることを指摘する説がみられる[70]。ここでは、手続法よりも実体法を重視する思考を見出すことができる。もっとも、法律上義務付けられている参加手続の不実施が（それ自体としては）顧慮されないというのは、違和感の残るところである[71]。

(2) 行政庁参加（建設法典 4 条）

建設法典は、行政庁参加を公衆参加と同様の 2 段階手続として構成しており、違反の効果についても、公衆参加の場合と同様の区別を行っている。すなわち建設法典 4 条 2 項（行政庁の意見聴取）の違反は原則的に顧慮されるが、建設法典 4 条 1 項（早期の行政庁参加）の違反は顧慮されない。もっとも建設法典 4 条 1 項は、建設法典 3 条 1 項とは異なり、参加を省略することのできる場合を予定しておらず、建設法典 2 条 4 項 2 文によるスコーピングとの結びつきもある。その点で早期の行政庁参加は、早期の公衆参加とは異なる特別の意義を有しているようにも思われる。

(3) 再度の参加

建設法典4a 条 3 項（再度の参加）の違反は原則的に顧慮される。縦覧（建設法典 3 条 2 項）および行政庁の意見聴取（建設法典 4 条 2 項）に関する瑕疵が原則的に顧慮されるのであるから、再度の縦覧・意見聴取（建設法典4a 条 3 項 1 文）に関する瑕疵が原則的に顧慮されるのは当然ともいえよう。同項 3 文は、縦覧および意見表明の期間を適切に短縮しうることを定

---

[68] *Hermann Hill*, Das fehlerhafte Verfahren und seine Folgen im Verwaltungsrecht, 1986, S. 162-163; vgl. auch *Kirchhof* (Fn. 49), S. 2384; *Käß* (Fn. 28), S. 132. 野田崇「市民参加の『民主化機能』について」法と政治60巻 3 号（2009年）61頁の分析も参照。

[69] BT-Drs. 8/2451, S. 31.

[70] *Holger Steinwede*, Planerhaltung im Städtebaurecht durch Gesetz und richterliche Rechtsfortbildung, 2003, S. 108; *Schink*, in: Spannowsky/Uechtritz (Fn. 8), § 3 Rn. 55; *Hill* (Fn. 68), S. 163.

[71] 早期の参加に関する規定の違反が顧慮されないことに疑問を呈する説として、vgl. *Morlok* (Fn. 32), S. 229; *Wilfried Erbguth*, Die planerische Abwägung und ihre Kontrolle - aus rechtsstaatlicher Sicht, in: Wilfried Erbguth/Winfried Kluth(Hrsg.), Planungsrecht in der gerichtlichen Konrtolle, 2012, S. 103 (119-120).

めるが、この規定の違反も原則的に顧慮される。他方、参加主体を制限しうることを定める同項4文の違反については特則がある（後述）。

(4) 国境を越える参加

国境を越える参加について定める建設法典4a条5項の規定のうち、同項2文（環境影響に関する国境を越える参加）の違反は原則的に顧慮される。それに対して、指示義務について定める同項3文の違反は顧慮されない。さらに、環境影響以外の有意な影響が生ずる場合における近隣国への告知について定める同項1文の違反も顧慮されない。建設法典4a条5項の違反についてこのような区別が定められたのは2006年の改正によるものであるが、改正法案（政府案）の理由書は、「建設法典第4a条第5項第2文により要求される国境を越える参加の欠如は本質的な手続規定の違反に該当し、土地利用計画及び条例の法的効力にとって原則的に顧慮される」と述べている[72]。この説明に従うと、建設法典4a条5項1文および3文は本質的な手続規定ではないということになる。

(5) 簡素化された手続における参加

簡素化された手続について定める建設法典13条の規定のうち、同条2項1文2号（公衆参加）および3号（行政庁参加）の違反は原則的に顧慮される。顧慮される瑕疵の例としては、不適切に短い意見表明期間が設定された場合、関係する行政庁が参加させられなかった場合等が考えられる[73]。環境審査を実施しないことの指示について定める建設法典13条3項2文の違反は、建設法典214条1項1文2号前段に掲げられていないため、当然顧慮されないものであるようにも思われるが、この規定の違反については特則がある（後述）。

2 内部不顧慮条項

建設法典214条1項1文2号後段は、同号前段に掲げられた規定の違反があった場合でも、「当該規定の適用に当たり個々の人、行政庁若しくは

---

[72] BT-Drs. 16/2494, S. 30.

[73] Vgl. *Stock*, in: Ernst/Zinkahn/Bielenberg/Krautzberger (Fn. 24), §214 Rn. 43; *Uechtritz*, in: Spannowsky/Uechtritz (Fn. 8), §214 Rn. 39.

その他の公的利益の主体が参加させられなかったが、対応する利益が有意でなかった（unerheblich）若しくは決定において考慮されたとき、又はどのような種類の環境関連情報が入手可能であるかに関する個々の記述がなかったとき、又は第３条第２項第２文後段……による指示がなかったとき、又は第13条第３項第２文の適用に当たり環境審査が実施されないことに関する記述がなされなかったとき、又は第4a条第３項第４文若しくは第13条……の適用に当たりこれらの規定による参加を実施するための要件が誤認されたとき」には、当該違反は顧慮されない旨規定する（内部不顧慮条項）。

(1) 個々の人・行政庁の不参加

建設法典214条１項１文２号前段に掲げられた公衆・行政庁参加についての規定の違反があった場合においても、「当該規定の適用に当たり個々の人、行政庁若しくはその他の公的利益の主体が参加させられなかったが、対応する利益が有意でなかった若しくは決定において考慮されたとき」には、当該違反は顧慮されない（同号後段）。建設法典制定前において、連邦建設法155b条１項１文２号は、建設管理計画策定の原則および衡量についての要求が守られている場合には、当該建設管理計画に関係する個々の公的利益の主体が当該建設管理計画の策定に参加させられなかったことから生ずる瑕疵は顧慮されない旨規定していた。当時の立法資料では、「〔連邦建設法155b条１項１文〕第２号……は、公的利益の主体……を参加させる義務の違反がある場合の治癒を定めるが、治癒可能性は、個々の公的利益の主体のみが参加させられなかった事例に明文で限定される」との説明がある[74]。建設法典214条１項は、2004年の改正以降、個々の人が参加させられなかった場合にも妥当する内部不顧慮条項を有しているが、「個々の」という文言は変わらない。したがって、建設法典３条２項の縦覧や建設法典４条２項の意見聴取が全く行われなかった場合には、当

---

[74] BT-Drs. 8/2885, S. 45. 1976年の連邦建設法改正前において、商工会議所の意見が聴取されなかったという瑕疵はそれ自体としては計画の存続に影響しない旨判示した連邦行政裁判所の判例として、vgl. BVerwG, Urt. v. 16.04.1971 - IV C 66.67 -, DVBl 1971, 746 (750).

該瑕疵は顧慮される[75]。学説においては、多数の人ないし行政庁が参加させられなかった場合も同様とする説もみられる[76]。連邦行政裁判所1987年12月18日決定[77]は、地区詳細計画に関係しうる公的利益の主体が1つだけである場合においても、それを参加させることの懈怠は連邦建設法155b条1項1文2号により顧慮されない瑕疵でありうる旨判示したが、この判示に対しては異論もある[78]。

　個々の人や行政庁の不参加が顧慮されないのは、その利益が有意ではなかったか、決定において考慮された場合である。この要件が定められたのは2004年の「建設法典のEU指令への適合に関する法律」（以下本章において「EU指令適合法」という）によるものであり、同法の政府案理由書は次のように述べている。「〔建設法典214条1項1文〕第2号後段に定められる『内部』不顧慮条項は、関係する個々の公的利益の主体が参加させられなかった場合だけでなく、個々の人、行政庁又はその他の公的利益の主体が参加させられなかった場合も、土地利用計画及び条例の法的効力にとって顧慮されないものとする点で……新たな規律を含むことになる。ただしこれは、共同体法上の理由から、対応する利益が有意でなかった又は決定において考慮された事例に限定されることになる。これらの事例においては手続の瑕疵と計画策定の結果との間の因果関係が欠如しているので、裁判所による審査可能性を制限することが正当化される」[79]。手続の瑕疵と結果との因果関係がない場合に当該瑕疵を不顧慮とすることはEU法適合的であるという立場に立つものといえるが、学説においては当該要件はEU

---

[75] *Spieß*, in: Jäde/Dirnberger (Fn. 5), §214 Rn. 8; *Uechtritz*, in: Spannowsky/Uechtritz (Fn. 8), §214 Rn. 43; *Stock*, in: Ernst/Zinkahn/Bielenberg/Krautzberger (Fn. 24), §214 Rn. 49.

[76] *Uechtritz*, in: Spannowsky/Uechtritz (Fn. 8), §214 Rn. 43; *Stock*, in: Ernst/Zinkahn/Bielenberg/Krautzberger (Fn. 24), §214 Rn. 49.

[77] BVerwG, Beschl. v. 18.12.1987 - 4 NB 4/87 -, NVwZ 1988, 727.

[78] Vgl. *Uechtritz*, in: Spannowsky/Uechtritz (Fn. 8), §214 Rn. 43; *Stock*, in: Ernst/Zinkahn/Bielenberg/Krautzberger (Fn. 24), §214 Rn. 49; *Kukk*, in: Schrödter (Fn. 7), §214 Rn. 21.

[79] BT-Drs. 15/2250, S. 63.

法上問題があるとする説もみられる（後記3(1)）。

　特定の者が参加させられなかったことを理由に、地区詳細計画が効力を有しないものとした例として、ミュンヘン高等行政裁判所2005年7月6日判決[80]を挙げることができる。この事件では、地区詳細計画により商業地区に指定された区域内にある倉庫を娯楽施設に改築するために建築許可を申請し、義務付け訴訟を提起した原告が、当該地区詳細計画の変更手続（簡素化された手続）に参加させられなかったことが問題となった。同判決は、商業地区において娯楽施設が例外的に許容されることの維持を求める原告の利益が有意であったこと、この利益が衡量決定に取り入れられ、地区詳細計画の変更によって追求される利益と衡量されたとはいえないことを認定し、変更後の地区詳細計画は効力を有しないものとした。

(2)　環境関連情報に関する個々の記述の欠如

　縦覧を実施するに当たっては、どのような種類の環境関連情報が入手可能であるかに関する記述が公示されなければならない（建設法典3条2項2文前段）。建設法典214条1項1文2号後段は、どのような種類の環境関連情報が入手可能であるかに関する「個々の」記述がなかった場合、当該違反は顧慮されないものとする。この規定も2004年の建設法典改正で設けられたものであり、EU指令適合法の政府案理由書は次のように説明している。「〔建設法典〕第3条第2項による公示に当たっての、環境関連情報の種類に関する個々の記述の欠如は、顧慮されないものとする。それに対して、この場合、どのような種類の環境関連情報が入手可能であるかに関するすべての記述の欠如は、顧慮される瑕疵に該当する。この規律によって、公示につき過度な要求が設定されないことが保障されることになる」[81]。

　環境関連情報の公示については、連邦行政裁判所2013年7月18日判決[82]も重要である。この事件では、公示の文章においては環境報告書と希少種保護鑑定書（Artenschutzgutachten）が挙げられるにとどまっており、マ

---

[80]　VGH München, Urt. v. 06.07.2005 - 1 B 01.1513 -, juris.

[81]　BT-Drs. 15/2250, S. 63.

[82]　BVerwG, Urt. v. 18.07.2013 - 4 CN 3/12 -, BVerwGE 147, 206.

ンハイム高等行政裁判所は、情報の特徴づけを要求する建設法典3条2項2文の違反があるものとした。さらに高等行政裁判所は、希少種保護鑑定書によって1種類の環境関連情報だけが挙げられたことを認定して、「個々の」記述の欠如が問題になっているとはいえず、当該違反は顧慮される旨判示した。連邦行政裁判所もこの判断を是認しており、①環境関連情報の公示に当たっては、環境テーマをテーマブロックごとにまとめ、見出し語を付けて特徴づけなければならないこと、②公示されなかった種類の入手可能な環境関連情報が明らかに多数を占めるため、単なる個々の記述の欠如が問題になっているとはいえないことを指摘している。学説においては、計画策定にとって重要な個々の情報の欠如も状況によっては有意な瑕疵に該当しうると主張する説もある[83]。

(3) 建設法典3条2項2文後段による指示の欠如

建設法典3条2項2文後段によると、縦覧の公示にあっては、①縦覧期間内に意見を提出することができること、②期間内に提出されなかった意見は建設管理計画に関する議決に当たって考慮されないままになりうること、③地区詳細計画の策定に当たっては、行政裁判所法47条による規範統制の申立ては、それによって、申立人が縦覧の範囲内において主張しなかったまたは時機に遅れて主張したが、主張することができたであろう異議のみが主張される場合には、不適法であることが指示されなければならない。建設法典214条1項1文2号後段は、建設法典3条2項2文後段による指示がなかった場合、当該違反は顧慮されないものとする。建設法典214条1項1文2号後段にこのような規律が追加されたのは2006年の改正によるものであるが、学説においては、③の指示の欠如を不顧慮とすることが立法者意思であるとして、①および②に関する指示義務の違反は顧慮されると主張する説がある[84]。環境・法的救済法等改正法の政府案理由書は、この学説の立場を正当としている[85]。同法による改正により、行政裁

---

[83] Michael Uechtritz, Anforderungen an die Bekanntmachung bei der erneuten Auslage eines Bebauungsplanentwurfs nach §4 a III BauGB, NVwZ 2014, 1355 (1357); *Stock*, in: Ernst/Zinkahn/Bielenberg/Krautzberger (Fn. 24), §214 Rn. 50.

[84] *Stock*, in: Ernst/Zinkahn/Bielenberg/Krautzberger (Fn. 24), §214 Rn. 50a.

判所法における異議の排除規定が削除されるとともに、建設法典3条2項2文後段による指示の欠如を不顧慮とする規定も消滅することになる。

（4）環境審査の不実施に関する記述の欠如

簡素化された手続における公衆参加にあっては、環境審査が行われないことが指示されなければならない（建設法典13条3項2文）。建設法典214条1項1文2号後段は、建設法典13条3項2文の適用に当たり環境審査が行われないことに関する記述がなかった場合、当該違反は顧慮されないものする。EU指令適合法の政府案理由書では、「これは、〔建設法典〕第13条第3項が既に〔建設法典〕第214条第1項の文言により、その違反が土地利用計画又は条例の効力にとって顧慮される規定に含まれないことを考慮している」と説明されている[86]。法律上環境審査が不要とされている場合において、そのことについての指示がなかったことのみによって建設管理計画の効力が影響を受けるべきではないとも考えられる。ただし、環境審査に関する情報が全く提供されず、環境審査を実施しない理由が不明である場合には問題が生じうる[87]。

（5）建設法典4a条3項4文または13条による参加の要件の誤認

建設管理計画の案の変更または補完が「計画策定の基本的特徴に関係しない」場合、意見の聴取は、それによって影響を受ける公衆ならびに関係のある行政庁およびその他の公的利益の主体に制限することができる（建設法典4a条3項4文）。建設管理計画の変更または補完が「計画策定の基本的特徴に関係しない」場合等において、環境適合性審査の実施を義務付けられる事業案の許容性が根拠づけられない等の要件が充足されるときは、

---

[85] BT-Drs. 18/9526, S. 51.

[86] BT-Drs. 15/2250, S. 63. もっとも、そうであるとすれば、建設法典13条3項2文の違反が顧慮されないことを建設法典214条1項1文2号後段で明記する必要はないのではないかとも思われる。Vgl. *Uechtritz*, in: Spannowsky/Uechtritz (Fn. 8), §214 Rn. 47; *Stock*, in: Ernst/Zinkahn/Bielenberg/Krautzberger (Fn. 24), §214 Rn. 51.

[87] 迅速化された手続に関しては、環境審査を実施しない理由が示されていなければならないのではないかという議論がある。これについては第二部第四章Ⅳ1を参照。

簡素化された手続を実施することができる（建設法典13条1項）。建設法典214条1項1文2号後段は、これらの規定による参加を実施するための要件が誤認された場合、当該瑕疵は顧慮されないものとする。その立法趣旨につき、学説においては、「地区詳細計画の変更又は補完が計画策定の基本的特徴に関係するか否か……という問いの答えは、不確実性を有しているので、建設管理計画の効力がその点に左右されるべきではない」との見解がある[88]。

連邦行政裁判所2002年12月11日決定[89]は、市町村が誤った参加手続を選択したことのみが顧慮されないのであって、「必要な参加を全く実施しないことは有意なままである」ことを指摘している。建設法典4a条3項4文も、建設法典13条も、参加主体を制限しうることを定めているにすぎず、公衆・行政庁参加を全く実施しないことは認められていない。連邦行政裁判所2000年3月15日決定[90]は、参加の要件の「誤認」という概念は、「市町村が建設法典13条の要求に明確かつ詳細に取り組んだことを前提としない」のであって、「少なくとも市町村が暗黙に（stillschweigend）、建設法典13条に従って行動することが許されると考えた場合には、建設法典13条の要件に関する誤りは顧慮されない」と判示している。他方で連邦行政裁判所2009年8月4日判決[91]は、建設法典13条1項の意図的な違反は顧慮される旨判示した。学説においては、建設法典214条1項に掲げられていない規定の違反であっても、意図的な違反は顧慮されると主張する説がある[92]。

2004年の建設法典改正後においては、簡素化された手続が誤って選択された場合には、通常、環境審査が実施されず、環境報告書が作成されないことになる。環境報告書は理由書の一部であり、環境報告書が作成されな

---

[88] *Kukk*, in: Schrödter (Fn. 7), §214 Rn. 21; vgl. auch *Stock*, in: Ernst/Zinkahn/Bielenberg/Krautzberger (Fn. 24), §214 Rn. 54; *Bernhard Stüer*, Handbuch des Bau- und Fachplanungsrechts, 5. Aufl. 2015, Rn. 1359.
[89] BVerwG, Beschl. v. 11.12.2002 - 4 BN 16/02 -, BVerwGE 117, 239.
[90] BVerwG, Beschl. v. 15.03.2000 - 4 B 18/00 -, NVwZ-RR 2000, 759.
[91] BVerwG, Urt. v. 04.08.2009 - 4 CN 4/08 -, BVerwGE 134, 264.
[92] Vgl. *Käß* (Fn. 28), S. 105.

かった場合には、理由書に関する規定の違反が問題となる。これに関しては前掲連邦行政裁判所2009年 8 月 4 日判決が重要な判示を行っている（後記Ⅳ 2 (3)を参照）。

3　EU 法適合性に関する問題
(1)　学説

　建設法典214条 1 項 1 文 2 号については、その一部において EU 法上問題があることを指摘する説もみられる。まず、建設法典 3 条 1 項および 4 条 1 項による早期の参加に関しては、これらが指令2001/42/EG によって要求されるものではないことから、早期の参加を実施する義務の違反を不顧慮とすることも国内の立法者の自由である旨主張する説がある[93]。この説によれば、建設法典 3 条 2 項および 4 条 2 項による参加が実施されている場合には EU 法上問題ないということになる。他方で、個々の人が参加させられなかったが、その利益が有意でなかった場合を不顧慮とすることに対しては、指令2001/42/EG が「国内的に定義される公衆の範囲に属するすべての個人に欧州法上根拠づけられた意見表明権を付与し、その意見の内容は重要ではない」との理解を前提に、この地位の侵害は計画の違法をもたらさなければならないと主張する説がある[94]。この説によれば、EU 法上参加権を有する者が参加させられなかったという瑕疵は顧慮される。環境関連情報に関する個々の記述の欠如を不顧慮とすることが EU 法適合的であるか否かについては、学説において意見が分かれている[95]。建

---

[93]　*Martin Kment*, Zur Europarechtskonformität der neuen baurechtlichen Planerhaltungsregeln, AöR 130 (2005), 570 (604).

[94]　*Thomas Bunge*, Zur gerichtlichen Kontrolle der Umweltprüfung von Bauleitplänen, NuR 2014, 1 (6); vgl. auch *Alexander Schmidt/Christian Schrader/Michael Zschiesche*, Die Verbandsklage im Umwelt- und Naturschutzrecht, 2014, Rn. 258; *Kment* (Fn. 93), S. 599-601.

[95]　EU 法上問題があるとする説として、vgl. *Bunge* (Fn. 94), S. 6; *Schmidt/Schrader/Zschiesche* (Fn. 94), Rn. 259. 問題はないとする説として、vgl. *Kment* (Fn. 93), S. 602-603; *Wilfried Erbguth*, Rechtsschutzfragen und Fragen der §§ 214 und 215 BauGB im neuen Städtebaurecht, DVBl 2004, 802 (809-810).

設法典4a 条3項4文または13条による参加の要件の誤認を不顧慮とすることに関しては、EU 法は影響を受ける者が手続に参加することのみを求めているとして、そのEU 法適合性を肯定する説がみられる[96]。影響を受ける公衆ならびに関係する行政庁およびその他の公的利益の主体の参加が実施されている限りは問題ないとするものである。

(2) 欧州司法裁判所の判決と2015年の環境・法的救済法改正

　建設法典214条1項1文2号のEU 法違反を認定した欧州司法裁判所の判例は存在しない。建設法典の規定に言及しているわけではないが、欧州司法裁判所2013年11月7日判決[97]は、手続の瑕疵がなかったとしても異なる結果にならなかったであろうという可能性が存在する場合には、攻撃されている決定を取り消さないことも許される旨判示する一方、瑕疵の重大性の程度が考慮されなければならず、影響を受ける公衆に情報へのアクセスおよび決定手続への参加を可能にするために創設された保障が奪われたか否かが審査されなければならないと述べている。この判決を受けた2015年の環境・法的救済法改正で、影響を受ける公衆から法律で定められた決定手続への参加（縦覧に供される書類へのアクセスを含む）の機会が奪われた場合で、当該瑕疵が治癒されなかったときは、その種類および重大性に応じて、決定の取消しを求めることができる旨の規定が設けられた（同法4条1項1文3号）。もっとも地区詳細計画に関しては従来通り建設法典214条・215条が適用されるものとされ（環境・法的救済法4条2項）、建設法典214条1項1文2号にも変更は加えられなかった。

4　2017年の改正による変更点
(1)　原則的顧慮／外部不顧慮

　指令2014/52/EU 転換法による改正後の建設法典214条1項1文2号前段は、原則的に顧慮される違反として、「第3条第2項〔縦覧〕、第4条第2項〔行政庁の意見聴取〕、第4a 条第3項〔再度の参加〕、第4項第1文〔縦

---

[96]　*Bunge* (Fn. 94), S. 7; *Kment* (Fn. 93), S. 605-606.
[97]　EuGH, Urt. v. 07.11.2013 - C-72/12 -, NVwZ 2014, 49.

覧に関するインターネットによる情報提供〕及び第 5 項第 2 文〔環境影響に関する国境を越える参加〕による、第13条第 2 項第 1 文第 2 号及び第 3 号〔簡素化された手続における参加〕……による公衆及び行政庁参加に関する規定の違反があった」場合を挙げており、縦覧に関してインターネットによる情報提供を義務付けた改正後の建設法典4a条 4 項 1 文が追加されている。後述の通り、この規定の違反については特則が設けられている。環境・法的救済法等改正法により追加された建設法典 3 条 3 項（土地利用計画の策定に当たっての異議の排除に関する指示）の違反は、建設法典214条 1 項 1 文 2 号前段には掲げられず、土地利用計画の法的効力にとって顧慮されない[98]。早期の公衆・行政庁参加に関する規定の違反は、従前と同様に、顧慮される違反から除外されている。

(2) 内部不顧慮条項

指令2014/52/EU 転換法による改正後の建設法典214条 1 項 1 文 2 号後段 a〜g は、同号前段に掲げられた規定の違反であっても顧慮されない場合があることを定めている。同号後段 a は、個々の人、行政庁またはその他の公的利益の主体が参加させられなかったが、その利益が有意でなかった場合または決定において考慮された場合を挙げている。同号後段 b は、どのような種類の環境関連情報が入手可能であるかに関する個々の記述がなかった場合を挙げている。これらの場合を不顧慮とすることは EU 法上問題があるとする学説もみられたが、このような学説の主張は採用されていない。同号後段 c は、「行政裁判所法第47条第2a 項に関する第 3 条第 2 項第 2 文による指示」の欠如を不顧慮とすることを定めていたが、環境・法的救済法等改正法により行政裁判所法47条2a 項は削除され、これに関する指示も不要になった。環境適合性審査現代化法による改正後においては、建設法典214条 1 項 1 文 2 号後段 c は全部削除されており、建設法典 3 条 2 項 2 文後段による指示に関する瑕疵は顧慮される。

指令2014/52/EU 転換法による改正後の建設法典214条 1 項 1 文 2 号後

---

[98] BT-Drs. 18/9526, S. 51. 指示がなかった場合には、異議を排除する効果は生じないことを指摘する説として、vgl. *Jarass/Kment* (Fn. 5), §3 Rn. 18a.

段dは、重要な理由が存在する場合に縦覧期間を延長しなければならないことを定める改正後の建設法典3条2項1文の違反に関する規定である。この規定によると、重要な理由が存在するにもかかわらず縦覧期間が適切に延長されなかったが、「重要な理由の不存在を採用するための理由づけが理解できる（nachvollziehbar）」場合は顧慮されない。この場合を不顧慮とすることが正当化される理由に関して、指令2014/52/EU転換法の政府案理由書は、①縦覧の前に建設法典3条1項による早期の参加が行われること、②縦覧に関しては少なくとも1週間前に建設法典3条2項2文による指示がなされること、③衡量にとって意味がある利益は、縦覧期間経過後に提出されたものであっても、衡量において考慮されなければならないことを指摘している[99]。もっとも、早期の参加に関する規定の違反は顧慮されないから、①は必ずしも説得的でない。早期の参加の重要性を認めるのであれば、これに関する規定の違反が顧慮されることを承認するべきではないかと思われる。

指令2014/52/EU転換法による改正後の建設法典214条1項1文2号後段eは、縦覧に関するインターネットによる情報提供を義務付けた改正後の建設法典4a条4項1文の違反に関する規定である。この規定によると、公示の内容および縦覧に供される書類がインターネットに取り入れられたが、「州の中心的なインターネットポータルを通じてアクセスできない」場合は顧慮されない。市町村のインターネットポータル等を通じたインターネット公表が行われたことを前提とするものであり[100]、そもそもインターネット公表が行われなかった場合は顧慮される[101]。

指令2014/52/EU転換法による改正後の建設法典214条1項1文2号後段fおよびgは、それぞれ、建設法典13条3項2文の適用に当たり環境審査が行われないことに関する記述がなかった場合、建設法典4a条3項4文または13条の適用に当たりこれらの規定による参加を実施するための要件が誤認された場合を挙げており、実質的に従前と変わりがない。

---

[99] BT-Drs. 18/10942, S. 51.

[100] Vgl. BT-Drs. 18/10942, S. 51; *Stollmann/Beaucamp* (Fn. 2), §8 Rn. 18.

[101] *Jarass/Kment* (Fn. 5), §214 Rn. 27a.

5　まとめ

　2017年の改正後においても、①建設法典3条2項（縦覧）、②建設法典4条2項（行政庁の意見聴取）、③建設法典4a条3項（再度の参加）、⑤建設法典4a条5項2文（環境影響に関する国境を越える参加）、⑤建設法典13条2項1文2号・3号（簡素化された手続における参加）の違反は原則的に顧慮される（建設法典214条1項1文2号前段）。それに対して早期の公衆・行政庁参加に関する規定（建設法典3条1項・4条1項）の違反は顧慮されない。学説においては、早期の公衆参加は憲法およびEU法上必要とされるものではなく、これに関する規定の違反を不顧慮とすることに問題はない旨主張する説が多い。①～⑤の参加が実施されていれば十分であるというのも1つの考え方ではあるが、法律上義務付けられている参加手続の不実施を不顧慮とすることの合理性については疑問が残る。

　上記①～⑤の規定の違反であっても、個々の人、行政庁またはその他の公的利益の主体が参加させられなかった場合で、その利益が有意でなかったときや決定において考慮されたときには、顧慮されない（建設法典214条1項1文2号後段）。この要件も2004年の改正以降変更がない。EU指令適合法の政府案理由書は、当該要件がEU法適合的であるとする立場をとるものとみられるところ、学説においては、指令2001/42/EGが国内法により定義される公衆の範囲に属するすべての個人に手続参加権を与えているとの立場から、当該要件を批判する説がある。EU法上手続参加権を有する者が参加させられなかった場合については厳格に対処すべきであるとも考えられるが、2017年の改正後においても当該要件の内容について変更はない。

　建設法典214条1項1文2号により顧慮される参加に関する規定の違反であっても、地区詳細計画等の公示後1年以内に市町村に対して主張されなかった場合には、顧慮されなくなる（建設法典215条1項1文）。したがって、上記①～⑤の（うちいずれかの）参加手続が実施されなかった場合でも、主張期間が適用される。参加に関する規定の違反のうち重大なものについては主張期間を適用しないという考え方もありえなくはないが[002]、建設法典215条の規定の内容については、2006年の改正以降、変更はない。

Ⅳ　理由書に関する規定の違反

1　原則的顧慮／外部不顧慮

　建設法典214条1項1文3号前段は、「第2a条〔案の理由書〕、第3条第2項〔縦覧〕、第5条第1項第2文後段及び第5項〔土地利用計画の理由書〕、第9条第8項〔地区詳細計画の理由書〕……による土地利用計画及び条例並びにそれらの案の理由書に関する規定」の違反は原則的に顧慮されるものとしている。理由書の記載が建設法典2a条2文各号の要求を満たしていなかった場合、案の理由書が縦覧に供されなかった場合、計画に理由書が添付されなかった場合等が考えられる。連邦行政裁判所2002年10月23日決定[103]は、地区詳細計画の理由書が権限のある市町村の機関によって承認されなかった場合には、有効な理由書を欠くので、これは原則的に顧慮される手続の瑕疵に当たるものとしている。既述の通り、建設法典214条1項1文3号により顧慮される規定の違反は、地区詳細計画等の公示後1年以内に市町村に対して主張されなかった場合には、顧慮されなくなる（建設法典215条1項1文）。

　建設法典6条5項3文および10条4項によると、土地利用計画および地区詳細計画には総括説明書が添付されなければならない。総括説明書は、機能的には理由書に類似するようにも思われるが、理由書の構成要素とはされていない。これらの規定の違反は建設法典214条1項1文各号のいずれにおいても掲げられておらず、結局、総括説明書に関する瑕疵は顧慮されない（外部不顧慮）。立法資料においては、「総括説明書における瑕疵は、建設管理計画の効力に影響を及ぼさない」ことが明言されており、その理

---

[102] 建設法典の不顧慮規定はEU法適合的に解釈されなければならず、重大な手続の瑕疵が問題になる場合には建設法典214条は適用できないと主張した説として、vgl. *Sabine Schlacke*, Bedeutung von Verfahrensfehlern im Umwelt- und Planungsrecht - unter besonderer Berücksichtigung des Gesetzesentwurfs zum UmwRG vom 5.9.2016, UPR 2016, 478 (482).

[103] BVerwG, Beschl. v. 23.10.2002 - 4 BN 53/02 -, NVwZ-RR 2003, 172.

第二章　手続・形式規定の違反の効果

由に関しては、「環境報告書に関する総括説明書は、地域的に通常の方法で建設管理計画が公示されることをもって計画策定手続が終結した後で初めて、当該計画に添付されなければならないものとされている」ことが指摘されている[104]。それに対して学説においては、総括説明書に関する瑕疵を不顧慮とすることはEU法上問題があると主張する説がある（後記4）。

2　内部不顧慮条項
(1)　理由書が不完全である場合

　建設法典214条1項1文3号中段は、同号前段に掲げられた規定の違反がある場合においても、「土地利用計画若しくは条例の理由書又はそれらの案が不完全である」ときには、当該違反は顧慮されない旨規定する（内部不顧慮条項）。

　建設法典制定前において、連邦建設法155b条1項1文3号は、建設管理計画策定の原則および衡量についての要求が守られている場合には、土地利用計画の解説報告書、地区詳細計画の理由書、または縦覧に供されなければならない建設管理計画の案の解説報告書もしくは理由書が不完全であることから生ずる瑕疵は顧慮されない旨規定していた。都市建設迅速化法の政府案理由書は、連邦建設法に、地区詳細計画はその理由書が不完全であるというだけで無効となるものではない旨の規定（政府案の連邦建設法155a条5項）を設けるにあたり、次のように説明していた。「判例によると、〔連邦建設法〕第1条第6項及び第7項による建設管理計画策定の原則及び衡量にとって決定的なすべての観点が説明されてはいない、地区詳細計画についての不完全な理由書は、当該地区詳細計画の無効をもたらす。このことは、実務において、計画を策定する市町村に不確実性をもたらし、それとともにしばしば計画の進行における遅滞をももたらしてきた。〔連邦建設法155a条〕第5項は、これを回避するものである。それは同時に、市町村が、〔連邦建設法〕第1条第6項及び第7項を遵守したということを、理由書とは別の書類によって証明することができることを可能に

---

[104]　BT-Drs. 15/2996, S. 70.

するものである」[105]。裁判所による理由書の統制が厳格すぎるというのである。

　前掲連邦行政裁判所1986年２月21日決定は、連邦建設法155b条１項１文３号の解釈に関して、「理由書がこの意味において『不完全』であるのは、計画策定構想にとって重要な規律について根本的な（tragend）すべての観点が取り上げられてはいない場合か、あるいは個々の――この意味において重要な――規律について理由づけが欠けている場合である」と述べるとともに、「それに対して1979年連邦建設法155b条１項１文３号が適用できないのは、地区詳細計画に理由書がそもそも添付されていない場合又は理由書が、計画策定の目標及び目的について具体的なことを説明することなく、型通りに（formelmäßig）連邦建設法の規定の繰返し若しくは計画内容の記述に尽きる場合である」と判示していた。連邦行政裁判所1989年６月30日判決[106]は、地区詳細計画の理由書が連邦建設法および建築利用令の規定を示すにすぎなかった事案で、当該瑕疵は連邦建設法155b条１項１文３号により顧慮されないものではない旨判示するとともに、「地区詳細計画の理由書の完全な欠如は、資料又は議会議事録に立ち戻ることによって埋め合わせることができない」ことを指摘している。理由書の欠如およびそれと同視しうる場合は顧慮されるということであり、このような判例の立場は建設法典の下においても参照されている[107]。

　連邦建設法155b条１項１文３号は、建設管理計画策定の原則および衡量についての要求が守られていることを前提としており、実体法重視の考え方が条文上も明確にされていた。もっとも、理由書が不完全な事例にお

---

[105] BT-Drs. 8/2451, S. 32. 連邦行政裁判所1971年５月７日判決は、地区詳細計画の理由書は少なくとも当該計画によってなされる規律の中心的な点に関して理由を示さなければならず、その欠如は原則的に当該計画が効力を有しないという結果をもたらす旨判示していた。ただし同判決も、別の書類が理由を明確にするときには例外を認めていた。Vgl. BVerwG, Urt. v. 07.05.1971,- IV C 76.68 -, NJW 1971, 1626 (1626).

[106] BVerwG, Urt. v. 30.06.1989 - 4 C 15/86 -, NVwZ 1990, 364.

[107] Vgl. *Spieß*, in: Jäde/Dirnberger (Fn. 5), §214 Rn. 12; *Jarass/Kment* (Fn. 5), §214 Rn. 28; vgl. auch OVG Koblenz, Urt. v. 10.06.2009 - 8 C 11307/08 -, juris Rn. 23.

いては、裁判所による衡量統制が困難になる場合もあるのではないかとも思われる。ただし、理由書が不完全である場合については、市町村は請求に基づいて情報を提供しなければならない旨の規定が置かれている（後記3）。

(2) 環境報告書が非本質的な点で不完全である場合

建設法典214条1項1文3号後段は、中段とは異なって、「規定の違反は、環境報告書との関係においては、これに関する理由書が非本質的な点においてのみ不完全であるときには、顧慮されない」と規定する。環境報告書は、理由書の一部であるが（建設法典2a条3文）、違反の効果に関しては特別の取扱いを受けている。すなわち、環境報告書を除く理由書が不完全であったとしても当該瑕疵は顧慮されない（建設法典214条1項1文3号中段）のに対して、環境報告書が非本質的とはいえない点で不完全である場合には当該瑕疵は顧慮される。その限りで建設法典は、環境報告書に、その他の理由書よりも高い価値を認めているといえる[108]。

立法資料においては、顧慮されない環境報告書の瑕疵の例として、「環境報告書が、……〔建設法典〕附則の第1号並びに第3号a及びcにおいて挙げられた要求を明示的には含んでいないが、土地利用計画若しくは条例又はそれらの案の理由書が別の箇所でこれに関して存在する場合」が挙げられており、その理由として、「これらの記述は一般的にいずれにしても土地利用計画若しくは条例又はそれらの案の理由書の構成要素である」という点が指摘されている[109]。建設法典附則1によると、環境報告書は、導入（1号）、環境審査において調査された有意な環境影響の記述・評価（2号）、追加的記述（3号）から構成され、導入に関しては、建設管理計画の内容および重要な目標の簡潔な説明（1号a）、関係する部門法律および部門計画で定められた環境保護の目標ならびにこれらの目標および環境保護の利益がどのように考慮されたかの説明（1号b）が必要とされる。追加的記述としては、環境審査に当たって用いられた技術的手続の重要な

---

[108] Vgl. BT-Drs. 15/2250, S. 64; *Uechtritz*, in: Spannowsky/Uechtritz (Fn. 8), §214 Rn. 57; *Stock*, in: Ernst/Zinkahn/Bielenberg/Krautzberger (Fn. 24), §214 Rn. 71a.
[109] BT-Drs. 15/2996, S. 71.

特徴の記述および記述の整理に当たって生じた困難に関する指示（3号a）、環境への有意な影響の監視のために計画された措置の記述（3号b）、この附則により必要とされる記述の要約（3号c）等が求められる。このうち、建設管理計画の内容および重要な目標の簡潔な説明（1号a）は、環境報告書を除いた理由書においても記載されていると考えられるが（建設法典2a条2文1号参照）、理由書が不完全であることは顧慮されないものとされているため、理由書が当該記載を欠いている場合もあるのではないかと思われる。

　環境影響の監視のための措置に関する環境報告書の記述が不完全であった事件で、連邦行政裁判所2009年12月30日決定[110]は、そのような環境報告書が本質的な点において不完全であるか否かについては、個別事例の状況、特に建設管理計画の種類・目標・内容および問題となる環境影響によって判断される旨判示し、理由書の瑕疵が環境関連の衡量上の有意性を欠くために衡量決定に決定的な影響を及ぼしえなかったとして本質性を否定した上級行政裁判所の判断を是認している。他方で同決定は、環境報告書が監視措置に関する説明を全く含んでいない場合にも同様に解することができるかどうかについては判断を留保している。いずれにしても、監視措置に関する記述に不備がある場合に、当該瑕疵が顧慮される可能性は否定されていない。

(3)　環境報告書の欠如——建設法典214条1項1文2号と3号の関係

　理由書の欠如は顧慮されるというのが通説・判例であることからすると、環境報告書の欠如も同様に解されるべきではないかと思われる。前掲連邦行政裁判所2009年8月4日判決は、「環境報告書が完全に欠けるならば、それは非本質的な点においてのみ不完全なのではなく、建設法典214条1項1文3号の不顧慮条項は妥当しない」と述べている。ただし同判決は、「市町村が、地区詳細計画の変更又は補完が計画策定の基本的特徴に関係するということを誤認して〔簡素化された手続を選択して〕、その結果建設管理計画の理由書に関する規定の違反もあった場合」には、建設法典

---

[110]　BVerwG, Beschl. v. 30.12.2009 - 4 BN 13/09 -, ZfBR 2010, 272.

214条1項1文2号の内部不顧慮条項が準用される旨判示し、その理由として、「もしも環境報告書の欠如が建設管理計画の変更の法的効力にとって、当該変更が計画策定の基本的特質に関係するということを市町村が誤認した場合においても、常に顧慮されるとすると、この瑕疵を対象とする、公衆及び行政庁参加に関する規定のための建設法典214条1項1文2号における内部不顧慮条項が無に帰するであろう」ということを指摘している。ただし同判決は、建設法典214条1項1文2号後段が準用されるのは「環境審査の実施が共同体法上必要ではなかった場合に限られる」と述べており、少なくとも建設管理計画の変更が「有意な環境影響を有しないことが明白である場合」には環境審査は必要ではないことを指摘している[11]。

　以上の判示事項を整理すると、通常の計画策定手続における環境報告書の欠如は顧慮される。それに対して簡素化された手続が誤って選択され、その結果環境報告書が作成されなかった場合には、環境審査の実施がEU法上必要であったかどうかが問題となる。少なくとも建設管理計画の変更が有意な環境影響を有しないことが明白であるときには、EU法上環境審査が必要であったとはいえず、建設法典214条1項1文2号後段が準用され、環境報告書の欠如は不顧慮となる。それに対して、環境審査の実施がEU法上必要であったときには、環境報告書の欠如は顧慮される。その限りで、計画維持規定のEU法適合的な解釈が示されているとみることもできる。

3　理由書が不完全である場合の情報提供義務

　建設法典214条1項2文は、「第1文第3号の事例において理由書が本質的な点において不完全である場合で、正当な利益が説明されるときは、市町村は請求に基づいて情報を与えなければならない」と規定する。建設法

---

[11] 本件は、簡素化された手続により地区詳細計画の住居専用地区の指定が一般住居地区に変更された事件であるが、連邦行政裁判所は、当該地区詳細計画の変更が有意な環境影響をもたないことは明白であるとした。Vgl. BVerwG, Urt. v. 04.08.2009 - 4 CN 4/08 -, BVerwGE 134, 264 Rn. 28.

典制定前においては、連邦建設法155b条1項2文が、同項1文3号の事例において解説報告書または理由書が衡量にとって本質的な関係において不完全である場合で、正当な利益が説明されるときは、市町村は請求に基づいて情報を与えなければならない旨規定していた。当時の立法資料においては、「理由書が不完全である場合には、正当な利益を疎明するすべての者、つまり特に計画により影響を受ける者は、市町村から情報を得ることができる」こと[112]、「市町村は、解説報告書又は理由書が不完全である場合、請求に基づいて、解説報告書又は理由書に含まれていない説明に関して情報を与えなければならない」ことが指摘されている[113]。

建設法典214条1項2文による情報提供義務は、理由書が不完全であることが顧慮されないものとされていることに対する代償的措置といえる[114]。この規定は、計画により影響を受ける者に、自己の権利を追求するために必要な知識を伝えるものであって（権利保護機能）、不完全な理由書の修正を目的とするのではない[115]。建設法典214条1項2文にいう「本質的な点」とは、従前と同様、衡量にとって本質的な関係を意味すると考えられており[116]、衡量上有意な私的利益は、ここでいう「正当な利益」に該当する[117]。正当な利益を有する者は、裁判的に貫徹しうる情報提供請求権を有するという説もある[118]。

---

[112] BT-Drs. 8/2451, S. 32.

[113] BT-Drs. 8/2885, S. 46.

[114] Vgl. *Uechtritz*, in: Spannowsky/Uechtritz (Fn. 8), §214 Rn. 62; *Käß* (Fn. 28), S. 104; Klaus-Peter Dolde, Die „Heilungsvorschriften" des BauGB für Bauleitpläne, BauR 1990, 1 (4).

[115] *Uechtritz*, in: Spannowsky/Uechtritz (Fn. 8), §214 Rn. 60; *Stock*, in: Ernst/Zinkahn/Bielenberg/Krautzberger (Fn. 24), §214 Rn. 73; *Battis*, in: Battis/Krautzberger/Löhr (Fn. 17), §214 Rn. 9.

[116] *Stock*, in: Ernst/Zinkahn/Bielenberg/Krautzberger (Fn. 24), §214 Rn. 72; *Battis*, in: Battis/Krautzberger/Löhr (Fn. 17), §214 Rn. 9; *Kukk*, in: Schrödter (Fn. 7), §214 Rn. 33.

[117] *Spieß*, in: Jäde/Dirnberger/Weiß (Fn. 5), §214 BauGB Rn. 15; *Stock*, in: Ernst/Zinkahn/ Bielenberg/Krautzberger (Fn. 25), §214 Rn. 74; *Kukk*, in: Schrödter (Fn. 7), §214 Rn. 34.

第二章　手続・形式規定の違反の効果

4　EU法適合性に関する問題

　学説においては、環境報告書が不完全である場合に当該瑕疵が顧慮されるか否かにつき本質性の基準が選択されたことは欧州法上適切であると評価する一方、非本質性の概念は狭く解釈されなければならないことを指摘する説がみられる[118]。同様の立場から、利益の衡量にとって役割を演じない状況のみが非本質的であり、それに対して計画上の決定に影響を及ぼしうる場合は非本質的とはいえない旨主張する説がある[120]。既述の通り、前掲連邦行政裁判所2009年12月30日決定は、瑕疵が環境関連の衡量上の有意性を欠くために衡量決定に決定的な影響を及ぼしえなかったとして本質性を否定した上級行政裁判所の判断を是認している[121]。

　他方で、総括説明書に関する規定の違反が顧慮されないことに対しては、EU法上問題があることを指摘する説がある。ある学説は、計画の採用後に総括説明書が公衆にとって入手可能となることを求める指令2001/42/EGの規定が、総括説明書に記載される情報を求める権利を個人に付与するとの理解を前提に、建設法典10条4項は本質的な手続規定であって、その違反は原則的に当該計画が効力を有しないという結果をもたらさなければならないと主張している[122]。もっとも、2017年の改正後においても、建設法典214条1項1文3号の規定の内容に関する変更点はなく、

---

(118)　*Jarass/Kment* (Fn. 5), §214 Rn. 29; *Kukk*, in: Schrödter (Fn. 7), §214 Rn. 34. 情報提供請求権は計画の効力発生によって初めて成立することを指摘する説として、vgl. *Stock*, in: Ernst/Zinkahn/Bielenberg/Krautzberger (Fn. 24), §214 Rn. 73a; *Uechtritz*, in: Spannowsky/Uechtritz (Fn. 8), §214 Rn. 66.

(119)　*Kment* (Fn. 93), S. 606-607; vgl. auch *Michael Quaas/Alexander Kukk*, Neustrukturierung der Planerhaltungsbestimmungen in §§214 ff. BauGB, BauR 2004, 1541 (1547).

(120)　*Bunge* (Fn. 94), S. 7.

(121)　瑕疵が環境関連の衡量上有意な利益に関わる場合には非本質的とはいえない旨主張する説として、vgl. *Uechtritz*, in: Spannowsky/Uechtritz (Fn. 8), §214 Rn. 57.1. 決定にとって有意でない環境の観点は通常非本質的であるとする説として、vgl. *Stock*, in: Ernst/Zinkahn/Bielenberg/Krautzberger (Fn. 24), §214 Rn. 71a.

(122)　*Bunge* (Fn. 94), S. 8; vgl. auch *Kment* (Fn. 93), S. 609. それに対して総括説明書に関する瑕疵が顧慮されないことは共同体法に適合的であるとする説として、vgl. *Erbguth* (Fn. 95), S. 810.

総括説明書に関する規定の違反が同条1項1文各号のいずれにおいても掲げられていないことも変わりがない。

5 まとめ

　理由書に関する規定の違反については、2004年の建設法典改正以降、同年の改正で導入された環境報告書に関する瑕疵と、環境報告書を除く理由書に関する瑕疵との間で、その効果が異なっている。環境報告書を除く理由書に関しては、それが不完全であるという瑕疵は顧慮されず、その欠如またはこれと同視しうる場合に限り顧慮される。理由書が不完全であることが顧慮されないことは建設法典制定前から規定されており、当時の立法資料では、理由書に対する裁判所の統制が厳格すぎることが指摘されていた。他方で理由書が本質的な点において不完全である場合については、市町村は請求に基づいて情報を提供しなければならないものとされており、理由書の不備が裁判所による統制を困難にすることを回避するための方策が用意されている。

　環境報告書に関しては、それが非本質的な点においてのみ不完全であるという瑕疵は顧慮されないが、それ以外の瑕疵は原則的に顧慮される（簡素化された手続が誤って選択された場合で、環境審査がEU法上必要ではなかったときは、環境報告書の欠如は顧慮されない）。環境報告書が非本質的とはいえない点で不完全であるという瑕疵は顧慮されるため、その点で理由書に対する裁判所の統制を強化することが認められたといえる。理由書が非本質的な点においてのみ不完全であるという瑕疵を不顧慮とすることは、非本質性の判断が適切になされる限り、是認しうるように思われる。

　2004年の建設法典改正で導入された総括説明書は、計画策定手続が終結した後で建設管理計画に添付されるものであり、理由書の一部とはされていない。立法資料では、総括説明書に関する瑕疵は顧慮されないことが明言されている。学説においては、総括説明書に関する規定の違反を不顧慮とすることはEU法上問題があると主張する説もあるが、2017年の改正後においても、総括説明書に関する規定の違反は建設法典214条1項1文各号のいずれにおいても掲げられていない。

第二章　手続・形式規定の違反の効果

V　第二章のまとめ

　連邦建設法は、1976年の改正で、手続・形式規定の違反は条例の施行後1年以内に市町村に対して主張されなければ顧慮されないこと（155a条1文）、これは条例の認可または公示に関する規定の違反には妥当しないこと（155a条2文）、早期の市民参加に関する規定の違反は顧慮されないこと（155a条4文）を定めた。改正法案（政府案）の理由書では、手続・形式規定違反の主張期間を定める理由として、法的安定性の確保ないし信頼保護が挙げられている。

　1979年の連邦建設法改正では、土地利用計画および条例の策定に当たっての手続・形式規定の違反についての定め（155a条）のほか、建設管理計画策定に関するその他の規定の違反についての定め（155b条）が置かれた。それによると、手続・形式規定の違反は、土地利用計画または条例の公示から1年以内に市町村に対して主張されなければ顧慮されない（同法155a条1項）。このことは、土地利用計画または条例の認可および公示に関する規定の違反には妥当しない（同法155a条3項）。早期の市民参加に関する規定の違反は顧慮されない（同法155a条2項）。建設管理計画策定の原則および衡量についての要求が守られている場合には、個々の公的利益の主体が建設管理計画の策定に参加させられなかったという瑕疵や、建設管理計画またはそれらの案の解説報告書・理由書が不完全であるという瑕疵は、顧慮されない（同法155b条1項1文）。立法資料では、上記の改正の理由として、行政裁判所が計画手続および理由書についてあまりにも高い要求をしていることが指摘されている。ただし、解説報告書・理由書が衡量にとって本質的な関係において不完全である場合で、正当な利益が説明されるときは、市町村は情報を与えなければならない（同法155b条1項2文）。

　建設法典214条1項1文は、建設法典の手続・形式規定の違反が顧慮される場合を限定列挙しており、衡量素材の調査・評価に関する瑕疵（1号）、参加に関する規定の違反（2号）、理由書に関する規定の違反（3

号)、議決・認可・公示に関する瑕疵（4号）を挙げている。参加に関する規定の違反のうち、早期の公衆・行政庁参加に関する規定の違反は顧慮されず（建設法典214条1項1文2号前段）、個々の人や行政庁が参加させられなかったことは、その利益が有意でなかった場合や決定において考慮された場合には、顧慮されない（同号後段）。理由書に関する規定の違反のうち、理由書（環境報告書を除く）が不完全であること、環境報告書が非本質的な点で不完全であることは顧慮されない（建設法典214条1項1文3号中段・後段）。理由書が本質的な点において不完全である場合で、正当な利益が説明されるときは、市町村は情報を与えなければならない（建設法典214条1項2文）。さらに建設法典215条1項1文1号は、建設法典214条1項1文1号〜3号により顧慮される規定の違反であっても、土地利用計画または条例の公示から1年以内に市町村に対して主張されなかった場合には、顧慮されなくなる旨定めている。2017年の改正後においても、上記の事項について変更はない。

　手続・形式規定の違反に関しては、1976年の連邦建設法改正以来、①常に顧慮されないもの、②一定期間内に市町村に対する主張があった場合に限り顧慮されるもの、③常に顧慮されるものが存在している。建設法典214条1項1文は、各号に掲げられていない手続・形式規定の違反は顧慮されないものとしており、①に該当するものが少なくない。2017年の改正後においても、建設法典2条1項2文（策定開始の議決）、3条1項（早期の公衆参加）、4条1項（早期の行政庁参加）、4a条5項1文（近隣国への告知）、6a条・10a条（総括説明書）の違反は顧慮されない。早期の公衆・行政庁参加に関する規定の違反を一切不顧慮とすることには疑問があるが、多くの学説は、早期の公衆参加は憲法およびEU法上必要とされるものではなく、これに関する規定の違反を不顧慮とすることに問題はないという立場に立っている。

　また、建設法典214条1項1文4号の瑕疵（議決・認可・公示に関する瑕疵）のみが上記③に該当するものとされており、参加・理由書に関する規定の違反は、それがいかに重大なものであったとしても、上記②に該当しうるにとどまるという点も問題となる。連邦行政裁判所2017年3月14日決

定は、参加に関する規定の違反が争われた事件で、建設法典215条1項1文1号がEU指令の規定に適合的であるか否かという問題を欧州司法裁判所に提出したが、この事件は取下げにより終了した。

　建設法典214条1項1文2号によると、建設法典3条2項（縦覧）や4条2項（行政庁の意見聴取）の違反は原則的に顧慮されるが、個々の人や行政庁が参加させられなかった場合で、その利益が有意でなかったか決定において考慮されたときは、当該違反は顧慮されない。学説においては、指令2001/42/EGが国内法により定義される公衆の範囲に属するすべての個人に手続参加権を与えているとの立場から、この権利の侵害は顧慮される旨主張する説もある。EU法上手続参加権を有する者が参加させられなかった場合については厳格に対処すべきであるとも考えられるが、2017年の改正後においても、当該不顧慮条項の内容に変更はない。

　建設法典214条1項1文3号中段によると、理由書が不完全であることは、顧慮されない。1979年の連邦建設法改正に関する立法資料において、行政裁判所が理由書についてあまりにも高い要求をしているとの指摘がなされていること、また理由書が本質的な点において不完全である場合には市町村が情報提供義務を負うものとされていること（建設法典214条1項2文）に鑑みると、上記のような取扱いが全く根拠を欠いているとまではいえない。他方で建設法典214条1項1文3号後段は、環境報告書が非本質的な点で不完全である場合には、当該瑕疵は顧慮されない旨規定している。理由書が非本質的な点で不完全であるという瑕疵を不顧慮とすることは、非本質性の判断が適切になされる限り、是認しうるように思われる。

第三章

地区詳細計画と土地利用計画の関係に関する規定の違反の効果

　建設法典は、市町村が策定する建設管理計画として、準備的な建設管理計画である土地利用計画と、拘束的な建設管理計画である地区詳細計画を予定しているところ（1条2項）、地区詳細計画は原則的に土地利用計画から展開されなければならないものとされており（8条2項1文）、これは学説および裁判例において展開要請と呼ばれることがある[1]。展開要請に違反する地区詳細計画は効力を有しないものとなるはずであるが、建設法典214条2項は、展開要請の違反等、地区詳細計画と土地利用計画の関係に関する規定の違反のうち一定のものが建設管理計画の法的効力にとって顧慮されない旨を定めている。建設法典214条2項は、「計画維持」という表題を付された建設法典3章2部4節（214条～216条）に含まれるものであり、計画維持規定の1つである。

　本章は、地区詳細計画と土地利用計画の関係に関する規定の違反のうち不顧慮とされるのはどのようなものか、それはいかなる理由から正当化されているのか、他方で地区詳細計画と土地利用計画の関係に関する規定の違反を理由として地区詳細計画が効力を有しないものとされた例はあるのかという点を、立法資料および裁判例を参照することを通じて明らかにすることを目的とする。地区詳細計画と土地利用計画の関係に関する規定の

---

(1) 展開要請の概要については、ヴィンフリート・ブローム＝大橋洋一『都市計画法の比較研究――日独比較を中心として』（日本評論社、1995年）66頁以下、126頁以下も参照。日本における行政計画間の整合性の原則については、芝池義一『行政法総論講義〔第4版補訂版〕』（有斐閣、2006年）231頁以下、同「行政計画」雄川一郎ほか編『行政過程』（有斐閣、1984年）348頁以下参照。

第三章　地区詳細計画と土地利用計画の関係に関する規定の違反の効果

違反のうち一定のものを不顧慮とする規定は、建設法典の前身である連邦建設法において既に設けられていたため、以下ではまず、建設法典制定前の状況を取り上げる（Ⅰ）。続いて、建設法典214条2項を含め、地区詳細計画と土地利用計画の関係に関する建設法典の規定を概観した上で（Ⅱ）、建設法典214条2項に関する裁判例を参照してその運用状況について検討を加える（Ⅲ）。なお、建設法典は2017年の「都市建設法における指令2014/52/EU の転換及び都市における新たな共同生活の強化に関する法律」によって改正されているが、建設法典8条や214条2項の内容に関する変更点はない。

Ⅰ　建設法典制定前の状況

1　1979年改正前の連邦建設法

1960年制定時の連邦建設法は、「建設管理計画は土地利用計画（準備的な建設管理計画）及び地区詳細計画（拘束的な建設管理計画）である」と規定し（1条2項）、建設管理計画は「必要である限り速やかに」市町村により策定されなければならないと規定した（2条1項）。土地利用計画では、市町村の全域について、当該市町村の予測可能な需要に応じて意図される土地利用の種類が基本的特徴において表示されなければならないものとされ（同法5条1項）、開発の対象となる土地が建築利用の一般的な種類に応じて表示されることが予定されている（建築用地（Bauflächen）。同法5条2項1号）[2]。同法8条1項1文は、地区詳細計画は都市建設上の整序のために法的拘束力のある指定を含むものとし、同法8条2項は、地区詳細計画は土地利用計画から展開されなければならないこと（1文）、「都市建設上の発展を整序するために地区詳細計画が十分である場合」には土地利用計画は必要ではないと規定する同法2条2項の適用があること（同法8条2項2文）、「やむを得ない（zwingend）理由」がある場合には、土地

---

[2]　土地利用計画は地区詳細計画よりも目が粗い（grobmaschig）と述べた連邦行政裁判所の判例として、vgl. BVerwG, Urt. v. 15.03.1967 - IV C 205.65 -, BVerwGE 26, 287（292）.

273

利用計画が策定される前に地区詳細計画を策定することができること（同項3文）を規定した。同法10条は、市町村が地区詳細計画を条例として議決することを規定した。

同法の制定時から、地区詳細計画は土地利用計画から展開されなければならないことが原則とされており（8条2項1文）、これは後に展開要請と呼ばれるようになる[3]。他方で、その例外も当初から法定されていた（同法8条2項2文・3文）。都市建設上の発展を整序するために地区詳細計画が十分であるとして、土地利用計画を要することなく策定される地区詳細計画は、「独立（selbstständig）地区詳細計画」と呼ばれることがあり[4]、1979年改正後の同法155b条1項1文5号がこの名称を採用することとなる。やむをえない理由があるとして土地利用計画の前に策定される地区詳細計画は、連邦行政裁判所1975年2月28日判決[5]によれば、都市建設上の整序を保障するために土地利用計画が必要であるものの、まだ土地利用計画を策定することができないというケースに関わるものである。それに対して、有効な土地利用計画が存在している場合には、1960年制定時の同法8条2項2文・3文を適用することはできない。前掲連邦行政裁判所1975年2月28日判決は、市町村が既存の土地利用計画を変更して地区詳細計画を策定する場合、遅くとも地区詳細計画の策定と同時に土地利用計画を変更することを求めている。地区詳細計画の策定等と同時に土地利用計画の変更等を行う手続は、1979年改正後の同法8条3項において「並行手続（Parallelverfahren）」として法定される。

前掲連邦行政裁判所1975年2月28日判決は、同法8条2項1文に違反する地区詳細計画を無効としており注目される。問題の地区詳細計画は被呼出人である市の西部の広範な地域を一般住居地区として指定するものであったが、当該地域は土地利用計画において緑地として表示されていた。同

---

(3) Vgl. *Otfried Seewald*, Gleichzeitigkeit von Bebauungsplan und Flächennutzungsplan, DÖV 1981, 849（850）; *Felix Weyreuther*, Das Bundesbaurecht in den Jahren 1980, 1981 und 1982, DÖV 1983, 575（579）.

(4) Vgl. BT-Drs. 8/2451, S. 17.

(5) BVerwG, Urt. v. 28.02.1975 - IV C 74.72 -, BVerwGE 48, 70.

第三章　地区詳細計画と土地利用計画の関係に関する規定の違反の効果

判決は、土地利用計画からの地区詳細計画の「展開」とは、「形成の自由によって特徴づけられた、土地利用計画において表示された基本構想（Grundkonzeption）の計画上の継続発展」であると述べ、地区詳細計画の策定に当たっては形成の自由が認められるものの、土地利用計画の基本構想と矛盾してはならないこと、各建築用地の相互の分類や開発を抑制すべき地区との分類は通常の場合ここでいう基本構想に含まれることを指摘する。その上で同判決は、問題の地区詳細計画により土地利用計画で予定された各建築用地の分類と重みづけが変更されるとして、当該地区詳細計画は、土地利用計画の計画策定構想と矛盾するので、同法8条2項1文により土地利用計画から展開されていないと判示した。

　1976年の同法改正では、同法1条3項に、建設管理計画の策定が「都市建設上の発展及び整序のために必要である限り速やかに」、市町村が建設管理計画を策定しなければならないとする規定が置かれるとともに、同法5条1項の文言が修正され、「当該市町村の予測可能な需要に応じて意図される都市建設上の発展から生ずる土地利用の種類」が表示されなければならないものとされた。また同年の改正では、手続・形式規定の違反について定める同法155a条が追加され、同法による条例の成立に当たっての同法の手続・形式規定の違反は、それが書面で当該違反を表示しながら当該条例の施行後1年以内に市町村に対して主張されなかった場合には、顧慮されないこと（1文）等が定められた[6]。他方で、地区詳細計画と土地利用計画の関係に関する規定の違反については、特別の定めは設けられなかった。

---

(6) 改正法案（政府案）の理由書は、地区詳細計画が多数の執行行為の根拠であることから、法的安定性のために当該規定が必要である旨説明していた（vgl. BT-Drs. 7/2496, S. 62）。1976年の連邦建設法改正および同法155a条に関しては、村上博「ドイツにおける都市計画瑕疵論」室井還暦『現代行政法の理論』（法律文化社、1990年）74頁以下も参照。

2　1979年改正
(1)　連邦建設法8条3項・4項の追加

　連邦建設法は、1979年の「都市建設法における手続の迅速化及び投資事業案の容易化に関する法律」（以下本章において「都市建設迅速化法」という）により改正された。同年8月1日より施行）。この改正では、従前の連邦建設法8条2項3文が削除され、新たに同条3項および4項が追加された。1979年改正後の同法8条3項は、地区詳細計画の策定・変更・補完・廃止と同時に土地利用計画を策定・変更・補完できること（並行手続。1文）、地区詳細計画は土地利用計画の前に認可されてはならないこと（2文）、市町村は土地利用計画の認可と地区詳細計画の認可を同時に公示することができること（3文）を規定した。都市建設迅速化法の政府案理由書は、地区詳細計画は土地利用計画から展開されなければならないという原則は通常の事例について維持されるべきであり、独立地区詳細計画も引き続き可能とされるべきであることを指摘しつつ、実務において発展したいわゆる並行手続が必要な範囲で規律される旨説明している[7]。同理由書によれば、並行手続は1979年改正前の連邦建設法の下でも許容されるものであり、建設管理計画の手続を強力に迅速化する効果を有しうるが、土地利用計画の手続と地区詳細計画の手続の相互関係について実務上疑義が生じたため、唯一の本質的な手続要件として、地区詳細計画が土地利用計画の前に認可されてはならないことを定めたとのことである。なお、1976年改正後の同法によると、土地利用計画は認可の公示によって効力を生ずるものと規定されており（6条6項2文）、地区詳細計画が法的拘束力を有するためには、地区詳細計画の認可の公示が必要とされている（12条）。

　1979年改正後の同法8条4項は、土地利用計画が策定される前に策定・変更・補完・廃止することができる地区詳細計画を「先行（vorzeitig）地区詳細計画」と呼び、先行地区詳細計画の策定等に関する要件として、「緊急の（dringend）理由」があり、かつ「当該地区詳細計画が当該市町

---

(7)　BT-Drs. 8/2451, S. 17.

村の区域の意図される都市建設上の発展と対立しない」場合を規定した。改正前の同法8条2項3文との違いとして、①先行地区詳細計画という名称が条文上明記されたこと、②先行地区詳細計画の策定のみならずその変更・補完・廃止が可能であることが規定されたこと、③先行地区詳細計画の策定等に関する要件につき、従前の「やむを得ない理由」が「緊急の理由」に改められたこと、④他方で「意図される都市建設上の発展」要件が追加されたことを指摘することができる。都市建設迅速化法の政府案理由書は、②に関しては改正前においても可能であることを指摘しており、③に関しては従前の「やむを得ない理由」という概念が狭すぎることが明らかになったと説明している[8]。他方で同理由書は、土地利用計画が存在している場合には先行地区詳細計画は認められず、既存の土地利用計画が変更されなければならない場合には並行手続によることができると述べている[9]。④は、立法過程における国土整備・土木建築・都市建設委員会の議決に基づき追加されたものである。同委員会の報告書は、秩序ある都市建設上の発展が先行地区詳細計画によって失われることがこの要件によって阻止されると説明しており、さらに、土地利用計画の前に地区詳細計画を策定することは例外であってこれが原則となってはならないことを強調している[10]。都市建設上の発展を整序するという土地利用計画の意義を重視して、計画策定手続の簡素化・迅速化に対して一定の歯止めをかけようとする意図を見出すことができる。

(2) 連邦建設法155a条の改正・155b条の追加

1979年の改正では、手続・形式規定の違反について定める連邦建設法155a条にも変更が加えられ、土地利用計画または同法による条例の策定に当たっての同法の手続・形式規定の違反は、それが書面で当該土地利用計画または条例の公示後1年以内に市町村に対して主張されなかった場合は顧慮されないこと（1項前段）等が定められた。これにより、手続・形式規定の違反のうち一定のものを不顧慮とする規定が土地利用計画にも適

---

(8) BT-Drs. 8/2451, S. 17.
(9) BT-Drs. 8/2451, S. 17-18.
(10) BT-Drs. 8/2885, S. 40.

用されることになった⁽¹¹⁾。さらに、建設管理計画策定に関するその他の規定の違反について定める同法155b条が追加され、同条1項1文各号に掲げられた規定の違反から生ずる瑕疵は、建設管理計画策定の原則および衡量についての要求が守られている場合には（同法1条6項および7項）⁽¹²⁾、建設管理計画の法的効力にとって顧慮されないものとされた（同法155b条1項1文柱書）⁽¹³⁾。さらに衡量過程における瑕疵に関しては、それらが「明白でありかつ衡量結果に影響を及ぼした場合」に限り有意である旨の規定が設けられた（同条2項2文）⁽¹⁴⁾。なお同法155c条は、土地利用計画または条例の認可の権限を有する行政庁は、同法155a条および155b条にかかわりなく、規定の遵守を審査しなければならない旨規定する。したがって、同法155a条および155b条は、裁判所が土地利用計画または地区詳細計画を無効とすることを制限することに主眼がある。

同法155b条1項1文1号は、都市建設上重要な発展計画（Entwicklungsplanung）の結論が建設管理計画の策定に当たって十分考慮されなかったことを挙げている⁽¹⁵⁾。同項1文2号は、参加手続の瑕疵に関するもので、建設管理計画策定に関係する個々の公的利益の主体が当該建設管理計画の策定に参加させられなかったことを挙げている。同項1文3号は、土地利用計画に関する解説報告書や地区詳細計画に関する理由書が不完全である

⑾　都市建設迅速化法の政府案理由書は、土地利用計画の治癒についても実務において需要がある旨説明している。Vgl. BT-Drs. 8/2451, S. 31.

⑿　1976年改正後の連邦建設法1条6項は、建設管理計画が秩序ある都市建設上の発展および公共の福祉に合致する社会に適した土地利用を保障すべきことのほか、建設管理計画の策定に当たって特に考慮されなければならない事項を列挙している。同条7項は、建設管理計画の策定に当たっては公的・私的利益が相互に適正に衡量されなければならないことを定める。

⒀　連邦建設法1条6項および7項の違反が不顧慮とされていない点で、同法155b条1項は憲法上問題ないとする説として、vgl. *Ferdinand Kirchhof*, Die Baurechtsnovelle 1979 als Rechtswegsperre?, NJW 1981, 2382 (2385); vgl. auch *Ulrich Battis*, Grenzen der Einschränkung gerichtlicher Planungskontrolle, DÖV 1981, 433 (435).

⒁　連邦建設法155b条2項2文に関しては、本書第二部第一章Ⅱ参照。

⒂　1976年改正後の連邦建設法1条5項1文は、市町村により議決された発展計画が存在する場合には、その結論が、都市建設上重要である限りで、建設管理計画の策定に当たり考慮されなければならないと規定している。

こと[16]、同項１文４号は、社会的措置のための原則が地区詳細計画に関する理由書において説明されなかったことを挙げている[17]。

(3) 連邦建設法155b条１項１文５号～８号

連邦建設法155b条１項１文５号～８号は、地区詳細計画と土地利用計画の関係に関する規定の違反を掲げており、そのような違反を不顧慮とする特別の定めが初めて設けられることになった。都市建設迅速化法の政府案では、「土地利用計画と地区詳細計画の関係（第２条第２項及び第８条第２項から第４項まで）」に関する規定の違反はそれ自体としては顧慮されない旨の規定を設けることが提案されており、その理由書では、条例の拘束性および土地利用計画の有効性にとって重要な手続・形式規定と、市町村を拘束し監督庁による審査の対象となるものの区別がさらに発展することが指摘されるとともに、上記のような規定を設けることは合目的的であるだけでなく法治国的に是認しうると説明されていた[18]。立法過程において、土地利用計画策定の優先の原則を治癒可能な違反のカタログの中に取り入れることに対して懸念が表明されたところ、国土整備・土木建築・都市建設委員会の報告書は、「土地利用計画からの地区詳細計画の展開要請を治癒可能な違反のカタログの中に取り入れることを必要であると考える」と述べ、その理由として「裁判例がまさにこの場合にしばしば非常に狭い基準を用いてきており、市町村及び認可庁にとって、許容される展開の範囲の判断に当たって困難が発生している」ことを指摘している[19]。

連邦建設法155b条１項１文５号は、「独立地区詳細計画の策定について

---

(16) 1976年改正後の連邦建設法によると、土地利用計画には解説報告書が添付されなければならず（同法５条７項）、地区詳細計画には理由書が添付されなければならない（同法９条８項１文）。また、市町村は建設管理計画の案を解説報告書または理由書とともに縦覧に供しなければならない（同法2a条６項１文）。

(17) 連邦建設法13a条１項は、市町村が策定しようとする地区詳細計画が当該区域において居住または勤務する者の生活状況に不利益に影響することが予想される場合には、市町村は、どのようにして不利益な影響が可能な限り回避され、または緩和されるのかについての一般的な考えを理由書において説明しなければならないと規定している。

(18) BT-Drs. 8/2451, S. 8, 31.

(19) BT-Drs. 8/2885, S. 36.

の要求（第2条第2項）又は先行地区詳細計画の策定について第8条第4項において示された緊急の理由についての要求が正しく判断されなかった」という瑕疵を挙げている。国土整備・土木建築・都市建設委員会の報告書は、市町村がこれらの規定の要件を完全に無視しようとした場合には当該瑕疵は顧慮されること、先行地区詳細計画の策定等に関する要件のうち「意図される都市建設上の発展」要件は対象外であり、先行地区詳細計画が策定中の土地利用計画の（将来の）表示と対立する場合には、当該地区詳細計画は常に効力を有しないことを指摘している[20]。もっとも、同法2条2項の「地区詳細計画が都市建設上の発展を整序するために十分である」要件の充足が誤認され、独立地区詳細計画が策定された場合には、当該瑕疵は顧慮されない。そうすると、秩序ある都市建設上の発展が保障されないおそれがあるのではないかとも思われるが、これに関して同委員会の報告書は何も述べていない[21]。

同法155b条1項1文6号は、土地利用計画から地区詳細計画を展開することに関して同法8条2項の違反があったものの、「当該土地利用計画から生ずる秩序ある都市建設上の発展が侵害されなかった」ことを挙げている。国土整備・土木建築・都市建設委員会の報告書は、これによって、市町村の区域の意図される都市建設上の発展に関する土地利用計画の基本内容（Grundaussage）が守られなければならないことが確保されること、都市建設上の発展を制御するための根本的な自治体の手段としての土地利用計画の機能が失われてはならないことを指摘している[22]。こちらでは、都市建設上の発展に関する土地利用計画の機能ないし基本内容が守られるべきであることが強調されている。

---

[20] BT-Drs. 8/2885, S. 45. 市町村が連邦建設法155b条1項1文5号に掲げられた規定の要件を完全に無視したことを認定することは実務上困難であることを指摘する説として、vgl. *Helmut Grave*, §155b BBauG - mißglückt und verfassungswidrig!, BauR 1980, 199 (204).

[21] 独立地区詳細計画に関する不顧慮規律が非常に広範囲に及ぶことを指摘する説として、vgl. *Michael Quaas/Karl Müller*, Normenkontrolle und Bebauungsplan, 1986, S. 184.

[22] BT-Drs. 8/2885, S. 45.

第三章　地区詳細計画と土地利用計画の関係に関する規定の違反の効果

　同法155b条1項1文7号は、地区詳細計画が土地利用計画から展開されたところ、「第6条〔土地利用計画の認可及び公示〕を含む手続又は形式規定の違反のためにそれが効力を有しないことが、当該地区詳細計画の公示後に判明する」場合を挙げている。同法6条の違反は、同法155a条1項の規定により不顧慮とされる手続・形式規定の違反から除外されており（同条3項）、常に顧慮される瑕疵であるといえるが、顧慮される手続・形式の瑕疵がある土地利用計画から地区詳細計画が展開された場合であっても、当該地区詳細計画が有効とされる場合があることになる。

　同法155b条1項1文8号は、並行手続において同法8条3項の違反があったことを挙げる。同法8条3項2文は、地区詳細計画は土地利用計画の前に認可されてはならないことを定めており、都市建設迅速化法の政府案理由書によれば並行手続における唯一の本質的な手続要件であるとされるが、この規定の違反はそれ自体としては顧慮されないこととなる。国土整備・土木建築・都市建設委員会の報告書は、この点に関して特に説明していない。

3　連邦建設法155b条1項1文5号～8号に関する裁判例

　ここでは、連邦建設法155b条1項1文5号～8号の解釈適用について、行政裁判所の裁判例を参照する。主として1980年代前半における連邦行政裁判所の判例を取り上げるが、同法1項1文6号に関しては、1980年代後半におけるカッセル高等行政裁判所の判決が重要であるので、最後に紹介する。

(1)　連邦建設法155b条1項1文5号

　連邦建設法155b条1項1文5号の適用が問題になった事件に関する判例として、連邦行政裁判所1982年8月18日決定[23]がある。この事件では、1979年7月に議決され、同年8月28日に認可を受けた地区詳細計画に対して規範統制の申立てがなされた。当該認可は同年10月に公示された。一方、土地利用計画は同年9月に議決され、1980年2月に認可を受け、同認

---

[23]　BVerwG, Beschl. v. 18.08.1982 - 4 N 1/81 -, BVerwGE 66, 116.

第二部　計画維持規定の形成と展開

可は同年4月に公示された。上級行政裁判所は、土地利用計画の前に地区詳細計画を策定するための要件である、1960年制定時の同法8条2項3文の「やむを得ない理由」が存在しなかったところ、1979年改正後の同法155b条1項1文5号はその施行日よりも前に議決された地区詳細計画には適用されないとして、当該地区詳細計画は無効であるとする立場をとっていたが、同号が適用可能であるか否かという問題を連邦行政裁判所に提出した。連邦行政裁判所は、公示の時点が改正法の施行日後であることから、当該地区詳細計画には同号および1979年改正後の同法8条4項が適用されると述べ、同項により地区詳細計画の先行策定が「緊急の理由」から正当化されたかという問題の判断に当たっての瑕疵は「当該計画の有効性にとって直接に1979年連邦建設法155b条1項1文5号により顧慮されない」と判示した。さらに連邦行政裁判所は、施行日前に認可が公示された地区詳細計画にも同号が適用されると指摘している。

　同号の解釈適用に関する判例として、連邦行政裁判所1984年12月14日判決(24)も重要である。この事件では、1972年に変更された地区詳細計画により「車庫及び私的交通用地」として指定された土地で車庫付き住宅を建築しようとした原告が、被告によって建築前回答の付与を拒否されたため、義務付け訴訟を提起した。上級行政裁判所は、1960年制定時の同法8条2項3文にいう「やむを得ない理由」が認められず、当該瑕疵は1979年改正後の同法155b条1項1文5号によっても不顧慮とされないとして、当該地区詳細計画を無効とした。それに対して連邦行政裁判所は、1960年制定時の同法8条2項3文の違反があるとしても、それは1979年改正後の同法155b条1項1文5号により顧慮されないであろうと述べている。連邦行政裁判所は、同号が「正しく判断されなかった」ことを要件としているのは、同法8条4項ないし1960年制定時の同法8条2項3文の「意図的な違反」が先行地区詳細計画の有効性にとって不顧慮とされることを防ぐためであるとして、本件においては市町村が当該地区詳細計画を意図的に同法8条2項3文に違反して先行策定したということはできないことを指摘し

---

(24)　BVerwG, Urt. v. 14.12.1984 - 4 C 54/81 -, NVwZ 1985, 745.

第三章　地区詳細計画と土地利用計画の関係に関する規定の違反の効果

ている。上級行政裁判所は、1979年改正後の同法155b条1項1文5号が適用されるためには、市町村が先行地区詳細計画を策定するための要件充足性を検討したことが必要であるとする立場をとっていたが、この解釈は否定された。したがって、市町村が「緊急の理由」要件の充足性を全く検討することなく先行地区詳細計画を策定した場合であっても、それが意図的でなかったときには、当該瑕疵は顧慮されないことになる[25]。

(2)　連邦建設法155b条1項1文7号

連邦建設法155b条1項1文7号に関する判例として、連邦行政裁判所1982年8月18日決定[26]がある。この事件では、地区詳細計画の指定により自己所有地の一部を開発道路のために使用するものとされた者が規範統制の申立てをした。当該地区詳細計画の基礎となる土地利用計画は1973年に認可を受けていたが、その際当該市町村の区域の一部が認可から除外されていた。1979年改正後の同法183条2項2文は、同年8月1日よりも前に土地利用計画の一部が認可から除外された場合、このことは、同法6条3項2文の要件が満たされているときには、当該土地利用計画の法的効力にとって顧慮されない旨を規定しており、同法6条3項2文は、除外される部分が残りの土地利用計画の内容に影響しえない場合には、上級行政庁は市町村の申請に基づき当該土地利用計画の一部を認可から除外することができるものとしていた。上級行政裁判所は、同法183条2項2文を適用するためには同法6条3項2文による市町村の申請を要するという立場であったが、連邦行政裁判所は、市町村の申請は同法183条2項2文の適用の要件ではない旨示した。さらに連邦行政裁判所は、同法155b条1項1文7号により、認可から市町村の区域の一部を除外することが顧慮されないと解することができることを示唆しており、この規定によって立法者は土地利用計画と地区詳細計画の結合を緩和しようとしたこと、この目的からすれば認可庁が同法6条に違反して一部の区域についてのみ認可をした

---

[25]　連邦行政裁判所による連邦建設法155b条1項1文5号の解釈を批判する説として、vgl. *Klaus-Peter Dolde*, Das Recht der Bauleitplanung 1984/85, NJW 1986, 815 (821).

[26]　BVerwG, Beschl. v. 18.08.1982 - 4 N 2/81 -, BVerwGE 66, 122.

283

場合においても同法155b条1項1文7号の要件が充足されていると解することができることを指摘している。

同号の解釈適用に関する判例として、連邦行政裁判所1984年2月3日判決[27]を挙げることもできる。この事件では、卸売市場として許可を受けた建物を小売業に利用することを計画した原告が、利用変更の許可を申請したところ、被告によりこれを拒否されたため、義務付け訴訟を提起した。問題の土地は、1975年の地区詳細計画においては、建物が建築されている部分が商業地区に指定され、未建築部分は中心地区に指定されていた。これは同年に変更された土地利用計画の表示に適合するものであったが、変更前の土地利用計画の表示は工業地区とされていた。上級行政裁判所は、土地利用計画を変更するに当たり案の縦覧後に市議会が議決を行っていないことに着目して、当該変更を有効でないものとし、問題の地区詳細計画も有効でないものとした。それに対して連邦行政裁判所は、連邦建設法は案の縦覧後に改めて議会が議決を行うことを要求していないこと、仮に州法が案の縦覧後に議決を行うことを要求していたとしても、連邦建設法155b条1項1文7号が適用されることを指摘して、当該地区詳細計画は有効であるとした。連邦行政裁判所は、同法155a条1項とは異なって、同法155b条1項1文7号の適用範囲は同法の規定の違反に限定されていないこと、この規定は州法の手続規定に違反して成立した土地利用計画の効力を規律するものではないので、州の立法者の権限を侵害することにもならないことを指摘している。

(3) 連邦建設法155b条1項1文8号

連邦建設法155b条1項1文8号の適用が問題になった事件に関する判例として、連邦行政裁判所1983年4月13日決定[28]がある。この事件では、スポーツ地区を指定する地区詳細計画に対して、騒音被害を主張する近隣の土地所有者らが規範統制の申立てをした。当該地区詳細計画は1977年10月に認可を受け、当該認可は同年11月に公示されたが、土地利用計画が認

---

[27] BVerwG, Urt. v. 03.02.1984 - 4 C 17/82 -, BVerwGE 68, 369.

[28] BVerwG, Beschl. v. 13.04.1983 - 4 N 1/82 -, BauR 1983, 431.

第三章　地区詳細計画と土地利用計画の関係に関する規定の違反の効果

可されたのは1978年6月であり、当該認可が公示されたのは同年8月であった。ミュンヘン高等行政裁判所は、1960年制定時の連邦建設法8条2項の違反は1979年改正後の同法155b条1項1文8号の適用により不顧慮であるとの立場であったが、同号が1979年8月1日よりも前に公示された地区詳細計画にも適用されるかという問題を連邦行政裁判所に提出したところ、連邦行政裁判所は、同号は1979年8月1日よりも前に公示された地区詳細計画にも適用される旨判示した。なお、問題の地区詳細計画の指定は、策定後の土地利用計画の表示に適合するものであった。

　1979年改正後の同法8条3項に定める並行手続の意義および同法155b条1項1文8号の適用が問題になった事件に関する判例として、連邦行政裁判所1984年10月3日決定[29]も注目される。この事件では、土地利用計画と地区詳細計画の策定開始の議決が同時に公示されたものの、その後は地区詳細計画の策定手続が先行した。問題の地区詳細計画は1981年7月に条例として議決され、同年10月に認可を受け、当該認可は同年12月に公示された。他方で土地利用計画は1982年2月に議決され、同年12月に認可を受け、当該認可は1983年9月に公示された。ミュンヘン高等行政裁判所は当該地区詳細計画を有効とする立場であったが、同裁判所第15部の複数の判決が、地区詳細計画の認可が土地利用計画の認可の前に公示された場合は、先行地区詳細計画は存在するものの、並行手続は存在しないとして、同法155b条1項1文8号は適用できない旨判示していたため問題になった。これらの判決は、同法8条4項が先行地区詳細計画について特別の要件を定めており、同法155b条1項1文5号が瑕疵の不顧慮に関して厳格な要求をしていること（少なくとも「意図される都市建設上の発展」要件の違反は顧慮されること）を重視するものであった。先行地区詳細計画では顧慮されるはずの瑕疵が、並行手続では顧慮されなくなるというのは問題があるように思われるところであり、上記の諸判決のとる考え方は理解できる。しかしながら連邦行政裁判所は、地区詳細計画の認可が土地利用計画の認可の前に公示された場合にも、同法155b条1項1文8号が適用さ

---

[29] BVerwG, Beschl. v. 03.10.1984 - 4 N 4/84 -, BVerwGE 70, 171.

第二部　計画維持規定の形成と展開

れると判示した。ただし連邦行政裁判所は、同号は「そもそも並行手続が存在することを前提とする」と述べ、並行手続の決定的特徴は「両計画手続の個々の段階が目的に適合した１つの時間的関連の中にあること、及び両手続のそれぞれの進行において両計画案の間の内容的調整が可能でありかつ意図されていること」であると述べている[30]。そうすると、時間的関連または内容的調整の要素が認められない場合には、並行手続の存在が否定され、同号が適用できないことになると思われる。連邦行政裁判所の上記判示は、建設法典における並行手続に関する規定に影響を与えることとなる。

(4)　連邦建設法155b条１項１文６号

地区詳細計画が連邦建設法８条２項１文すなわち展開要請に違反することを認め、しかも当該瑕疵は同法155b条１項１文６号により顧慮されないものではないとした裁判例として、カッセル高等行政裁判所1987年６月４日判決[31]が重要である。この事件では、商業用ホールをスーパーマーケットに変更することを認める前回答を受けていた原告が、被告によって当該前回答を撤回されたため、取消訴訟を提起した。原告の所有地は1968年の地区詳細計画で商業地区に指定されていたが、土地利用計画では農業用地とされていた。同判決は、土地利用計画において表示された農業用地を地区詳細計画において建築利用のための用地として指定することは正当化されないとして、同法８条２項１文の違反を認めた。さらに同判決は、同法８条２項１文の違反すなわち土地利用計画の基本構想の侵害は地区詳細計画が策定される空間的範囲に関わる問題であるが、同法155b条１項１文６号にいう「秩序ある都市建設上の発展」の侵害はより大きな空間または土地利用計画全体から判断されるとする。その上で同判決は、商業地区

---

(30)　連邦建設法８条３項の並行手続および同法155b条１項１文８号について必要とされるのは、両計画案の間の内容的調整が意図されていること、および、内容的調整が可能であるように、両計画手続の各段階が時間的に関連していることであると判示した連邦行政裁判所の判例として、vgl. BVerwG, Urt. v. 22.03.1985 - 4 C 59/81 -, ZfBR 1985, 140 (140).

(31)　VGH Kassel, Urt. v. 04.06.1987 - 3 OE 36/83 -, juris.

第三章　地区詳細計画と土地利用計画の関係に関する規定の違反の効果

の指定により、全体として非常に大きいとはいえない市町村の商業地区が相当拡大すること、都市建設上の発展が有意に方向づけられること、1つの商業地区の僅かな整理（Arrondierung）が問題となっているのではないことを指摘して、同法8条2項1文の違反は同法155b条1項1文6号により治癒されなかったと判示している。この判決は、前掲連邦行政裁判所1975年2月28日判決と同様に、土地利用計画の基本構想と矛盾する地区詳細計画は展開要請に違反するとの立場をとっている点、同法155b条1項1文6号の「当該土地利用計画から生ずる秩序ある都市建設上の発展が侵害されなかった」という要件の判断方法を示している点でも注目される[32]。ここで示された当該要件の判断方法は、建設法典の下で連邦行政裁判所によって採用されることとなる。

4　まとめ

1960年制定時の連邦建設法は、地区詳細計画が土地利用計画から展開されなければならないことを原則としつつ（展開要請。同法8条2項1文）、土地利用計画を要しない場合（同項2文）、土地利用計画の策定前に地区詳細計画を策定することができる場合（同項3文）についても法定していた。連邦行政裁判所1975年2月28日判決は、これらの規定の解釈適用について判示するとともに、土地利用計画の基本構想と矛盾する地区詳細計画を展開要請に違反するものとして無効とした。

1979年の同法改正で、地区詳細計画と土地利用計画の関係に関する規定の違反のうち一定のものを不顧慮とする規定が設けられた（同法155b条1項1文5号～8号）。国土整備・土木建築・都市建設委員会の報告書は、裁判例が展開要請に関して厳格な基準を採用しているため、市町村および認可庁にとって、許容される展開の範囲の判断に当たって困難が発生していると述べており、展開要請の違反を理由として地区詳細計画が裁判所によ

---

[32]　連邦建設法155b条1項1文6号にいう「秩序ある都市建設上の発展」は土地利用計画全体から判明するか、少なくとも市町村の区域の大半について認められるものであるという立場を示した裁判例として、vgl. OVG Bremen, Urt. v. 10.03.1981 - 1 T 8/80 -, juris.

って無効とされる場面を限定しようとする意図を読み取ることができる。ただし、展開要請の違反が「当該土地利用計画から生ずる秩序ある都市建設上の発展」を侵害する場合は顧慮され（同法155b条1項1文6号）、先行地区詳細計画を策定する場合は「当該市町村の区域の意図される都市建設上の発展」と対立するときは顧慮される（同法8条4項・155b条1項1文5号）。

　裁判例として、連邦行政裁判所1984年10月3日決定は、1979年改正後の同法8条3項にいう並行手続の存在が認められるためには、地区詳細計画の案と土地利用計画の案の内容的調整が可能でありかつ意図されていることが必要であり、そのような前提を欠く場合には、並行手続における同項の違反を不顧慮とする同法155b条1項1文8号は適用されないものとしている。他方で連邦行政裁判所1984年12月14日判決は、同法155b条1項1文5号が、同法8条4項の要件が「正しく判断されなかった」ことを不顧慮としているのは、意図的な違反のみを顧慮する趣旨であると述べている。前者は瑕疵が不顧慮とされる場合を限定するものといえるが、後者は反対に瑕疵が顧慮される場合を限定するものである。下級審裁判例であるが、カッセル高等行政裁判所1987年6月4日判決は、展開要請の違反は当該地区詳細計画が適用される区域について判断される一方、同法155b条1項1文6号にいう「秩序ある都市建設上の発展」の侵害はより広い範囲に着目して判断されるとの考え方を示している。

II　建設法典における地区詳細計画と土地利用計画の関係

　建設法典の下においても、地区詳細計画と土地利用計画の関係は、基本的には、連邦建設法の時代と変わりがない。建設管理計画は土地利用計画（準備的な建設管理計画）および地区詳細計画（拘束的な建設管理計画）であり（建設法典1条2項）、建設管理計画の策定が都市建設上の発展および整序のために必要である限り速やかに、市町村は建設管理計画を策定しなければならない（建設法典1条3項1文）。土地利用計画では、市町村の全域について、当該市町村の予測可能な需要に応じて意図される都市建設上の

発展から生ずる土地利用の種類が基本的特徴において表示される（建設法典5条1項1文）。土地利用計画では、開発のために予定される土地をその建築利用の一般的な種類に応じて表示することができる（建築用地。建設法典5条2項1号）。地区詳細計画は都市建設上の整序のために法的拘束力のある指定を含む（建設法典8条1項1文）。市町村は地区詳細計画を条例として議決する（建設法典10条1項）。

1　建設法典8条2項～4項
(1)　建設法典8条2項

建設法典8条2項1文は、「地区詳細計画は土地利用計画から展開されなければならない」と規定する。この点は、連邦建設法制定以来全く変更がない。ここでいう「展開」の意義に関して連邦行政裁判所1999年2月26日判決[33]は、前掲連邦行政裁判所1975年2月28日判決を引用しつつ、①地区詳細計画の指定によって、基礎となる土地利用計画の表示がより具体的に形成され、同時に明確化されるように、展開されなければならないこと、②土地利用計画の表示とは異なる地区詳細計画の指定をすることも排除されておらず、それが具体的な計画策定段階における過程から正当化され、かつ当該土地利用計画の基本構想に影響を及ぼさない場合には許されること、③各建築用地の相互の分類および開発を抑制すべき地区との分類は通常の場合ここでいう基本構想に含まれることを指摘している。キーワードである「土地利用計画の基本構想」が改めて示されており、そのような基本構想を侵害する地区詳細計画は展開要請に違反することになる。

建設法典8条2項2文は、「地区詳細計画が都市建設上の発展を整序するために十分である場合には、土地利用計画は必要ではない」と規定する。この点も、連邦建設法の時代と実質的に変わりがない。当時と同様、上記規定により策定される地区詳細計画には独立地区詳細計画という名称が与えられている（建設法典214条2項1号）。土地利用計画の表示とは異なる指定を含む地区詳細計画に対して規範統制の申立てがなされた事件に

---

[33]　BVerwG, Urt. v. 26.02.1999 - 4 CN 6/98 -, ZfBR 1999, 223.

おいて、被申立人が、建設法典8条2項2文により土地利用計画が必要でないと主張したところ、前掲連邦行政裁判所1999年2月26日判決は、市町村は土地利用計画が必要であると考えているから土地利用計画を発布したことを指摘して、被申立人の上記主張を退けている。土地利用計画が有効に存在しているにもかかわらず、それが必要でないと主張することは認められないということである[34]。

(2) 建設法典8条3項

建設法典8条3項1文は、「地区詳細計画の策定、変更、補完又は廃止と同時に土地利用計画を策定、変更又は補完することができる(並行手続)」と規定する。この点は、1979年改正後の連邦建設法8条3項1文と同じである。他方で建設法典8条3項2文は、「計画策定作業の状況に応じて、当該地区詳細計画が土地利用計画の表示から展開されることが推測され得る場合」には、地区詳細計画を土地利用計画の前に公示することができると規定する。建設法典の政府案理由書では、この規定は手続簡素化を目的とする新たな規律であること、既に土地利用計画の策定が、両建設管理計画の内容的調整が可能であるような状況に到達する場合には、土地利用計画の認可の前に地区詳細計画を公示することも可能とされること、これは前掲連邦行政裁判所1984年10月3日決定から導かれる結論であることが指摘されている[35]。1979年改正後の連邦建設法8条3項2文・3文は、地区詳細計画が土地利用計画よりも前に認可されてはならないこと、地区詳細計画の認可と土地利用計画の認可を同時に公示することを規定していたが、同法155b条1項1文8号は、並行手続において同法8条3項の違反があったことは顧慮されない旨を定めていた。それに対して建設法典では、土地利用計画の前に地区詳細計画を公示することがそもそも適法

---

[34] 建設法典8条2項2文を適用できる場面はほとんどなく、この規定を削除しても問題ない旨述べていた説として、vgl. *Klaus Finkelnburg*, Das Verhältnis zwischen Bebauungsplan und Flächennutzungsplan nach §8 Abs. 2 bis 4 BauGB, in: Hans-Joachim Driehaus/Hans-Jörg Birk (Hrsg.), Baurecht - Aktuell: Festschrift für Felix Weyreuther, 1993, S. 111 (119); vgl. auch *Helmut Petz*, in: Willy Spannowsky/Michael Uechtritz (Hrsg.), BauGB, Kommentar, 3. Aufl. 2018, §8 Rn. 37.

[35] BT-Drs. 10/4630, S. 70.

とされる場合があることになる。

　なお1997年改正前の建設法典8条3項2文は、前記の場合には土地利用計画の前に地区詳細計画を「届け出る又は公示する」ことができると規定していた。1997年改正前の建設法典11条1項は、「建設法典第8条第2項第2文〔独立地区詳細計画〕及び第4項〔先行地区詳細計画〕による地区詳細計画」は上級行政庁の認可を要すること（前段）、その他の地区詳細計画については上級行政庁に届け出なければならないことを規定しており（後段）、多くの地区詳細計画について認可の代わりに届出手続を導入していた。1997年改正後においては、「建設法典第8条第2項第2文、第3項第2文及び第4項による地区詳細計画」は上級行政庁の認可を要するものとされ（建設法典10条2項1文）、その他の地区詳細計画については届出手続も廃止された[36]。認可を要する地区詳細計画は認可の公示によって発効し、その他の地区詳細計画は市町村による議決の公示によって発効する（建設法典10条3項）。それに対して土地利用計画は、連邦建設法の時代と同様、上級行政庁の認可を要し、認可の公示によって効力を生ずる（建設法典6条1項・5項）。

(3)　建設法典8条4項

　建設法典8条4項1文は、「地区詳細計画は、緊急の理由がそれを要求する場合で、かつ当該地区詳細計画が当該市町村の区域の意図される都市建設上の発展と対立しない場合には、土地利用計画が策定される前に、策定、変更、補完又は廃止することができる（先行地区詳細計画）」と規定する。1979年改正後の連邦建設法8条4項と同様の規定である。連邦行政裁判所1991年12月18日決定[37]は、地区詳細計画に対する規範統制手続の係属中に、当該地区詳細計画の基礎となった土地利用計画の策定権限について定めるザールラント地方自治法の規定が連邦憲法裁判所により無効とされ

---

[36]　州は認可を要しない地区詳細計画につき届出手続を導入することができるが（建設法典246条1a項）、届出手続を導入している州はないようである。Vgl. *Rolf Blechschmidt*, in: Werner Ernst/Willy Zinkahn/Walter Bielenberg/Michael Krautzberger, BauGB, Kommentar, 127. EL Oktober 2017, §246 Rn. 29.

[37]　BVerwG, Beschl. v. 18.12.1991 - 4 N 2/89 -, NVwZ 1992, 882.

た事件で、当該地区詳細計画は先行地区詳細計画として有効でありうるものとしている。同決定は、土地利用計画が存在しているものの効力を有していない場合や、市町村が客観的に効力を有していない土地利用計画を有効であると考えた場合でも先行地区詳細計画は策定可能であると述べるとともに[38]、地区詳細計画が単に変更される場合で、当該市町村の都市建設上の基本構想が影響を受けないときには、建設法典8条4項1文の「意図される都市建設上の発展」要件も通常は充足されることを指摘している。他方で前掲連邦行政裁判所1999年2月26日判決は、土地利用計画の変更手続中に策定された地区詳細計画が先行地区詳細計画に当たるとする被申立人の主張に対して、建設法典8条4項1文は有効な土地利用計画が存在しないことを前提とすることを指摘して、被申立人の上記主張を退けている。ただし、土地利用計画の変更手続中に地区詳細計画が策定された場合、当該地区詳細計画は建設法典8条3項の並行手続によるものとして有効とされる可能性がある（後記Ⅲ4を参照）。

　建設法典8条4項2文は、市町村の区域の変更や土地利用計画の策定権限の変更があった場合において土地利用計画が引き続き効力を有するときは、当該土地利用計画が補完または変更される前に先行地区詳細計画を策定することもできると規定している。この点、1976年改正後の連邦建設法4a条1項1文は、市町村の区域の変更や土地利用計画の策定権限の移譲があった場合においても既存の土地利用計画は引き続き効力を有すると規定し、同条3項は、やむをえない理由がある場合には、そのような土地利用計画が補完または変更される前に、地区詳細計画を策定、補完、変更または廃止することができると規定していた。

---

[38] 市町村が（効力を有していない）土地利用計画は有効であると考えた場合における衡量と、先行地区詳細計画の場合の衡量は異なることを指摘して、同決定の判示を批判する説として、vgl. *Alexander Kukk*, in: Wolfgang Schrödter (Hrsg.), BauGB, Kommentar, 8. Aufl. 2015, §214 Rn. 38; *Uechtritz*, in: Spannowsky/Uechtritz (Fn. 34), §214 Rn. 82c.

第三章　地区詳細計画と土地利用計画の関係に関する規定の違反の効果

2　建設法典13a条2項2号

　2006年の「都市の内部開発のための計画立案の容易化に関する法律」（以下本章において「内部開発容易化法」という）による建設法典改正で、内部開発の地区詳細計画について定める建設法典13a条が追加された[39]。同条1項1文は、土地の再利用、高密度化またはその他の内部開発の措置のための地区詳細計画（内部開発の地区詳細計画）は迅速化された手続で策定することができるものとし、同条2項2号は、迅速化された手続においては、土地利用計画の表示とは異なる地区詳細計画を、当該土地利用計画が変更または補完される前に、策定することができること（前段）、当該市町村の区域の秩序ある都市建設上の発展が侵害されてはならないこと（中段）、当該土地利用計画は修正（Berichtigung）の方法で適合させなければならないことを規定する（後段）。内部開発容易化法の政府案理由書では、①地区詳細計画の施行とともに、対立する土地利用計画の表示は用いられないものになること、②修正に当たっては、建設管理計画の策定に関する規定が適用されない編集上（redaktionell）の過程が問題になること、③この場合には上級行政庁による地区詳細計画の認可は必要ではないことが指摘されている[40]。

　内部開発容易化法の政府案では、「建設法典第13a条第2項第2号の適用に当たりその適用のための要件が正しく判断されなかった」ことは地区詳細計画の法的効力にとって顧慮されないとする規定を建設法典214条2a項1文2号として設けることが提案されていた[41]。それに対して連邦参議院は、多様な利用・保護利益を考慮しながら秩序ある都市建設上の発展を保障するという土地利用計画の中核機能が放棄されるおそれがあるとして反対意見を表明し、政府案で予定されていた建設法典214条2a項1文2号の規定は設けられないことになった[42]。したがって、秩序ある都市建設上の発展が侵害されるにもかかわらず、土地利用計画の表示とは異なる地区

---

[39]　内部開発の地区詳細計画については、本書第二部第四章で検討する。
[40]　BT-Drs. 16/2496, S. 14.
[41]　BT-Drs. 16/2496, S. 7.
[42]　Vgl. BT-Drs. 16/2932, S. 4; BT-Drs. 16/3308, S. 20.

詳細計画が迅速化された手続において策定された場合、当該瑕疵は顧慮されると考えられる[43]。立法過程において、都市建設上の発展に関する土地利用計画の機能を重視する立場が選択された点でも注目される。

3 建設法典214条2項

建設法典214条は、計画維持という表題を付された建設法典3章2部4節に含まれる規定の1つである[44]。同条1項1文は、その1号～4号において、建設法典の手続・形式規定の違反のうち土地利用計画および建設法典による条例の法的効力にとって顧慮されるものを列挙している[45]。他方で同条2項は、その1号～4号において、建設管理計画の法的効力にとって顧慮されないものを列挙しており、その内容は、基本的に連邦建設法155b条1項1文5号～8号に対応したものになっている[46]。

建設法典214条2項1号は、「独立地区詳細計画の策定についての要求（第8条第2項第2文）又は第8条第4項において掲げられた先行地区詳細計画の策定のための緊急の理由が正しく判断されなかった」場合を挙げている。先行地区詳細計画について「意図される都市建設上の発展」要件の誤認は顧慮されることは、連邦建設法155b条1項1文5号と同様である。独立地区詳細計画については、市町村が誤って「地区詳細計画が都市建設上の発展を整序するために十分である」と判断したとしても、当該瑕疵は顧慮されないので、秩序ある都市建設上の発展が保障されないようにも思

---

[43] Vgl. *Henning Jaeger*, in: Spannowsky/Uechtritz (Fn. 34), §13a Rn. 26; *Schrödter*, in: Schrödter (Fn. 38), §13a Rn. 46. 建設法典13a条2項2号中段の違反を否定した裁判例として、vgl. OVG Berlin-Brandenburg, Urt. v. 19.10.2010 - OVG 2 A 15.09 -, juris Rn. 42.

[44] 1997年改正前の建設法典3章2部4節の表題は「効力要件」とされていたが、同年の改正により表題が「計画維持」に変更された。この変更に関しては、本書第二部第五章Ⅱを参照。

[45] 建設法典214条1文1号～4号の概観については、本書第二部第二章Ⅱ2を参照。

[46] 建設法典214条2項が、（土地利用計画の策定ではなく）地区詳細計画の策定に関わる違反の不顧慮についてのみ定めていることを指摘するものとして、vgl. *Uechtritz*, in: Spannowsky/Uechtritz (Fn. 34), §214 BauGB Rn. 80; *Jürgen Stock*, in: Ernst/Zinkahn/Bielenberg/Krautzberger (Fn. 36), §214 Rn. 102.

われる。ただし学説においては、いかなる事例においても秩序ある都市建設上の発展が侵害されてはならず[47]、そのような侵害がある場合には、建設管理計画の策定が「都市建設上の発展及び整序のために必要である限り速やかに」、市町村は建設管理計画を策定しなければならないと規定する建設法典1条3項の違反があるものとして、当該瑕疵は常に顧慮されると主張する説もある[48]。前掲連邦行政裁判所1984年12月14日判決は、連邦建設法155b条1項1文5号の「正しく判断されなかった」要件に関して、これは意図的な違反のみを顧慮する趣旨である旨述べていたところ、学説においては批判的な見解もみられる[49]。既述の通り、前掲連邦行政裁判所1999年2月26日判決は、土地利用計画が有効に存在するにもかかわらず、市町村が問題の地区詳細計画を独立地区詳細計画または先行地区詳細計画として適法であると主張することを認めておらず、既存の土地利用計画の表示とは異なる指定を含む地区詳細計画の有効性は、建設法典8条2項1文および214条2項2号、あるいは並行手続に関する建設法典8条3項および214条2項4号により判断されることになる。

　建設法典214条2項2号は、「土地利用計画からの地区詳細計画の展開に関して第8条第2項第1文の違反があった」場合において、「当該土地利用計画から生ずる秩序ある都市建設上の発展が侵害されなかった」ときを

---

[47]　建設法典の政府案では、「地区詳細計画が当該市町村の秩序ある都市建設上の発展を侵害しない場合には、地区詳細計画と土地利用計画の関係に関する第8条第2項から第4項まで」の違反は顧慮されないとする規定を設けることが予定されており、この規定は、その文言上、独立地区詳細計画との関係でも秩序ある都市建設上の発展を保障するものになっていた。Vgl. BT-Drs. 10/4630, S. 41.

[48]　Vgl. *Hans D. Jarass/Martin Kment*, BauGB, Beck'scher Kompakt-Kommentar, 2. Aufl. 2017, §214 Rn. 34. 前掲連邦行政裁判所1984年12月14日判決は、展開要請が、建設管理計画を「必要である限り速やかに」策定するという要請と同様に、秩序ある都市建設上の発展に奉仕するものであることを指摘している。Vgl. BVerwG, Urt. v. 14.12.1984 - 4 C 54/81 -, NVwZ 1985, 745（746）.

[49]　市町村が法律上の要求を全く検討していない場合は、意図的な違反と同視されるべきであると主張する説として、vgl. *Stock*, in: Ernst/Zinkahn/Bielenberg/Krautzberger (Fn. 36), §214 Rn. 105. それに対して判例を支持する説として、vgl. *Robert Käß*, Inhalt und Grenzen des Grundsatzes der Planerhaltung: dargestellt am Beispiel der §§214-216 BauGB, 2002, S. 223.

挙げている。連邦建設法155b条1項1文6号と同様の条文である。前掲連邦行政裁判所1991年12月18日決定は、建設法典214条2項2号が「当該土地利用計画から」生ずる秩序ある都市建設上の発展について規定していることから、同号は有効な土地利用計画を前提とすると述べているが、学説においては、土地利用計画の一部が効力を有しない場合において同号の適用の余地を認める説もある[50]。建設法典214条2項に関する裁判例の中では、同項2号に関するものが最も多い。展開要請の違反および秩序ある都市建設上の発展の侵害を肯定して、問題の地区詳細計画が効力を有しないことを宣言した裁判例も少なくない（後記Ⅲ2を参照）。

　建設法典214条2項3号は、「地区詳細計画が土地利用計画から展開された」場合において、「第6条〔土地利用計画の認可〕を含む手続又は形式規定の違反のためにそれが効力を有しないことが当該地区詳細計画の公示後に判明する」ときを挙げている。連邦建設法155b条1項1文7号と同様の規定である。2004年の建設法典改正で、「建設管理計画の策定に当たっては、衡量にとって意味がある利益（衡量素材）が調査及び評価されなければならない」とする規定（2条3項）が設けられ、この規定の違反が手続規定の違反として位置づけられているため（214条1項1文1号）、土地利用計画が衡量素材の調査・評価に関する瑕疵を理由として効力を有しない場合においても建設法典214条2項3号が適用されるかという問題が生じている。学説の中には、建設法典214条2項3号にも「秩序ある都市建設上の発展が侵害されてはならない」という不文の要件があるものと解し、これによって問題解決を図ろうとする説もある[51]。

　建設法典214条2項4号は、「並行手続において第8条第3項の違反があった」場合において、「秩序ある都市建設上の発展が侵害されなかった」

---

[50] *Stock*, in: Ernst/Zinkahn/Bielenberg/Krautzberger (Fn. 36), §214 Rn. 110. 建設法典214条2項3号が適用される場合には、同項2号が適用可能であるとする説として、vgl. *Uechtritz*, in: Spannowsky/Uechtritz (Fn. 34), §214 Rn. 86.

[51] *Uechtritz*, in: Spannowsky/Uechtritz (Fn. 34), §214 Rn. 92; vgl. auch *Ulrich Battis*, in: Ulrich Battis/Michael Krautzberger/Rolf-Peter Löhr, BauGB, Kommentar, 13. Aufl. 2016, §214 Rn. 13.

ときを挙げている。連邦建設法155b条1項1文8号とは異なり、秩序ある都市建設上の発展が侵害されたときには、当該瑕疵が顧慮されることが明確にされている。これは重要な変更点であるようにも思われるが、国土整備・土木建築・都市建設委員会の報告書は、建設法典214条2項の規律は連邦建設法155b条1項1文5号～8号と一致するものである旨述べている[52]。他方で学説においては、建設法典214条2項4号の「秩序ある都市建設上の発展が害されなかった」要件によって、地区詳細計画が市町村の全域についての調和のとれた1つの基本構想に基づいて展開されることが保障されることになると評価する説もある[53]。

4 　建設法典215条

　建設法典215条は、規定の違反の主張期間について定めており、同条1項1文によると、建設法典214条1項1文1号～3号により顧慮される手続・形式規定の違反（建設法典215条1項1文1号）や、建設法典214条3項2文により顧慮される衡量過程の瑕疵（建設法典215条1項1文3号）のほか、「第214条第2項を考慮しながら顧慮される地区詳細計画と土地利用計画の関係に関する規定の違反」（建設法典215条1項1文2号）も、それらが土地利用計画または条例の公示後1年以内に書面で市町村に対して当該違反を根拠づける事実関係を説明しながら主張されることがなかった場合には、顧慮されなくなる。2004年改正前の建設法典215条1項では、一定の手続・形式規定の違反については1年間、衡量の瑕疵については7年間の主張期間が定められていたところ、同年の改正で、主張期間が2年間に統一されるとともに、建設法典214条2項により顧慮されないものではない地区詳細計画と土地利用計画の関係に関する規定の違反についても2年間の主張期間が及ぶことになった。これに関して交通・土木建築・住宅問題委員会の報告書は、建設法典214条2項を考慮しながら顧慮される瑕疵に

---

[52]　BT-Drs. 10/6166, S. 164.
[53]　*Kukk*, in: Schrödter (Fn. 38), §214 Rn. 44. 当該要件が建設法典8条3項における並行手続の拡大に伴う代償として設けられたことを指摘する説として、vgl. *Käß* (Fn. 49), S. 227.

第二部　計画維持規定の形成と展開

ついて規律を拡張することも、瑕疵の主張期間を統一する点で適切である旨述べている[54]。その後2006年の改正で、規範統制の申立期間が法規定の公布後１年間に短縮されることにあわせて、建設法典215条１項の期間も１年間に短縮されている[55]。

5　まとめ

地区詳細計画と土地利用計画の関係について定める建設法典８条２項～４項は、1979年改正後の連邦建設法８条２項～４項と基本的に同様の内容になっている。ただし、並行手続について定める建設法典８条３項については、「計画策定作業の状況に応じて、当該地区詳細計画が土地利用計画の表示から展開されることが推測され得る場合」には、地区詳細計画を土地利用計画の前に公示することができるという規定が設けられている（同項２文）。それに対して1979年改正後の連邦建設法８条３項２文・３文は、地区詳細計画が土地利用計画よりも前に認可されてはならないこと、地区詳細計画の認可と土地利用計画の認可を同時に公示することを規定していた。

地区詳細計画と土地利用計画の関係に関する規定の違反のうち一定のものを不顧慮とする建設法典214条２項１号～４号は、基本的に、従前の連邦建設法155b条１項１文５号～８号に対応したものになっている。ただし、並行手続における建設法典８条３項の違反を不顧慮とする建設法典214条２項４号については、「秩序ある都市建設上の発展が侵害されなかった」ことが要件として追加された。それに対して、土地利用計画の必要性が誤認されて独立地区詳細計画が策定された場合（同項１号）や、土地利用計画が手続・形式規定の違反のために効力を有しないことが判明した場合（同項３号）については、「秩序ある都市建設上の発展が侵害されなか

---

[54]　BT-Drs. 15/2996, S. 71.

[55]　Vgl. BT-Drs. 16/2496, S. 17. 建設法典215条１項の期間の短縮に批判的な学説として、vgl. *Michael Uechtritz*, Die Änderungen des BauGB durch das Gesetz zur Erleichterung von Planungsvorhaben für die Innenentwicklung der Städte - „BauGB 2007", BauR 2007, 476（485）.

った」という要件は定められていない。学説においては、これらの場合においても、秩序ある都市建設上の発展の侵害は顧慮されると主張する説もある。

2004年の建設法典改正以降、建設法典214条2項により顧慮されないものではない地区詳細計画と土地利用計画の関係に関する規定の違反であっても、一定の期間内に市町村に対して主張されなかった場合には顧慮されなくなるものとされており（建設法典215条1項参照）、規定の違反が不顧慮とされる場面が拡大している。

Ⅲ　建設法典214条2項に関する裁判例

1　建設法典214条2項1号

ザールルイ上級行政裁判所1992年6月23日判決[56]は、住居地区を指定する地区詳細計画（1966年策定）の第3次変更（1985年に条例として議決）が問題になった事件に関するものである。申立人は、第3次変更による開発道路の指定によって自己の土地における建築が困難になると主張して、規範統制の申立てをした。規範統制手続係属中に連邦憲法裁判所は、当該地区詳細計画の基礎となった土地利用計画の策定権限について定めるザールラント地方自治法の規定（都市連合（Stadtverband）が土地利用計画を策定することを認める規定）を無効とする決定を下した。ザールルイ上級行政裁判所は、計画策定権限を欠く者によって土地利用計画が策定されたことが地区詳細計画の公示後に判明する場合に、当該地区詳細計画の法的効力にとって顧慮される瑕疵が存在するかという問題を連邦行政裁判所に提出した。前掲連邦行政裁判所1991年12月18日決定は、当該土地利用計画は効力を有しないことを指摘しつつ、当該地区詳細計画は先行地区詳細計画として有効でありうる旨判示した。これを受けて同判決は、先行地区詳細計画の策定等に関する要件の充足性を検討し、「緊急の理由」要件については、連邦行政裁判所の判例によれば唯一顧慮される意図的な違反が認めら

---

[56]　OVG Saarlouis, Urt. v. 23.06.1992 - 2 N 1/92 -, juris.

れないため建設法典214条2項1号が適用されることを指摘した。さらに同判決は、「意図される都市建設上の発展」要件については、被申立人の意図は当該地域に住居地区を指定して住宅開発を進めることであると認定して、第3次変更が被申立人により意図された都市建設上の発展と対立するとは認められない旨判示した。

　建設法典214条2項1号に関する裁判例として、マンハイム高等行政裁判所1995年6月20日判決[57]を挙げることもできる。この事件では、商業地区および混合地区を指定する地区詳細計画に対して隣接地の所有者らが規範統制の申立てをした。当該地区詳細計画が条例として議決された時点で有効であった土地利用計画では、問題の地域は住居用地として表示されていた。被申立人は建設法典8条4項（先行地区詳細計画）の要件が充足されていると判断していたが、同判決は、土地利用計画が有効に存在していたことから当該要件の充足を否定するとともに、土地利用計画が存在するにもかかわらず先行地区詳細計画を策定することが許されるとした判断の過誤には、「緊急の理由」の誤認を不顧慮とする建設法典214条2項1号は適用されない旨判示した。ただし同判決は、建設法典8条3項（並行手続）の要件が存在するとして、結論において展開要請の違反はないものとしている。この点については、並行手続における瑕疵について定める建設法典214条2項4号に関する裁判例とあわせて取り上げる（後記4）。

　瑕疵が建設法典214条2項1号により顧慮されないものではないことを指摘して、地区詳細計画が効力を有しないことを宣言した裁判例として、グライフスヴァルト上級行政裁判所2007年9月19日判決[58]がある。この事件では、特別地区「別荘地区」を指定する地区詳細計画に対して隣接地の地上権者が規範統制の申立てをした。当該地区詳細計画の施行の時点においては、土地利用計画については、特別地区「別荘地区」の表示に関して衡量の瑕疵があるとの理由でその一部が認可されていなかった。そこで同判決は、展開の対象となる土地利用計画が存在しなかったものと認定し

---

[57] VGH Mannheim, Urt. v. 20.06.1995 - 3 S 2680/93 -, juris.
[58] OVG Greifswald, Urt. v. 19.09.2007 - 3 K 31/05 -, juris.

た。さらに同判決は、当該地区詳細計画が先行地区詳細計画として有効となりうる可能性を指摘して、建設法典214条2項1号の適用を検討している。同判決は、先行地区詳細計画を策定するための緊急の理由が存在するか否かはともかく、当該地区詳細計画は当該市町村の意図される都市建設上の発展と対立するものとした。同判決は、土地利用計画の案が存在する場合には、建設法典8条4項1文の「意図される都市建設上の発展」はこの案から導出されるとして、当該地区詳細計画により特別地区「別荘地区」として指定された地域は、土地利用計画の案においては特別地区「キャンプ場地区」ないしは「観光客の宿泊のための地区」とされていること、問題の地域において特別地区「別荘地区」を指定することは土地利用計画の構想と矛盾することを指摘している。

2　建設法典214条2項2号

　建設法典214条2項に関する裁判例の中では、同項2号に関するものが最も多い。前掲連邦行政裁判所1999年2月26日判決は、展開要請の違反を認定した上で、建設法典214条2項2号の「当該土地利用計画から生ずる秩序ある都市建設上の発展が侵害されなかった」要件の解釈を示している。この事件では、ジンスハイム市の土地利用計画で農業用地として表示されているハッセルバッハ区内の場所を住居専用地区として指定する地区詳細計画に対して規範統制の申立てがなされた。同判決は、土地利用計画の基本構想によれば、当該地区詳細計画が策定されている地域は、開発を抑制すべきであることを指摘して、当該地区詳細計画が上記の基本構想と矛盾することを認めた。さらに同判決は、展開要請の違反と「当該土地利用計画から生ずる秩序ある都市建設上の発展」の侵害は同義ではないとして、地区詳細計画と土地利用計画の相違は、当該土地利用計画の都市建設上の全体構想に影響を及ぼさない程度であれば、計画維持の理由から不顧慮とされるというのが建設法典214条2項2号の目的であることを指摘する。その上で同判決は、前掲カッセル高等行政裁判所1987年6月4日判決を援用して、「秩序ある都市建設上の発展」が侵害されたか否かを判断するに当たっては、市町村の全域または当該地区詳細計画の適用区域を越え

る地区に着目しなければならない旨述べ、事件を規範統制裁判所に差し戻している。

差戻審マンハイム高等行政裁判所2001年2月2日判決[59]は、土地利用計画において表示された将来の住居建築用地の面積は約80ヘクタールであるが当該地区詳細計画により指定された住居専用地区の面積は2.21ヘクタールにすぎないこと、土地利用計画によればハッセルバッハ区では農業用地の割合が高いところ、当該地区詳細計画による住居地区の指定後もこの点は変わらないことを指摘して、「秩序ある都市建設上の発展」の侵害を否定し、展開要請の違反は建設法典214条2項2号により顧慮されない旨判示した。

前掲グライフスヴァルト上級行政裁判所2007年9月19日判決は、先行地区詳細計画としての地区詳細計画が、意図される土地利用計画の表示から展開されておらず、当該瑕疵は建設法典214条2項2号により顧慮されるとも述べている。この事件では、土地利用計画の一部のみが認可され、当該土地利用計画またはその案において特別地区「キャンプ場地区」または「観光客の宿泊のための地区」として表示された地域に特別地区「別荘地区」を指定する地区詳細計画が問題となった。同判決は、前二者の表示から「別荘地区」の指定を展開することはできないことを指摘するとともに、当該瑕疵が秩序ある都市建設上の発展を侵害することも認めた。その際同判決は、当該土地利用計画は様々な観光上の特別地区の関係が調整されていることを前提としていること、当該地区詳細計画が適用されるY地区について根本的に異なる都市建設構想が追求されることになることを指摘している。また同判決は、建設法典214条2項2号は有効な土地利用計画を前提としており、土地利用計画の欠如のために生ずる建設法典8条2項1文の違反は建設法典214条2項2号により不顧慮とされないことも指摘している。

ミュンスター上級行政裁判所2009年9月30日判決[60]は、大規模小売業の

---

[59] VGH Mannheim, Urt. v. 02.02.2001 - 3 S 1000/99 -, juris.
[60] OVG Münster, Urt. v. 30.09.2009 - 10 D 8/08.NE -, juris.

第三章　地区詳細計画と土地利用計画の関係に関する規定の違反の効果

ための特別地区（販売面積最大1万1500平方メートル）を指定することを目的とする、P市の地区詳細計画第80号の第6次変更および土地利用計画の第78次変更が問題になった事件で、展開要請の違反が建設法典214条2項2号により顧慮されないものではない旨判示している。地区詳細計画第80号の第2次変更および土地利用計画の第60次変更では、販売面積が最大3500平方メートルに制限されていたため、両計画を並行して変更する手続がとられ、被申立人は2006年11月14日に土地利用計画の第78次変更を認可庁に提出した。しかしながら2007年2月13日、州の計画策定の目標との矛盾や衡量の瑕疵等を理由として、認可を拒否する旨の回答がなされた。被申立人は認可の拒否に対する訴訟を提起するとともに、同年3月9日に土地利用計画の第78次変更および地区詳細計画第80号の第6次変更を公示した。同判決は、土地利用計画の第78次変更は必要な認可を欠くため効力を有しないことを指摘するとともに、地区詳細計画第80号の第6次変更が土地利用計画の第60次変更から展開されたともいえない旨判示した。その上で同判決は、被申立人が土地利用計画の変更の認可の欠如および変更前の土地利用計画の表示を意図的に無視したことを認定し、建設法典214条2項2号の目的は展開要請に関する（非意図的な）判断の誤りによって地区詳細計画が効力を有しないことになることを防ぐ点にあるとして、市町村が土地利用計画の表示を意図的に無視した事例に同号は適用されないと述べている[61]。また同判決は、土地利用計画の第60次変更における販売面積の制限は国土整備上および都市建設上の影響を制御するためになされたところ、問題の地区詳細計画は3倍以上の販売面積を許容するものであって土地利用計画の構想を著しく害するとして、土地利用計画から生ずる秩序ある都市建設上の発展の侵害も肯定している。

コブレンツ上級行政裁判所2010年3月24日判決[62]は、地区詳細計画の変更によってその所有地を「スポーツ施設」の目的を有する公的緑地として

---

[61] 同旨の学説として、vgl. *Stock*, in: Ernst/Zinkahn/Bielenberg/Krautzberger（Fn. 36），§214 Rn. 112; *Kukk*, in: Schrödter（Fn. 38），§214 Rn. 40; *Uechtritz*, in: Spannowsky/Uechtritz（Fn. 34），§214 Rn. 84.

[62] OVG Koblenz, Urt. v. 24.03.2010 - 8 C 11202/09 -, BauR 2010, 1726.

指定された申立人が規範統制の申立てをした事件で、展開要請の違反が建設法典214条2項2号により顧慮されないものではないことを指摘して、地区詳細計画が効力を有しないことを宣言した。問題の地域は、土地利用計画では特別地区「キャンピング」として表示されていた。同判決は、当該地区詳細計画の指定により他のあらゆる利用が排除されることから、当該指定は土地利用計画の基本内容と一致していないとして、建設法典8条2項1文の違反があることを認めた。さらに同判決は、土地利用計画における特別地区「キャンピング」の表示には観光客の来訪のための特別な機能が与えられていることを認定して、公的緑地の指定はこの目標設定と対立することから、市町村全域の秩序ある都市建設上の発展の侵害を認めている。

　カッセル高等行政裁判所2010年4月22日判決[63]も、展開要請の違反が建設法典214条2項2号により顧慮されないものではないことを指摘して、地区詳細計画が効力を有しないことを宣言した。この事件ではマイン川の南に混合地区等を指定する地区詳細計画に対して規範統制の申立てがなされた。当該地区詳細計画の適用区域については、土地利用計画においては商業建築用地（約9.3ヘクタール）と混合建築用地（約7.5ヘクタール）の区分があり、商業建築用地の表示には、対岸のフランクフルト港がもたらす騒音問題から混合建築用地を保護する目的があった。しかしながら当該地区詳細計画は、当該商業建築用地の一部を混合地区として指定するものであった。同判決は、商業利用を主とすることが土地利用計画の基本構想であるにもかかわらず、混合利用が少なくとも同程度の重みをもつことになることを指摘して、当該地区詳細計画は土地利用計画の基本構想と矛盾するとした。さらに同判決は、マイン川の北の工業利用が騒音を理由として事業の制限を受けるおそれがあり、フランクフルト港の存続および発展可能性を危険にさらすこと、住宅建設が騒音発生源である工業利用に接近して、商業用地の緩衝機能という都市建設上の目標設定がもはや達成されないことを指摘して、土地利用計画から生ずる秩序ある都市建設上の発展の

---

[63]　VGH Kassel, Urt. v. 22.04.2010 - 4 C 306/09.N-, ZfBR 2010, 588.

侵害があることを認めている[64]。

3　建設法典214条2項3号

　前掲連邦行政裁判所1991年12月18日決定は、地区詳細計画に対する規範統制手続の係属中に、土地利用計画の策定権限の根拠規定が連邦憲法裁判所により無効とされた事件で、計画策定権限を欠く者によって策定された土地利用計画は効力を有しないことを指摘しつつ、計画策定権限の欠如は手続・形式規定の違反ではなく、建設法典214条2項3号は適用できないものとしている。もっとも、前掲ザールルイ上級行政裁判所1992年6月23日判決は、同項1号を適用して、地区詳細計画が効力を有しないことになるような展開要請の違反は認められない旨判示した（前記1）。

　建設法典214条2項3号を適用して手続の瑕疵を不顧慮とした裁判例として、リューネブルク上級行政裁判所2003年9月25日判決[65]がある。問題の地区詳細計画は、2001年3月9日に公示されたものであった。同月22日の行政裁判所の判決は、その基礎となる土地利用計画の変更について、参加に関する規定の違反を理由として効力を有しないことを判示した。リューネブルク上級行政裁判所は、土地利用計画が効力を有しないことは市町村にとって遅くとも裁判所の判決によってそのことを認識したときに明らかになったとしつつ、行政裁判所の判決が地区詳細計画の公示よりも後であったことから、建設法典214条2項3号が適用される旨述べている。

　他方で前掲ミュンスター上級行政裁判所2009年9月30日判決は、瑕疵が建設法典214条2項3号により顧慮されないものではないことを認定している。この事件では、土地利用計画および地区詳細計画の変更手続が並行して進められ、2007年2月13日に土地利用計画の変更の認可が拒否された

---

[64]　そのほか、展開要請の違反が建設法典214条2項2号により顧慮されないものではないとした裁判例として、vgl. OVG Münster, Urt. v. 20.02.2015 - 7 D 30/13.NE -, juris Rn. 89. 計画地区の規模が比較的小さいことから秩序ある都市建設上の発展の侵害を否定した裁判例として、vgl. OVG Berlin-Brandenburg, Urt. v. 13.06.2013 - OVG 2 A 5.11 -, juris Rn. 33.

[65]　OVG Lüneburg, Urt. v. 25.09.2003 - 1 LC 276/02 -, NuR 2004, 125.

にもかかわらず、同年3月9日に土地利用計画および地区詳細計画の変更が公示された。同判決は、問題の土地利用計画は必要な認可を欠くため効力を有しないとし、手続規定の違反を理由として土地利用計画が効力を有しないことが地区詳細計画の公示後に初めて明らかになったとはいえないことを指摘して、地区詳細計画が効力を有しないことを宣言した。連邦行政裁判所2010年4月14日決定[66]は、市町村が土地利用計画の変更の認可がないことを知りながら地区詳細計画を公示し、この瑕疵を意図的に無視したために、展開要請の違反が建設法典214条2項3号により顧慮されないものではなかった事例として、同判決を引用している[67]。

4　建設法典214条2項4号

建設法典8条3項1文の意味おける並行手続が認められないことを指摘して地区詳細計画を無効とした裁判例として、マンハイム高等行政裁判所1991年10月24日決定[68]がある。この事件では、スポーツ用地を指定する地区詳細計画に対して、当該地区詳細計画の適用区域内の土地所有者が規範統制の申立てをした。当該地区詳細計画は1989年に条例として議決されたものであるが、問題のスポーツ用地は当時の土地利用計画（1984年に認可を受けた第1次補正）では農業用地として表示されていた。そこで土地利用計画の補正手続が開始され、土地利用計画の第2次補正に関する案は1990年に議決された。高等行政裁判所は、前掲連邦行政裁判所1984年10月3日決定の判示を引用して、建設法典8条3項1文の意味における並行手続の決定的特徴は「両計画手続の個々の段階が目的に適合した1つの時間的関連の中にあること、及び両手続のそれぞれの進行において両計画案の間の内容的調整が可能でありかつ意図されていること」であると述べ、条例の議決がなされた後に初めて当該地区詳細計画に一致させるための土地

---

[66]　BVerwG, Beschl. v. 14.04.2010 - 4 B 78/09 -, NVwZ 2010, 1026.

[67]　意図的な違反は建設法典214条2項のいかなる規定によっても不顧慮とされないと主張する説として、vgl. *Käß* (Rn. 49), S. 224; *Jarass/Kment* (Fn. 48), §214 Rn. 34.

[68]　VGH Mannheim, Beschl. v. 24.10.1991 - 5 S 2394/90 -, juris.

利用計画の変更が開始される場合には、前記の時間的・内容的調整が認められないことを指摘する。さらに高等行政裁判所は、建設法典214条2項4号が適用されるためには、前記の意味における並行手続がそもそも存在していることが前提になるとして、本件ではこれが存在しない旨述べている。

　それに対して前掲マンハイム高等行政裁判所1995年6月20日判決は、市町村が建設法典8条4項（先行地区詳細計画）の要件を誤認して地区詳細計画を策定した事件で、同条3項の要件が充足されていることを認めている。当該地区詳細計画は1993年7月5日に条例として議決され、同年8月20日に公示されたものであるが、当時において有効であった土地利用計画では住居用地として表示されていた場所に商業地区および混合地区を指定するものであった。翌年6月23日より施行された土地利用計画における表示は当該地区詳細計画の指定に対応したものとなっており、当該土地利用計画の補正手続は条例の議決よりも前に開始されていた。同判決は、前掲連邦行政裁判所1984年10月3日決定を援用して、並行手続にとって特徴的でありかつ十分であるのは「地区詳細計画手続と土地利用計画手続の個々の段階が相互に展開要請の目的に合致する1つの適切な時間的関連の中にあること、及び両手続のそれぞれの進行において両計画案の間の内容的調整が可能でありかつ意図されていること」であると述べ、そのような時間的関連および内容的調整の要素が満たされていたことを認めた。また同判決は、条例の議決の時点において土地利用計画手続が既に進行した段階に達していたとして、地区詳細計画を土地利用計画の前に公示することを認める建設法典8条3項2文の要件の充足も肯定している。

　ミュンヘン高等行政裁判所1998年11月11日判決[69]は、建設法典8条3項2文および建設法典214条2項4号の「秩序ある都市建設上の発展が侵害されなかった」要件の解釈を示している。この事件では、農業用地ないし森林として利用される地区を指定するとともに、あらゆる建築を禁止する内容の地区詳細計画に対して、当該地区詳細計画の適用区域内の土地所有

---

[69]　VGH München, Urt. v. 11.11.1998 - 26 N 97.3102-, NuR 1999, 391.

者らが規範統制の申立てをした。当該地区詳細計画は並行手続において土地利用計画の前に公示されたものであった。同判決は、建設法典8条3項2文に関しては、地区詳細計画の公示の時点で土地利用計画の案が実質的にみて建設法典33条の意味における「計画の成熟（Planreife）」の段階に達している必要があると述べている[70]。問題の地域は土地利用計画の案においては「特別地区　保養」として表示されていたが、同判決は、保養滞在を目的とする特別地区の表示と被申立人の計画策定の意図は合致しないとして、建設法典8条3項2文の要求する実質的な計画の成熟が存在しなかったものと認定した。さらに同判決は、当該地区詳細計画の施行の時点で、当該地区詳細計画の適用区域において土地利用計画の案の実質的な計画の成熟が存在しなかった場合には、秩序ある都市建設上の発展の侵害が認められると述べている[71]。

5　まとめと検討

建設法典214条2項1号～4号は、地区詳細計画と土地利用計画の関係に関する規定の違反のうち一定のものを不顧慮としているところ、この計画維持規定を適用して、問題の瑕疵は顧慮されない旨判示した裁判例も当然ながら存在している（同項1号に関するザールルイ上級行政裁判所1992年6月23日判決、同項2号に関するマンハイム高等行政裁判所2001年2月2日判決、同項3号に関するリューネブルク上級行政裁判所2003年9月25日判決）。ザールルイ上級行政裁判所1992年6月23日判決は、連邦行政裁判所の判例に従って、先行地区詳細計画の「緊急の理由」要件については意図的な違反のみが顧慮されるとの立場をとっているが、既述の通り学説には批判的な見解もみられる。

---

[70]　建設法典33条1項は、地区詳細計画の策定開始が議決された地区内において、「事業案が将来の地区詳細計画の指定と対立しないことが推測され得る」場合（同項2号）等の複数の要件が充足される場合において、当該事業案は許容されるものと規定している。Vgl. auch *Jarass/Kment* (Fn. 48), §8 Rn. 8.

[71]　この考え方によれば、建設法典8条3項2文の違反が建設法典214条2項4号により不顧慮とされることはないことになりそうである。批判説として、vgl. *Uechtritz*, in: Spannowsky/Uechtritz (Fn. 34), §214 Rn. 100.

第三章　地区詳細計画と土地利用計画の関係に関する規定の違反の効果

　他方で、地区詳細計画と土地利用計画の関係に関する規定の違反が顧慮されるものとした裁判例も決して少なくない。建設法典8条2項1文（展開要請）の違反および建設法典214条2項2号にいう「秩序ある都市建設上の発展」の侵害に関しては、前者については地区詳細計画の適用区域における土地利用計画の基本構想との矛盾の有無を審査し、後者についてはより広い範囲に着目した審査を行うという方式が定着しており[72]、近時においても展開要請の違反および秩序ある都市建設上の発展の侵害を肯定した裁判例が複数存在している（コブレンツ上級行政裁判所2010年3月24日判決、カッセル高等行政裁判所2010年4月22日判決等）。展開要請の違反の有無は事案によっては必ずしも明らかではなく、その判断には不確実性があることに鑑みれば[73]、展開要請の違反を理由として地区詳細計画が効力を有しないものとされることを一定程度制限することも、それが必要な範囲にとどまる限りにおいて、正当化されよう。建設法典214条2項2号については、制度上も運用面でも、秩序ある都市建設上の発展が保障される限りにおいて計画の維持が図られており、その点で是認しうるものといえるのではないかと思われる。

　ミュンスター上級行政裁判所2009年9月30日判決は、市町村が土地利用計画の表示を意図的に無視した事例に建設法典214条2項2号は適用されないと判示しており、連邦行政裁判所2010年4月14日決定は、市町村が土地利用計画の認可の欠如を意図的に無視した場合に同項3号は適用されない旨述べている。先行地区詳細計画の「緊急の理由」要件に限らず、建設法典8条2項～4項の意図的な違反が建設法典214条2項によって不顧慮とされることはないと考えられる。反対に、意図的な違反のみが顧慮されるものとすることには問題があるように思われる。

---

[72]　この2段階審査を明確に指摘するものとして、vgl. *Peter Runkel*, Das Gebot der Entwicklung der Bebauungspläne aus dem Flächennutzungsplan, ZfBR 1999, 298 (301); vgl. auch *Bernhard Stüer*, Handbuch des Bau- und Fachplanungsrechts, 5. Aufl. 2015, Rn. 1377.

[73]　Vgl. *Uechtritz*, in: Spannowsky/Uechtritz (Fn. 34), §214 Rn. 83a; *Stock*, in: Ernst/Zinkahn/Bielenberg/Krautzberger (Fn. 36), §214 Rn. 109.

そのほか、先行地区詳細計画に関して、建設法典8条4項1文の「意図される都市建設上の発展」との対立を認めた裁判例や（グライフスヴァルト上級行政裁判所2007年9月19日判決）、並行手続に関して、連邦行政裁判所の判例に従い、時間的関連・内容的調整の要素が認められないことから並行手続の存在を否定した裁判例（マンハイム高等行政裁判所1991年10月24日決定）、建設法典214条2項4号の「秩序ある都市建設上の発展」の侵害を認めた裁判例（ミュンヘン高等行政裁判所1998年11月11日判決）が注目される。学説においては、建設法典214条2項に明文の規定がない場合であっても、秩序ある都市建設上の発展の侵害は顧慮されると主張する説があり注目されるが、そのような学説の立場を採用することを明言した連邦行政裁判所または上級行政裁判所の裁判例は見当たらない。

Ⅳ　第三章のまとめ

連邦建設法は、1960年の制定時から、地区詳細計画が土地利用計画から展開されなければならないという原則（展開要請）を定めていた（8条2項1文）。展開要請に違反する地区詳細計画を無効とした当時の判例として、連邦行政裁判所1975年2月28日判決がある。この判決は、地区詳細計画の策定に当たっては形成の自由が認められることを指摘しつつ、土地利用計画の基本構想と矛盾する地区詳細計画は展開要請に違反するものとした。

1979年の同法改正で、地区詳細計画と土地利用計画の関係に関する規定の違反のうち一定のものを不顧慮とする規定が設けられた（155b条1項1文5号～8号）。立法資料では、裁判例が展開要請に関して厳格な基準を採用していることが指摘されており、展開要請違反を理由として裁判所が地区詳細計画を無効とすることを制限しようとする意図を読み取ることができる。ただし、展開要請の違反が「当該土地利用計画から生ずる秩序ある都市建設上の発展」を侵害する場合、当該違反は顧慮される（同法155b条1項1文6号）。展開要請に関する裁判所による統制を制限する一方、秩序ある都市建設上の発展は守られなければならないとするものである。

第三章　地区詳細計画と土地利用計画の関係に関する規定の違反の効果

　建設法典214条2項1号～4号は、地区詳細計画と土地利用計画の関係に関する規定の違反のうち一定のものを不顧慮としており、その内容は基本的に連邦建設法155b条1項1文5号～8号に対応したものになっている。建設法典214条2項2号によれば、展開要請（建設法典8条2項1文）の違反が「当該土地利用計画から生ずる秩序ある都市建設上の発展」を侵害する場合、当該違反は顧慮される。近時においても、展開要請の違反および秩序ある都市建設上の発展の侵害を肯定し、地区詳細計画が効力を有しないことを宣言した裁判例が複数存在している。建設法典214条2項2号に関しては、必要かつ合理的な範囲内で計画の維持が図られていると評価することができる。

　他方で、地区詳細計画と土地利用計画の関係に関する規定の違反の中には、意図的な違反でなければ不顧慮とされるものがあり、秩序ある都市建設上の発展が常に保障されているとはいえないように思われる部分もある。ドイツの学説においても批判的見解や解釈論的提案がみられるところであるが、計画維持を目的として計画策定に関する法律の規定の違反を不顧慮とすることについては、その必要性および合理性が不断に検討されなければならないといえよう。

第四章

内部開発の地区詳細計画と瑕疵の効果

　建設法典214条・215条は、建設法典の規定の違反が地区詳細計画等の法的効力にとって顧慮されるか否かについて定めているところ、建設法典214条2a項は、建設法典13a条による「迅速化された手続」において策定された地区詳細計画について、同条の規定の違反が顧慮されない場合があることを定めている。建設法典13a条・214条2a項は、2006年12月21日の「都市の内部開発のための計画立案の容易化に関する法律」（以下本章において「内部開発容易化法」という）による建設法典改正で追加されたものであり、建設法典13a条1項1文は、「土地の再利用、高密度化又はその他の内部開発の措置のための地区詳細計画（内部開発の地区詳細計画）は、迅速化された手続において策定することができる」と規定している[1]。建設法典214条2a項は迅速化された手続に特有の規定であるが、内部開発の地区詳細計画には、同条の他の規定や建設法典215条も適用される。
　2013年6月11日の「都市及び市町村における内部開発の強化並びに都市建設法のさらなる継続発展に関する法律」（以下本章において「内部開発強化法」という）による改正前の建設法典214条2a項1号（以下本章において「建設法典214条2a項旧1号」という）は、建設法典13a条1項1文の要件が不適切に判断されたことに起因する手続・形式規定の違反等を不顧慮とす

---

(1) 内部開発の地区詳細計画の概要に関しては、齋藤純子「人口減少に対応したドイツ都市計画法の動向」レファレンス64巻6号（2014年）11頁以下、アルネ・ピルニオク（野田崇訳）「都市建設法の課題としての持続的発展——ドイツにおける法的基本構造と発展傾向」吉田克己＝角松生史編『都市空間のガバナンスと法』（信山社、2016年）254頁以下参照。

ることを定めていた。2013年の欧州司法裁判所の判決は、建設法典214条2a項旧1号が、特定の計画およびプログラムの環境影響の審査に関する2001年6月27日の欧州議会・理事会指令2001/42/EG（計画環境審査指令または戦略的環境審査指令）に適合しない旨を判示した。建設法典の計画維持規定がEU法に違反することが欧州司法裁判所によって認定されたのは、これが初めてのことである。建設法典214条2a項旧1号は、欧州司法裁判所の判決を受けて、内部開発強化法による建設法典改正で削除された。

　本章は、内部開発の地区詳細計画の策定に関する一定の瑕疵を不顧慮とする建設法典214条2a項に注目し、そのEU法適合性等に関する学説・裁判例を参照することを通じて、計画策定に関する瑕疵を不顧慮とすることが許されるのはどのような場合かという問題について検討を加えるものである。以下ではまず、内部開発の地区詳細計画と迅速化された手続の仕組み、そしてこれに関係する計画維持規定を概観した上で（Ⅰ・Ⅱ）、建設法典214条2a項旧1号を含む同項各号の規定のEU法適合性等に関する学説・裁判例を取り上げる（Ⅲ・Ⅳ）。迅速化された手続に関する建設法典の規定は、2017年5月4日の「都市建設法における指令2014/52/EUの転換及び都市における新たな共同生活の強化に関する法律」によって改正されているが、この改正による変更点については最後に言及する（Ⅴ）。なお、本章において言及する環境適合性審査法の規定は、2017年7月20日の「環境適合性審査の法の現代化に関する法律」による改正前のものを指す。

Ⅰ　内部開発の地区詳細計画と迅速化された手続

1　内部開発の地区詳細計画の意義

　2007年1月1日、建設法典の一部を改正する内部開発容易化法が施行された。この法律は、新規の土地使用を抑制するとともに、職場の維持・創出や住居の供給、インフラ整備等の領域における重要な計画立案を迅速化するために、都市の内部開発を強化する事業案について建設・計画法が簡素化かつ迅速化されるべきであるとした、2005年11月11日のCDU、CSUおよびSPDの連立協定に基づくものである[2]。この改正で追加された建

設法典13a 条は、内部開発の地区詳細計画の意義および手続について定めている。同条1項1文によると、「土地の再利用、高密度化又はその他の内部開発の措置のための地区詳細計画（内部開発の地区詳細計画）」は、迅速化された手続で策定することができる。建設法典1a 条2項1文は、土地および土壌が節約して大切に用いられるべきであり、「土地の再利用、高密度化及びその他の内部開発のための措置」により市町村の発展が図られなければならないことを規定しているところ、この土壌保護条項（Bodenschutzklausel）と建設法典13a 条1項1文は結びついている[3]。内部開発の地区詳細計画に該当するのは、直接的に内部開発の措置のために策定される地区詳細計画のみであり、外部地域に新たに宅地を指定したり、内部開発に間接的に好影響を及ぼすにすぎないものは含まれない[4]。もっとも、何が内部開発の地区詳細計画に該当するかは、建設法典の規定の文言上は必ずしも明確とはいえない[5]。

2　迅速化された手続の特色
(1)　簡素化された手続の準用

迅速化された手続においては、建設法典13条2項および3項1文による簡素化された手続の規定が準用される（建設法典13a 条2項1号）。簡素化

---

[2]　Vgl. BT-Drs. 16/2496, S. 1, 9.

[3]　BT-Drs. 16/2496, S. 12. 内部開発の強化は国家の持続性戦略を具体化し国家目標としての環境保護（基本法20a 条）を実現すると述べる学説として、vgl. *Ulrich Battis*, in: Ulrich Battis/Michael Krautzberger/Rolf-Peter Löhr, BauGB, Kommentar, 13. Aufl. 2016, §13a Rn. 3.

[4]　BT-Drs. 16/3308, S. 17. 外部地域とは建設法典35条で用いられている概念であり、①建設法典30条1項の意味における完全地区詳細計画の適用区域、②建設法典30条2項の意味における事業案関連地区詳細計画の適用区域、③建設法典34条が適用される建物が連担している地区（連担建築地区）のいずれにも該当しない市町村の区域を指す。Vgl. *Hans D. Jarass/Martin Kment*, BauGB, Beck'scher Kompakt-Kommentar, 2. Aufl. 2017, §35 Rn. 3.

[5]　内部開発の概念が法律上定義されていないことを指摘する学説として、vgl. *Bernhard Stüer*, Handbuch des Bau- und Fachplanungsrechts, 5. Aufl. 2015, Rn. 959; *Michael Krautzberger*, in: Werner Ernst/Willy Zinkahn/Walter Bielenberg/Michael Krautzberger, BauGB, Kommentar, 127. EL Oktober 2017, §13a Rn. 24.

された手続においては、①建設法典3条1項・4条1項による早期の公衆参加および行政庁参加を行わないことができ（建設法典13条2項1文1号）、②建設法典3条2項による縦覧の代わりに、影響を受ける公衆に適切な期間内の意見表明の機会を与えることができ（建設法典13条2項1文2号）、③建設法典4条2項による行政庁参加の代わりに、関係する行政庁およびその他の公的利益の主体に適切な期間内の意見表明の機会を与えることができる（建設法典13条2項1文3号）。①は参加手続の一部を省略することを認めるものであり、②および③は参加主体を制限することを認めるものである。

(2) 環境審査の不要性

簡素化された手続では、建設法典2条4項による環境審査、建設法典2a条による環境報告書、どのような種類の環境関連情報が入手可能かに関する建設法典3条2項2文による記述、そして総括説明書は不要となる（建設法典13条3項1文前段）。環境審査は、指令2001/42/EGの国内法化を主たる目的とする2004年の建設法典改正により導入されたものである。建設法典2条4項1文前段は、建設法典1条6項7号および1a条による環境保護の利益については、環境審査が実施され、予測される有意な環境影響が調査され、環境報告書において記述および評価されると規定している。環境審査の結果は衡量において考慮されなければならない（建設法典2条4項4文）。環境報告書は、建設管理計画およびその案に添付されなければならない理由書の一部である（建設法典2a条3文・5条5項・9条8項）。環境審査は、建設管理計画の策定手続に組み込まれた構成要素であるが[6]、「迅速化された手続においては、〔建設法典〕第2条第4項の意味における——欧州法に根拠を有する——正式な環境審査は放棄され得る」こととなる[7]。迅速化された手続（および簡素化された手続）は、建設管理計画の策定に当たって環境審査を原則的に義務付ける建設法典2条4項の例外として位置づけられる[8]。

---

(6) BT-Drs. 15/2250, S. 42.

(7) BT-Drs. 16/2496, S. 12.

(3) 土地利用計画との関係

　迅速化された手続では、土地利用計画の表示とは異なる地区詳細計画を策定することもできる（建設法典13a条2項2号前段）。地区詳細計画は土地利用計画から展開されるのが原則であるが（建設法典8条2項1文）、迅速化された手続ではその例外が認められることになる。しかし、当該市町村の区域の秩序ある都市建設上の発展が侵害されてはならず（建設法典13a条2項2号中段）、当該土地利用計画は修正の方法で適合させなければならない（同号後段）。内部開発容易化法の政府案理由書では、①地区詳細計画の施行とともに、対立する土地利用計画の表示は用いられないものとなること、②修正に当たっては、建設管理計画の策定に関する規定が適用されない編集上の過程が問題になることが指摘されている[9]。

3　迅速化された手続の要件

(1) 建設法典13a条1項1文（内部開発の地区詳細計画該当性）

　既述の通り、建設法典13a条1項1文は、内部開発の地区詳細計画は迅速化された手続において策定することができることを定めている。この規定は迅速化された手続を適用するための要件でもあり、内部開発の地区詳細計画に該当しないものを迅速化された手続で策定することはできない[10]。後述の建設法典214条2a項旧1号は、建設法典13a条1項1文が要件規定の1つであるという前提に立っている。

(2) 建設法典13a条1項2文・3文（面積に関する要件）

　内部開発の地区詳細計画を迅速化された手続で策定することが許されるのは、当該地区詳細計画において建築利用令19条2項にいう建築可能面積[11]または建築面積の大きさが指定される場合で、①内容的・空間的・時

---

(8) Vgl. *Henning Jaeger*, in: Willy Spannowsky/Michael Uechtritz (Hrsg.), BauGB, Kommentar, 2. Aufl. 2014, §13a Rn. 2; *Battis*, in: Battis/Krautzberger/Löhr (Fn. 3), §2a Rn. 7; *Jarass/Kment* (Fn. 4), §2a Rn. 13.

(9) BT-Drs. 16/2496, S. 14.

(10) Vgl. BT-Drs. 16/2496, S. 12, 17.

(11) 建築利用令19条2項は、同条1項の規定（建ぺい率）により算出される、宅地のうち建築施設で覆うことの許される部分を、建築可能面積と定義している。

第四章　内部開発の地区詳細計画と瑕疵の効果

間的に密接に関連して策定された複数の地区詳細計画の建築面積を合算して２万平方メートル未満であるときか（建設法典13a条１項２文１号）、②２万平方メートル以上７万平方メートル未満であって、建設法典附則２に掲げられた基準(12)を考慮した概算的な（überschlägig）審査に基づいて、当該地区詳細計画は建設法典２条４項４文により衡量において考慮されなければならないであろう有意な環境影響を有しないことが予測されるという評価が得られるときである（個別事例の予備審査。建設法典13a条１項２文２号前段）。個別事例の予備審査には、当該計画策定がその任務領域に関係しうる行政庁およびその他の公的利益の主体を参加させなければならない（建設法典13a条１項２文２号後段）。地区詳細計画に、建築可能面積も建築面積の大きさも指定されない場合には、建設法典13a条１項２文の適用に当たっては、当該地区詳細計画の実施の際に遮蔽（versiegeln）されることが予測される面積を基準とする（建設法典13a条１項３文）。

　建設法典1a条３項によると、景観像（Landschaftsbild）ならびに自然のバランス（Naturhaushalt）の能力および機能の有意な侵害が予測される場合にその回避および調整が衡量において考慮されなければならないが（同項１文）、侵害が計画上の決定の前に行われていたか許容されていた場合にはその調整は不要である（内部開発強化法による改正前の同項５文〔改正後の同項６文〕）。前記①の場合には、地区詳細計画の策定に基づいて予測される侵害は、計画上の決定の前に行われていたか許容されていたものとみなされる（建設法典13a条２項４号）(13)。それに対して前記②の場合には、侵害の調整が必要でないのかどうかという問題が個別事例に関連して審査されなければならない(14)。

---

(12)　建設法典附則２では、地区詳細計画の特徴に関する基準（１号）と発生しうる影響および影響を受けることが予測される地の特徴に関する基準（２号）が列挙されている。

(13)　侵害の回避を衡量において考慮する義務は免除されないことを指摘する説として、vgl. *Wolfgang Schrödter*, in: Wolfgang Schrödter（Hrsg.）, BauGB, Kommentar, 8. Aufl. 2015, §13a Rn. 49; *Jarass/Kment*（Fn. 4）, 1a Rn. 15.

(14)　BT-Drs. 16/2496, S. 15.

317

(3) 建設法典13a条1項4文・5文（除外事由）

迅速化された手続をとることができない場合（除外事由）として、①当該地区詳細計画によって、環境適合性審査法または州法による環境適合性審査を実施する義務のある事業案の許容性が根拠づけられる場合（建設法典13a条1項4文）、②建設法典1条6項7号bに掲げられた保護法益を侵害する手がかりが存在する場合（建設法典13a条1項5文）が規定されている。①に関して、環境適合性審査法による環境適合性審査を実施する義務のある事業案の許容性が根拠づけられる場合には、環境適合性審査は建設法典の規定による環境審査として実施される（環境適合性審査法17条1項）。②に関して、2009年改正後の建設法典1条6項7号bは、連邦自然保護法の意味における Natura2000地区の保全目標および保護目的を掲げているところ、FFH（植物相・動物相・生息地）地区または鳥類保護地区の侵害が問題となる[15]。①または②の場合においては、簡素化された手続をとることも禁止されている（建設法典13a条1項1号・2号）。

(4) 指令2001/42/EG との関係

迅速化された手続で地区詳細計画を策定することができるのは、指令2001/42/EG に照らして環境審査が必要でない場合に限られる[16]。同指令3条1項は、同条2項から4項までに該当する計画・プログラムで、有意な環境影響を有することが予測されるものは、環境審査を要する旨規定している。同条2項は、土地利用の領域において立案され、特定の公的および私的プロジェクトの場合の環境適合性審査に関する1985年6月27日の理事会指令85/337/EWG（環境適合性審査指令）附属書1および2に掲げられたプロジェクトの将来の許可のための枠を設定するもの等、原則に環境審査が実施される計画・プログラムについて定めている。同条2項に該当する計画・プログラムであっても、地方レベルで小規模な地区の利用を定めるもの等は、それが有意な環境影響を有することが予測されることを

---

[15] *Battis*, in: Battis/Krautzberger/Löhr（Fn. 3）, §13a Rn. 10; *Jarass/Kment*（Fn. 4）, 13a Rn. 4; *Gerhard Spieß*, in: Henning Jäde/Franz Dirnberger, BauGB, BauNVO, Kommentar, 8. Aufl. 2017, §13a BauGB Rn. 12.

[16] Vgl. BT-Drs. 16/2496, S. 12-13.

加盟国が定めた場合に限り環境審査を要する（同条3項）。同条2項には該当しない計画・プログラムで、プロジェクトの将来の許可のための枠を設定するものが、有意な環境影響を有することが予測されるか否かは、加盟国が決定する（同条4項）。加盟国は、個別事例の審査、計画・プログラムの種類の規定、またはこれらの併用によって、同条3項・4項に挙げられた計画・プログラムが有意な環境影響を有することが予測されるか否かを決定する（同条5項1文）。この目的のために加盟国は附属書2の基準を考慮する（同条5項2文）[17]。個別事例の審査の範囲内において、および計画・プログラムの種類を規定する場合には、行政庁と協議しなければならない（同条6項）。

　内部開発容易化法の政府案理由書によれば、建設法典13a条1項に定める要件の欧州法上の根拠は、指令2001/42/EG第3条3項ないし4項と結合した同条5項である[18]。建設法典13a条1項2文による地区詳細計画は、同指令3条3項ないし4項の意味における計画である。建築面積が7万平方メートル未満の地区詳細計画で、地方レベルで小規模な地区の利用を定めるものは、同指令3条3項に該当する。地区詳細計画が、環境適合性審査または予備審査の義務のあるプロジェクトのための枠を設定せず、保護地区に対する影響を有しないと予測される場合、それらは同指令3条4項に該当する。建設法典13a条1項2文1号は、同指令3条5項1文にいう一般的・抽象的な種類の規定を行ったものである。同指令3条6項により要求される行政庁参加に関しては、計画・プログラムの種類の規定に当たっての行政庁参加は立法手続において実施され、建設法典13a条1項2文2号後段による個別事例の予備審査における行政庁参加は同指令3条6項を国内法化するものである旨説明されている[19]。

---

[17] 指令2001/42/EG附属書2は、有意な環境影響が予測されることを決定するための基準について定めており、計画・プログラムの特徴に関する基準（1号）と影響および影響を受けることが予測される地区の特徴に関する基準（2号）が列挙されている。

[18] BT-Drs. 16/2496, S. 13.

[19] BT-Drs. 16/2496, S. 14.

第二部　計画維持規定の形成と展開

4　迅速化された手続に関する公示

　建設法典13a条3項1文は、迅速化された手続で地区詳細計画を策定するに当たって公示されなければならない事項を掲げており、①当該地区詳細計画が迅速化された手続で建設法典2条4項による環境審査を実施することなく策定されること、建設法典13a条1項2文2号の場合（個別事例の予備審査により有意な環境影響を有しないことが予測される場合）にはこれについての本質的な理由を含むこと（建設法典13a条3項1文1号）、②建設法典3条1項の意味における早期の公衆参加が実施されない場合には、どこで公衆が当該計画策定の一般的な目標・目的および本質的な影響について知ることができるのか、ならびに公衆が一定期間内に計画策定に関して意見を表明することができること（建設法典13a条3項1文2号）が規定されている。①は、指令2001/42/EG第3条5項に従って下された結論が、環境審査を指示しないという決定の理由も含めて、公衆にとって入手可能となることを求める同条7項の要求を満たすためのものである[20]。

5　2013年の改正

　内部開発強化法により、景観・自然侵害の調整義務を免除する従前の建設法典1a条3項5文は改正後の同項6文となり、これに対応して建設法典13a条2項4号の規定も改正されたが[21]、同条についてその他の変更点はない（2017年の改正による変更点はⅤを参照）。内部開発の地区詳細計画は、指令2001/42/EGに照らして環境審査を要しない場合において、環境審査を実施することなく迅速化された手続で策定することができるというのが重要なポイントである[22]。

---

[20]　BT-Drs. 16/2496, S. 15.
[21]　2013年の建設法典改正の概要については、齋藤・前掲注(1)13頁以下参照。
[22]　実務においては迅速化された手続が原則的な手続となりつつあることを指摘するものとして、vgl. *Jarass/Kment* (Fn. 4), §13a Rn. 1; *Stüer* (Fn. 5), Rn. 956.

II　迅速化された手続と計画維持規定

　建設法典3章2部4節（214条～216条）は「計画維持」という表題を付されており、この節の規定は計画維持規定と呼ばれることがある。このうち迅速化された手続に特有の規定は建設法典214条2a項であるが、その他の計画維持規定も、迅速化された手続で策定された地区詳細計画に適用がある。以下では主要な計画維持規定を概観する。

1　建設法典214条1項・2項
(1)　衡量素材の調査・評価に関する瑕疵
　建設法典214条1項1文は、建設法典の手続・形式規程の違反のうち地区詳細計画等の法的効力にとって顧慮されるものを各号において列挙している。建設法典214条1項1文1号は、衡量にとって意味がある利益（衡量素材）の調査・評価に関する瑕疵が顧慮される場合について定めており、「第2条第3項に違反して、市町村に知られていた又は知られていなければならなかったであろう、計画策定に関わる利益が、本質的な点において適切に調査又は評価されなかった」場合で、しかも「当該瑕疵が明白でありかつ手続の結果に影響を及ぼした場合」を挙げている。この規定については、本書第二部第一章Ⅳで検討している。

(2)　参加に関する規定の違反
　建設法典214条1項1文2号は、参加に関する規定の違反について定めている。迅速化された手続の導入に伴い、建設法典13a条2項1号により準用される建設法典13条2項1文2号・3号（迅速化された手続における参加）の規定の違反も原則的に顧慮されることが明記された（建設法典214条1項1文2号前段）。他方で、①個々の人、行政庁またはその他の公的利益の主体が参加させられなかった場合で、その利益が有意でなかったときや決定において考慮されたときは不顧慮とされ、②建設法典13条の適用に当たり当該規定による参加を実施するための要件が誤認された場合も不顧慮とされているところ、②に関しては建設法典13a条2項1号により建設法

321

典13条が準用される場合にも妥当することが明記された（建設法典214条1項1文2号後段）。したがって、迅速化された手続の要件が満たされないにもかかわらず、誤ってこれが選択され、縦覧ではなく影響を受ける公衆の参加が実施された場合、この参加に関する瑕疵は顧慮されない。それに対して、参加が全く実施されなかった場合、当該瑕疵は顧慮される[23]。他方、早期の公衆・行政庁参加について定める建設法典3条1項・4条1項の違反は、建設法典214条1項1文2号前段に掲げられておらず、早期の公衆参加に関する瑕疵は顧慮されない[24]。内部開発容易化法の立法過程において連邦参議院は、公衆参加における重大な瑕疵を不顧慮とすることは適切でない旨の意見を表明しているが[25]、この意見は採用されなかった。建設法典214条1項1文2号については、本書第二部第二章Ⅲでも検討している。

(3) 理由書に関する規定の違反

建設法典214条1項1文3号は、理由書に関する規定の違反について定めている。理由書に関する建設法典2a条・3条2項・9条8項等の規定の違反は原則的に顧慮される（建設法典214条1項1文3号前段）。理由書が不完全である場合は顧慮されない（同号中段）。環境報告書に関する規定の違反は、これに関する理由書が非本質的な点においてのみ不完全である場合には顧慮されない（同号後段）。環境報告書がそもそも作成されなかった場合、当該瑕疵は顧慮されるようにも思われる。しかしながら連邦行政裁判所2009年8月4日判決[26]は、市町村が建設法典13条の要件を誤認して簡素化された手続を選択した場合で、環境審査の実施がEU法上必要でなかったときは、建設法典214条1項1文2号後段の不顧慮条項が準用さ

---

[23]　Vgl. BVerwG, Urt. v. 11.12.2002 - 4 BN 16/02 -, BVerwGE 117, 239 (243); *Alexander Kukk*, in: Schrödter (Fn. 13), §214 Rn. 22; *Spieß*, in: Jäde/Dirnberger (Fn. 15), §214 BauGB Rn. 7.

[24]　Vgl. BVerwG, Beschl. v. 23.10.2002 - 4 BN 53/02 -, NVwZ-RR 2003, 172 (173); *Uechtritz*, in: Spannowsky/Uechtritz (Fn. 8), §214 Rn. 35; *Spieß*, in: Jäde/Dirnberger (Fn. 15), §214 BauGB Rn. 7.

[25]　BT-Drs. 16/2932, S. 4.

[26]　BVerwG, Urt. v. 04.08.2009 - 4 CN 4/08 -, BVerwGE 134, 264.

れ、環境報告書の欠如は顧慮されない旨判示した。同判決は、地区詳細計画の変更が有意な環境影響を有しないことが明白である場合には、環境審査は必要ではないという立場をとっている。それに対して、環境審査の実施がEU法上必要であったときには、環境報告書の欠如は顧慮される。その限りで、計画維持規定のEU法適合的な解釈が示されているとみることもできる。理由書に関する規定の違反については、本書第二部第二章Ⅳでも検討している。

(4) 地区詳細計画と土地利用計画の関係に関する規定の違反

建設法典214条2項は、地区詳細計画と土地利用計画の関係に関する規定の違反のうち、建設管理計画の法的効力にとって顧慮されないものを各号において列挙している。建設法典214条2項2号によると、地区詳細計画が土地利用計画から展開されなければならないとする建設法典8条2項1文の違反があった場合で、当該土地利用計画から生ずる秩序ある都市建設上の発展が侵害されなかったときは、当該違反は顧慮されない。内部開発容易化法の政府案では、土地利用計画の表示とは異なる地区詳細計画の策定を認める建設法典13a条2項2号の要件の誤認を不顧慮とすることが予定されていたが、秩序ある都市建設上の発展を保障するという土地利用計画の機能が放棄されるとして連邦参議院が反対し、同号の違反についての不顧慮条項は設けられないことになった[27]。建設法典の規定の違反を不顧慮とすることに反対する意見が立法過程において採用されたことは注目される。秩序ある都市建設上の発展が侵害されるにもかかわらず、土地利用計画の表示とは異なる地区詳細計画が迅速化された手続において策定された場合、当該瑕疵は顧慮されると考えられる[28]。建設法典214条2項については、本書第二部第三章Ⅱ3でも検討している。

---

[27] Vgl. BT-Drs. 16/2496, S. 7, 17; BT-Drs. 16/2932, S. 4; BT-Drs. 16/3308, S. 20.

[28] Vgl. *Jaeger*, in: Spannowsky/Uechtritz (Fn. 8), §13a Rn. 26; *Schrödter*, in: Schrödter (Fn. 13), §13a Rn. 46. 建設法典13a条2項2号中段の違反を否定した裁判例として、vgl. OVG Berlin-Brandenburg, Urt. v. 19.10.2010 - OVG 2 A 15.09 -, juris Rn. 42.

2 建設法典214条2a項

迅速化された手続の導入にあわせて、建設法典214条2a条が追加された。建設法典13a条による迅速化手続で策定された地区詳細計画については、建設法典214条1項および2項との関係で補完的に、同条2a項各号の規定が適用される（同項柱書）。参加に関する規定の違反については、同条1項1文2号の規定が同条2a項に優先して適用される[29]。

(1) 建設法典214条2a項旧1号

建設法典214条2a項旧1号によると、手続・形式規定および地区詳細計画と土地利用計画の関係に関する規定の違反は、「それが、建設法典第13a条第1項第1文の要件が不適切に判断されたことに起因する場合」にも、顧慮されない。立法過程において連邦政府は、「建設法典第1a条第2項第1文の土壌保護条項と同じ文言で対応する、抽象的に定められる建設法典第13a条第1項第1文の規律に配慮すると、具体的事例において行われる判断に当たり市町村が瑕疵の効果によって苦しめられるべきではない」と説明するとともに、この規定により瑕疵が顧慮されないのは「判断」すなわち事実関係の審査・評価が実際に行われた場合に限られること、街区（Ortslage）の外にある土地を意図的に使用することは顧慮される瑕疵に当たることを指摘している[30]。何が内部開発の地区詳細計画に該当するかについての判断が必ずしも容易ではないことを前提とするものである。市町村がこの判断を誤ったために、環境審査が実施されず、環境報告書が作成されなかったとしても、この瑕疵は建設法典214条2a項旧1号により顧慮されないことになる[31]。後述の通り、2013年の欧州司法裁判所の判決は当該規定が指令2001/42/EGに適合しない旨を判示し、同年の建設法典改

---

[29] BT-Drs. 16/2496, S. 17. 建設法典214条2a項柱書が同条2項に言及していることに意味はないと主張する説として、vgl. *Uechtritz*, in: Spannowsky/Uechtritz (Fn. 8), § 214 Rn. 102.

[30] BT-Drs. 16/2932, S. 5; vgl. auch BT-Drs. 16/2496, S. 17.

[31] Vgl. *Rolf Blechschmidt*, BauGB-Novelle 2007: Beschleunigtes Verfahren, Planerhaltung und Normenkontrollverfahren, ZfBR 2007, 120 (124); *Michael Uechtritz*, in: Willy Spannowsky/Michael Uechtritz (Hrsg.), BauGB, Kommentar, 1. Aufl. 2009, § 214 Rn. 105.

正によりこの規定は削除される。
(2) 建設法典214条2a項2号〜4号

建設法典214条2a項2号は、建設法典13a条3項による指示の不実施が当該地区詳細計画の法的効力にとって顧慮されないことを規定している。指示の全部または一部の不実施や、これらの指示の公示の不作為も不顧慮となる[32]。連邦政府の説明では、①環境審査の不実施に関する指示の瑕疵が顧慮されない理由に関しては、市民は縦覧ないし影響を受ける者の参加の範囲内において計画案および理由書を入手することができ、理由書から環境審査が実施されないことがわかるので、公衆または影響を受ける者の情報の利益は守られていること、②建設法典13a条3項1文2号による指示の瑕疵が顧慮されない理由に関しては、この規定による指示はいわば早期の公衆参加の代わりに行われるものであるところ、従前から早期の公衆参加の不実施は不顧慮とされていることが指摘されている[33]。

建設法典214条2a項3号は、建設法典13a条1項2文2号による個別事例の予備審査に関する瑕疵について定めている。①環境審査を行わないという決定が個別事例の予備審査に基づく場合、それが建設法典13a条1項2文2号の基準に沿って実施されており、かつその結果が理解できるときには、当該予備審査は秩序適合的に実施されたものとみなされる（建設法典214条2a項3号前段）。②その場合、個々の行政庁またはその他の公的利益の主体が参加させられなかったことは顧慮されない（同号中段）。③それ以外の場合には、当該地区詳細計画の法的効力にとって顧慮される瑕疵が存在する（同号後段）。①は、環境適合性審査を実施しないという決定が個別事例の予備審査に基づく場合において、当該行政庁の判断に関する裁判所の審査を制限する環境適合性審査法3a条4文にならったものである[34]。個別事例の予備審査が全く行われない場合、それが建設法典13a条1項2文2号の基準に沿って実施されない場合、その結果が理解できない場合には、顧慮される瑕疵が存在する[35]。②は、個々の行政庁やその他の

---

(32) BT-Drs. 16/2496, S. 17.
(33) BT-Drs. 16/2932, S. 5.

公的利益の主体が参加させられなかった場合において一定の要件の下で参加の瑕疵が顧慮されないものとする建設法典214条1文1項2号後段を参考にして設けられたものである[36]。

建設法典214条2a項4号は、迅速化された手続を選択することができない場合を定める建設法典13a条1項4文に関する瑕疵について定めている。建設法典13a条1項4文の除外事由が存在しないという判断は、その結果が理解でき、かつ当該地区詳細計画によって環境適合性審査法附則1第1列による事業案（個別事例の予備審査を要することなく環境適合性審査を義務付けられる事業案）の許容性が根拠づけられない場合には、適切であるとみなされる（建設法典214条2a項4号前段）。それ以外の場合には、当該地区詳細計画の法的効力にとって顧慮される瑕疵が存在する（同号後段）。

建設法典214条2a項3号および4号は、それぞれ、建設法典13a条1項2文2号および同項4文の適用に関して顧慮される瑕疵が存在するか否かについて定めているところ、同項2文1号および同項5文は建設法典214条2a項各号のいずれにおいても取り上げられていない。学説においては、建設法典13a条1項2文1号の違反すなわち建築面積が2万平方メートル以上であるにもかかわらず2万平方メートル未満であるとして迅速化された手続が選択された場合には、景観・自然侵害の調整に関して顧慮される衡量の瑕疵が認められると主張する説がある[37]。同項5文の違反すなわちFFH地区や鳥類保護地区の保護目的等が侵害される手がかりが存在する場合には、EUの自然保護法の違反を理由として地区詳細計画は効力を有

---

(34) BT-Drs. 16/2496, S. 17. 環境適合性審査法3a条4文は、当該行政庁の判断に関する裁判所の審査を、個別事例の予備審査がその根拠規定である同法3c条の基準に沿って実施されたか否か、および、その結果が理解できるか否かという点に制限していた。

(35) BT-Drs. 16/2496, S. 17.

(36) BT-Drs. 16/3308, S. 20.

(37) *Jaeger*, in: Spannowsky/Uechtritz (Fn. 8), §13a Rn. 22; *Schrödter*, in: Schrödter (Fn. 13), §13a Rn. 15; vgl. auch OVG Lüneburg, Beschl. v. 28.09.2015 - 1 MN 144/15 -, NVwZ-RR 2016, 10 Rn. 24.

しないと主張する説がある[38]。

3 その他の計画維持規定

建設法典214条3項は、衡量の瑕疵について定めている。建設法典214条1項1文1号の規律の対象である瑕疵（衡量素材の調査・評価に関する瑕疵）は衡量の瑕疵として主張することができないが（同条3項2文前段）、その他の衡量過程における瑕疵は「それらが明白でありかつ衡量結果に影響を及ぼした場合」に限り有意である（同条3項2文後段）。それに対して、衡量結果における瑕疵は常に顧慮される。建設法典214条4項は、地区詳細計画等は瑕疵の除去のための補完手続によって遡及的に施行することもできると規定する。内部開発容易化法の政府案理由書は、建設法典13a条1項2文2号の予備審査が行われない場合、同号の基準に沿って実施されない場合、その結果が理解できない場合には、顧慮される瑕疵が存在すると述べる一方で、これらの場合には建設法典214条4項による補完手続が可能であると述べている[39]。補完手続は本章第二部第五章で取り上げる。

建設法典215条は、規定の違反の主張期間について定めている。①建設法典214条1項1文1号～3号により顧慮される手続・形式規定の違反、②建設法典214条2項を考慮しながら顧慮される地区詳細計画と土地利用計画の関係に関する規定の違反、③建設法典214条3項2文により顧慮される衡量過程の瑕疵は、地区詳細計画等の公示から1年以内に書面で市町村に対して当該違反を根拠づける事実関係を説明しながら主張されることがなかった場合には、顧慮されなくなる（建設法典215条1項1文）。内部開発容易化法による行政裁判所法の改正で規範統制の申立期間（同法47条2項1文）が2年から1年に短縮されることにあわせて、建設法典215条1項の期間も従前の2年から1年に短縮された[40]。建設法典214条2a項の

---

[38] *Schrödter*, in: Schrödter (Fn. 13), §13a Rn. 29; *Jürgen Stock*, in: Ernst/Zinkahn/Bielenberg/Krautzberger (Fn. 5), §214 Rn. 129f; *Uechtritz*, in: Spannowsky/Uechtritz (Fn. 8), §214 Rn. 107.

[39] BT-Drs. 16/2496, S. 17.

追加に伴い、同項により瑕疵が顧慮される場合にも建設法典215条1項1文が準用されることが明記された（同項2文）。

Ⅲ　建設法典214条2a項旧1号と法改正

1　当初の学説・裁判例
(1)　学説

建設法典214条2a項旧1号によれば、市町村が建設法典13a条1項1文にいう内部開発の地区詳細計画に該当しない地区詳細計画を誤ってこれに該当すると判断したために、法律上必要とされる環境審査が実施されず、環境報告書が作成されなかったとしても、当該瑕疵は顧慮されない。この点は、環境保護の見地からはもちろん、指令2001/42/EGとの関係でも問題があるように思われる。しかしながら、建設法典214条2a項が追加された当初においては、同項旧1号が同指令に違反しないとする学説もみられた[41]。クメントは、2007年に発表された論文で、建設法典214条2a項旧1号における不顧慮規定は、①純粋に国内的に定義される内部開発という基準に結びついており、これに対応するものは同指令に存在しない、②欧州法上重要な建設法典13a条1項2文の要件（面積に関する要件）には影響を及ぼさないとして、欧州法上問題ない旨主張していた[42]。

他方で、問題の地区詳細計画が内部開発の地区詳細計画に該当しないにもかかわらず市町村が迅速化された手続を選択したことが顧慮されないことから、極端な場合には、市町村が迅速化された手続を選択することによ

---

[40]　Vgl. BT-Drs. 16/2496, S. 17. 建設法典215条1項の期間の短縮に批判的な学説として、vgl. *Michael Uechtritz*, Die Änderungen des BauGB durch das Gesetz zur Erleichterung von Planungsvorhaben für die Innenentwicklung der Städte - „BauGB 2007", BauR 2007, 476（485）.

[41]　建設法典214条・215条は欧州法に適合するというのが学説における支配的見解であると述べていたものとして、vgl. *Uechtritz*, in: Spannowsky/Uechtritz（Fn. 31），§214 Rn. 19, 19.1.

[42]　*Martin Kment*, Planerhaltung auf dem Prüfstand: Die Neuerungen der §§214, 215 BauGB 2007 europarechtlich betrachtet, DVBl 2007, 1275（1278）.

って、環境審査を要する原則的な計画策定手続を回避することができるのではないかとの懸念を表明する学説もあった[43]。また、意図的に街区の外にある土地を使用することは顧慮されるとする連邦政府の説明に対しては、地区詳細計画の理由書には市町村が内部開発を目的としていることを示す文章が記載されることが予想されるため、意図的であるか否かを判断することは実務上困難ないしは不可能ではないかとして、建設法典214条2a項旧1号は「内部開発」の範囲を広く解することを助長するとの批判もあった[44]。

(2) 裁判例

建設法典214条2a項旧1号自体に問題はないとする立場に立つとみられる裁判例として、ベルリン=ブランデンブルク上級行政裁判所2010年10月19日判決[45]がある。この事件では、迅速化された手続で策定された地区詳細計画に対して、計画地区に隣接する土地の所有者らが規範統制の申立をした。同判決は、当該地区詳細計画によって利用される土地は市街地域（Siedlungsbereich）の内部にあるので迅速化された手続が適用可能であるとしつつ、万一建設法典13a条による内部開発の地区詳細計画のための要件が満たされていなかったとしても、このことは建設法典214条2a項旧1号という治癒規定により影響がないであろうと述べている。申立人らは、要件が満たされていないにもかかわらず意図的に建設法典13a条が適用されたと主張したが、同判決はこの主張を支持する手がかりは見出せないとした。もっとも同判決は、建築利用の容量の指定に関して衡量過程に

---

[43] *Nils Gronemeyer*, Änderungen des BauGB und der VwGO durch das Gesetz zur Erleichterung von Planungsvorhaben für die Innenentwicklung der Städte, BauR 2007, 815（823）.

[44] *Alfred Schneider*, Das beschleunigte Verfahren für Bebauungspläne der Innenentwicklung, BauR 2007, 650（651）. 立法過程において連邦参議院も、何が「内部開発の地区詳細計画」であるかが法律上明確に定義されていないため、連邦政府の提案にかかる大幅な不顧慮条項を正当化することはできないとの意見を表明するとともに、「内部開発」の不適切に広い解釈を助長して状況によっては自然および景観にとって重大な結果を伴うことを指摘していた。Vgl. BT-Drs. 16/2932, S. 4.

[45] OVG Berlin-Brandenburg, Urt. v. 19.10.2010 - OVG 2 A 15.09 -, juris.

おける瑕疵を認め、それらが明白であり衡量結果に影響を及ぼしたとして、当該地区詳細計画が効力を有しないことを宣言した。

　建設法典214条2a項旧1号を適用して、迅速化された手続で策定された地区詳細計画に対する規範統制の申立てには理由がないとした裁判例として、ミュンヘン高等行政裁判所2011年3月22日判決[46]がある。申立人らの所有地は当該地区詳細計画の適用区域内に含まれていた。申立人らは、自分たちの所有地の一部は外部地域にあるとして、建設法典13a条1項の要件が満たされているか疑わしいと主張した。それに対して同判決は、申立人らの主張する建設法典13a条の違反は、単にこの規定の要件が誤認されたにすぎない場合には、建設法典214条2a項旧1号により顧慮されないと判示した。同判決は、いずれにしても、被申立人が内部開発の概念の判断を放棄したとか、意図的に不適切な判断をなすことができたとはいえないと指摘している。

2　欧州司法裁判所2013年4月18日判決

　欧州司法裁判所2013年4月18日判決[47]は、指令2001/42/EGを国内法化するための法規範によって定められた質的（qualitativ）要件、すなわち特別な種類の地区詳細計画の策定に当たっては環境審査を要しないとする要件に対する違反を、この計画の法的効力にとって顧慮されないものとする国内の規律は、同指令3条5項に適合しない旨判示した。

　この事件では、迅速化された手続において環境審査を実施することなく策定された地区詳細計画に対して規範統制の申立てがなされた。マンハイム高等行政裁判所2011年7月27日決定[48]は、当該地区詳細計画が外部地域にある土地をも対象としており、被申立人が建設法典13a条1項1文の質的要件の充足（内部開発の地区詳細計画該当性）を誤って判断したことを認めた。しかし、そこから帰結される手続規定の違反は建設法典214条2a項旧1号によれば顧慮されない。そこで同決定は、加盟国が、面積に関する

---

(46)　VGH München, Urt. v. 22.03.2011 - 1 N 09.2888 -, juris.
(47)　EuGH, Urt. v. 18.04.2013 - C-463/11 -, DVBl 2013, 777.
(48)　VGH Mannheim, Beschl. v. 27.07.2011 - 8 S 1712/09 -, juris.

閾値（Schwellenwert）と質的要件によって特徴づけられた特別な種類の地区詳細計画の策定に当たっては環境審査に関する手続規定は妥当しないと規定しながら、他方で市町村が質的要件を誤って判断したことに起因するこれらの手続規定の違反は顧慮されないと定めることは、同指令3条4項・5項による評価余地（Wertungsspielraum）の限界を逸脱するかという問題を設定して、これを欧州司法裁判所に提出した。

　本判決は、建設法典214条2a項旧1号のような規定は、同指令3条5項の転換のための国内規律により、その策定に当たって環境審査が実施されなければならなかった地区詳細計画が、同指令において予定される環境審査なしに策定された場合でも効力を有するという結果をもたらすところ、そのようなシステムは、有意な環境影響を有することが予測される、同指令3条3項および4項の意味における計画について環境審査を指示する同指令3条1項から、あらゆる実際上の有効性を奪うことにつながるとして、「当該指令3条5項の転換の範囲内において発布された、建設法典214条2a項1号のような国内規定は、許されない方法で地区詳細計画から環境審査が除外されるという結果をもたらし、それは当該指令並びに特にその3条1項、4項及び5項によって追求される目的と矛盾する」と判示した。他方で本判決は、建設法典13a条1項の質的要件は当該要件を満たす計画が同指令附属書2の基準に合致することを保障することができると述べており、建設法典13a条1項1文自体は同指令に違反しないという立場をとっているように思われる[49]。また本判決は、マンハイム高等行政裁判所に対して、「当該指令と矛盾する裁断をさせるであろう、建設法典のあらゆる規定――とりわけ214条2a項1号――が適用されないようにする」ことを求めており、建設法典214条2a項旧1号以外にも、同指令に適合しない建設法典の規定がありうるかのような判示をしている。学説においては、建設法典13a条の諸要件が満たされていない場合には環境審査が放棄されてはならないとするのが欧州司法裁判所の判例であると解するものも

---

[49]　建設法典13a条の基本構想は承認されたと解する説として、vgl. *Bernhard Stüer／Bernhard Garbrock*, Anmerkung zu einer Entscheidung des EuGH, Urteil vom 18. 04.2013, DVBl 2013, 778（781-782）; *Stüer*（Fn. 5）, Rn. 970.

ある(50)。同条1項の各要件は同指令の意味における環境審査を実施する必要がない場合と実施しなければならない場合を国内法のレベルで具体化したものと解されるところ、これらの要件に違反する環境審査の不実施が実際上認められてしまうというのは、同指令の目的に反する事態であるように思われる。

3 2013年の改正と連邦行政裁判所2015年11月4日判決
(1) 建設法典214条2a項旧1号の削除

内部開発強化法による建設法典改正で、建設法典214条2a項旧1号は削除された。交通・建設・都市開発委員会の報告書は、実務において当該規定の射程に関して不確実性が存在してきたことを指摘するとともに、前掲欧州司法裁判所2013年4月18日判決を援用して、EU法上の基準を考慮しても法的安定性を生み出すために同号は削除されるべきであると述べており、さらに、既に建設法典13a条1項1文が十分な柔軟性を備えているということからも建設法典214条2a項旧1号の削除は可能であると説明している(51)。建設法典には内部開発の概念についての定義規定は存在せず、内部開発の地区詳細計画該当性が柔軟に認められるとすると、建設法典13a条1項1文の違反は認められにくくなる。なお内部開発強化法による建設法典改正では、建設法典214条2a項旧1号以外の計画維持規定については全く変更が加えられていない。

(2) 連邦行政裁判所2015年11月4日判決

建設法典214条2a項旧1号がEU法に適合しないことが欧州司法裁判所によって認定された後におけるドイツ国内の重要判例として、連邦行政裁判所2015年11月4日判決(52)がある。この事件では、迅速化された手続において環境審査を実施することなく策定された地区詳細計画に対して、計画地区から流出する雨水によって自己の土地が侵害されるなどと主張する者が規範統制の申立てをした。上級行政裁判所は申立てを認容して当該地区

---

(50) *Stüer/Garbrock* (Fn. 49), S. 781; *Stüer* (Fn. 5), Rn. 971.
(51) BT-Drs. 17/13272, S. 18.
(52) BVerwG, Urt. v. 04.11.2015 - 4 CN 9/14 -, BVerwGE 153, 174.

詳細計画が効力を有しないことを宣言し、本判決もこの判断を結論において是認した。

本判決は、建設法典13a条1項1文にいう内部開発の概念に関して、市町村の判断余地を承認せず、市町村によるその解釈は裁判所の無制限の統制に服する旨判示した。本判決によれば、内部開発という構成要件要素によって同条の空間的な適用範囲は制限され、市街地域に含まれる土地について計画を策定することは許されるが、市街地域の境界を外部地域の方向に拡大することは許されない。したがって内部開発の地区詳細計画にあっては外部地域の土地の使用は禁止されているところ、本判決は、問題の地区詳細計画が外部地域に介入しており、市街地域の境界を外部地域に向かって移動させたことを認定した。上級行政裁判所は、隣接する市街地域によって強い影響を受けている外部地域の土地について内部開発の地区詳細計画を策定する余地を認めていたが、本判決はこれを否定しており、その点で厳格な立場をとっている[53]。

この事件において、本来必要とされる通常の計画策定手続ではなく迅速化された手続を選択した被申立人は、環境審査の実施や環境報告書の作成を違法に怠ったことになる。建設法典214条2a項旧1号が適用されないとしても、建設法典の手続規定の違反は同条1項1文各号に列挙されているものだけが顧慮されるところ、本判決によれば、迅速化された手続が違法に実施された結果としての環境審査および環境報告書の作成の不作為が顧慮される瑕疵に当たることは、理由書に関する規定の違反について定める建設法典214条1項1文3号から明らかになる。この点、前掲連邦行政裁判所2009年8月4日判決は、市町村が建設法典13条の要件を誤認して簡素化された手続を選択した場合で、環境審査がEU法上必要でなかったときは、建設法典214条1項1文2号後段の不顧慮条項が準用される旨述べていた。この判例が迅速化された手続にも妥当するかという問題があるところ、本判決は、上記判例を建設法典13a条に転用することは、指令

---

(53) 連邦行政裁判所による内部開発の概念の解釈が厳格すぎることを批判する説として、vgl. Thomas Schröer, Anmerkung zu der Entscheidung des BVerwG v. 04.11. 2015, NVwZ 2016, 867（868）.

第二部　計画維持規定の形成と展開

2001/42/EG を質的要件によって国内法化する規律の実際上の有効性を要求する前掲欧州司法裁判所2013年4月18日判決と矛盾すると判示した。したがって、同条1項1文に違反して迅速化された手続が選択され、環境報告書が作成されなかった場合には、顧慮される理由書の瑕疵が存在する[54]。なお本判決は、当該瑕疵については建設法典215条1項の主張期間が妥当することも指摘している。

Ⅳ　建設法典214条2a項2号～4号に関する問題

建設法典214条2a項2号～4号については、2013年の建設法典改正においても変更点はなく、前掲欧州司法裁判所2013年4月18日判決もこれらの規定に関して直接言及していないが、各号のEU法適合性やその解釈適用に関する議論がみられる。

1　建設法典214条2a項2号
(1)　指示の不実施

建設法典214条2a項2号によれば、建設法典13a条3項による指示の不実施は顧慮されない[55]。この指示には、①環境審査の不実施に関する公示（同項1文1号）と、②早期の公衆参加が実施されない場合の公示（同項1文2号）がある。このうち②の欠如を不顧慮とすることはEU法上問題ないとする説がみられる。その理由としては、そもそも建設法典3条1項による早期の公衆参加はEU法上要求されておらず、縦覧または影響を受ける者の参加で十分であるという点が指摘されている[56]。それに対して①に関しては、環境審査を要しないとする結論および理由が公衆にとって入手

---

[54] 建設法典13a条1項1文違反および顧慮される理由書の瑕疵を認定した裁判例として、vgl. OVG Lüneburg, Urt. v. 22.04.2015 - 1 KN 126/13 -, ZfBR 2015, 588（592）; OVG Lüneburg, Beschl. v. 28.09.2015 - 1 MN 144/15 -, NVwZ-RR 2016, 10 Rn. 19, 24.

[55] 建設法典13a条3項の違反は、そもそも建設法典214条1項において顧慮される手続の瑕疵として掲げられていないという点を指摘するものとして、vgl. *Blechschmidt* (Fn. 31), S. 124; *Stock*, in: Ernst/Zinkahn/Bielenberg/Krautzberger (Fn. 5), §214 Rn. 129e.

可能となることを要求する指令2001/42/EG第3条7項との関係が問題となる。クメントは、環境審査を実施しないという決定およびその理由を公示することは要求されていないとして、縦覧および影響を受ける者の参加の範囲内において計画案および理由書を閲覧することが公衆にとって可能であれば十分ではないかと述べる一方、計画策定文書から環境審査が実施されないことおよびその理由が明確に認識可能であることが保障されていなければならないことを指摘している[57]。ブンゲは、環境審査を要するか否かが個別事例の予備審査によって判断される場合には、環境審査を実施しない理由が理由書に記載されていなければ、他の方法でそれを公衆が認識することは困難であるとして、建築面積2万平方メートル以上7万平方メートル未満の内部開発の地区詳細計画が問題になる場合には、建設法典214条2a項2号はEU法と矛盾すると述べている[58]。建設法典214条1項1文3号中段は、理由書が不完全であることは顧慮されないと規定しているので、環境審査の不実施の理由が理由書に記載されることが保障されているとはいいがたいのではないかと思われる。

(2) 裁判例の展開

前記①に関する裁判例として、マンハイム高等行政裁判所2013年4月3日判決[59]が注目される。この事件では、建築面積2万平方メートル未満の内部開発の地区詳細計画に対して規範統制の申立てがなされた。被申立人は建設法典13a条3項1文1号による指示を行っていなかった。同判決は、当該違反は建設法典214条2a項2号により顧慮されないものではないとして、当該地区詳細計画が効力を有しないことを宣言した。同判決は、EU法秩序によって付与された権利の行使を実際上不可能にしてはならないという実効性原則（Effektivitätsgrundsatz）を援用して、建設法典214条2a項2号を限定的に解釈することが必要であると述べ、そこで予定さ

---

[56] Thomas Bunge, Zur gerichtlichen Kontrolle der Umweltprüfung von Bauleitplänen, NuR 2014, 1 (8-9); *Kment* (Fn. 42), S. 1277-1278.
[57] *Kment* (Fn. 42), S. 1278 - 1279; vgl. auch *Jarass/Kment* (Fn. 4), §214 Rn. 37.
[58] *Bunge* (Fn. 56), S. 8.
[59] VGH Mannheim, Urt. v. 03.04.2013 - 8 S 1974/10 -, NVwZ-RR 2013, 833.

れた不顧慮が生ずるのは、計画を策定する市町村が建設法典13a条3項1文1号の要件を満たさなかったものの、少なくとも指令2001/42/EG第3条7項の基準を満たした場合に限られると判示した[60]。同判決によると、計画を策定する市町村が、建設法典13a条3項1文1号による指示をしないときは、別の方法で、環境審査を行わない理由が公衆にとって入手可能となるようにすれば十分である。しかしながら同判決の事案では、縦覧に供された計画の理由書には環境審査の不実施についても簡素化された手続の実施についても全く言及がなく、環境審査を実施しない理由を公衆が認識する可能性はなかったことが認定されている。

建築面積2万平方メートル未満の内部開発の地区詳細計画の場合は、当該地区詳細計画が迅速化された手続において環境審査を実施することなく策定されることを公示すれば足り、それ以上に環境審査を実施しない理由を公示する必要はない（建設法典13a条3項1文1号）。このことがEU法適合的であるか否かが問題になった事件で、連邦行政裁判所2014年7月31日決定[61]は、環境審査を実施しない理由を入手可能にすることは「常に公示によってなされなければならないのではなく……、縦覧の方法においても同様に達成され得る」と述べている。縦覧に供された書類から環境審査を実施しない理由が判明するならば、EU法上の問題はないという立場に立つものである。他方で同決定は、縦覧に供された書類からも環境審査を実施しない理由が判明しない場合においてもEU法適合性が肯定されるか否かについては、判断を留保している。

2　建設法典214条2a項3号

(1)　個別事例の予備審査の適法性

建設法典214条2a項3号前段によれば、個別事例の予備審査が建設法典13a条1項2文2号の基準に沿って実施された場合で、その結果（当該地

---

[60] この判示を支持する学説として、vgl. *Krautzberger*, in: Ernst/Zinkahn/Bielenberg/Krautzberger（Fn. 5), §13a Rn. 70; *Uechtritz*, in: Spannowsky/Uechtritz（Fn. 8), §214 Rn. 104; *Battis*, in: Battis/Krautzberger/Löhr（Fn. 3), §214 Rn. 16.
[61] BVerwG, Beschl. v. 31.07.2014 - 4 BN 12/14 -, NVwZ 2015, 161.

区詳細計画は有意な環境影響を有しないことが予測されること）が理解できるときは、予備審査は秩序適合的に実施されたものとみなされる。この規定は、個別事例の予備審査が手続的・方法的に正しく実施されたことを要求する一方で、裁判所による統制を縮減させ、市町村に判断余地を付与するものである[62]。上記要件が充足される場合には、予備審査は適法とみなされ、瑕疵の存在自体が認められないことになる[63]。

　この規定に関しては、学説の批判は比較的少ない[64]。クメントは、指令2001/42/EG は予備審査の密度ないし強度について明示的な定めを置いておらず、建設法典13a 条 1 項 2 文 2 号が概算的な審査のみを要求していることは欧州法上問題ない旨述べるとともに、建設法典214条2a 項 3 号前段は予備審査が秩序適合的に実施されることを要求していることに鑑みれば、当該計画維持規律も欧州法上問題ないのではないかと述べている[65]。ブンゲは、建設法典13a 条 1 項 2 文 2 号は同指令の要求を満たしており、建設法典214条2a 項 3 号前段の規律自体は EU 法の観点から反対されないとするが、同指令の実際上の有効性を最大限保障するためには、「結果が理解できる」要件の判断は厳格にすべきであり、客観的にみて当該計画が環境に対して有意に影響しうるにもかかわらず市町村が環境審査を要しないと判断した場合、そのような評価は理解できるとはいえない旨述べている[66]。

　建設法典214条2a 項 3 号の「結果が理解できる」要件の充足を否定し、地区詳細計画が効力を有しないことを宣言した裁判例として、ミュンスタ

---

[62] *Uechtritz*, in: Spannowsky/Uechtritz（Fn. 8），§ 214 Rn. 105; *Jarass/Kment*（Fn. 4），§ 214 Rn. 38-39.

[63] *Blechschmidt*（Fn. 31），S. 124; *Kukk*, in: Schrödter（Fn. 13），§ 214 Rn. 15; *Stock*, in: Ernst/Zinkahn/Bielenberg/Krautzberger（Fn. 5），§ 214 Rn. 129f.

[64] 前掲欧州司法裁判所2013年 4 月18日判決を受けて、建設法典214条2a 項 3 号前段を批判する学説として、vgl. *Stüer/Garbrock*（Fn. 49），S. 781; *Stüer*（Fn. 5），Rn. 1382.

[65] *Kment*（Fn. 42），S. 1280; vgl. auch *Stock*, in: Ernst/Zinkahn/Bielenberg/Krautzberger（Fn. 5），§ 214 Rn. 129g.

[66] *Bunge*（Fn. 56），S. 9.

一上級行政裁判所2017年4月4日判決[67]がある。この事件では、大規模小売業のための特別地区を指定する地区詳細計画が迅速化された手続において策定されており、行政側は、騒音防止技術指針（TA Lärm）のイミシオン基準値および交通騒音に関する第16連邦イミシオン防止法施行令のイミシオン限界値が守られることから、有意な環境影響はもたらされないと判断していた。それに対して同判決は、建設法典13a条1項2文2号の意味における環境影響の有意性という法概念を行政庁が適切に解釈したか否かには裁判所の審査が及ぶとして、少なくとも同号の意味における環境影響は「それらが、予備審査の時点において衡量決定の結果への影響が排除され得ないというほど、受忍限度の近くに接近する場合」には有意であると述べ、そのような程度で上記のイミシオン基準値および限界値に接近する騒音が予測されることを肯定している。同判決は、予測される環境影響が衡量上有意であれば足りるとする立場にも一定の理解を示しており、同号の意味における有意な環境影響がより緩やかに認められる可能性もある。

(2) 個々の行政庁の不参加

個別事例の予備審査には、当該計画策定がその任務領域に関係しうる行政庁およびその他の公的利益の主体を参加させなければならないが（建設法典13a条1項2文2号後段）、個々の行政庁やその他の公的利益の主体が参加させられなかったことは顧慮されない（建設法典214条2a項3号中段）[68]。この不顧慮条項に関しては、EU法上問題があるとする学説がみられる。クメントは、建設法典13a条1項2文2号で予定された参加は、個別事例の審査の範囲内において行政庁の意見を聴取すべきことを要求する指令2001/42/EG第3条6項に根拠を有するとして、意見聴取の瑕疵を不顧慮とすれば、個別事例の審査に当たり専門的に重要なすべての観点が取り込まれ、利用可能な情報源が可能な限り利用されることを確保するという欧州法の目的が達成できないことを指摘するとともに、建設法典214条

---

[67] OVG Münster, Urt. v. 04.04.2017 - 10 D 44/15.NE -, juris.
[68] 前掲ミュンスター上級行政裁判所2017年4月4日判決は、行政庁およびその他の公的利益の主体が予備審査に全く参加しなかったことも認定している。Vgl. OVG Münster, Urt. v. 04.04.2017 - 10 D 44/15.NE -, juris Rn. 78.

1項1文2号後段が、個々の行政庁に対応する利益が有意であったときや決定において考慮されなかったときには当該瑕疵は顧慮されるものとしているにもかかわらず、同条2a項3号中段が瑕疵の本質性や結果との因果関係を不問としている点に対しても批判を加えている[69]。ブンゲは、同指令3条6項は個々の行政庁を参加させないことを計画策定主体に許すものではないとして、環境の見地から関係のある行政庁が予備審査に関与することができないとすれば、これは当該計画が有しうる環境影響が誤って評価されることにつながる場合があるので、本質的な手続の瑕疵に該当する旨述べている[70]。建設法典214条2a項3号前段が予備審査に対する実体的統制を制限していることに鑑みても、その手続に関しては遵守を求めることのほうが望ましいように思われる。

3 建設法典214条2a項4号
(1) 環境適合性審査の義務と「結果が理解できる」要件

建設法典214条2a項4号前段によれば、市町村が、建設法典13a条1項4文の除外事由（当該地区詳細計画によって、環境適合性審査を実施する義務のある事業案の許容性が根拠づけられること）が存在しないと判断した場合において、その結果が理解でき、かつ当該地区詳細計画によって環境適合性審査法附則1第1列による事業案（個別事例の予備審査を要することなく環境適合性審査を義務付けられる事業案）の許容性が根拠づけられないときは、当該判断は適切であるとみなされる。ここでも市町村に判断余地が認められているが、同法附則1第1列による事業案の許容性が根拠づけられる場合は、当該地区詳細計画は違法である[71]。それに対して、同法附則1第2列による事業案（環境適合性審査を実施すべきか否かが個別事例の予備審査により決せられる事業案）の許容性が根拠づけられる場合には、市町村の

---

[69] Kment (Fn. 42), S. 1280; vgl. auch *Uechtritz*, in: Spannowsky/Uechtritz (Fn. 8), §214 Rn. 106; *Battis*, in: Battis/Krautzberger/Löhr (Fn. 3), §214 Rn. 17.

[70] *Bunge* (Fn. 56), S. 9.

[71] *Jarass/Kment* (Fn. 4), §214 Rn. 42; *Battis*, in: Battis/Krautzberger/Löhr (Fn. 3), §214 Rn. 18; *Uechtritz*, in: Spannowsky/Uechtritz (Fn. 8), §214 Rn. 108.

判断が理解できるか否かが問題になる[72]。

学説においては、建設法典214条2a項4号前段の「結果が理解できる」要件のEU法適合性に関しては、同項3号の場合と同様に解する傾向がみられる[73]。クメントは、法律上は規定されていないものの、市町村は建設法典13a条1項4文の判断に関しては指令85/337/EWG附属書3（ないしは環境適合性審査法附則2）に定める予備審査の基準に依拠することを要するのではないかと指摘とした上で、「結果が理解できる」要件の欧州法適合性を肯定するとともに、より容易かつ速やかに判断することのできる同法附則1第1列該当の場合を例外とすることは欧州法上要求されておりかつ適切である旨述べている[74]。ブンゲは、環境適合性審査法により予備審査義務が成立する事業案が問題となる場合に市町村が迅速化された手続を実施することはEU指令の規定に通常は違反するとしつつ、「結果が理解できる」要件を狭く解し、問題の事業案が予備審査を義務付けられる事業案の範疇に一義的には位置づけられない事例においてのみ市町村の瑕疵は有意でないものとすれば、建設法典214条2a項4号もEU法に適合する旨述べている[75]。この説では、問題の事業案が環境適合性審査法附則1第2列に該当することが明らかである場合には、迅速化された手続を選択することは違法になる。

(2) 「結果が理解できる」要件に関する裁判例

建設法典214条2a項4号の「結果が理解できる」要件に関しては、その充足を否定した裁判例が複数あり注目される。ミュンスター上級行政裁判所2014年4月10日判決[76]は、大規模小売業のための特別地区を指定する地区詳細計画に対して隣接地の所有者らが規範統制の申立てをした事件で、

---

[72] *Blechschmidt* (Fn. 31), S. 124; *Uechtritz*, in: Spannowsky/Uechtritz (Fn. 8), §214 Rn. 108.

[73] 建設法典214条2a項3号前段と同様に、同項4号前段の「結果が理解できる」要件を批判するものとして、vgl. *Stüer/Garbrock* (Fn. 49), S. 781; *Stüer* (Fn. 5), Rn. 1382.

[74] *Kment* (Fn. 42), S. 1281.

[75] *Bunge* (Fn. 56), S. 9-10.

[76] OVG Münster, Urt. v. 10.04.2014 - 7 D 57/12.NE -, ZfBR 2014, 700.

申立てを認容して当該地区詳細計画が効力を有しないことを宣言した。当該地区詳細計画は建築面積２万平方メートル未満の地区詳細計画であり、迅速化された手続において環境審査を実施することなく策定されたものである。被申立人は環境適合性審査法による予備審査を実施した上で有意な環境影響を否定していたが、同判決は、予備審査の結果は建設法典214条2a項4号の意味において理解できるものではないと判示した。

同判決は、市町村は環境適合性審査法3c条による予備審査の範囲内において判断余地を認められるものの、裁判所の審査は、市町村が同条の意味における環境影響の有意性という法概念を適切に解釈したか否かには及ぶとする[77]。被申立人は、騒音防止技術指針のイミシオン基準値が守られることを理由として、有意で不利益的な環境影響を否定しており、同条にいう有意で不利益的な環境影響と連邦イミシオン防止法３条１項にいう有害な環境影響を同一視していた[78]。それに対して同判決は、連邦行政裁判所2013年12月17日判決[79]を援用して、環境適合性審査法3c条にいう有意で不利益的な環境影響は、事業案の許容性が拒否されるほど重大な環境影響に限られない旨述べ、問題の事業案から生ずる騒音が基準値をわずかに下回るにすぎないことなどから、騒音防止の利益が衡量上有意であったことを認定している[80]。衡量上有意な環境影響が同条にいう有意で不利益的な環境影響に当たるとする立場では、同法による予備審査の義務が成立する

---

[77] 環境適合性審査法3c条１文は、同法附則１において、ある事業案について個別事例の一般的な予備審査が予定されている場合には、同法附則２に列挙された基準を考慮した概算的な審査に基づく所轄の行政庁の評価により、当該事業案が有意で不利益的な環境影響を有しうるときは、環境適合性審査を実施しなければならないと規定していた。

[78] 連邦イミシオン防止法は、同法の意味における有害な環境影響を、「種類、程度又は期間に照らして、危険、著しい不利益又は著しい迷惑を公共又は近隣に惹起することに適したイミシオン」と定義し（３条１項）、同法上の許可を要しない施設は、有害な環境影響が阻止されるように設置・稼働されなければならないものとしている（22条１項１文１号）。

[79] BVerwG, Urt. v. 17.12.2013 - 4 A 1/13 -, BVerwGE 148, 353. この判決は、地区詳細計画の効力が争われた事件に関するものではなく、計画確定決定の取消訴訟が提起された事件に関するものである。

多くの場合に環境適合性審査を実施する義務が認められる可能性があり、実際上ブンゲの説に近い結論がもたらされることも考えられる。

前掲ミュンスター上級行政裁判所2014年4月10日判決と同様の論法で建設法典214条2a項4号の「結果が理解できる」要件の充足を否定したものとして、リューネブルク上級行政裁判所2015年9月28日決定[81]がある。この事件では、大規模小売業のための特別地区を指定する事業案関連地区詳細計画が迅速化された手続において策定され、隣接自治体が規範統制および仮命令の申立てをした。同決定は、規範統制の申立ての理由具備性が認められる蓋然性が高いとして、当該地区詳細計画の執行を停止するものとした。被申立人は予備審査において基準値を上回る騒音イミシオンは発生しないと判断していたが、同決定は、問題の事業案から生ずる騒音イミシオンが騒音防止技術指針により許容される基準値をわずかに下回るにすぎないことから、当該イミシオンの負荷が衡量上有意であったことを認定し、環境適合性審査を要しないものとしたことは明らかに誤りであり理解できないと判示した。

4　まとめと若干の検討

建設法典13a条3項による指示の不実施を不顧慮とする建設法典214条2a項2号に関しては、早期の公衆参加が実施されない場合の公示（建設法典13a条3項1文2号）についてはEU法上問題ないと考えられている。他方で環境審査の不実施に関する公示（同項1文1号）がなされなかった場合には、別の方法で環境審査の不実施の理由が公衆にとって認識可能でなければならないと主張する学説がある。そのような認識可能性が認められない事例において、EU法適合的解釈により、顧慮される瑕疵を認定した裁判例もある。法律上義務付けられている手続ないし措置の不実施を、いかなる事実関係の下においても不顧慮することには、問題があると思われ

---

[80]　同様の視点から建設法典214条2a項4号の「結果が理解できる」要件の充足を否定した同裁判所の判決として、vgl. OVG Münster, Urt. v. 19.11.2015 - 2 D 57/14.NE-, BauR 2016, 772（773-774）.

[81]　OVG Lüneburg, Beschl. v. 28.09.2015 - 1 MN 144/15 -, NVwZ-RR 2016, 10.

る。

　建設法典13a条1項2文2号による個別事例の予備審査に対する裁判的統制の制限について定める建設法典214条2a項3号に関しては、市町村の判断余地を承認する「結果が理解できる」要件（同号前段）自体はEU法上問題ないとする学説が多い。環境影響の有意性については裁判所の審査が及ぶとして、当該要件の充足を否定する裁判例も登場しており、裁判所による統制が機能していないとはいえない。他方で、個々の行政庁やその他の公的利益の主体が参加させられなかったことを不顧慮とすること（同号中段）に対してはEU法上問題があるとする学説が多い。予備審査に対する実体的統制が制限されていることに鑑みても、その手続に関しては遵守を求めることのほうが望ましいように思われる。

　建設法典13a条1項4文に定める除外事由の不存在の判断が適切とみなされる場合について定める建設法典214条2a項4号前段に関しても、EU法上問題ないとする学説がみられるが、「結果が理解できる」要件を狭く解すべきことを主張する説もある。裁判例においては、環境適合性審査法による予備審査が行われた場合で、環境影響が衡量上有意であったにもかかわらず、環境適合性審査を実施する義務を否定した市町村の判断を違法とするものが複数存在している。このような裁判例の傾向は、環境保護の見地からは支持されるように思われる。

V　2017年の改正による変更点

　建設法典は2017年5月4日の「都市建設法における指令2014/52/EUの転換及び都市における新たな共同生活の強化に関する法律」（以下本章において「指令2014/52/EU転換法」という）によって改正されている。建設法典13a条に関しては、除外事由を定める同条1項5文につき、「計画策定に当たって連邦イミシオン防止法第50条第1文による重大な事故の影響を回避又は制限する義務が顧慮されなければならない」という手がかりが存在する場合が追加された。このような手がかりが存在しないことは、簡素化された手続の要件としても追加されている（建設法典13条1項3号）。連

邦イミシオン防止法50条1文は、空間的に重要な計画策定に当たっては、有害な環境影響のほか、事業区域における重大な事故により惹起される住居地区等への影響が可能な限り回避されるように用地を配分することを求めている。指令2014/52/EU 転換法の政府案理由書は、計画策定に当たって事故に関して連邦イミシオン防止法50条1文による離隔要請（Abstandsgebot）が顧慮されなければならないという手がかりが存在する場合には、簡素化された手続および迅速化された手続は排除される旨説明している[82]。後述の通り、指令2014/52/EU 転換法による改正後においても、建設法典214条2a項各号は建設法典13a 条1項5文の違反を取り上げていない。この規定に違反して迅速化された手続が選択された場合には、顧慮される瑕疵が存在しうると考えられる。

指令2014/52/EU 転換法による改正で、建設法典13b 条が追加された。同条1文によると、建築面積1万平方メートル未満の地区詳細計画であって、建物が連担している地区に接続する土地で住居利用の許容性を根拠づけるものについては、2019年12月31日まで建設法典13a 条が準用される。建設法典13b 条1文による地区詳細計画の策定手続を正式に開始することができるのは2019年12月31日までに限られ（同条2文前段）、条例の議決は2021年12月31日までになされなければならない（同条2文後段）。立法過程において連邦参議院は、政府案は外部地域における土地について迅速化された計画手続を認めるものであり、指令2001/42/EG との適合性が疑われるとして、同条の削除を求める意見を表明したが、この意見は採用されなかった[83]。学説においては、同条の EU 法適合性について疑問を呈するものもみられる[84]。

指令2014/52/EU 転換法による改正後の建設法典214条1項1文2号で

---

[82] BT-Drs. 18/10942, S. 33, 46.

[83] BT-Drs. 18/11181, S. 3-4, 12.

[84] *Jarass/Kment*（Fn. 4）, §13b Rn. 1; *Malte Arndt/Stephan Mitschang*, Bebauungspläne nach §13b BauGB, ZfBR 2017, 737（748）. EU 法上大きな問題はないとする説として、vgl. *Andreas Hofmeister/Christoph Mayer*, Die Erstreckung des beschleunigten Verfahrens auf die Überplanung von Außenbereichsflächen für Wohnnutzungen gemäß §13b BauGB 2017, ZfBR 2017, 551（557）.

は、建設法典13b 条の場合における参加の瑕疵の効果については、建設法典13a 条により建設法典13条が準用される場合と同様とすることが明記された（建設法典214条 1 項 1 文 2 号前段および後段 g）。建設法典214条2a 項に関しては、その柱書に当たる部分のみが改正され、建設法典13b 条により建設法典13a が準用される場合にも、建設法典214条2a 項各号が適用されることが明記された。同項各号の内容に変更はなく、同項 1 号も削除されたままである。建設法典13b 条の要件を誤認して迅速化された手続が選択され、環境報告書が作成されなかった場合には、顧慮される瑕疵が存在すると考えられる[85]。建設法典214条2a 項 2 号については EU 法適合的解釈を行う裁判例が存在し、同項 3 号中段については EU 法適合性を疑問視する学説がみられたところ、これらの点は今後も問題になると思われる。

Ⅵ　第四章のまとめ

2006年の建設法典改正で、内部開発の地区詳細計画および迅速化された手続が導入され、これらに特有の計画維持規定である建設法典214条2a 項が追加された。同項旧 1 号は、内部開発の地区詳細計画に該当しない地区詳細計画を市町村が誤ってこれに該当すると判断して迅速化された手続を選択し、環境審査を実施しなかったとしても、当該瑕疵が顧慮されないという状況をもたらしていた。欧州司法裁判所2013年 4 月18日判決は、同号が指令2001/42/EG に違反することを認定し、同年の建設法典改正でこの規定は削除された。迅速化された手続の要件を定める建設法典13a 条 1 項は、環境審査を要する場合（および要しない場合）を国内法のレベルで具体化したものと解されるところ、同項の各要件に違反する環境審査の不実施を不顧慮とすることは同指令に適合しないのではないかと思われる。

建設法典214条2a 項 2 号～ 4 号については、その後の法改正においても変更は加えられていない。もっとも、同項 2 号が環境審査の不実施に関す

---

[85] *Hofmeister/Mayer* (Fn. 84), S. 560; *Henning Jaeger*, in: Willy Spannowsky/Michael Uechtritz (Hrsg.), BauGB, Kommentar, 3. Aufl. 2018, §13b Rn. 10.

る指示の欠如を不顧慮としていることに対しては、別の方法で環境審査の不実施の理由が公衆にとって認識可能であることを要求する学説があり、EU 法適合的解釈の必要性を指摘する裁判例も存在している。法律上義務付けられている手続ないし措置の不実施を、いかなる事実関係の下においても不顧慮することには、問題があると思われる。

　個別事例の予備審査に対する裁判的統制の制限について定める同項3号のうち、個々の行政庁やその他の公的利益の主体が参加させられなかったことを不顧慮とすることに対しては、EU 法上問題があるとする学説が多い。予備審査に対する実体的統制が制限されていることに鑑みても、その手続に関しては遵守を求めることのほうが望ましいように思われる。

　同項4号は、環境適合性審査法による環境適合性審査を実施する義務がない（したがって環境審査を実施する必要もない）とする市町村の判断につき、裁判所による統制を制限する判断余地を認めているところ、予測される環境影響が衡量上有意であったことから市町村の判断を違法とした裁判例が複数あり注目される。環境影響の有意性については裁判所の審査が及ぶということであり、このような裁判例の傾向は、環境保護の見地からは支持されるように思われる。

第五章

補完手続による瑕疵の除去

　建設法典214条1項1文は、建設法典の手続・形式規定の違反のうち、土地利用計画および条例の法的効力にとって顧慮されるものを列挙しており、衡量素材の調査・評価に関する瑕疵（1号）、参加に関する規定の違反（2号）、理由書に関する規定の違反（3号）、議決・認可・公示に関する瑕疵（4号）を挙げている。同条2項は、地区詳細計画と土地利用計画の関係についての規定の違反のうち、建設管理計画の法的効力にとって顧慮されないものを列挙している。また同条3項2文後段は、衡量過程における瑕疵は、それらが明白でありかつ衡量結果に影響を及ぼした場合に限り有意であると規定している。建設法典215条1項1文は、上記の諸規定により顧慮される瑕疵（議決・認可・公示に関する瑕疵を除く）であっても、それらが土地利用計画または条例の公示から1年以内に書面で市町村に対して主張されなかった場合には、顧慮されなくなる旨定めている。瑕疵のある規範は無効であるというのが伝統的な考え方であるが（これを「無効のドグマ」ということがある）[1]、少なくともこれらの計画維持規定が適用される場合には、無効のドグマは妥当しない[2]。
　さらに建設法典214条4項は、「土地利用計画又は条例は、瑕疵の除去のための補完手続によって遡及的に施行することもできる」と規定する。す

---

(1)　Vgl. *Fritz Ossenbühl*, Eine Fehlerlehre für untergesetzliche Normen, NJW 1986, 2805 (2806-2807). 東京高判平成21・1・29民集63巻9号2260頁は、「本来、一般的、抽象的な内容を持ち、基本的事項を定める条例制定については、それが違法であれば当該条例は当然に無効とされるべき」と述べている。この判示は無効のドグマと親和的である。

347

なわち、土地利用計画または条例の有する瑕疵が建設法典214条1項〜3項および215条1項により顧慮されるものであったとしても、当該瑕疵を補完手続によって（場合によっては遡及的に）除去することが認められている。本章は、このような規定がいかなる経緯で設けられたのか、地区詳細計画の瑕疵のうち補完手続によって除去しうるのはどのようなものか、その場合補完手続はどのようにして実施されるのか、瑕疵のある地区詳細計画を遡及的に施行することができるのはどのような場合かといった点を明らかにすることを目的とする[3]。これらの点を明らかにすることは、日本における都市計画に対する争訟のあり方を検討するに当たっても有益であると考えられる[4]。

建設法典214条4項は2004年の改正で設けられた規定であるが、建設法典に補完手続が導入されたのは1997年の改正によるものである。また瑕疵の除去に関する規定は、建設法典制定以前において、その前身である連邦建設法に既に設けられていた。そこで以下ではまず、1997年の建設法典改正以前の状況を概観した上で（Ⅰ）、同年の改正で追加された補完手続に関する規定（建設法典215a条）の検討に移る（Ⅱ）。最後に、2004年の改正

---

[2] 無効のドグマは憲法上の要請ではなく、法律でこれとは異なる定めをすることも可能とする説として、vgl. *Michael Uechtritz,* in: Will Spannowsky/Michael Uechtritz (Hrsg.), BauGB, Kommentar, 3. Aufl. 2018, §214 Rn. 15. 建設法典214条1項〜3項および215条が適用される場合、土地利用計画ないし条例は違法であるが無効でないことを指摘する説として、vgl. *Hans D. Jarass/Martin Kment,* BauGB, Beck'scher Kompakt-Kommentar, 2. Aufl. 2017, §214 Rn. 6.

[3] 本稿に関連する先行研究として、村上博「ドイツにおける都市計画瑕疵論」室井還暦『現代行政法の理論』（法律文化社、1991年）84頁以下、竹之内一幸「ドイツ建設法典における計画維持手続——補完手続をめぐる問題点を中心に」武蔵野大学現代社会学部紀要5号（2004年）109頁以下、大橋洋一『都市空間制御の法理論』（有斐閣、2008年）74頁以下、高橋寿一『地域資源の管理と都市法制——ドイツ建設法典における農地・環境と市民・自治体』（日本評論社、2010年）199頁以下等がある。

[4] 大橋・前掲注(3)94頁は、裁判所の判決によって計画が遡及的に消滅するとすれば、「その計画を進めてきた行政担当者にとって、非常にドラスチックなインパクトを与える」ことになり、「このような計画消滅に伴うアフターケアという問題」が出てくることを指摘している。

で設けられた建設法典214条4項をめぐる問題を取り上げる（Ⅲ）。建設法典は、2004年以降も複数回改正されているが、建設法典214条4項の内容について変更点はない。なお、建設法典（および連邦建設法）の瑕疵の除去に関する規定は土地利用計画と条例に適用されるものであるが、本章は地区詳細計画以外の条例の瑕疵の除去については検討しない。

Ⅰ　1997年建設法典改正以前

1　連邦建設法155a条5項
(1)　1979年の連邦建設法改正

1979年の「都市建設法における手続の迅速化及び投資事業案の容易化に関する法律」による連邦建設法の改正で、同法に初めて瑕疵の除去に関する規定（155a条5項）が設けられた。1979年改正後の同法155a条の表題は「土地利用計画及び条例の策定に当たっての手続又は形式規定の違反」とされ、同条1項は、土地利用計画または同法による条例の策定に当たっての同法の手続・形式規定の違反は、それが書面で土地利用計画または条例の公示から1年以内に市町村に対して主張されなかった場合には顧慮されないことを定めた。同条2項は、土地利用計画または地区詳細計画の法的効力は、建設管理計画への市民参加に関しては、同法2a条6項（縦覧）および7項（制限された参加）による手続が遵守されたか否かのみによって決定されると定めた。同法155a条3項は、同条1項は土地利用計画または条例の認可および公示に関する規定の違反には妥当しないことを定め、同条4項は、土地利用計画または条例の認可の公示に当たっては手続・形式規定の違反の主張のための要件および法効果が指示されなければならないことを定めた。最後に同条5項は、「市町村は、土地利用計画若しくは条例の認可及び公示に関する規定の違反から生ずる瑕疵又はこの法律若しくは州法によるその他の手続若しくは形式の瑕疵を除去する場合、当該土地利用計画又は条例を遡及効をもって再び施行することができる」と規定した。

政府案では、瑕疵の除去に関しては、連邦建設法155a条8項として、「市町村は、この法律又は州法による手続又は形式の瑕疵を除去する場合、土地利用計画又は条例を遡及効をもって再び施行することができる。このことは、土地利用計画及び条例が従前の内容では再び議決され得ないであろうときには、妥当しない」という規定を置くことが予定されており、この規定の趣旨については次のような説明がなされていた[5]。「この規律は、市町村を、発生した瑕疵に直面して何を行い得るか、例えば条例の新発布が合目的的又は必要であるか否かを審査する状況の中に置くという、〔連邦建設法155a条〕第1項において同時に追求される目標に結びついている。それゆえに第8項は、自己の措置によって発布時への遡及効をもって手続又は形式規定の違反の治癒を招来するという、市町村の可能性を保障することになる。ただしそのような遡及的な『治癒』は、土地利用計画又は条例の発布のための要件が、市町村がこれらを再び施行しようと意図する時点においてなお存在しているとき、すなわち従前の内容を有する土地利用計画又は条例が再び議決され得るであろうときにのみ考慮に値する。第2文は、このことを確保するものである」。ここで言及されている連邦建設法155a条1項は、同法の手続・形式規定の違反の主張期間を定めるものであり、この規定と瑕疵の除去に関する規定との関連性が語られている。もっとも瑕疵の除去に関する規定は、私人による瑕疵の主張を要件とするものではなく、州法による手続・形式の瑕疵をも対象としている。他方で、実体的瑕疵は瑕疵の主張および除去に関する規定の対象外となっている。

立法過程において、瑕疵の除去に関する規定は、若干の修正を受けるとともに、連邦建設法155a条5項として配置されることとなった。これに関して国土整備・土木建築・都市建設委員会の報告書は、「第5項は——単なる編集上の変更を伴って——内容的に政府案の第155a条第8項第1文に合致している。当委員会は、土地利用計画又は条例の遡及的な再度の施行は当初の内容を維持する限りでのみ可能であるという政府案の第8項

---

[5] BT-Drs. 8/2451, S. 8, 32.

第2文に含まれる規律を、このことが既に一般的法原則に合致しているということに配慮して、不要であると判断した」と説明している[6]。政府案における連邦建設法155a条8項2文の規律は削除されたが、地区詳細計画等を遡及的に施行することが許されるのは、その内容が変わっていない場合に限られると考えられている。

(2) 学説による評価

1979年の改正よって設けられた連邦建設法155a条5項は、学説においても基本的に支持された[7]。ベッカー（Boecker）は、「法律の規定の遡及効は原則において今日もはや争われておらず、その場合、憲法上の観点から決定的な指標は、行為義務又は負担の予測可能性という指標」であると主張し、「憲法が基本法19条2項との結合における基本法2条1項において[8]、市民が行為義務又は負担を計算に入れることのできた時点の前に遡及効の期日を移すことの禁止を含むとすれば、土地利用計画又は条例が無効の場合に、無効な『規範』を1979年連邦建設法155a条5項を適用した治癒により当初意図された施行の時点又はそれよりも遅い時点で施行することの疑義はほとんど存在しないであろう」と述べている[9]。ただしベッカーは、公示および認可に関する規定の違反があった場合においても遡及的施行が可能とされていること、瑕疵の治癒の方式が法律で定められていないことについては疑問を呈している[10]。

---

[6] BT-Drs. 8/2885, S. 45.

[7] Vgl. auch *Wilhelm Söfker*, Zu einigen Fragen der Rechtswirksamkeit von Bebauungsplänen im Zusammenhang mit den „Heilungsklauseln" der §§ 155a bis 155c BBauG, ZfBR 1981, 60（62）; *Michael Quaas/Alexander Kukk*, Normenkontrolle und Bebauungsplan, 1986, Rn. 372-373.

[8] 基本法19条2項は「いかなる場合においても基本権はその本質内容において害されてはならない」と規定し、基本法2条1項は「いかなる者も、他者の権利を侵害せず、憲法に適合する秩序又は道徳律に違反しない限り、自己の人格の自由な発展を求める権利を有する」と規定する。

[9] *Bernhard Boecker*, Heilung mangelhafter Bauleitpläne und Satzungen - Gedanken zu den neuen Vorschriften der §§ 155 a bis c des Bundesbaugesetzes, BauR 1979, 361（365）.

[10] *Boecker*（Fn. 9）, S. 365-366.

フォン・ムティウス／ヒル（von Mutius/Hill）は、「法治国原理から導かれる遡及効を有する規範の発布のための一般的な要件が顧慮されなければならない」こと、法的安定性および市民の信頼保護が法治国原理の本質的な要素に含まれることを指摘しつつ、「計画の有効性又は適法性が手続又は形式の瑕疵で破綻する（scheitern）場合については、遡及的な治癒も、その間に市町村の計画策定の意図（Planungsabsicht）が変更されなかったのであれば、市民が思慮分別に従って計算に入れなければならないものの範囲内に存する」と述べている[11]。なおフォン・ムティウス／ヒルは、立法政策上の提案として、遡及的治癒の手続的要件（市町村議会の議決、土地所有者の意見表明の機会等）および政府案で予定されていた実体的要件（衡量結果の変更がないこと）を明記すべきことを主張している[12]。

(3) 連邦行政裁判所1986年12月5日判決

　連邦建設法155a条5項に関する重要判例として、連邦行政裁判所1986年12月5日判決[13]が挙げられる。この事件の原告は、地区詳細計画により指定された週末住居地区内に存する土地を所有していた。1971年に原告は当該土地で増築を行ったところ、当該増築は地区詳細計画で指定された建築可能な敷地部分の外側にあった。この増築にかかる建築申請に対する応答はなされなかったが、1976年2月24日に原告は当該増築の除去命令を受けた。原告は除去命令の取消訴訟を提起して、当該除去命令は無効の地区詳細計画に基づくものであるから違法であると主張した。控訴審裁判所は、当該地区詳細計画の手続に瑕疵があったことを認めたが、当該瑕疵は遡及的に治癒されたとして、取消請求を棄却した。本判決も上告を退けた。

　本判決は、連邦建設法155a条5項の合憲性につき、「連邦憲法裁判所は、有効でない規範の存続に向けられた市民の信頼が保護に値しない場合

---

[11] *Albert von Mutius/Hermann Hill*, Die Behandlung fehlerhafter Bebauungspläne durch die Gemeinden - Zur Interpretation und Novellierung insbesondere des § 155a Abs. 5 BBauG, 1983, S. 32-33.

[12] Vgl. *von Mutius/Hill* (Fn. 11), S. 71-72.

[13] BVerwG, Urt. v. 05.12.1986 - 4 C 31/85 -, BVerwGE 75, 262.

には、有効でない規範が遡及的に有効な規範に置き換えられて良いことを承認してきた」こと、「形式上なお存在する法規範が有効でないことに関する信頼は通常は保護されない」こと、このことは「特に規範の内容が適正であるように思われ、かつそれに形式的な性格の疑義のみが対立する場合」に妥当することを指摘した上で、次のように述べる。「この点から出発すれば、連邦建設法155a条5項は憲法上問題のある遡及効をもたらさないことが明らかになる」。「そこに存する遡及効は、計画に関わる者の保護に値する信頼への許容されない侵害をもたらすのではなく、むしろそれは、立法者の意思によれば、まさにこの範囲の人から（瑕疵のある）計画に寄せられた信頼を保護することを意図している」。

　この事件で問題となった地区詳細計画は1968年2月21日に条件つきの認可を受けたものであり、当該認可は市町村連合の加入市町村（Ortsgemeinde）Eにおいては同年5月24日に、加入市町村Hにおいては翌年4月25日に公示されたが、これらの市町村の議会は当該条件について同意議決（Beitrittsbeschluss）をしていなかった。本判決は「市町村により議決された内容を有する地区詳細計画が認可庁により認可されず、条件付きで認可された計画が認可の公示及び計画の縦覧の前に市町村によりそのように議決されなかった場合、そのような地区詳細計画は効力を有し得ない」と述べ、「当該地区詳細計画は少なくとも1968年においては──いまだ──有効とならなかった」ことを認めている。その後1983年に市町村EおよびHの議会は当該条件に同意することを議決し、郡庁（Kreisverwaltung）はこの条例の議決を認可して、当該認可は公示された。以上の事実関係を前提に本判決は、「加入市町村H及びEが、当該地区詳細計画……を、当初意図された施行の時点への遡及効をもって今や施行することを妨げたであろう理由は、ここでは見当たらない」と述べている。本判決によれば、遡及効は、当該地区詳細計画が瑕疵を帯びていなかったとすれば最も早く施行された時点にまで及び、市町村Eにおいては1968年5月24日、市町村Hにおいては1969年4月25日であったと認定されている。また本判決は、遡及的施行の手続に関して、計画策定構想が変更される場合には市民参加が必要となるものの、本件の場合はこれに当たらないことを指

摘している。

なお本判決は、「地区詳細計画の遡及的施行は、法的根拠なく発付された除去処分をも『治癒する』」と判示し、「建築主が建築許可なしで、それゆえに形式的に建築法に違反して建物を建て、かつ当該事業案が地区詳細計画の指定と矛盾し、その〔地区詳細計画が〕有効でないことが認識不可能であった場合には、この地区詳細計画が有効でないことに向けられた利害関係人の信頼は保護に値しない」ことを指摘している。他方で、建築主が建築許可を受けて建物を建てた場合についてはどのように取り扱うか、という問題が残っている。

2　建設法典215条3項
(1)　建設法典の制定

1986年に連邦建設法と都市建設促進法を統合する形で制定された建設法典は、その3章2部4節「効力要件」（214条〜216条）に、土地利用計画および条例の策定に当たっての規定の違反に関する定めを置いた。2004年改正前の建設法典214条1項1文は、建設法典の手続・形式規定の違反のうち、土地利用計画および建設法典による条例の法的効力にとって顧慮されるものを列挙し、参加に関する規定の違反（1号）、解説報告書・理由書に関する規定の違反（2号）、議決・認可等に関する瑕疵（3号）を挙げていた。同条2項は、地区詳細計画と土地利用計画の関係に関する規定の違反のうち、建設管理計画の法的効力にとって顧慮されないものを列挙した。同条3項は、衡量については建設管理計画に関する議決の時点における事実および法状況が基準となること（1文）、衡量過程における瑕疵は、それらが明白でありかつ衡量結果に影響を及ぼした場合に限り有意であること（2文）を規定した。

1997年改正前の建設法典215条1項は、前条1項1文1号および2号に掲げられた手続・形式規定の違反は土地利用計画または条例の公示から1年以内に、衡量の瑕疵は7年以内に、書面で市町村に対して主張されなかった場合には顧慮されない旨規定した。同条2項は、土地利用計画および条例の施行に当たっては、同条1項に定める手続・形式規定の違反および

第五章　補完手続による瑕疵の除去

衡量の瑕疵の主張のための要件ならびに法効果が指示されなければならないことを定めた。最後に同条３項は、「市町村は第214条第１項において掲げられた規定の違反から生ずる瑕疵、又は州法によるその他の手続若しくは形式の瑕疵を除去することができ、その場合市町村は土地利用計画又は条例を後続の手続の再実施（Wiederholung）によって施行することができる。土地利用計画及び条例は遡及効をもって再び施行することもできる」と規定した。

建設法典の政府案理由書では、「〔建設法典215条〕第３項は、従前の連邦建設法第155a条第５項に含まれる規律に合致している。新たな表現によって、一方で『事後的な治癒』の手続が明確にされる（第２文〔＝1997年改正前の建設法典215条３項１文後段〕）。他方で第３文〔＝1997年改正前の建設法典215条３項２文〕によって、土地利用計画又は条例は『今から（ex nunc）』又は『その時から（ex tunc）』施行することができるということが――新たに――明らかにされる」と説明されている[14]。1997年改正前の建設法典215条３項は、連邦建設法155a条５項と同様に、手続・形式の瑕疵の除去のみを予定している。これに関して国土整備・土木建築・都市建設委員会の報告書は、「形式及び手続の瑕疵の場合：〔建設法典〕第215条第３項によるこれらの瑕疵の事後的な除去、――実体的な、例えば衡量の瑕疵の場合：新たな地区詳細計画の検討、場合によってはその策定」と述べ、瑕疵の除去に関する規定は実体的瑕疵を対象としないという立場を示していた[15]。

(2)　判例の展開

建設法典215条３項（1997年改正前のもの。以下同じ）の適用に関しては、連邦行政裁判所の決定が複数あり注目される。連邦行政裁判所1989年５月24日決定[16]は、地区詳細計画の認証（Ausfertigung）の欠如が除去しうる瑕疵であることを明らかにした。この事件では、1985年12月９日に議決された地区詳細計画につき、1986年２月28日に認可が公示されたが、1988年

---

[14]　BT-Drs. 10/4630, S. 157. 下線部分は原文イタリック体。
[15]　BT-Drs. 10/6166, S. 135.
[16]　BVerwG, Beschl. v. 24.05.1989 - 4 NB 10/89 -, NVwZ 1990, 258.

8月25日に初めて市町村長の署名による認証がなされ、同年9月8日に再び認可が公示された。建設法典は地区詳細計画の認証については規定していないが、同決定は「権限を有する市町村の機関による地区詳細計画の認証の欠如という瑕疵も、建設法典215条3項の意味における『州法によるその他の手続若しくは形式の瑕疵』に含まれ、市町村によって除去され得るのであり、後続の手続——本件の場合：地区詳細計画の認可の公示（建設法典12条1項）——の再実施によって当該地区詳細計画を施行することができる」と判示した。同決定は、地区詳細計画が認証を要することは法治国原理から生ずるが、この原理は州レベルでの国家活動（市町村の条例制定を含む）については各州憲法において規定されているため、地区詳細計画の認証も州法により判断されるべき形式上の有効要件の問題である旨述べている。なお、この事件では地区詳細計画を遡及的に施行する権限は用いられなかったことが認定されている。

連邦行政裁判所1993年5月6日決定[17]においては、地区詳細計画が認証の欠如を理由として規範統制裁判所による無効宣言を受けた後で、市町村が当該瑕疵を除去して当該地区詳細計画を再び施行することができるか否かが問題となった。同決定はこれを肯定しており、その理由に関しては、①建設法典215条3項は、土地利用計画や条例が実体的に無効であるにすぎない場合と、条例の無効が規範統制手続においても確定した場合とを区別していない、②地区詳細計画が無効であるとする規範統制裁判所の認定は、当該計画が市町村の条例としての法的効力を発揮しえないことを意味するにとどまり、問題のない手続段階も再実施されなければならないという結果をもたらすものではない、③市町村は規範統制手続の当事者として裁判所の裁断の主文および主要な理由に拘束されるが、規範統制裁判所の無効宣言が認証の欠如を理由とする場合において、市町村がこの瑕疵を除去すれば、もはや規範統制裁判所の裁断の拘束力も当該地区詳細計画の再度の施行を妨げない、④無効と宣言された地区詳細計画が建設法典215条3項により再び発布されることはないという信頼は保護に値しない、とい

---

[17] BVerwG, Beschl. v. 06.05.1993 - 4 N 2/92 -, BVerwGE 92, 266.

った点が指摘されている。

連邦行政裁判所1997年2月25日決定[18]は、1975年に認可を受け、その公示がなされた地区詳細計画について認証の欠如が判明し、1995年に認証および認可の公示が行われた事件で、状況の変化のために建設法典215条3項が適用できない場合があることを認めている。同決定によると、状況が根本的に変化して、地区詳細計画が機能を喪失した内容を有する場合か、当初は問題のない衡量結果がもはや維持できない場合には、手続・形式の瑕疵のために有効でない地区詳細計画を建設法典215条3項1文による手続の再実施によって施行することはできない。地区詳細計画の内容が変わっていなくても、事実上のまたは法的な状況が根本的に変化してしまった場合には、当該地区詳細計画の有効性を認めることはできないということである。

3 部門計画法における法発展
(1) 計画補完に関する判例

連邦遠距離道路法や航空法（LuftVG）等の部門計画法の領域においては、計画確定決定が必要な保護負担（Schutzauflage）[19]を欠いている場合における計画補完（Planergänzung）に関する判例が早くから確立し、1993年の法改正で、衡量の瑕疵をも対象とする瑕疵の除去に関する規定が設けられるに至った。

連邦行政裁判所1978年7月7日判決[20]は、フランクフルト／マイン空港の拡張のための計画確定決定に対して、航空機の騒音による被害を受けると主張する原告らが取消訴訟を提起した事件で、次のように判示した。「いかなる計画確定決定も、……航空法9条2項（又は他の計画策定法の比較可能な規定）の要件の下で必要な保護負担を命じなければならない[21]。それがなければ、計画策定により生ずる利益衝突は未解決のままである。

---

[18] BVerwG, Beschl. v. 25.02.1997 - 4 NB 40/96 -, NVwZ 1997, 893.

[19] これに関しては、亀田健二「ドイツにおける特定部門計画確定決定での防護負担」関法44巻4＝5号（1995年）43頁以下も参照。

[20] BVerwG, Urt. v. 07.07.1978 - IV C 79.76 -, BVerwGE 56, 110.

そのことは計画をその限りで客観的に違法にする。ただしそのような瑕疵が計画確定決定の取消しないし一部取消しを求める請求権をもたらし得るのは、当該瑕疵が、それによって個々の利害関係人が不利益を受けるだけでなく、全体の計画策定ないし分離可能な計画策定部分の調和がとれた状態（Ausgewogenheit）がそもそも危うくなるほど、計画策定決定全体にとって大きな重要性を有する場合に限られる」。「計画確定決定において命じられていない保護負担が追完され得る場合で、それと計画策定の全体構想が本質的な点において関係することがなく、計画策定の利益の絡み合い（Interessengeflecht）の中で今度は別の利益が不利益な影響を受けるということがなければ、計画策定決定の客観的な違法性に対応するのは利害関係人の計画取消しを求める請求権ではなく、計画補完を求める請求権のみである」。以上の判示を整理すると、必要な保護負担を欠く計画確定決定は違法であるが、保護負担の追完（計画補完）によって問題が解決される場合には、利害関係人の取消請求は認められず、計画補完を求める義務付け請求のみが認められるということになる[22]。

(2) 計画補完と補完手続

1993年の「交通路のための計画策定手続の簡素化に関する法律」により、連邦遠距離道路法や航空法等は改正され、瑕疵の除去に関する規定が設けられた。政府案では、連邦鉄道法36d条6項、連邦遠距離道路法17条6c項、連邦水路法19条4項、航空法10条8項、旅客運送法29条8項として、「事業案に関わる公的及び私的利益の衡量に当たっての瑕疵は、それらが明白でありかつ衡量結果に影響を及ぼした場合に限り有意である。有意な瑕疵は、それらが計画補完によって除去され得ない場合に限り、計画確定決定又は計画許可の取消しをもたらす」という規定を設けることが予

---

[21] 2013年改正前の航空法9条2項は、「計画確定決定においては、公共の福祉のために又は危険若しくは不利益に対して近隣の土地の利用を保全するために必要な施設の設置及び維持が事業者に命じられなければならない」と規定していた。

[22] 計画確定決定により不利益な影響を受ける者が保護負担を求める場合の訴訟形式が義務付け訴訟であることについては、vgl. BVerwG, Urt. v. 17.11.1972 - IV C 21/69 -, BVerwGE 41, 178 (181); BVerwG, Urt. v. 21.05.1976 - IV C 80/74 -, BVerwGE 51, 15 (21).

定されており、この規定に関しては次のように説明されていた[23]。「行政裁判権により計画確定決定の場合の公的及び私的利益の衡量の過程にも適用された原則が問題となっている。一方では、衡量の瑕疵は特定の要件の下でのみ有意であることが規律される。有意な瑕疵のみが行政裁判手続において計画確定決定又は計画許可の取消しをもたらし得る。しかしながら、衡量の瑕疵の治癒をもたらす計画補完に、取消しに対する優先が認められることとなる」。

前記の規定の内容は、立法過程において修正され、最終的に次のようになった。「事業案に関わる公的及び私的利益の衡量に当たっての瑕疵は、それらが明白でありかつ衡量結果に影響を及ぼした場合に限り有意である。衡量に当たっての有意な瑕疵又は手続若しくは形式規定の違反は、それらが計画補完又は補完手続によって除去され得ない場合に限り、計画確定決定又は計画許可の取消しをもたらし、行政手続法45条及び46条並びに対応する州法の規定の適用を妨げない」[24]。この規定の第2文に関して交通委員会の報告書は、「権利保護の保障はあらゆる事例において計画策定決定の取消しを要求するものではないが、個々人は、秩序適合的な手続に基づき法律上定められた形式を顧慮して成立した決定によってのみ自己の権利が制限されることを求める請求権を有する。例えば参加権に関する手続規定の違反があった場合、これは補完手続において解消され得る。同様に形式規定の無視も、利害関係人の権利を侵害することなく、事後的に治癒され得る」と述べている[25]。

部門計画法における瑕疵の除去に関する規定には、①衡量の瑕疵も除去の対象になる、②計画補完と補完手続の区別がある、③瑕疵が除去可能な場合には計画確定決定は取り消されない、といった特色がある。上記の立

---

[23] BT-Drs. 12/4328, S. 6, 8, 10, 12, 14, 20.

[24] ここで言及されている行政手続法45条は、行政行為の手続・形式の瑕疵の治癒を定める規定である。同法46条は、無効ではない行政行為について、手続・形式の瑕疵のみを理由としてその取消しを求めることができない場合を定めている。1996年改正前の同法45条・46条については、高木光『技術基準と行政手続』（弘文堂、1995年）150頁以下、160頁以下も参照。

[25] BT-Drs. 12/5284, S. 35.

法経緯に鑑みると、計画補完は衡量の瑕疵を対象とし、補完手続が手続・形式の瑕疵を対象とするというのが立法者意思であったようにも思われる。しかしながら連邦行政裁判所1996年3月21日判決[26]は、連邦遠距離道路法17条6c項2文の解釈として、有意な瑕疵が補完手続によって除去されうる場合には、「裁判所は計画確定決定が違法であることのみを言い渡さなければならず、瑕疵の除去までそれは執行不可能でもあるという効果を伴う」と判示し、「攻撃されている計画確定決定が有意な衡量の瑕疵のゆえに違法であるという言渡しのためには、補完手続における瑕疵の除去の具体的な可能性が存在することで十分である」と述べている。この判示は、衡量の瑕疵が補完手続によって除去されうるという前提に立つものである。なお同判決は、補完手続の権限を行使するか否かは行政に委ねられており、計画策定を断念することも可能であることを指摘している。

1996年の「許可手続の迅速化に関する法律」により追加された行政手続法75条1a項（2013年改正前のもの）は、「事業案に関わる公的及び私的利益の衡量に当たっての瑕疵は、それらが明白でありかつ衡量結果に影響を及ぼした場合に限り有意である。衡量に当たっての有意な瑕疵は、それらが計画補完又は補完手続によって除去され得ない場合に限り、計画確定決定又は計画許可の取消しをもたらす」と規定する。この規定においては、計画補完と補完手続が文言上衡量の瑕疵のみを対象としている。政府案の理由書は、「それによって今や一般的な計画確定手続についても、衡量過程における瑕疵の効果の制限が妥当する。瑕疵が計画補完によって除去され得た、そしてまた除去された場合には、取消しは排除されている」と述べているものの、計画補完と補完手続の区別に関する説明はない[27]。

4　まとめ

1979年の連邦建設法改正で、同法に瑕疵の除去に関する規定（155a条5項）が設けられた。当該規定により、手続・形式の瑕疵を有する土地利用

---

[26] BVerwG, Urt. v. 21.03.1996 - 4 C 19/94 -, BVerwGE 100, 370.
[27] BT-Drs. 13/3995, S. 10.

計画または条例について、当該瑕疵を除去してこれを遡及的に施行することができるものとされた。実体的瑕疵は当該規定の対象外であり、遡及的施行は計画が当初の内容を維持する場合に限り許されると考えられていた。連邦行政裁判所1986年12月5日判決は、形式上なお存在する法規範が有効でないことに関する信頼は通常保護に値しないこと、この規定はむしろ計画に寄せられた信頼を保護するものであることを指摘して、その合憲性を認めた。学説においては、遡及的施行の手続に関する規定を置くべきであるとする意見もみられた。

建設法典215条3項は、①市町村は手続・形式の瑕疵を除去することができること、②その場合市町村は土地利用計画または条例を後続の手続の再実施によって施行することができること、③土地利用計画および条例は遡及的に施行することもできることを定めた。②が明記されたことが1つの特徴である。実体的瑕疵は除去の対象外となっている。連邦行政裁判所1993年5月6日決定は、地区詳細計画が形式の瑕疵を理由として規範統制裁判所による無効宣言を受けた後においても、建設法典215条3項を適用して当該地区詳細計画を遡及的に施行することが可能であることを明らかにした。

部門計画法においては、計画確定決定が必要な保護負担を欠く場合における計画補完に関する判例が発展し、1993年の法改正では、衡量に当たっての有意な瑕疵または手続・形式規定の違反は、それらが計画補完または補完手続によって除去されえない場合に限り、計画確定決定または計画許可の取消しをもたらす旨の規定が設けられた。部門計画法における瑕疵の除去に関する規定には、①衡量の瑕疵も除去の対象になる、②計画補完と補完手続の区別がある、③瑕疵が除去可能な場合には計画確定決定は取り消されない、といった特色がある。

II　建設法典215a条

1　1997年の法改正

　建設法典は、1997年の「建設法典の改正及び国土整備の法の新規律に関する法律」（以下本章において「建設国土整備法」という）により改正された（1998年より施行）。この改正で、建設法典3章2部4節（214条～216条）の表題が「計画維持」に変更された。瑕疵が顧慮されるか否かに関する建設法典214条、瑕疵の主張期間について定める建設法典215条1項・2項は、その基本構造においては変更を受けていない。それに対して、瑕疵の除去について定めていた建設法典215条3項は削除され、新たに建設法典215a条が設けられた。同条の表題は「補完手続」とされ、その第1項は、「第214条及び第215条により顧慮されないものではなく、かつ補完手続によって除去され得る条例の瑕疵は、無効をもたらさない。当該瑕疵の除去まで当該条例は法的効力を発揮しない」と規定した。また同条2項は、「第214条第1項において掲げられた規定の違反又は州法によるその他の手続若しくは形式の瑕疵の場合、土地利用計画又は条例は遡及効をもって再び施行することもできる」と規定した。遡及的施行が認められるのは手続・形式の瑕疵の場合に限定されているが、補完手続に関しては、文言上そのような限定はみられない。

　建設国土整備法は、行政裁判所法47条の改正をも含むものである。1997年改正前の同法47条5項は、上級行政裁判所は判決または決定によって裁断すること（1文）、上級行政裁判所は当該法規定が有効でないという確信に至る場合にはそれを無効と宣言すること（2文前段）、その裁断は一般的拘束力を有し、当該法規定の公布と同様の方法で被申立人により公表されなければならないこと（2文後段）、裁断の効力については同法183条が準用されること（3文）を定めていた[28]。1997年の改正では、同法47条5項4文として、次のような規定が追加された。「建設法典の規定により発布された条例又は法規命令の確認された瑕疵が、建設法典第215a条の意味における補完手続によって除去され得る場合には、上級行政裁判所は

当該条例又は法規命令が当該瑕疵の除去まで効力を有しない（nicht wirksam）ことを宣言し、第2文後段が準用される」。その結果、地区詳細計画に、補完手続によって除去されえない有意な瑕疵がある場合には、その無効が宣言され、補完手続によって除去しうる有意な瑕疵があるにとどまる場合には、それが効力を有しないことが宣言されることになった。

2　計画維持の原則

建設国土整備法の政府案理由書は、建設法典3章2部4節の表題を「計画維持」に変更することに関して、「新たな〔建設法典〕第215a条の挿入によって計画維持の法原則の具体化がなされることになる」と述べている[29]。さらに政府案理由書には次のような記述もみられる。「建設法典の第215a条において……予定された、瑕疵の除去のための補完手続を実施する可能性によって、都市建設上の条例の存続力が高められることになる。特に、その作成において非常に時間と人手を費やす地区詳細計画は、それらが根本的な瑕疵を有しておらず、それゆえに実施済みの準備作業を利用しながら修正され得る場合には、この方法でそれらの存続が維持されることになる」[30]。補完手続が計画維持のための重要な手段として位置づけられていることは明らかであるが、「計画維持の法原則」の法的性格および内容は明確ではない。

計画維持の原則について、ホッペは、1994年に発表された論文で次のように主張していた[31]。「建設管理計画の場合の衡量の瑕疵を解消して治癒するために、計画確定法律では今や立法実務における流行の表現となった、計画補完の可能性が建設法典に受け継がれるべきではないか」。「計画

---

[28]　行政裁判所法183条は、州の憲法裁判所が州法または州法の規定の無効を宣言した場合においても、無効と宣言された規範に基づく行政裁判所のもはや争いえない裁断は、州の法律による特別の定めがない限り影響を受けないこと（1文）、そのような裁断に基づく強制執行は許されないこと（2文）等を定めている。

[29]　BT-Drs. 13/6392, S. 73.

[30]　BT-Drs. 13/6392, S. 38.

[31]　*Werner Hoppe*, Das Abwägungsgebot in der Novellierung des Baugesetzbuches, DVBl 1994, 1033 (1041). 下線部分は原文イタリック体。

補完は計画を維持する手段であり、それは、疑わしき場合には衡量の瑕疵があっても計画策定の全体構想の保持を要件に計画策定は有効と認められなければならないという、<u>原則的な計画維持の原則、原理又は要請</u>が定立されるべきではないのかという問題を提起する。この原則は、再び計画を策定する場合の時間の喪失という利益と、計画を維持する場合の時間の節約という利益、つまり『時間』の要素を衡量の観点として考慮することをも可能にする」。

　ホッペ／ヘンケ（Henke）は、建設国土整備法の制定後に発表された論文で、立法者は建設法典改正に当たり、拘束的な計画維持の要請の導入を放棄し、計画維持という「開かれた（offen）法原理」を承認したと評価している[32]。ホッペ／ヘンケによると、開かれた法原理とは、「指導的な法思想の性格を有し、そこから個別事例の裁断を直接導き出すことはできず、つまり規範の性格を授けられていない」ものであり、「司法又は立法による形成の方法で初めて拘束的な規律になる」[33]。そこで、計画維持という開かれた法原理を承認することにいかなる実際上の意義があるのかが問題となるが、ホッペ／ヘンケは次のように述べている。「ある規範の背後にある一般的な法思想に立ち戻ることは、つまり規範のいわゆる『客観的・目的論的解釈』という手段に含まれる。ある規範が一定の法思想の表現とみなされ得る要素を認識させる場合には、それはその解釈にとって１つの重要な指示を提供し得る。この背景の前では、建設国土整備法によって付加された『計画維持』という表題の意義は、整理上の、表題を付けられた規定の内容を要約する機能のみにあるのではない。それだけでなくむしろ『計画維持』という語は、規定の解釈が方向を定めなければならない１つの照準点（Richtpunkt）にも該当する」[34]。

　その後ケス（Käß）は、計画維持の原則が裁判官による法形成および立法による具体化を要する「開かれた法原理」であるとの理解を支持しつ

---

[32] *Werner Hoppe/Peter Henke*, Der Grundsatz der Planerhaltung im neuen Städtebaurecht, DVBl 1997, 1407 (1409).

[33] *Hoppe/Henke* (Fn. 32), S. 1408.

[34] *Hoppe/Henke* (Fn. 32), S. 1408-1409.

つ、その内容を次のようにまとめている[35]。「計画の存続についての利益が優越し、かつ当該計画が有効でないことに向けられている憲法上の原理が対立しない限り、第1に当該計画を覆っている法規範について原則的に発生する瑕疵の効果が全部又は一部廃止され、第2に効力を有しない計画が特定の要件の下で治癒され再び施行され得る」。

3　補完手続の概念

　建設法典215a条（2004年改正前のもの。以下同じ）は、補完手続の概念を採用しており、この補完手続によって条例の瑕疵が除去されうるものとしている（同条1項）。部門計画法における瑕疵の除去に関する規定は計画補完と補完手続を区別していたところ、建設法典は計画補完の概念を採用しなかった。これに関してホッペ／ヘンケは、部門計画法においては、計画補完の場合には「裁判所による瑕疵の治癒の義務付け」がなされるのに対して、補完手続の場合には「裁判所の裁断は……攻撃されている計画確定決定の違法性の確認及びその執行不可能性の命令に限定される」ことを指摘して、「特に、建設管理計画又はその他の建設法上の条例を特定の計画策定要素で補完することを裁判所が義務付けることは、建設計画法上の権利保護の体系とは両立し得ない。それゆえ建設国土整備法が計画補完と補完手続の区別を放棄したことは、十分に理解できるように思われる」と述べている[36]。ヴァグナー（Wagner）は、部門計画法における計画補完を「〔計画確定決定を〕審査する裁判所による」もの、補完手続を「計画確定庁による」ものとして理解した上で、「市町村の計画高権に鑑みて、条例を審査する裁判所による直接的な瑕疵の治癒の可能性は受け継がれず、規律が市町村による補完に限定された」と評している[37]。

---

[35]　*Robert Käß*, Inhalt und Grenzen des Grundsatzes der Planerhaltung: dargestellt am Beispiel der §§ 214-216 BauGB, 2002, S. 43. 下線部分は原文イタリック体。計画維持の原則が開かれた法原理であるとの理解を支持する説として、vgl. *Holger Steinwede*, Planerhaltung im Städtebaurecht durch Gesetz und richterliche Rechtsfortbildung, 2003, S. 80-81.

[36]　*Hoppe/Henke*（Fn. 32), S. 1410-1411. 下線部分は原文イタリック体。

建設法典215a条2項は、手続・形式の瑕疵を有する土地利用計画または条例の遡及的施行について規定しているところ、土地利用計画の瑕疵を除去する手続と補完手続の関係が問題となる。これに関して建設国土整備法の政府案理由書には次のような記述がみられる。「補完手続を建設管理計画手続に限定することを当初予定した委員会の提案とは相違して、今後はさらにその他の都市建設法上の条例も補完手続によって治癒され得ることになる。それに対して土地利用計画については、それらは行政裁判所法の第47条により裁判所によって無効と宣言されることがないので、そのような手続は必要ない」[38]。この記述に従うと、土地利用計画の瑕疵を除去する手続は補完手続には含まれないことになる[39]。

4 　無効の条例と効力を有しない条例

建設国土整備法による建設法典・行政裁判所法の改正によって、無効の条例とは区別される、効力を有しない条例の存在が承認された。建設法典215a条1項は、条例に有意な瑕疵があっても、当該瑕疵が補完手続において除去されうる場合には、当該条例は無効とはならないこと（1文）、当該瑕疵が除去されるまで当該条例は法的効力を発揮しないこと（2文）を定めている。2004年改正前の行政裁判所法47条5項によれば、上級行政裁判所は、法規定が有効でないという確信に至る場合には、その無効を宣言するが（2文前段）、建設法典の規定による条例または法規命令の確認された瑕疵が、補完手続によって除去されうる場合には、当該条例または法規命令が当該瑕疵の除去まで効力を有しないことを宣言する（4文前段）。建設国土整備法の政府案理由書は、「〔建設法典215a条1項〕第2文は、無効ではない条例が法的効力を発揮しない、従って未確定的に

---

[37]　*Jörg Wagner,* Bauleitplanverfahren - Änderungen durch die BauGB-Novelle 1998, BauR 1997, 709 (719).

[38]　BT-Drs. 13/6392, S. 74.

[39]　この点に疑問を呈する説として、vgl. *Steinwede* (Fn. 35), S. 151. 建設法典215a条2項による土地利用計画の瑕疵の除去手続を補完手続の一種として理解する説として、vgl. *Wagner* (Fn. 37), S. 721.

(schwebend)効力を有しないということを規律する」と述べるとともに[40]、「裁判所による無効宣言又は破棄をも回避することによって、市町村（又は権限のあるその他の行政庁）に、条例又は法規命令の確認された瑕疵を補完手続において除去する可能性が与えられることになる。市町村が行動を起こさない場合には、条例又は法規命令はいつまでも（auf Dauer）効力を有しないままである」と説明している[41]。連邦政府は、補完手続が実施された場合、補完的な規範制定が新たな規範統制手続の対象になりうること、規範統制の申立期間が再び走り始めることも指摘している[42]。

前掲連邦行政裁判所1993年5月6日決定は、地区詳細計画が形式の瑕疵を理由として規範統制裁判所の無効宣言を受けた場合においても、市町村は当該瑕疵を除去することにより当該地区詳細計画を遡及的に施行することができる旨判示していた。それゆえ従前において、規範統制裁判所の無効宣言が瑕疵の除去に対する障害になっていたわけではない。前記の改正の意義について、シュミット（Schmidt）は、規範統制裁判所の判決または決定の主文で瑕疵の治癒可能性が示されることによって、「市町村にとっては、局部的（parziell）にすぎない瑕疵の除去をした場合に、新たな規範統制手続において、そのような形式の治癒は不可能であるという理由のみで挫折する（Schiffbruch erleiden）というリスクが取り除かれる」と述べている[43]。リーガー（Rieger）も、「それ〔＝建設法典215a条1項〕は——行政裁判所法47条5項4文との相互作用において——規範統制裁判所に、……確認された（有意な）瑕疵が補完手続において除去され得るか否かについて熟慮することを強制し、市町村は、これに関してなされる裁断によって、その計画策定を固守したいのであればいかなる措置をとらなければならないのかについて明確性を得る」という点を指摘している[44]。他方でヒュッテンブリンク（Hüttenbrink）は、容易に除去可能な形式の瑕疵

---

[40] BT-Drs. 13/6392, S. 74.
[41] BT-Drs. 13/6392, S. 92.
[42] BT-Drs. 13/6392, S. 142.
[43] *Jörg Schmidt*, Möglichkeiten und Grenzen der Heilung von Satzungen nach §215a BauGB, NVwZ 2000, 977 (983).

（認証の瑕疵や公示の瑕疵等）の場合はともかくとして、「新たな主文の可能性が結局法的明確性よりもむしろ不安定に寄与する」ことを危惧している[45]。

　訴訟法上の論点として、条例が効力を有しないとする上級行政裁判所の裁断に不服がある申立人がこれを争いうるかという問題がある。連邦行政裁判所2002年12月11日決定[46]は、地区詳細計画が効力を有しないことの宣言に代えてその無効宣言を求める申立人の上訴は原則的に許容されるとの立場を示しており、次のように述べている。「そのような——効力を有しないこと（のみ）の宣言に代わる——言渡しによって、申立人の地位は少なくとも事実上の理由から改善されるであろう。というのも、……申立人は、もしもそれ〔＝係争の地区詳細計画〕が除去不可能な瑕疵を有していることが規範統制手続において確認されたとすれば、その後で彼にとって不利益な規律を被申立人が新たな地区詳細計画において繰り返すということを、少なくとも通常の場合においてはもはや計算に入れる必要がないからである。そのような事実上の（ものにすぎない）利点は、権利保護の利益を根拠づけるのに十分である」。それに対してリーガーは、条例が効力を有しないとする判決は申立人の全部勝訴であって申立人は上告できないと主張している[47]。

5　瑕疵の除去可能性とその限界

　建設法典215a条1項は、条例の瑕疵の中に、補完手続により除去されうるものがあることを前提にしている。建設国土整備法の政府案理由書では、衡量の瑕疵のほか、景観保護命令の違反、建築利用令の違反が挙げら

---

[44]　*Wolfgang Rieger*, Bedeutung und Rechtsfolgen der Regelung in §215a Abs. 1 BauGB über das ergänzende Verfahren zur Behebung von Satzungsmängeln, UPR 2003, 161 (164). リーガーは、建設法典215a条1項の効果はこの点にしかないという立場である。

[45]　*Jost Hüttenbrink*, Grundsatz der Planerhaltung - Leitmotiv für Neuerungen bei der Normenkontrolle, §47 VwGO, BauR 1999, 351 (357).

[46]　BVerwG, Beschl. v. 11.12.2002 - 4 BN 16/02 -, BVerwGE 117, 239.

[47]　*Rieger* (Fn. 44), S. 167; vgl. auch *Schmidt* (Fn. 43), S. 982.

れており⁽⁴⁸⁾、実体的瑕疵の除去が予定されている。他方で連邦行政裁判所2003年9月18日判決⁽⁴⁹⁾は、「補完手続の方法で除去可能な瑕疵は、原則的にすべての顧慮される条例の瑕疵である。除外されているのは、計画上の全体構想を危うくすることに適している修正のみである。建設法典215a条1項1文は、計画策定をその基本的特徴において修正するための根拠を与えない。地区詳細計画又はその他の条例の同一性（Identität）が害されてはならない……。建設法典215a条1項1文は、この限界が守られていることを前提とするが、その他の点では特定の瑕疵の種類による区別はしていない。手続及び形式の瑕疵と並んで、実体法上の瑕疵も除去可能である」と述べている。この判示は、補完手続の適用は瑕疵の種類（実体的瑕疵か、手続・形式の瑕疵か）によって制限されないこと、他方で補完手続による計画の修正には限界があることを示すものであるが、後者に関しては学説の批判もみられる。以下では、衡量の瑕疵、その他の実体的瑕疵、手続・形式の瑕疵の除去に関する連邦行政裁判所の判例を紹介した上で、計画修正の限界をめぐる問題を取り上げる。

(1) 衡量の瑕疵

建設国土整備法の施行前において、連邦行政裁判所1997年11月7日決定⁽⁵⁰⁾は、「地区詳細計画の除去可能な実体的瑕疵に、建設法典214条3項2文の意味において有意な、衡量過程における瑕疵も含まれる。それらも原則的に新たな正しい衡量決定及びそれに続く手続の再実施によって除去され得る」と判示した。ただし同決定は、「先行した手続の再実施を放棄することは、既にそれさえも瑕疵に『感染（infizieren）』している場合には、許されないであろう」と述べ、「『瑕疵の感染（Fehlerinfektion）』がある場合には、衡量に当たっての瑕疵のみならず、（例えば）参加手続における瑕疵も既に存在したのであり、その結果参加手続も再実施されなければならない」と指摘している。この事件では、計画策定に関する書類に誤りがあったために、市町村議会の構成員の事実に関する認識が誤っていたとい

---

(48) BT-Drs. 13/6392, S. 74.
(49) BVerwG, Urt. v. 18.09.2003 - 4 CN 20/02 -, BVerwGE 119, 54.
(50) BVerwG, Beschl. v. 07.11.1997 - 4 NB 48/96 -, NVwZ 1998, 956.

う瑕疵が問題となったが、同決定は、「そこに存する衡量の瑕疵の除去のためには、当該書類のみが訂正され、それから市町村議会が正しい前提を認識してその計画策定を固守し、同内容の新たな条例の議決をすること（そして後続の手続を再実施すること）で十分である」と述べている。

連邦行政裁判所1998年10月8日判決[51]は、既存の機械製造業の事業地拡大を内容とする地区詳細計画の変更に対して規範統制の申立てがなされた事件に関するものである。規範統制裁判所は、貨物自動車の転回のための場所が十分でないことに起因する迷惑が事業地拡大に伴って増加することを、被申立人はそもそも考慮しておらず、それゆえにこれらの迷惑を減少または抑止するための措置を講ぜず、問題をその他の方法で計画上克服することもしなかったとして、衡量過程および衡量結果における瑕疵を認定し、当該地区詳細計画の変更を無効と宣言した。それに対して同判決は、「当該衡量の瑕疵は建設法典215a条1項の意味における補完手続によって除去され得る」と述べ、当該変更計画は効力を有しないものとした。同判決はまず、「建設法典215a条1項の適用可能性のためには、補完手続における瑕疵の除去の具体的な可能性が存在することで十分である。それは、除去される瑕疵が、全体としての計画策定を最初から危うくする又は計画策定の基本的特徴に関係する（建設法典13条参照）ような性質及び重大性をもたないことを前提とする」と判示する[52]。その上で同判決は、規範統制手続において被申立人が、新作業所の設置予定地を変更して、新旧作業所の間に転回場を設け、旧作業所を将来的には荷積み場として利用するとの代替案を提示したことを指摘して、「そのような、計画策定の基本的特徴に関係しない計画変更は適正な衡量に合致しており、建設法典13条によ

---

(51) BVerwG, Urt. v. 08.10.1998 - 4 CN 7/97 -, NVwZ 1999, 414.

(52) 2004年改正前の建設法典13条は、建設管理計画の変更または補充が「計画策定の基本的特徴」に関係しない場合には、市民および公的利益の主体の参加手続を簡素化しうることを定めていた。前掲連邦行政裁判所1996年3月21日判決は、計画確定決定における衡量の瑕疵に関して、補完手続による瑕疵の除去の具体的な可能性が存在するというためには、当該瑕疵が「全体としての計画策定を最初から危うくするような性質及び重大性をもたないことを前提とする」と述べていた。Vgl. BVerwG, Urt. v. 21.03.1996 - 4 C 19/94 -, BVerwGE 100, 372 (373).

る簡素化された手続において実施され得る」と述べている。この事件は、補完手続を実施して地区詳細計画の内容を変更することを連邦行政裁判所が是認した初めての例として注目される。

　衡量の瑕疵が除去不可能とされた例として、連邦行政裁判所2000年3月16日決定[53]がある。この事件では、計画地区の一部を、農業が禁止される「制限された村落地区」に指定し、それ以外の部分を村落地区に指定する地区詳細計画に対して、村落地区内で農業を営んでいる申立人が規範統制の申立てをした。規範統制裁判所は、「制限された村落地区」は事実上一般住居地区であると認定し、排出源である申立人の農業に隣接する場所に一般住居地区を指定することは適正な衡量の要請に違反するため修正不可能である旨判示した。同決定は、「確認された瑕疵が、衡量決定の核心に関わるほど重大である場合」には、補完手続により除去可能な瑕疵は存在しないと判示し、「規範統制裁判所が、そのような衡量結果における瑕疵の場合には、補完手続における……計画策定の再実施は不可能であると判断していることは、理解できる」と述べている。

(2)　その他の実体的瑕疵

　連邦行政裁判所1999年12月16日判決[54]は、地区詳細計画「G108——市中心部西」の第8次変更に対して規範統制の申立てがなされた事件に関するものである。当該地区詳細計画は当初、K.-Th.通りの東側を一般住居地区に指定していた。第2次変更では、当該地区が中心地区に指定されるとともに、西側に隣接する住居地区を騒音から保護するために、高さ2.5メートルの防音壁の設置のほか、中心地区の西側境界線について昼間50デシベル・夜間35デシベルの基準値が守られなければならないことが定められた。第8次変更は当該中心地区の北西部分を対象とするものであり、これによって連邦道路への出入口が指定された。同判決は、第8次変更の適法性は第2次変更の適法性に依存するとの立場から、第2次変更の適法性を審査し、中心地区の境界線について騒音の基準値を定める指定は建設法典

---

[53]　BVerwG, Beschl. v. 16.03.2000 - 4 BN 6/00 -, ZfBR 2000, 353.

[54]　BVerwG, Urt. v. 16.12.1999 - 4 CN 7/98 -, BVerwGE 110, 193.

9条によっても建築利用令1条4項によっても許されないと判断した[55]。他方で同判決は、瑕疵が「全体としての計画策定を最初から危うくする又は計画策定の基本的特徴に関係する」場合には建設法典215a条1項を適用できないことを指摘しつつ、「中心地区と住居地区の並存は、そこから生ずる十分な騒音防止という問題とともに、別の指定、例えば〔防音〕壁に代わる防音土塁（Lärmschutzwall）の指定によって解決され得るのであり、それゆえに、第2次及び第8次変更の全計画内容が、全体として新たな地区計画策定手続の対象にされる必要はない」と述べ、確認された瑕疵が補完手続によって除去されうることを認めた。

連邦行政裁判所2002年3月6日決定[56]は、工業地区を指定する地区詳細計画に対して規範統制の申立てがなされた事件に関するものである。規範統制裁判所は、計画地区における小売業の制限に関する指定が内容上明確でないことを認めたが、当該違反は補完手続において治癒可能であると判断した。同決定は、次のように述べ、規範統制裁判所の上記判断を是認した。「確認された瑕疵が、計画策定の基本的特徴に関係する、ないしは衡量決定の核心に関わるほど重大である場合には、建設法典215a条1項の意味で補完手続において除去され得る地区詳細計画の瑕疵は存在しない……。しかしそのことは逆に、計画策定の全体構想に関わる瑕疵のみが地区詳細計画の無効を引き起こし得るのであって、個々的な修正によって除去され得る瑕疵はそうではないことを意味する……。それゆえに通常、明確性又は規範明確性の要求に対する違反は、計画策定が効力を有しないことをもたらすにすぎない」[57]。

前掲連邦行政裁判所2003年9月18日判決は、主として一般住居地区を指

---

[55] 建設法典9条1項は、地区詳細計画において指定することができるものを、その各号において列挙する規定である。建築利用令1条4項1文は、同令4条〜9条に掲げられた建築地区（一般住居地区・村落地区・中心地区等）を、許容される利用の種類等に応じて区分することを認める規定である。

[56] BVerwG, Beschl. v. 06.03.2002 - 4 BN 7/02 -, NVwZ 2002, 1385.

[57] 建築利用の種類に関する指定が不明確であることは地区詳細計画を無効にせず、当該瑕疵の除去まで当該地区詳細計画は効力を有しないと判示した連邦行政裁判所の判例として、vgl. BVerwG, Urt. v. 18.09.2003 - 4 CN 3/02 -, BVerwGE 119, 45 (53).

定する地区詳細計画に対して規範統制の申立てがなされた事件に関するものである。当該計画地区の大部分は地方国土整備計画では農林業のための優先地区とされており、申立人は、当該地区詳細計画は地方国土整備計画に適合せず無効であると主張した。それに対して規範統制裁判所は、地方国土整備計画における農林業のための優先地区に関する規律は、拘束的な国土整備の目標の性格を有するものではない旨述べ、地区詳細計画の無効の主張を退けた。同判決も、規範統制裁判所の前記判断を是認した。他方で同判決は、仮に当該規律が「国土整備の目標として評価されなければならないとすれば、被申立人は建設法典1条4項において明文化された目標適合要請（Zielanpassungsgebot）を無視したことになる」ことを指摘しつつ[58]、そのような違反は「補完手続において事後的に除去され得る」と述べている。同判決は、州計画策定法では、州計画策定庁の決定により拘束的な地方国土整備計画から離脱する（abweichen）ことが認められていることを指摘して、次のように述べる。「目標離脱手続が他の行政主体により固有の権限において実施されなければならないという状況は、建設法典215a条1項1文の適用を排除しない。この規定は、市町村自身が、その計画策定決定が有する瑕疵を除去する状態にあることを前提としない」。この判示は、建設法典とは異なる法律で定められた手続も建設法典215a条1項にいう補完手続に含まれるとするものであり、注目される[59]。

(3) 手続・形式の瑕疵

連邦行政裁判所1999年11月25日判決[60]は、申立人の所有地の一部を学校用地に指定する地区詳細計画に対して規範統制の申立てがなされた事件に関するものである。当該地区詳細計画の案は、1994年夏に縦覧に供された。翌年9月に被申立人の行政委員会は市民から提出された異議および提

---

[58] 建設法典1条4項は、「建設管理計画は、国土整備の目標に適合しなければならない」と規定している。

[59] 補完手続において景観保護命令を変更することが可能であることを示唆した連邦行政裁判所の判例として、vgl. BVerwG, Beschl. v. 20.05.2003 - 4 BN 57/02 -, NVwZ 2003, 1259 (1259).

[60] BVerwG, Urt. v. 25.11.1999 - 4 CN 12/98 -, BVerwGE 110, 118.

案に関する最終的な議決をし、その後で被申立人の議会は条例の議決をした。規範統制裁判所は、当時の州法の規定によれば、市町村の議会が異議および提案に関する議決をする権限を有していたことを指摘して、当該地区詳細計画の無効を宣言した。それに対して同判決は、「確認された州法上の手続の瑕疵は建設法典215a条1項の適用範囲内に含まれる」こと、および「この手続の瑕疵はその性質によれば疑問の余地なく補完手続によって除去され得る」ことを認め、「それゆえに規範統制裁判所は、……確認された州法による手続の瑕疵に基づいて、攻撃されている地区詳細計画が効力を有しないことを宣言しなければならなかった」と判示した。

連邦行政裁判所2000年8月10日判決[61]は、申立人らの所有地の一部を道路の計画路線として指定する地区詳細計画に対して規範統制の申立てがなされた事件に関するものである。当該地区詳細計画は1967年5月22日に公示されたが、当該公示において当該計画は「地区詳細計画第1号」と表示されるにすぎなかったため、規範統制裁判所は1976年改正前の連邦建設法12条2文の要求が満たされなかったと判断した[62]。同判決も、公示が「当該計画の空間的な適用範囲に関する指示を与える」ことが必要である旨述べ、その限りで規範統制裁判所の判断を支持した。他方で当該地区詳細計画は、規範統制手続係属中の1998年12月17日に再び公示されており、同判決は、これによって被申立人が当該地区詳細計画を遡及的に施行したことを認めた。申立人らは、事実上のおよび法的な状況の変化のために市町村議会の新たな衡量決定が必要である旨主張したが、同判決は、この主張を退け、次のように述べている。「建設法典214条3項1文により、計画に関する（当初の）議決の時点における事実及び法の状況が基準となるので、通常の事例においては事実上の又は法的な状況の事後的な変化も瑕疵の除去に対立しない。状況が――例外事例において――根本的に変化して、地区詳細計画がその間に機能を喪失した内容を有する又は当初は問題のない

---

(61) BVerwG, Urt. v. 10.08.2000 - 4 CN 2/99 -, NVwZ 2001, 203.
(62) 1976年改正前の連邦建設法12条によると、市町村は認可を受けた地区詳細計画を理由書とともに縦覧に供しなければならず（1文）、市町村は認可ならびに縦覧の場所および期間を地域的に通常の方法で公示しなければならない（2文）。

衡量結果が維持できなくなった場合に限り、瑕疵の除去はもはや考慮に値しない」。

(4) 計画修正の限界

前掲連邦行政裁判所1998年10月8日判決は、瑕疵が「全体としての計画策定を最初から危うくする」または「計画策定の基本的特徴に関係する」場合には、建設法典215a条1項は適用できない旨述べている。前掲連邦行政裁判所2002年3月6日決定は、瑕疵が「計画策定の基本的特徴に関係する」または「衡量決定の核心に関わる」場合には、補完手続によって除去可能な瑕疵は存在しない旨判示する。前掲連邦行政裁判所2003年9月18日判決は、「計画上の全体構想を危うくすることに適している修正」や「計画策定をその基本的特徴において修正する」ことは許されず、地区詳細計画の「同一性が害されてはならない」と述べている。建設国土整備法の政府案理由書には、補完手続は「衡量の基本構想（Grundgerüst）」に関わらない瑕疵を除去することにのみ奉仕しうるという記述がみられる[63]。

学説においては、補完手続によって計画策定をその基本的特徴において修正することも可能であると主張する説がある。スチュア／ルーデ（Stüer/Rude）は、「建設法典215a条1項の範囲内における瑕疵の除去可能性については、幅の広い（großzügig）基準が当てはめられなければならない。補完手続による除去が除外されるのは、瑕疵が全体としての計画策定を最初から危うくする場合に限られる」と主張し[64]、「この建設法典215a条1項の幅の広い解釈は、制限された解釈に対して、いくつかの利点を有している。まずそれは市町村に、瑕疵の除去に関して自ら決定する可能性を開く。加えて規範統制裁判所が建設法典215a条1項の適用に当たり、瑕疵の除去のための計画策定の変形（Planungsvariante）が考えられるか、それはどのようなものか、もしかすると計画策定の基本的特徴に関係しないかもしれないものはどれかという点に関する困難な予測を示す必要がない」と述べている[65]。

---

[63] BT-Drs. 13/6392, S. 74.

[64] *Bernhard Stüer/Stefan Rude*, Planreparatur im Städtebaurecht - Fehlerheilung nach §215a BauGB, ZfBR 2000, 85 (93).

ドルデ（Dolde）も、「建設法典13条の意味における『計画策定の基本的特徴』は、その他の点では問題のない全体的な計画策定を個々的に修正する限界と同一ではない。建設法典13条の意味における計画策定の基本的特徴に関係しない計画の変更は常に補完手続において可能であるという命題を立てることはできよう。しかしながら、補完手続は建設法典13条による地区詳細計画の簡素化された変更が除外される場合においても許容され得る」と述べている[66]。

6　補完手続の実施

建設法典215a条1項は、補完手続をどのように実施すべきかについて規定していない。これに関してスチュア／ルーデは次のように述べている。「建設法典215a条1項による補完手続は、かつて1986年建設法典215条3項において規律された瑕疵の除去の手続と原則的に区別されないと一般に考えられている。それゆえ補完手続においては同様にまずそのときどきの瑕疵が除去され、その後でそれに続く手続が再実施されなければならない。つまり補完手続は、当初の条例制定手続が瑕疵を帯びていた箇所で始まり、それを秩序適合的に終結させる。これは原則的に手続の瑕疵の場合にも内容の瑕疵の場合にも妥当する」[67]。

衡量過程における瑕疵の除去に関して、前掲連邦行政裁判所1997年11月7日決定は、原則的に新たな衡量決定とそれに続く手続の再実施で十分であるが、既に参加手続に瑕疵があった場合には、参加手続も再実施されなければならない旨述べている。この事件では、計画策定に関する書類に誤りがあったことが問題となったが、同決定は、これは参加手続にとっては取るに足りないものであったと判示している。ドルデは、「衡量の瑕疵に感染した計画の書類が縦覧の対象であり、その刺激機能（Anstoßfunktion）がこの瑕疵のために実現され得なかった場合」には、参加手続の再実施が

---

[65]　*Stüer/Rude*（Fn. 64），S. 91.

[66]　*Klaus-Peter Dolde,* Das ergänzende Verfahen nach §215 I BauGB als Instrument der Planerhaltung, NVwZ 2001, 976（979）.

[67]　*Stüer/Rude*（Fn. 64），S. 87.

第五章　補完手続による瑕疵の除去

必要である旨述べている[68]。

衡量結果における瑕疵の除去に関して、前掲連邦行政裁判所1998年10月8日判決は、計画策定の基本的特徴に関係しない計画変更は建設法典13条による簡素化された手続において実施されうる旨判示している。この判示は、地区詳細計画の指定が建築利用令に違反する場合（前掲連邦行政裁判所1999年12月16日判決）や明確性を欠く場合（前掲連邦行政裁判所2002年3月6日決定）にも妥当すると考えられる。それに対してドルデは、効力を有しないが、無効ではない地区詳細計画の変更は、地区詳細計画の案の変更と同様に、建設法典3条3項および4条4項によるべきである旨主張している[69]。

地区詳細計画が国土整備の目標に適合しない場合について、前掲連邦行政裁判所2003年9月18日判決は、州計画策定法に定められた目標離脱手続を実施すべきことを示唆している。この場合、市町村とは異なる行政主体に所属する機関によって建設法典とは別の法律で定められた手続が実施されることになる。それに対してシュミットは、「治癒可能性は、第三者にではなく、条例制定者にのみ付与され得る」との立場から、「補完手続にあっては、市町村により建設法典の規律に従って実施される規範制定手続のみが問題となり得る」と主張している[70]。

---

[68] *Dolde* (Fn. 66), S. 981. 連邦行政裁判所の判例によると、建設管理計画の案を縦覧に供する場合の公示は、建設管理計画の策定に関心のある市民に、情報および参加を求める自己の利益を自覚させるものでなければならない。Vgl. BVerwG, Urt. v. 06.07.1984,- 4 C 22/80 -, BVerwGE 69, 344 (345).

[69] *Dolde* (Fn. 66), S. 981. 2004年改正前の建設法典3条3項は、建設管理計画の案が縦覧後に変更または補完される場合には、当該案は再び縦覧されなければならないこと（1文前段）、建設管理計画の案の変更または補完が計画策定の基本的特徴に関係しない場合には、簡素化された手続における市民参加の規定が準用されうること（3文）を定めていた。2004年改正前の建設法典4条4項は、建設管理計画の案が事後的に変更または補完され、かつそれが、公的利益の主体の任務領域に初めてまたは従前よりも強く関係する場合には、簡素化された手続における公的利益の主体の参加の規定が準用されうることを定めていた。建設国土整備法の政府案理由書でも、これらの規定の適用可能性が示唆されている。Vgl. BT-Drs. 13/6392, S. 74.

[70] *Schmidt* (Fn. 43), S. 979; vgl. auch *Rieger* (Fn. 44), S. 163.

7　遡及的施行に関する問題

　建設法典215a条2項は、土地利用計画または条例が手続・形式の瑕疵を有する場合において、これらを遡及的に施行する余地があることを認めている。同項により地区詳細計画を遡及的に施行するに当たって市町村議会の議決が必要かという論点につき、前掲連邦行政裁判所2000年8月10日判決は不要説を採用している。この事件では、1967年5月22日に公示された地区詳細計画に対して規範統制の申立てがなされた。規範統制手続係属中の1998年12月17日に、当該地区詳細計画は1967年5月22日の時点に遡及して再び公示された。しかしながら当該公示は被申立人の市町村議会の議決に基づくものではなかった。規範統制裁判所は、遡及的施行は市町村議会の議決を要するとの立場に立ち、当該地区詳細計画は2回目の公示の時点から将来に向かって有効になったと判断した。それに対して同判決は、「建設法典215a条2項による遡及効の命令は、条例の議決の構成要素ではない」として規範統制裁判所の判断を退け、被申立人が当該地区詳細計画を遡及的に施行したことを認めた。なお同判決は、状況が根本的に変化して、地区詳細計画が機能を喪失した内容を有する場合や衡量結果が維持できなくなった場合には、瑕疵の除去は考慮に値しない旨述べている。これらの場合には瑕疵が除去できないので、遡及的施行もできないことになる。

　建設法典215a条2項は、実体的瑕疵を有する土地利用計画または条例の遡及的施行を予定していない。前掲連邦行政裁判所1997年11月7日決定は、実体的瑕疵を有する地区詳細計画の遡及的施行を結論において認めていないものの、次のようにも述べている。「市町村が地区詳細計画の実体的瑕疵を除去して、その後で最初の公示の期日への遡及効をもって再びそれを施行する場合には、憲法上の信頼保護原則の違反はないかもしれない。というのも、無効の地区詳細計画が瑕疵の除去の後で再び発布されることはないということに関する保護に値する信頼は存在しないからである」。

8　まとめ

　1997年の改正で、建設法典3章2部4節（214条～216条）の表題が「計画維持」に変更されるとともに、建設法典215a条が追加された。同条は、条例に有意な瑕疵があっても、当該瑕疵が補完手続により除去されうる場合には、当該条例は無効とはならず、当該瑕疵が除去されるまで当該条例は効力を有しないこと（1項）、手続・形式の瑕疵の場合、土地利用計画または条例を遡及的に施行することもできること（2項）を規定した。遡及的施行に関しては従前と同様であるが、同条1項によって、無効の条例と効力を有しない条例の区別が生じた。規範統制手続における裁断について定める行政裁判所法47条5項も改正され、地区詳細計画に、補完手続によって除去されえない有意な瑕疵がある場合には、その無効が宣言される一方、補完手続によって除去しうる有意な瑕疵があるにとどまる場合には、それが効力を有しないことが宣言されることとなった。

　連邦行政裁判所2003年9月18日判決によれば、補完手続においては手続・形式の瑕疵だけでなく実体的瑕疵も除去可能であるが、計画上の全体構想を危うくする修正や、計画策定をその基本的特徴において修正することは許されず、地区詳細計画の同一性が害されてはならない。衡量の瑕疵に関しては、瑕疵ないし計画変更が計画策定の基本的特徴に関係しないとして除去可能性を肯定した判例がある一方、瑕疵が衡量決定の核心に関わるとして除去可能性を否定した判例もみられる。学説においては、計画策定の基本的特徴に関係する場合であっても補完手続が適用可能であるとする説もある。

　建設法典215a条1項は、補完手続をどのように実施すべきかについて規定していない。基本的には、計画策定手続のうち瑕疵が生じた箇所から手続を再実施することになると考えられる。衡量過程における瑕疵がそれに先行する参加手続に「感染」している場合には、参加手続も再実施されなければならないとする判例もある。計画の内容を変更する場合、建設法典13条による簡素化された手続によることを認める判例があるが、学説においては、建設管理計画の案の変更手続によるべきことを主張する説もある。

Ⅲ　建設法典214条4項

1　2004年の法改正

　建設法典は、2004年6月24日の「建設法典のEU指令への適合に関する法律」（以下本章において「EU指令適合法」という）によって改正された（同年7月20日より施行）。2004年改正後の建設法典214条は、土地利用計画および条例の策定に関する規定の違反が顧慮されるか否か、そして補完手続について定めている。同条1項1文は、建設法典の手続・形式規定の違反のうち顧慮されるものを各号において列挙しており、衡量素材の調査・評価に関する瑕疵（1号）、参加に関する規定の違反（2号）、理由書に関する規定の違反（3号）、議決・認可・公示に関する瑕疵（4号）を挙げている。同条2項は、地区詳細計画と土地利用計画の関係に関する規定の違反のうち顧慮されないものを列挙している。同条3項は、衡量にとっては土地利用計画または条例の議決の時点における事実および法状況が基準となること（1文）、衡量素材の調査・評価に関する瑕疵は、衡量の瑕疵として主張することができないこと（2文前段）、その他の衡量過程における瑕疵は、それらが明白でありかつ衡量結果に影響を及ぼした場合に限り有意であること（2文後段）を定めている。最後に同条4項は、「土地利用計画又は条例は、瑕疵の除去のための補完手続によって遡及的に施行することもできる」と規定する。土地利用計画にも補完手続の適用が予定されていることに加え、実体的瑕疵を有する地区詳細計画を遡及的に施行することも条文上排除されていないことが注目される。瑕疵の除去および補完手続に関する規定はこの条文のみであり、きわめてシンプルなものとなっている。

　2004年改正時の建設法典215条1項は、建設法典214条1項1文1号～3号により顧慮される手続・形式規定の違反、同条2項を考慮しながら顧慮される地区詳細計画と土地利用計画の関係に関する規定の違反、そして同条3項2文により顧慮される衡量過程の瑕疵は、土地利用計画または条例の公示から2年以内に書面で市町村に対して主張されなかった場合には顧

慮されなくなると規定した。2006年の「都市の内部開発のための計画立案の容易化に関する法律」による改正後においては、建設法典215条1項の期間は、土地利用計画または条例の公示から1年以内となっている。従前において補完手続について定めていた建設法典215a条は、EU指令適合法による改正時に削除された。

EU指令適合法は、規範統制手続における裁断について定める行政裁判所法47条5項の改正をも含んでいる。この改正で、従前の行政裁判所法47条5項2文前段の「無効」という語が「効力を有しない（unwirksam）」という語に変更されるとともに、同項4文は削除された。その結果、上級行政裁判所は、法規定が有効でないという確信に至る場合には、それが効力を有しないことを宣言することになった。

2　法規定の「無効」宣言の廃止

2004年の建設法典および行政裁判所法改正で、無効の条例と効力を有しない条例の区別は消滅し、上級行政裁判所は、法規定が有効でないという確信に至る場合には、当該法規定が効力を有しないことを宣言するものとされた。これに関してEU指令適合法の政府案理由書は、「都市建設上の条例の無効と効力を有しないことの区別は……必要ない。この理由からとりわけ、有効でない法規定は『無効』ではなく『効力を有しない』と宣言されるという、行政裁判所法第47条第5項第2文の改正が提案されることとなる。それと同時に、都市建設上の条例は補完手続における瑕疵の除去まで未確定的に効力を有しないこともあり得るということが明確にされる」と述べている[71]。また同理由書には、建設法典の改正のための独立専門家委員会が、無効な条例と効力を有しない条例の区別は「法的不安定性を発生させている」との理由で、その廃止を勧告したとの記述もみられる[72]。従前の行政裁判所法47条5項2文の「無効」という語が「効力を有しない」という語に改められたことは、瑕疵ある規範は無効であるという

---

[71]　BT-Drs. 15/2250, S. 65.
[72]　BT-Drs. 15/2250, S. 74.

無効のドグマからの離脱を顕著に示すものとみることができるようにも思われる[73]。

2004年改正後の建設法典および行政裁判所法の下においては、規範統制裁判所は、地区詳細計画に有意な瑕疵があることを認めた場合には、当該地区詳細計画が効力を有しないことを宣言すれば足り、当該瑕疵が補完手続において除去可能であるか否かについて判示する必要はない[74]。連邦行政裁判所2011年7月14日決定[75]は、「(顧慮される) 条例の瑕疵が補完手続において治癒可能であるか否かを裁断の理由において説明する規範統制裁判所の義務も存在しない」こと、「規範統制裁判所は、地区詳細計画が効力を有しないことが、補完手続の方法で修正され得る瑕疵に起因するか否かについて、態度を示すことは可能であるが、その必要はない」ことを指摘して、「地区詳細計画が効力を有しないことが宣言される場合に、建設法典214条4項の治癒可能性を用いるか否かは、市町村のみが負う責任の中に含まれている。補完手続を実施する要件が存在しているという、その想定が正しいか否かは、後続の規範統制手続における審査に留保されている」と述べている。従前においては、地区詳細計画が効力を有しないとする規範統制裁判所の裁断に対して、当該地区詳細計画は無効であると主張する申立人が上訴することが認められていたが、もはやこのような上訴は許されない[76]。

3　瑕疵の除去可能性とその限界（一般論）

建設法典214条4項（2004年改正後のもの。以下同じ）は、条例の瑕疵だけでなく、土地利用計画の瑕疵も補完手続によって除去されうることを前提としている。他方で、土地利用計画や条例の瑕疵のうち、いかなる瑕疵

---

[73]　シュミットは、「違法な規範は瑕疵が除去されるまで——未確定的に——効力を有しない」との帰結を導き出している。Vgl. *Jörg Schmidt,* in: Erich Eyermann, VwGO, Kommentar, 14. Aufl. 2014, §47 Rn. 90.

[74]　その結果、地区詳細計画の修正が著しく遅延し、かつ不確実化すると主張した説として、vgl. *Horst Sendler,* Der Jubilar, der Grundsatz der Planerhaltung und das Richterrecht, DVBl 2005, 659（664）.

[75]　BverwG, Beschl. v. 14.7.2011 - 4 BN 8/11 -, ZfBR 2012, 36.

第五章　補完手続による瑕疵の除去

が除去可能であるのかは文言上全く不明である。同項は、瑕疵が建設法典214条1項～3項および215条1項の規定により顧慮されるものであることについても言及していないため、学説の中には、これらの規定により顧慮されない瑕疵も補完手続によって除去可能であると主張する説もある[76]。連邦行政裁判所2009年8月20日決定[78]は、「以前の条例の議決の効力についての疑念の除去」は補完手続の重要な適用事例の1つであり、市町村が「用心のために（vorsorglich）」補完手続を実施することは許されると述べている。

連邦行政裁判所2017年5月15日決定[79]は、「補完手続の方法で除去可能であるのは、原則的にすべての顧慮される条例の瑕疵である」と述べ、「除外されているのは、計画上の全体構想を危うくすることに適している修正のみである。建設法典214条4項は、計画策定をその基本的特徴において修正するための根拠を与えない。地区詳細計画又はその他の条例の同一性が害されてはならない」と判示した。前掲連邦行政裁判所2003年9月18日判決の参照が指示されており、瑕疵の除去可能性ないし計画修正の限界に関しては、従前と同様の一般論が展開されている[80]。

---

[76]　Vgl. *Werner Kalb/Christoph Külpmann,* in: Werner Ernst/Willy Zinkahn/Walter Bielenberg/Michael Krautzberger, BauGB, Kommentar, 127. EL Oktober 2017, §214 Rn. 212; *Michael Uechtritz,* Die Änderungen im Bereich der Fehlerfolgen und der Planerhaltung nach §§214 ff. BauGB, ZfBR 2005, 11 (19). それに対して、計画確定決定の取消訴訟において違法確認判決が下された場合、これに不服がある原告は上訴することができる。Vgl. *Werner Neumann/Christoph Külpmann,* in: Paul Stelkens/Heinz Joachim Bonk/Michael Sachs, VwVfG, Kommentar, 9. Aufl. 2018, §75 Rn. 54.

[77]　*Uechtritz,* in: Spannowsky/Uechtritz (Fn. 2), §214 Rn. 125a. 1; *Kalb/Külpmann,* in: Ernst/Zinkahn/Bielenberg/Krautzberger (Fn. 76), §214 Rn. 218. 反対説として、vgl. *Gerhand Spieß,* in: Henning Jäde/Franz Dirnberger, BauGB, BauNVO, Kommentar, 8. Aufl. 2017, §214 BauGB Rn. 44.

[78]　BVerwG, Beschl. v. 20.08.2009 - 4 BN 11/09 -, ZfBR 2009, 790.

[79]　BVerwG, Beschl. v. 15.05.2017 - 4 BN 6/17 -, juris.

[80]　「衡量決定の核心に関わり、それとともに全体としての計画策定を最初から危うくする」瑕疵は補完手続において除去できないと述べた連邦行政裁判所の判例として、vgl. BVerwG, Beschl. v. 05.07.2016 - 4 BN 15/16 -, juris Rn. 3.

多くの学説は、建設法典214条4項は手続・形式の瑕疵のほか、実体的瑕疵についても適用可能であるが、計画の同一性は維持されなければならないという点で一致している[81]。従前と同様に、「計画策定の基本的特徴」に関係するか否かを、瑕疵の除去の限界を画する基準として用いることに対しては批判もある。例えばカルプ／キュルプマン（Kalb/Külpmann）は、計画策定の基本的特徴に関係しないことは建設法典13条における簡素化された手続の要件であることを指摘した上で、「建設法典13条の意味における計画策定の基本的特徴に関係しない計画の変更は、常に補完手続において可能である……。しかし補完手続は──個別事例の状況に応じて──建設法典13条の要件が欠如している場合であっても許容され得る」と主張している[82]。

学説の中には、EU法適合性の観点から、補完手続の適用を制限すべきことを主張する説もある。クメントは、特定の計画およびプログラムの環境影響の審査に関する2001年6月27日の欧州議会・理事会指令2001/42/EGや、特定の環境関連の計画またはプログラムの作成に当たっての公衆参加に関する2003年5月26日の欧州議会・理事会指令2003/35/EGが、決定に先立ってまたは決定に当たって環境報告書や公衆の意見を考慮することを求めていることを指摘して、公衆参加に関する規定の違反や環境報告書および環境審査に関する瑕疵の治癒を問題視している[83]。ブンゲは、事後的な環境審査の結果を適切に考慮することはそれが適時に実施された場

---

[81] *Uechtritz*, in: Spannowsky/ Uechtritz（Fn. 2），§214 Rn. 125, 133; *Spieß*, in: Jäde/Dirnberger（Fn. 77），§214 BauGB Rn. 41; *Alexander Kukk*, in: Wolfgang Schrödter（Hrsg.），BauGB, Kommentar，§214 Rn. 62-64.

[82] *Kalb/Külpmann*, in: Ernst/Zinkahn/Bielenberg/Krautzberger（Fn. 76），§214 Rn. 225; vgl. auch *Uechtritz*, in: Spannowsky/Uechtritz（Fn. 2），§214 Rn. 133, 133. 1; *Thorsten Jobs*, Das ergänzende Verfanren zur Behebung von Fehlern in Bauleit- und Raumordnungsplänen, UPR 2016, 493（497）．

[83] *Martin Kment*, Zur Europarechtskonformität der neuen baurechtlichen Planerhaltungsregeln, AöR 130（2005），570（613-614）．実施されなかった環境適合性審査の追完が認められるのは例外であると主張する説として、vgl. *Max-Jürgen Seibert*, Die Fehlerbehebung durch ergänzendes Verfahren nach dem UmwRG, NVwZ 2018, 97（100-101）．

合よりも困難であるとして、環境審査に関する規定の違反があった場合には補完手続は使用できないと主張するとともに、欧州司法裁判所の視点からは裁判手続において理由書の瑕疵を治癒することはできないとも述べている[84]。

4　上級行政裁判所の裁判例

前掲連邦行政裁判所2017年5月15日決定は、従前と同様に、手続・形式の瑕疵だけでなく実体的瑕疵も補完手続によって除去可能であるとの前提に立ちつつ、計画策定をその基本的特徴において修正することは認められず、地区詳細計画の同一性が害されてはならないことを指摘している。具体的にどのような瑕疵の除去が認められるのかに関しては、上級行政裁判所の裁判例が参考になる。

(1)　ミュンスター上級行政裁判所2006年8月28日判決

ミュンスター上級行政裁判所2006年8月28日判決[85]は、地区詳細計画の指定が明確性を欠くという瑕疵が補完手続によって除去可能であることを認めている。この事件では、主として商業地区を指定する被申立人の地区詳細計画第108号の第1次変更が問題となった。当初の地区詳細計画第108号（1992年4月30日公示）は、商業地区における小売業を原則的に禁止していたが、「市の中心部で重要（innenstadtrelevant）ではない商品を扱う小売業」であって一定の要件を充足するものは例外的に許容されることを定めていた。当該地区詳細計画の第1次変更は、上記の例外的に許容される小売業に関する指定の明確性について疑義が生じたため、これを修正するものであった。被申立人は2004年9月16日に建設法典13条による簡素化された手続を開始することを議決し、行政庁参加および案の縦覧を実施した。その後被申立人は第1次変更を条例として議決し、これを2005年3月4日に公示した。同年9月23日に規範統制の申立てがなされ、申立人は、

---

[84]　Thomas Bunge, Zur gerichtlichen Kontrolle der Umweltprüfung von Bauleitplänen, NuR 2014, 1 (11). クメントも、訴訟係属中に理由書の瑕疵を治癒することの問題性を指摘している。Vgl. Kment (Fn. 83), S. 615.

[85]　OVG Münster, Urt. v. 28.08.2006 - 7 D 112/05.NE-, BauR 2007, 69.

当初の地区詳細計画における例外的に許容される小売業に関する指定が不明確であり、これは治癒不可能であるから、第1次変更も効力を有しないと主張した。

本判決は、規範統制の申立てには理由がないとした。本判決は、上記の指定が「市の中心部で重要」な商品についての定義を欠いているために明確性の点で疑義があることを認めたが、個々の指定の明確性の欠如という瑕疵は「関係する指定が、明確性の瑕疵を除去する別の指定に置き換えられることによって通常は除去され得る」こと、「通常はそれと計画策定の基本的特徴は関係しない」ことを指摘する。そして本判決は、小売業が原則的に禁止される商業地区を指定するというのが地区詳細計画第108号の基本構想であり、これは第1次変更によって変わっていないこと、簡素化された手続の実施に顧慮される瑕疵があるとはいえないことを認定している[86]。

(2) ミュンヘン上級行政裁判所2007年7月24日判決

ミュンヘン上級行政裁判所2007年7月24日判決[87]は、建設管理計画の策定を「それが都市建設上の発展及び整序のために必要である」限りで市町村に義務付ける建設法典1条3項の必要性原則（Erforderlichkeitsgrundsatz）の違反が、除去不可能なものであったことを判示している。この事件では、主として商業地区を指定する被申立人の地区詳細計画第3号が問題となった。当該地区詳細計画の第2次変更（1998年5月6日施行）では、計画適用区域全域について、当時の建築状況・利用状況に合わせる形で建築可能な敷地部分、建ぺい率・容積率が制限された。当該地区詳細計画の第4次変更（1999年12月15日公示）は、開発施設の改善のための措置のほか、第2次変更で制限された建築権の変更および拡大を内容とするものであった。同裁判所の2002年8月23日判決[88]は、第2次変更における建築権

---

[86] 明確性の瑕疵ないしその除去が計画策定の基本的特徴に関係しないことを認めた同裁判所の裁判例として、vgl. OVG Münster, Urt. v. 23.11.2016 - 7 D 2/15.NE -, juris Rn. 32.

[87] VGH München, Urt. v. 24.07.2007 - 1 N 07.1624 -, ZfBR 2008, 374.

[88] VGH München, Urt. v. 28.03.2002 - 15 N 99.1340 -, juris.

の制限は、建築を希望する事業者に都市建設上の契約を締結させて、開発施設の改善のための資金を調達することを目的とするものであったと認定し、第２次変更条例を必要性原則の違反および衡量の瑕疵のために無効と宣言した。また同裁判所の2005年７月18日決定[89]は、第４次変更条例は、第２次変更の基礎となった瑕疵ある計画策定構想を引き継いでおり、第２次変更条例の無効をもたらした建築権の制限を維持しているとして、それが効力を有しないことを宣言した。被申立人は補完手続を実施して、2006年５月15日に当該地区詳細計画の第４次変更（２回目の第４次変更）を条例として議決し、同月31日にこれを公示した。同年８月４日に規範統制の申立てがなされた。

　本判決は、最初の第４次変更条例の瑕疵は補完手続において除去されえないものであったと認定し、２回目の第４次変更条例は効力を有しないと宣言した。本判決は、「個々の指定だけでなく、計画策定全体に及ぶ必要性原則（建設法典１条３項）の違反は、補完手続において治癒され得ない」と述べている。その理由に関しては、「当該瑕疵を除去するためには、新たな──支える力のある（tragfähig）──計画策定構想が発展させられなければならない」ところ、「必然的にそれと計画策定の『同一性』は関係する」ことが指摘されている。

（３）　ミュンスター上級行政裁判所2008年３月６日判決

　ミュンスター上級行政裁判所2008年３月６日判決[90]は、補完手続によって除去できない衡量の瑕疵を認めている。この事件では、収容台数約5000台の駐車場を設置することを目的として道路交通用地を指定する被申立人の地区詳細計画第3/98号が問題になった。計画地区の南側境界線の地下（深さ約1.2メートル）にはガス貯蔵施設があった。同裁判所の2004年９月29日判決[91]は、建設管理計画は国土整備の目標に適合しなければならないとする建設法典１条４項（目標適合要請）の違反、および地区詳細計画は土地利用計画から展開されなければならないとする建設法典８条２項（展開

---

[89]　VGH München, Beschl. v. 18.07.2005 - 2 N 01.2706 -, juris.
[90]　OVG Münster, Urt. v. 06.03.2008 - 10 D 103/06.NE -, ZUR 2008, 434.
[91]　OVG Münster, Urt. v. 29.09.2004 - 10a D 45/02.NE -, juris.

要請)の違反を認定して、地区詳細計画第3/98号(2001年11月28日および2003年10月15日の条例の議決)が効力を有しないことを宣言した。その後被申立人は補完手続を開始して、案の縦覧を実施した。行政庁から、ガス貯蔵施設の危険性の問題が無視されているので補完手続に反対する旨の意見が提出されたが、被申立人はこの問題を取り上げる必要はないと判断して、2006年5月24日に地区詳細計画を条例として議決した。条例の議決は同年6月16日に公示され、同年8月23日に規範統制の申立てがなされた。

本判決は、地区詳細計画第3/98号(2003年10月15日の条例の議決)の有する瑕疵を除去するためには新たな計画策定手続の実施が必要であったとして、地区詳細計画第3/98号(2006年5月24日の条例の議決)が効力を有しないことを宣言した。本判決は、計画策定者がガス貯蔵施設の潜在的なリスクを衡量において完全に無視し、駐車場を保護するための措置や駐車場とガス貯蔵施設の分離を指定しなかったという点に本質的な実体的瑕疵があることを認定し、これらの瑕疵を回避する「適法な計画策定は、高い蓋然性をもって根本的に変更された計画構想をもたらす」と述べるとともに、「そのような根本的な計画構想の新しい方向づけは補完手続の範囲を越える」ことを指摘している。

(4) リューネブルク上級行政裁判所2009年1月22日判決

リューネブルク上級行政裁判所2009年1月22日判決は[92]、計画変更が補完手続の限界を越えることを認定している。この事件では、風力発電施設のための特別地区を指定する地区詳細計画が問題となった。被申立人の地区詳細計画第58号は特別地区「風力発電施設及び農業」を指定するものであり、当該地区においては風力発電施設1基を設置可能な用地が5つ指定されていた。同裁判所の2004年1月29日判決[93]は、指定された風力発電施設の設置用地と既設の風力発電施設との距離が当該地区詳細計画で指定された離隔距離に満たないことから、衡量の瑕疵を認定し、当該地区詳細計画が効力を有しないことを宣言した。被申立人は瑕疵の除去のための補完

---

[92] OVG Lüneburg, Urt. v. 22.01.2009 - 12 KN 29/07 -, NVwZ-RR 2009, 546.

[93] OVG Lüneburg, Urt. v. 29.01.2004 - 1 KN 321/02 -, NuR 2004, 609.

手続を開始し、案の縦覧を経て、2005年3月16日に地区詳細計画第58E号を条例として議決した。当該地区詳細計画は同年5月19日に公示され、2006年5月10日に規範統制の申立てがなされた。

　本判決は、地区詳細計画第58E号が効力を有しないことを宣言することを求める申立てを認容した。本判決は、当該地区詳細計画は全計画地区を引き続き特別地区「風力発電施設及び農業」として指定しているものの、2つの部分地区の一方では建築可能な敷地部分を指定せず、当初指定されていた5つの風力発電施設の設置用地のうち2つを削除したことを問題視して、当該計画変更は風力発電施設の設置を保障し誘導するという「当初の計画策定の核心」に関わるものであり、「この計画策定の基本構想は、2つの部分地区の一方における建築可能な敷地部分の削除によって危うくなった。その点で当該計画変更は補完手続の限界を越える」と述べている。

(5)　ミュンスター上級行政裁判所2013年1月10日決定

　ミュンスター上級行政裁判所2013年1月10日決定[94]は、建設管理計画の案が縦覧または行政庁の意見聴取の後で変更または補完される場合に、再度の参加が実施されなければならないことを定める建設法典4a条3項の違反が、補完手続によって除去可能であることを指摘している。この事件では、混合地区を指定する地区詳細計画が問題になった。計画地区内の土地を所有してペンションを経営している申立人は、当該地区詳細計画の執行停止を求めて仮命令の申立てをした。本決定は、2012年1月9日から2月10日まで実施された案の縦覧後に計画が変更されたにもかかわらず、再度の参加が実施されていないこと、当該瑕疵は顧慮されることを認定して、当該地区詳細計画が効力を有しないことは明白であるとした。しかしながら本決定は、当該瑕疵が建設法典214条4項による補完手続において容易に除去されうることに加えて、当該計画の執行停止が緊急に必要であるような、申立人にとって不利な結果が予測されるとはいえないことを指摘して、仮命令の申立てには理由がない旨判示した[95]。

---

[94]　OVG Münster, Beschl. v. 10.01.2013 - 2 B 1216/12.NE -, juris.

（6） マクデブルク上級行政裁判所2013年7月25日判決

マクデブルク上級行政裁判所2013年7月25日判決[96]は、「特別な場合」において、一定期間許容される利用を指定したり、特定の状況が発生するまで許容される利用を指定することを認める建設法典9条2項の違反が、補完手続において除去されたことを認めている。この事件では、住居専用地区等を指定するA市の地区詳細計画第37号の有効性が問題になった。2009年5月6日に当該地区詳細計画の第1次拡張が議決され、複数の土地が住居専用地区に指定される一方、当時小菜園が設置されていた耕牧地第54号の北側部分は「制限された住居専用地区」に指定された。この「制限された住居専用地区」では、当時の利用者が菜園を放棄するまでの利用の種類は小菜園とされ（最長15年間）、その後の利用の種類は住居専用地区とされた。同裁判所の2011年2月17日判決[97]は、建設法典9条2項にいう「特別な場合」の該当性を否定し、耕牧地第54号についての時間的に段階づけられた指定は許されないとして、当該地区詳細計画が効力を有しないことを宣言した。その後A市は補完手続を実施して、補完手続実施後の地区詳細計画37号は2012年7月10日に議決された。当該地区詳細計画では、耕牧地第54号の北側部分は上記のような制限のない住居専用地区に指定された。

本判決は、補完手続実施後の地区詳細計画第37号の有効性を認めている。本判決は、既存の小菜園の利用が経過期間について維持されうることをA市が意図していたことは確かであるが、建設法典9条2項による指定の削除によってA市は複数の都市建設上の目標のうち1つを放棄したにすぎないこと、耕牧地第54号の北側部分では遅かれ早かれ住居利用が行われるものとされていたこと等を指摘して、補完手続を実施して「行われた変

---

[95] 行政裁判所法47条6項は、裁判所が仮命令を発付するための要件として、「これが重大な不利益の防除のために又はその他の重要な理由から緊急に必要である場合」を規定している。規範統制手続における仮命令については本書第一部第二章で検討している。

[96] OVG Magdeburg, Urt. v. 25.07.2013 - 2 L 73/11 -, juris.

[97] OVG Magdeburg, Urt. v. 17.02.2011 - 2 K 102/09 -, BauR 2011, 1618.

更は計画策定の基本的特徴に関係しない」と述べている。

(7) ハンブルク上級行政裁判所2017年4月20日判決

ハンブルク上級行政裁判所2017年4月20日判決[98]は、建設管理計画の案の縦覧に当たってどのような種類の環境関連情報が入手可能であるかに関する記述を公示することを求める建設法典3条2項2文の違反が、補完手続によって治癒されたことを認めている。この事件では、申立人の所有地に建築境界線や緑地を指定する地区詳細計画が問題になった。当該地区詳細計画の案の最初の公示は2012年11月16日に行われ、当該地区詳細計画に関する法規命令は2014年4月1日に公布された[99]。申立人は2015年3月31日に規範統制の申立てをした。一方被申立人は、第三者が建設法典215条1項により環境関連情報の公示に関する瑕疵を主張したことを契機として、補完手続において当該地区詳細計画の案を再び公示し、縦覧を実施した。当該地区詳細計画に関する法規命令の公布は2016年12月27日に行われた。

本判決はまず、補完手続の実施後に当初の地区詳細計画は変更後の地区詳細計画と組み合わされて1つの地区詳細計画になったことを認定する[100]。申立人は、2012年11月16日の公示における環境関連情報に関する瑕疵の治癒は、衡量決定の核心に関わっており、補完手続においては不可能である旨主張したが、本判決はこの主張を退けた。本判決は、「本件においては建設法典3条2項による公衆参加に当たっての形式の瑕疵の治癒のみが問題になっており、当該瑕疵は……計画策定の同一性に影響を及ぼさず、衡量結果にも関わらない」と述べている[101]。ただし本判決は、被申立

---

[98] OVG Hamburg, Urt. v. 20.04.2017 - 2 E 7/15.N -, ZfBR 2017, 592.

[99] 建設法典246条2項1文は、都市州であるベルリンおよびハンブルクは、建設法典において予定される条例の代わりに、いかなる形式の法制定を行うかを定めるものとしている。Vgl. *Andreas Decker,* in: Jäde/Dirnberger (Fn. 77), §246 BauGB Rn. 4.

[100] 補完手続実施後の地区詳細計画を、2つの部分規範制定行為（Teilnormgebungsakt）から構成される1つの地区詳細計画と解する連邦行政裁判所の判例として、vgl. BVerwG, Beschl. v. 20.05.2003 - 4 BN 57/02 -, NVwZ 2003, 1259 (1259); BVerwG, Urt. v. 29.01.2009 - 4 C 16/07 -, BVerwGE 133, 98 Rn. 22.

人は申立人の利益を適切には調査ないし評価しなかったとして、顧慮される衡量素材の調査・評価に関する瑕疵を認定し、当該地区詳細計画の一部は効力を有しないことを宣言している。

(8) まとめ

　補完手続による除去が認められた実体的瑕疵としては、指定の明確性の欠如（(1)）や建設法典9条2項の違反（(6)）がある。いずれの事例においても計画変更が「計画策定の基本的特徴」に関係しないことが認定されている。反対に、ガス貯蔵施設の危険性が衡量において完全に無視された事例では（(3)）、瑕疵の除去が計画構想の根本的な変更をもたらすことから、新たな計画策定手続の実施が必要とされた。建設法典1条3項の必要性原則の違反が計画策定全体に及ぶ場合において、当該瑕疵を除去不可能とした例があるが（(2)）、当該違反が個々の指定にのみ及ぶ場合には異なる結論が導かれる余地もある。風力発電施設の離隔距離に関して衡量の瑕疵があった計画の変更が補完手続の限界を越えるとされた例では（(4)）、2つの部分地区の一方における風力発電施設の設置用地の削除によって計画策定の基本構想が危うくなったことが認定されており、変更後の計画の内容によってはそれが適法とされていた可能性もある。

　手続・形式の瑕疵に関しては、建設法典4a条3項による再度の参加の不実施（(5)）や建設法典3条2項2文前段による環境関連情報の公示に関する瑕疵（(7)）が除去可能であることが示されている。学説においては、公衆参加に関する規定の違反を治癒することはEU法上問題があるという説もみられたが、このような学説の意見は採用されていない。

　地区詳細計画が効力を有しないことを規範統制裁判所が宣言したことを受けて補完手続が開始された事例が複数みられる一方（(2)・(3)・(4)・(6)）、規範統制の申立てがされた後、規範統制裁判所の裁断の前に瑕疵が除去された例もある（(7)）。仮命令の申立ての理由具備性の判断に当たって瑕疵の除去可能性が考慮された例もある（(5)）。

---

(100)　環境関連情報の公示に関する瑕疵が補完手続において治癒されたことを認めた上級行政裁判所の裁判例として、vgl. OVG Magdeburg, Urt. v. 21.10.2015 - 2 K 194/12 -, BauR 2016, 626（627-628）.

第五章　補完手続による瑕疵の除去

5　補完手続の実施

　建設法典214条4項は、補完手続をどのように実施すべきかについて規定していない。基本的には、従前と同様に、計画策定手続のうち瑕疵が生じた箇所から手続を再実施することになると考えられる[102]。連邦行政裁判所2010年3月8日決定[103]も、「市町村は、建設法典214条4項に従って行動する場合、法的に独自の手続を実施するのではない」こと、むしろ市町村は、自らが開始し、完結したようにみえる建設管理計画手続を、瑕疵が生じた箇所で続行することを指摘して、「瑕疵に先行する（正しい）手続段階ではなく、後に続く段階のみが再実施されなければならない」と述べている[104]。

　前掲連邦行政裁判所1997年11月7日決定は、衡量過程における瑕疵と同時に参加手続における瑕疵も認められるという意味で「瑕疵の感染」がある場合には、参加手続も再実施されなければならない旨述べていたところ、この判示は建設法典214条4項による補完手続にも妥当すると解される[105]。前掲リューネブルク上級行政裁判所2009年1月22日判決は、一般論として、「衡量の瑕疵の除去が補完手続の対象である場合、統一的な計画策定決定の必要性に鑑みて、確かに衡量がそれ自体として新たな条例の議決において繰り返されなければならないが、それは同時に瑕疵のある部分に限定され得る」と述べている。学説においても、衡量の瑕疵の除去に当たっては「部分的な（sektoral）」衡量も許される場合があると主張する説がある[106]。

　前掲ミュンスター上級行政裁判所2006年6月28日判決は、地区詳細計画

---

[102] *Thomas Schröer/Dennis Kümmel*, Aktuelles zum öffentlichen Baurecht, NVwZ 2017, 1269 (1272); *Kukk*, in: Schrödter (Fn. 81), §214 Rn. 73; *Spieß*, in: Jäde/Dirnberger (Fn. 77), §214 BauGB Rn. 46.

[103] BVerwG, Beschl. v. 08.03.2010 - 4 BN 42/09 -, NVwZ 2010, 777

[104] 再実施された手続段階に関しては、計画が再度公示された時点から建設法典215条1項の主張期間が改めて適用されることを指摘した連邦行政裁判所の判例として、vgl. BVerwG, Beschl. v. 10.01.2017 - 4 BN 18/16 -, ZfBR 2017, 370 Rn. 7.

[105] *Uechtritz*, in: Spannowsky/Uechtritz (Fn. 2), §214 Rn. 140; *Spieß*, in: Jäde/Dirnberger (Fn. 77), §214 BauGB Rn. 46.

の指定が明確性を欠く場合において、建設法典13条による簡素化された手続において計画を変更することを認めている。それに対してカルプ／キュルプマンは、指定の変更が必要な場合には、その手続は建設管理計画の案の変更について定める建設法典4a条3項に従うと主張している[107]。ここで注目されるのは、前掲連邦行政裁判所2010年3月8日決定である。この事件では、補完手続によって地区詳細計画に騒音の算定方法の指定が追加され、他方で交通用地の指定が削除されたことが問題になった。上級行政裁判所は、当事者に不利益な影響を及ぼしうる実体法上の変更が問題になっているので、建設法典4a条3項1文による公衆参加が必要であると判示した。同決定も、この判断を支持して、次のように述べている。「補完手続において行われる内容上の変更から不利益な影響が生ずるので、地区詳細計画の衡量上顧慮される変更が問題となっており、それは再度の縦覧手続における批判が可能なものでなければならない……。この場合において補完手続は計画策定者を地区詳細計画の案の段階に戻す。当初の地区詳細計画を変更するための手続は建設法典4a条3項1文に向けられる」。

　前掲連邦行政裁判所2003年9月18日判決は、地区詳細計画の指定が国土整備の目標に適合しない場合について、補完手続として、州計画策定庁が州計画策定法で定められた目標離脱手続を実施しうることを示唆していたが、この判示に対しては現在でも批判がある。例えばクック（Kukk）は、「補完手続の可能性は、市町村自身がその計画策定手続の修正によって除

---

[106] *Spieß*, in: Jäde/Dirnberger (Fn. 77), §214 BauGB Rn. 47; *Kukk*, in: Schrödter (Fn. 81), §214 Rn. 73. 部分的な衡量が認められるのは例外であると主張する説として、vgl. *Wolfgang Ewer*, Fehlerheilung im Bauleitplanverfahren, in: Martin Kment (Hrsg.), Das Zusammenwirken von deutschem und europäischem öffentlichen Recht: Festschrift für Hans D. Jarass zum 70. Geburtstag, 2015, S. 429 (435).

[107] *Kalb/Külpmann*, in: Ernst/Zinkahn/Bielenberg/Krautzberger (Fn. 76), §214 Rn. 250. 建設法典4a条3項は、建設管理計画の案が縦覧または行政庁の意見聴取の後で変更または補完される場合には、縦覧および行政庁の意見聴取が再実施されなければならないこと（1文）、建設管理計画の案の変更または補完が計画策定の基本的特質に関係しない場合には、意見の聴取は、当該変更または補完によって影響を受ける公衆ならびに関係する行政庁およびその他の公益主体に限定されうること（4文）等を規定している。

第五章　補完手続による瑕疵の除去

去し得るような実体的瑕疵にのみ妥当する」との立場から、市町村の計画高権から切り離されているような瑕疵について補完手続を適用することは不可能である旨主張している[108]。

6　遡及的施行に関する問題
(1)　実体的瑕疵の除去と遡及的施行

建設法典214条4項は、土地利用計画および条例は、瑕疵の除去のための補完手続によって遡及的に施行することもできると規定しており、従前のように遡及効は手続・形式の瑕疵の場合に限る旨の文言はない。これに関してEU指令適合法の政府案理由書は次のように述べている。「〔建設法典214条〕第4項は、土地利用計画又は条例が……手続又は形式規定に対する違反の場合に限らず遡及的に施行されることになるという点で、新たな規律を含んでいる。ただし遡及効は、土地利用計画又は条例が──瑕疵を有していなかったとすれば──最も早く発効することができたであろう時点までに限り遡ることが許される。この原則により遡及的施行が可能であるか否かは、市町村が判断する義務を負う」[109]。

前掲連邦行政裁判所1997年11月7日決定は、実体的瑕疵を有する地区詳細計画を、当該瑕疵の除去の後、遡及的に施行することも憲法上許容されうることを示唆していた。建設法典214条4項が合憲であることを明言した連邦行政裁判所の判例は見当たらないが、前掲リューネブルク上級行政裁判所2009年1月22日判決は、「建設法典214条4項は市町村に、治癒された計画を遡及的にも施行する可能性を開いている。憲法的観点で、そのような行動は根本的な懸念に遭遇しない。というのも、ある規範が効力を有しないことへの信頼は通常保護に値しないからである」と述べている。学説においても、実体的瑕疵を有する土地利用計画または条例についても遡及的施行の可能性を肯定するのが多数説である[110]。2004年改正後の建設法典においては、衡量素材の調査・評価に関する瑕疵が手続規定の違反とし

---

[108]　*Kukk*, in: Schrödter (Fn. 81), §214 Rn. 55. それに対して判例を支持する説として、vgl. *Uechtritz*, in: Spannowsky/Uechtritz (Fn. 2), §214 Rn. 129.

[109]　BT-Drs. 15/2250, S. 65.

395

て位置づけられており、手続の瑕疵と実体的瑕疵の区別が不明確になっている点にも留意が必要である。

(2) 遡及的施行の限界

建設法典214条4項それ自体が合憲であるとしても、事案によっては、遡及的施行が許されない場合もあるのではないかという問題がある。まず、地区詳細計画の有する瑕疵が補完手続によって除去できないものである場合には、当該地区詳細計画を遡及的に施行することはできないであろう。連邦行政裁判所2005年11月14日決定[110]も、「市町村は地区詳細計画を、当初議決された地区詳細計画が有していた瑕疵が補完手続によって除去され得る場合に限り、遡及的に施行することができる」と判示している。

瑕疵の除去の前後で計画の内容が全く変わっていない場合には、当該計画を遡及的に施行したとしても、通常は利害関係人の信頼を害することはないといえよう。もっとも、その間に事実状況が根本的に変化していた場合には、従前と同一内容の計画であってもこれを遡及的に施行することはできないとも考えられる。しかし、前掲連邦行政裁判所2000年8月10日判決は、そのような場合においてはそもそも補完手続による瑕疵の除去が認められない旨示していた。連邦行政裁判所2008年3月12日決定[112]も、状況が根本的に変化して「地区詳細計画がその間に機能を喪失した内容を有する又は当初は問題のない衡量結果が維持できなくなった場合」には、瑕疵の除去はもはや考慮に値しないと判示している。

補完手続によって計画の内容が変更された場合には、そのような計画を遡及的に施行することで利害関係人の信頼が害される可能性もあるように思われる。考え方としては、まず、計画の内容が変更された場合には遡及的施行は許されないとする説がある[113]。反対に、計画の同一性が維持され

---

[110] *Kalb/Külpmann*, in: Ernst/Zinkahn/Bielenberg/Krautzberger (Fn. 76), §214 Rn. 260; *Uechtritz*, in: Spannowsky/Uechtritz (Fn. 2), §214 Rn. 143. それに対して、建設法典214条4項は衡量の瑕疵を遡及的に治癒することを認める点で違憲である旨主張した説として、vgl. *Wilfried Erbguth*, Rechtsschutzfragen und Fragen der §§ 214 und 215 BauGB im neuen Städtebaurecht, DVBl 2004, 802 (808).

[111] BVerwG, Beschl. v. 14.11.2005 - 4 BN 51/05 -, NVwZ 2006, 329.

[112] BVerwG, Beschl. v. 12.03.2008 - 4 BN 5/08 -, ZfBR 2008, 373.

ている以上、遡及的施行も許されるとする理解も成り立ちうる[114]。中間的な立場として、内容上変更された地区詳細計画が個々の利害関係人に従前の計画よりも強い負担を課す場合には、遡及的施行は許されないと主張する説もある[115]。この論点に関しては、連邦行政裁判所の判例は見当たらない。

(3) 遡及的施行の効果

前掲連邦行政裁判所1986年12月5日判決は、建築主が建築許可を受けることなく地区詳細計画の指定と矛盾する建物を建て、当該地区詳細計画が有効でないことが認識不可能であった場合には、当該建築主は当該地区詳細計画の遡及的施行に対して保護されない旨判示していた。他方で、建築主が建築許可を受けた場合についてはどのように取り扱うかという問題がある。カルプ／キュルプマンは、建築許可の付与の時点において地区詳細計画が効力を有していなかった場合で、連担建築地区または外部地域における事業案の許容性を定める建設法典34条または35条に基づいて許可が与えられたときには、「これらの法的根拠に基づいて付与された建築許可を建築主は、市町村が……効力を有しない計画を再び遡及的に施行する場合でも、信頼することが許される」と述べ、そのような建築主は保護されるとの立場を示している[116]。

---

[113] *Ulrich Battis*, in: Ulrich Battis/Michael Krautzberger/Rolf-Peter Löhr, BauGB, Kommentar, 13. Aufl. 2016, §214 Rn. 28; *Kukk*, in: Schrödter (Fn. 81), §214 Rn. 69; *Steinwede* (Fn. 35), S. 247.

[114] Vgl. *Michael Quaas/Alexander Kukk*, Neustrukturierung der Planerhaltungsbestimmungen in §§214ff. BauGB, BauR 2004, 1541 (1548-1549).

[115] *Jobs* (Fn. 82), S. 499; *Michael Uechtritz*, in: Willy Spannowsky/Michael Uechtritz (Hrsg.), BauGB, Kommentar, 2. Aufl. 2014, §214 Rn. 143. 不明確な規範を遡及的に治癒することは許されるとする説として、vgl. *Kalb/Külpmann*, in: Ernst/Zinkahn/Bielenberg/Krautzberger (Fn. 76), §214 Rn. 256.

[116] *Kalb/Külpmann*, in: Ernst/Zinkahn/Bielenberg/Krautzberger (Fn. 76), §214 Rn. 263. 地区詳細計画の遡及的施行によって建築許可は違法となりうるが、その取消しは許されないのではないかと述べる説として、vgl. *Uechtritz*, in: Spannowsky/Uechtritz (Fn. 2), §214 Rn 147.

7　まとめ

　2004年の建設法典改正で、「土地利用計画又は条例は、瑕疵の除去のための補完手続によって遡及的に施行することもできる」という規定が設けられ（214条4項）、従前の建設法典215a条は削除された。行政裁判所法47条5項も改正され、上級行政裁判所は、法規定が有効でないという確信に至る場合には、当該法規定が効力を有しないことを宣言するものとされた（2文）。その結果、無効の条例と効力を有しない条例の区別は消滅した。規範統制裁判所は、地区詳細計画に顧慮される瑕疵が認められる場合において、当該瑕疵が補完手続によって除去可能であるか否かを判示する必要はなく、この点は市町村が判断しなければならない。市町村が補完手続を実施した後に、当該瑕疵は除去不可能であったと主張する者が、規範統制の申立てをする場合もある。

　瑕疵の除去可能性とその限界に関して、連邦行政裁判所2017年5月15日決定は、従前と同様に、手続・形式の瑕疵だけでなく実体的瑕疵も補完手続によって除去可能であるとの前提に立ちつつ、計画策定をその基本的特徴において修正することは認められず、地区詳細計画の同一性が害されてはならないことを指摘している。上級行政裁判所の裁判例においては、手続・形式の瑕疵が除去されたことを認めたもの、実体的瑕疵が除去されたことを認めたものがあるほか、実体的瑕疵を有する地区詳細計画の変更が補完手続の限界を越えることを認定したものもある。学説においては、計画策定の基本的特徴に関係する計画変更も可能であると主張する説もある。

　建設法典214条4項は、補完手続をどのように実施すべきかについて規定していない。基本的には、計画策定手続のうち瑕疵が生じた箇所から手続を再実施することになると考えられる。衡量過程における瑕疵が参加手続に「感染」している場合には、参加手続も再実施されなければならないとする従前の判例は、建設法典214条4項による補完手続にも妥当すると解される。新判例として、連邦行政裁判所2010年3月8日決定は、補完手続において行われる内容上の変更から不利益な影響が生ずる場合には、地区詳細計画の案の変更の場合と同様に、縦覧手続を再実施しなければなら

ない旨判示した。

建設法典214条4項は、従前とは異なって、実体的瑕疵を有する土地利用計画または条例についても遡及的施行の可能性を認めている。多くの学説はこの規定の合憲性を承認しているが、補完手続によってその内容が変更された地区詳細計画を遡及的に施行することが許されるかという点に関しては意見が分かれている。地区詳細計画が効力を失っている間に建築許可を得た建築主が保護されるかという問題も残されており、そのような建築主が保護される可能性を認める説もある。

Ⅳ 第五章のまとめ

連邦建設法は、1979年の改正で、市町村は土地利用計画または条例が有する手続・形式の瑕疵を除去して、これらを遡及的に施行することができる旨の規定（155a条5項）を設けた。連邦行政裁判所は、形式上なお存在する法規範が有効でないことに関する信頼は通常保護に値しないこと、この規定はむしろ計画に寄せられた信頼を保護するものであることを指摘して、その合憲性を認めた。1986年に制定された建設法典も、市町村は手続・形式の瑕疵を除去することができること、後続の手続の再実施によって土地利用計画または条例を遡及的に施行することもできることを定める規定（215条3項）を設けた。

1997年の改正では、従前の建設法典215条3項は削除され、新たに建設法典215a条が設けられた。同条は、有意な瑕疵を有する条例は、当該瑕疵が補完手続により除去可能である場合には、無効とはならず、当該瑕疵が除去されるまで法的効力を発揮しないこと（1項）、土地利用計画または条例が手続・形式の瑕疵を有する場合には、これらを遡及的に施行することもできること（2項）を規定した。この改正で導入された補完手続は、手続・形式の瑕疵だけでなく、実体的瑕疵の除去をも対象としている。従前と同様に、実体的瑕疵を有する土地利用計画または条例を遡及的に施行することは予定されていない。

2004年の改正では、従前の建設法典215a条は削除され、「土地利用計画

又は条例は、瑕疵の除去のための補完手続によって遡及的に施行することもできる」との規定（建設法典214条4項）が置かれた。この改正により、実体的瑕疵を有する土地利用計画または条例を遡及的に施行する可能性が開かれた。また行政裁判所法47条5項が改正され、上級行政裁判所は、法規定が有効でないとの確信に至る場合には、当該法規定が効力を有しないことを宣言するものとされた（2文）。その結果、無効の条例と効力を有しない条例の区別は消滅した。

既に明らかなように、瑕疵の除去に関する建設法典の規定は、除去の対象となる瑕疵の範囲および土地利用計画または条例の遡及的施行の可能性を拡大させる方向で発展してきた。このことは、瑕疵の除去が実務上大きな意義を有することを示すものといえよう[117]。また理論的な観点からは、建設法典における補完手続の導入および発展は無効のドグマからの離脱をさらに進めるものであり、行政裁判所法47条5項の改正はそれを端的に表現しているということができる。

他方で建設法典214条4項は、その規定内容がきわめて簡潔であるために、いくつかの解釈問題を発生させている。まず、いかなる瑕疵が除去可能かについての規定がない。連邦行政裁判所は、手続・形式の瑕疵と並んで実体的瑕疵も除去可能であるとする一方、計画策定をその基本的特質において修正することは認められず、計画の同一性が害されてはならないという立場をとっており、上級行政裁判所もこれに従っている。他方で学説においては、計画策定をその基本的特質において修正することも可能とする説も少なくない。

次に、補完手続をどのように実施すべきかについての規定がない。基本的には、瑕疵が生じた手続段階およびそれに続く手続を再実施すべきであると考えられるが、判例においては、衡量過程における瑕疵の除去に当たって参加手続を再実施すべき場合があることを指摘するものや、計画変更が必要な場合に建設法典13条による簡素化された手続をとることを認めた

---

[117] 1997年の建設法典改正以来補完手続が規範統制の申立てに対する市町村の「万能薬（Allheilmittel）」として大きな意義を獲得してきたと述べる説として、vgl. *Quaas/Kukk* (Fn. 114), S. 1547.

ものがある。さらに、補完手続において行われる内容上の変更から不利益な影響が生ずる場合には、縦覧手続を再実施しなければならないとする判例も登場している。

　また、土地利用計画または条例の遡及的施行の限界についての規定もない。補完手続によってその内容が変更された地区詳細計画を遡及的に施行することが許されるかという点に関しては、学説の意見が分かれている。地区詳細計画が効力を失っている間に建築許可を得た建築主が保護されるかという問題も残されており、そのような建築主が保護される可能性を認める説もある。

第二部のまとめ

　建設法典3章2部4節（214条〜216条）には「計画維持」という表題が付けられており、この節に含まれる規定は計画維持規定と呼ばれることがある。建設法典214条・215条は、建設法典の規定の違反であっても、地区詳細計画等の法的効力にとって顧慮されない場合があることを定めている。さらに建設法典214条4項は、土地利用計画や条例は瑕疵の除去のための補完手続によって遡及的に施行することもできると規定している。このような計画維持規定に相当する規定は、建設法典の前身である連邦建設法において既に設けられていた。

　連邦建設法は、1976年の改正で、手続・形式規定の違反は条例の施行後1年以内に市町村に対して主張されなければ顧慮されないこと（155a条1文）、これは条例の認可または公示に関する規定の違反には妥当しないこと（155a条2文）、早期の市民参加に関する規定の違反は顧慮されないこと（155a条4文）を定めた。改正法案（政府案）の理由書では、手続・形式規定違反の主張期間を定める理由として、法的安定性の確保ないし信頼保護が挙げられている。

　1979年の同法改正では、土地利用計画および条例の策定に当たっての手続・形式規定の違反についての定め（155a条）のほか、建設管理計画策定に関するその他の規定の違反についての定め（155b条）が置かれた。それによると、手続・形式規定の違反は、土地利用計画または条例の公示から1年以内に市町村に対して主張されなければ顧慮されない（同法155a条1項）。このことは、土地利用計画または条例の認可および公示に関する規定の違反には妥当しない（同法155a条3項）。早期の市民参加に関する規

定の違反は顧慮されない（同法155a条2項）。建設管理計画策定の原則および衡量についての要求が守られている場合には、個々の公的利益の主体が建設管理計画の策定に参加させられなかったという瑕疵や、建設管理計画またはそれらの案の解説報告書・理由書が不完全であるという瑕疵は、顧慮されない（同法155b条1項1文）。立法資料では、上記の改正の理由として、裁判所が計画手続および理由書についてあまりにも高い要求をしていることが指摘されている。ただし、解説報告書・理由書が衡量にとって本質的な関係において不完全である場合で、正当な利益が説明されるときは、市町村は請求に基づいて情報を与えなければならない（同法155b条1項2文）。

同年の改正では、地区詳細計画と土地利用計画の関係に関する規定の違反のうち一定のものを不顧慮とする規定も設けられた（同法155b条1項1文5号～8号）。立法資料では、裁判例が展開要請（地区詳細計画が土地利用計画から展開されなければならないという原則。同法8条2項1文）に関して厳格な基準を採用していることが指摘されており、展開要請違反を理由として裁判所が地区詳細計画を無効とすることを制限しようとする意図を読み取ることができる。ただし、展開要請の違反が「当該土地利用計画から生ずる秩序ある都市建設上の発展」を侵害する場合、当該違反は顧慮される（同法155b条1項1文6号）。展開要請に関する裁判所による統制を制限する一方、秩序ある都市建設上の発展は守られなければならないとするものである。

同年の改正では、衡量過程における瑕疵は、それらが明白でありかつ衡量結果に影響を及ぼした場合に限り有意であるとする規定も追加された（155b条2項2文）。当時の学説においてはこの規定が違憲であると主張する説もみられたが、連邦行政裁判所1981年8月21日判決は当該規定の憲法適合的解釈を行った。それによると、議事録・理由書その他の客観的に確認可能な状況から判明する瑕疵は明白であり、衡量結果に影響を及ぼしたというのは、瑕疵がなければ異なる結果になったであろうという具体的な可能性が存在することを意味する。

同年の改正では、市町村は土地利用計画または条例が有する手続・形式

の瑕疵を除去して、これらを遡及的に施行することができる旨の規定（155a条5項）も設けられた。連邦行政裁判所は、形式上なお存在する法規範が有効でないことに関する信頼は通常保護に値しないこと、この規定はむしろ計画に寄せられた信頼を保護するものであることを指摘して、その合憲性を認めた。

2004年改正後の建設法典においては、衡量にとって意味がある利益（衡量素材）が調査・評価されなければならないとする手続規定（2条3項）が新設されるとともに、計画維持規定として、衡量素材の調査・評価に関する瑕疵は、当該瑕疵が明白でありかつ手続の結果に影響を及ぼした場合に限り顧慮されるとする規定が置かれた（214条1項1文1号）。また、その他の衡量過程における瑕疵は、それらが明白でありかつ衡量結果に影響を及ぼした場合に限り有意であるとする規定も残された（建設法典214条3項2文後段）。連邦行政裁判所は、衡量素材の調査・評価に関する瑕疵とその他の衡量過程における瑕疵の厳密な区別を行わず、いずれにしても客観的に確認可能な状況から判明する瑕疵は明白であり、瑕疵がなければ異なる結果になったであろうという具体的な可能性が存在する場合には当該瑕疵は結果に影響を及ぼしたと解する立場に立っている。その点では、従来の判例法理が維持されている。

他方で近時、学説においては建設法典214条1項1文1号ないし同項3項2文後段のEU法適合性を批判的に検討する説があり、手続の瑕疵と結果との因果関係の存在について原告側に証明責任を課してはならないとする欧州司法裁判所の判決も出されている。部門計画法の領域では、衡量の瑕疵を不顧慮とすることが許されるのは、同じ決定がなされた具体的な手がかりが証明可能である場合に限られるとする連邦憲法裁判所の決定が出されており、建設法典の計画維持規定の解釈に関しても、上級行政裁判所の裁判例においては、連邦憲法裁判所の判示に従うものがみられるようになっている。

建設法典214条1項1文は、建設法典の手続・形式規定の違反が顧慮される場合を列挙しており、衡量素材の調査・評価に関する瑕疵（1号）のほか、参加に関する規定の違反（2号）、理由書に関する規定の違反（3

号)、議決・認可・公示に関する瑕疵（4号）を挙げている。参加に関する規定の違反のうち、早期の公衆・行政庁参加に関する規定の違反は顧慮されず（建設法典214条1項1文2号前段）、個々の人や行政庁が参加させられなかったことは、その利益が有意でなかった場合や決定において考慮された場合には、顧慮されない（同号後段）。理由書に関する規定の違反のうち、理由書（環境報告書を除く）が不完全であること、環境報告書が非本質的な点で不完全であることは顧慮されない（建設法典214条1項1文3号中段・後段）。理由書が本質的な点において不完全である場合で、正当な利益が説明されるときは、市町村は情報を与えなければならない（建設法典214条1項2文）。さらに建設法典215条1項1文1号は、建設法典214条1項1文1号～3号により顧慮される規定の違反であっても、土地利用計画または条例の公示から1年以内に市町村に対して主張されなかった場合には、顧慮されなくなる旨定めている。

　手続・形式規定の違反に関しては、1976年の連邦建設法改正以来、①常に顧慮されないもの、②一定期間内に市町村に対する主張があった場合に限り顧慮されるもの、③常に顧慮されるものが存在している。建設法典214条1項1文は、各号に掲げられていない手続・形式規定の違反は顧慮されないものとしており、①に該当するものが少なくない。早期の公衆・行政庁参加に関する規定の違反を一切不顧慮とすることには疑問があるが、多くの学説は、当該違反を不顧慮とすることに問題はないという立場に立っている。また、参加・理由書に関する規定の違反は、それがいかに重大なものであったとしても、②に該当しうるにとどまるという点も問題となる。連邦行政裁判所2017年3月14日決定は、建設法典215条1項1文1号がEU指令の規定に適合的であるか否かという問題を欧州司法裁判所に提出したが、この事件は取下げにより終了した。他方で建設法典214条1項1文3号中段は、環境報告書が非本質的な点で不完全であることは顧慮されない旨規定しているところ、理由書が非本質的な点で不完全であるという瑕疵を不顧慮とすることは是認しうるように思われる。

　建設法典214条2項1号～4号は、地区詳細計画と土地利用計画の関係に関する規定の違反のうち一定のものを不顧慮としており、その内容は基

本的に連邦建設法155b条1項1文5号～8号に対応したものになっている。建設法典214条2項2号によれば、展開要請（建設法典8条2項1文）の違反が「当該土地利用計画から生ずる秩序ある都市建設上の発展」を侵害する場合、当該違反は顧慮される。近時においても、展開要請の違反および秩序ある都市建設上の発展の侵害を肯定し、地区詳細計画が効力を有しないことを宣言した裁判例が複数存在している。同号に関しては、必要かつ合理的な範囲内で計画の維持が図られていると評価することができる。

　2006年の建設法典改正で、内部開発の地区詳細計画および迅速化された手続が導入され、これらに特有の計画維持規定である建設法典214条2a項が追加された。2013年改正前の同項1号は、内部開発の地区詳細計画に該当しない地区詳細計画を市町村が誤ってこれに該当すると判断して迅速化された手続を選択し、環境審査を実施しなかったとしても、当該瑕疵が顧慮されないという状況をもたらしていた。欧州司法裁判所は、この規定が指令2001/42/EG（計画環境審査指令または戦略的環境審査指令）に違反することを認定し、同年の改正で当該規定は削除された。他方で建設法典214条2a項2号～4号については、その後の法改正においても変更は加えられていない。もっとも、同項2号が環境審査の不実施に関する指示の欠如を不顧慮としていることに対しては、別の方法で環境審査の不実施の理由が公衆にとって認識可能であることを要求する学説があり、EU法適合的解釈の必要性を指摘する裁判例も存在している。法律上義務付けられている手続ないし措置の不実施を、いかなる事実関係の下においても不顧慮することには、問題があると思われる。

　2004年の建設法典改正で、「土地利用計画又は条例は、瑕疵の除去のための補完手続によって遡及的に施行することもできる」との規定が設けられた（214条4項）。この改正によって、実体的瑕疵を有する土地利用計画または条例を遡及的に施行する可能性が開かれた。瑕疵の除去に関する建設法典の規定は、除去の対象となる瑕疵の範囲および土地利用計画または条例の遡及的施行の可能性を拡大させる方向で発展してきた。このことは、瑕疵の除去が実務上大きな意義を有することを示すものといえよう。

他方で建設法典214条4項は、その規定内容がきわめて簡潔であるために、いくつかの解釈問題を発生させている。計画修正の限界に関して、連邦行政裁判所は、計画策定をその基本的特質において修正することは認められず、計画の同一性が害されてはならないという立場をとっているが、学説においては、計画策定をその基本的特質において修正することも可能とする説も少なくない。補完手続の実施に当たっては、基本的には、瑕疵が生じた手続段階およびそれに続く手続を再実施すべきであると考えられるが、判例においては、衡量過程における瑕疵の除去に当たって参加手続を再実施すべき場合があることを指摘するものがあり、補完手続において行われる内容上の変更から不利益な影響が生ずる場合には、縦覧手続を再実施しなければならないとする判例も登場している。補完手続によってその内容が変更された地区詳細計画を遡及的に施行することが許されるかという点に関しては、学説の意見が分かれている。地区詳細計画が効力を失っている間に建築許可を得た建築主が保護されるかという問題も残されており、そのような建築主が保護される可能性を認める説もある。

　今後において計画維持規定にとって最も重要な論点となるのは、やはりEU法適合性に関する問題であろうと思われる。計画維持規定のうち欧州司法裁判所がEU法違反を認定したのは、2013年改正前の建設法典214条2a項1号のみであるが、他の規定のEU法適合性が承認されたわけではない。計画維持規定は、特に手続・形式規定の違反に関しては、多くのものを不顧慮とし、さらに補完手続による除去を予定しているところ、欧州司法裁判所の判例には、手続の瑕疵が不顧慮とされる場合を限定しようとする傾向がみられる。ドイツにおいては行政裁判所による実体的統制が機能していると解されるので、手続・形式規定の違反を一定程度不顧慮とすることも国内的には問題ないとも考えられるが、EU法上必要とされる手続（特に環境審査）との関係では、瑕疵を不顧慮とすることには慎重でなければならないように思われる。環境審査は理由書（環境報告書）のほか参加手続や衡量とも結びついており、環境審査と関係のある手続が少なくないという点にも注意が必要である。

最終章　日本における都市計画を争う訴訟の現状と課題

最終章

日本における都市計画を争う訴訟の現状と課題

　ドイツでは、建設法典に基づき市町村の条例として議決される地区詳細計画の有効性は、行政裁判所法47条による規範統制の対象となる。一方、連邦遠距離道路法や航空法等において予定されている計画確定決定は行政行為であり、取消訴訟・義務付け訴訟の対象である[1]。地区詳細計画および計画確定決定に関しては、計画を争う訴訟が整備されているということができる。

　日本では、土地区画整理事業や第二種市街地再開発事業の事業計画の決定については最高裁判例によってその処分性が肯定されており（最大判平成20・9・10民集62巻8号2029頁、最判平成4・11・26民集46巻8号2658頁）、土地改良事業計画については審査請求を認める規定もある（土地改良法87条6項）。他方、都市計画法に基づく都市計画決定については、その処分性を肯定する最高裁判例は存在しておらず、審査請求を認める規定もない。もっとも、都市計画決定の適法性が裁判所によって全く審査されないというわけではなく、都市計画事業認可や建築不許可処分の取消訴訟において、都市計画決定の違法性を認定した下級審裁判例も存在している。

　2004年の行政事件訴訟法改正では、行政計画を争う訴訟が法定されることはなかったが、同年10月29日付けの「行政訴訟検討会最終まとめ——検討の経過と結果」の参考資料9「行政計画の司法審査」では、個別の行政

---

(1) 計画確定手続の概要については、ヴィンフリート・ブローム＝大橋洋一『都市計画法の比較研究——日独比較を中心として』（日本評論社、1995年）34頁以下、石塚武志「ドイツにおける交通事業計画手続促進立法の検討(1)」論叢167巻6号（2010年）29頁以下も参照。

計画の特色や紛争の実情等に即した司法審査についての改正後の行政事件訴訟法の下での事例の集積を視野に入れつつ、適切な司法審査の在り方を検討する必要があるものとされた（30頁）。その後、2006年8月付けの財団法人都市計画協会・都市計画争訟研究会の「都市計画争訟研究報告書」（以下本章において「2006年報告書」という）が、都市計画決定等を不服審査の対象とする不服審査（裁決主義）制度を提案し（7頁）、2009年3月付けの国土交通省都市・地域整備局都市計画課の「人口減少社会に対応した都市計画争訟のあり方に関する調査業務」報告書（以下本章において「2009年報告書」という）は、「都市計画違法確認訴訟（仮称）」（以下本章において「都市計画違法確認訴訟」という）の構築について論じている（12頁以下）。2012年11月付けの改正行政事件訴訟法施行状況検証研究会報告書においても、特に都市計画法の分野においては、一定の住民等に出訴を保障するとともに違法事由の主張を制限するといった計画統制訴訟の制度を設ける必要性が顕著であるとの指摘がされているところである（106頁）。

　本書および本章は、ドイツにおいて地区詳細計画の規範統制が認められていることや、上記の都市計画争訟制度の提案に鑑みると、日本においても都市計画法に基づく都市計画決定の適法性・有効性を争う特別の訴訟を導入することが望ましいという立場に立つものである。もっとも、現行法下において、都市計画決定を処分とみてその取消訴訟が提起されたり、都市計画事業認可等の取消訴訟における前提問題として都市計画決定の違法性が争点となるケースもあり、そのような紛争をいかに解決すべきかという点も重要な課題である。そこで以下では、ドイツ法研究を通じて得られた知見をもふまえつつ、現行法下において都市計画決定を争う場合の重要論点、すなわち処分性と訴訟選択ならびに違法性審査について検討を行った後（Ⅰ・Ⅱ）、都市計画争訟制度等の立法論についても分析および評価を加える（Ⅲ）。なお立法論に関しては、2006年報告書および2009年報告書を主要な検討対象とするが、1983年11月付けの「行政手続法研究会報告──法律案要綱（案）」および2012年6月15日付けの日弁連の行政事件訴訟法第2次改正法案についても、若干ではあるが言及する。

最終章　日本における都市計画を争う訴訟の現状と課題

Ⅰ　都市計画決定の処分性と訴訟選択

　都市計画法に基づく都市計画決定の処分性を肯定した最高裁判例は、これまでのところ存在しておらず、下級審裁判例においても、処分性を否定するものが多数である。都市計画決定の違法・無効を争点とする当事者訴訟としての確認訴訟も、実務において活用されているとはいいがたい状況にある。

1　都市計画決定の処分性
(1)　土地利用に関する都市計画
　土地利用に関する都市計画のうち、工業地域指定の処分性を否定した最高裁判例として、最判昭和57・4・22民集36巻4号705頁があり、その理由に関しては、①当該地域を指定する決定は、当該地域内の土地所有者等に建築基準法上新たな制約を課すものの、かかる効果は、そのような制約を課す法令が制定された場合と同様の一般的抽象的なものにすぎない、②将来における土地の利用計画が事実上制約されたり、地価や土地環境に影響が生ずる等の事態の発生も予想されるが、これらの事由はいまだ上記の結論を左右するものではない、③当該地域内で建築の制限を超える建物の建築をしようとしてそれが妨げられている者は、建築の実現を阻止する行政庁の具体的処分を捉えてその取消しを求めることにより権利救済の目的を達することができるという点が指摘されている。高度地区指定に関しても、最判昭和57・4・22判時1043号43頁が、同様の理由から、処分性を否定している[2]。前掲最大判平成20・9・10における藤田裁判官の補足意見は、地域地区の指定等の完結型土地利用計画の処分性については、まずは従来の判例に従うことが考えられるとしつつ、完結型土地利用計画は一般的抽象的規制であるという性格づけがすべての場合に納得しうるものであ

---

(2)　同様の理由から、区域区分に関する都市計画決定の処分性を否定した下級審裁判例として、広島地判平成2・2・15判自76号54頁。

るか否かについては問題が残らないではないものの、土地区画整理事業とは異なって、裁判所が事情判決をせざるをえないといった状況が広く生じるものとは考えられないことを指摘している。

　都市計画法に基づく地区計画の決定・告示の処分性を否定した最高裁判例として最判平成6・4・22集民172号445頁があり、その理由に関しては、「区域内の個人の権利義務に対して具体的な変動を与えるという法律上の効果を伴うものではなく、抗告訴訟の対象となる処分には当たらない」という点のみが指摘されている[3]。地区計画の決定の処分性を否定した近時の下級審裁判例として東京地判平成25・2・28判例集未登載（LEX/DB 文献番号25510714）があり、処分性が否定される理由に関しては、①地区計画の効力が生ずると、開発許可を申請する土地所有者等にとって都市計画法上新たな制限が課されるが、このような制限は一般的抽象的なものにすぎない、②地区計画に反する開発等を行おうとする者は、行政庁の具体的処分に対して抗告訴訟を提起することにより権利救済を図ることが可能である、③地区計画の決定が処分に当たるとすれば、決定の時点において何ら具体的不利益を受けていなかった者を含めて、出訴期間の制限等に服さざるをえないことになる、④地区計画の区域内において建築等を行おうとする者は届出義務を課せられるが、個人の法的地位に直接具体的な影響を及ぼすとはいえない、⑤建築基準法68条の2第1項は、建築物の敷地、構造、建築設備または用途に関する事項で地区計画の内容として定められたものを条例でこれらに関する制限として定めることができるものとしているが、地区計画は条例を制定する際の準則にとどまる、⑥道路あるいは予定道路の指定との関係では、地区計画は道路位置指定等の準則にとどまる、⑦将来の土地利用が事実上制約されたり、土地価額に影響が生じるとしても、間接的かつ事実上の不利益にすぎないといった点が指摘されている。①や②、⑦については、工業地域指定の処分性を否定した最高裁判例との共通性がある。③において、地区計画の処分性を肯定した

---

(3)　大橋洋一「土地利用規制に対する救済」論ジュリ15号（2015年）24頁は、地区計画の詳細度、近隣に対する規制の具体性等からみて、処分性を肯定する余地があるとする。

場合のデメリットが指摘されている[4]。

なお、建築基準法68条の2第1項に基づく条例の処分性を否定したものとして東京地判平成24・4・27裁判所ウェブサイト（控訴審東京高判平成24・9・27裁判所ウェブサイト）がある。その理由としては、当該条例が一般的・抽象的な法規範であり、「他に行政庁の法令の執行行為という処分を待つことなく、その施行により特定の個人の権利義務や法的地位に直接影響を及ぼし、行政庁の処分と実質的に同視し得ることができるような例外的な場合」に当たらないという点が指摘されており、最判平成21・11・26民集63巻9号2124頁の参照が指示されている。

(2) 都市施設に関する都市計画

都市施設に関する都市計画の決定の処分性を否定した最高裁判例として、最判昭和62・9・22判時1285号25頁があり、都市計画事業認可の取消訴訟において都市施設に関する都市計画の決定の適法性を審査した最判平成18・9・4判時1948号26頁や最判平成18・11・2民集60巻9号3249頁も、都市計画決定が処分ではないことを前提にしていると解される。一方、都市施設に関する都市計画の決定の処分性を肯定した下級審裁判例として奈良地判平成24・2・28判例集未登載（LEX/DB 文献番号25482877）がある。この判決は、①都市施設に関する都市計画の場合、都市計画事業認可を受けることなく都市計画を実現することが可能であり、都市計画事業認可があった時点で争ったとしても、既に工事が進ちょくしており、事情判決がされる可能性がある、②都市計画によって影響を受ける範囲は具体的に定められており、これが抽象的であるとか不明確であるとはいえない、③都市計画事業認可の段階では住民の意思を反映させるための手続は設けられておらず、事業の前提とされる都市計画に住民の意見が反映されていることを前提とすると解されるところ、このような都市計画法の定めは、都市計画の内容そのものについて、後続処分の段階とならなければこれを争えないものとすることを予定していると解されないといった点を指

---

[4] 東京地判平成28・4・5判例集未登載（LEX/DB 文献番号25536342）も、都市計画決定の処分性を肯定することに伴うデメリットに言及している。安本典夫『都市法概説〔第3版〕』（法律文化社、2017年）357頁も参照。

摘して、都市計画施設の区域内の土地所有者等は都市計画決定の段階で収用を受けうる地位に立たされていると述べている。事情判決の可能性や計画の具体性、土地所有者が収用を受けうる「地位に立たされる」といった点は、前掲最大判平成20・9・10の判示に影響を受けているといえよう。そのほか前掲奈良地判平成24・2・28は、土地を売却する際の不利益を排除するために都市計画施設の区域内における建築物の建築の制限の解除を求める場合等、建築制限によって生じる財産的価値の低下に対する救済に関しては、後にその適否を争うことでその目的を達することのできるような後続の行為は考えられないことも指摘している。これは前掲最大判平成20・9・10における涌井裁判官の意見に沿ったものと解される。この考え方は、収用とは異なって、建築制限に着目して計画の処分性を肯定するものである。

　前掲奈良地判平成24・2・28は、都市計画決定がなされた段階において後続処分を待つことなく土地所有者等を救済する必要性が認められる場合があることを示したという点で、一定の説得力を有すると思われるが、この判決は大阪高判平成24・9・28判例集未登載（LEX/DB文献番号25483128）により取り消されている。その理由は比較的簡潔で、①市町村の道路に関する都市計画は変更の余地も多分に残されており、前掲最大判平成20・9・10とは事案が異なる、②建築制限は都市計画法が特に付与した付随的効果にすぎず、建築制限の内容が当該都市計画から一義的に定まるものではないという点が指摘されている。その後において都市施設に関する都市計画の決定の処分性を否定したものとして東京地判平成27・11・17裁判所ウェブサイトがある。この判決は、①建築制限は抽象的な効果をもつものにすぎず、建築制限を受ける者に対する救済は、許可申請に対する許否の判断にかかる処分に対する抗告訴訟の提起を認めれば足りる、②都市計画法57条による土地の有償譲渡の制限は、同法55条による区域の指定がされた場合に生じるものであり、都市計画決定によって直ちに生じるわけではない、③土地を他に売却しようとしても買手を見つけることが困難になるという制限に伴う不利益があったとしても、これは事実上のものにとどまる、④都市計画施設の区域内の土地所有者は、都市計画決定がさ

れたからといって、当然に土地の収用を受けるべき地位に立たされるとはいえず、都市計画事業認可に対する抗告訴訟の提起を認めれば足りる、⑤任意買収によって事業が遂行されていることなどを理由に事情判決をしなければならないような事態が一般的に想定しうるともいえないといった点を指摘している。この事件の控訴審東京高判平成28・4・28裁判所ウェブサイトも、都市計画事業認可により初めて土地所有者等の法的地位に直接的影響が生ずる、建築規制は一般的抽象的規制にとどまるといった点を指摘して、都市計画決定の処分性を否定している。

(3) 市街地開発事業に関する都市計画

市街地開発事業に関しては、前掲最判平成4・11・26が都市再開発法に基づく第二種市街地再開発事業の事業計画の決定の処分性を肯定し、前掲最大判平成20・9・10が土地区画整理法に基づく土地区画整理事業の事業計画の決定の処分性を肯定しているところであるが[5]、事業計画の前提となる都市計画決定の処分性を肯定した最高裁判例は存在しない（土地区画整理事業に関する都市計画決定の処分性を否定したものとして最判昭和50・8・6集民115号623頁、第一種市街地再開発事業に関する都市計画決定の処分性を否定したものとして最判昭和59・7・16判自9号53頁）。第一種市街地再開発事業を定める都市計画決定の処分性を否定した近時の下級審裁判例として東京地判平成26・12・19判例集未登載（LEX/DB 文献番号25523030）がある。処分性が否定される理由としては、①市街地再開発事業を定める都市計画決定は、事業の手続の基本となる事項を一般的・抽象的に定めるものにすぎない、②市街地再開発事業を定める都市計画決定が告示されると、当該施行区域内において建築物の建築等をしようとする者は都道府県知事等の許可を受けなければならないが、このような法的効果は都市計画法が特に付与した付随的なものであり、上記の義務は当該施行区域内の関係権利者一般について生ずる性質のものである、③建築許可申請に対して不許可処分がされたときに同処分を対象とする抗告訴訟が可能であり、都市計

---

(5) 都市再開発法に基づく第一種市街地再開発事業の事業計画の決定の処分性を肯定した下級審裁判例として、福岡高判平成5・6・29判時1477号32頁。

画決定を対象とする抗告訴訟を提起する機会を与える必要性も直ちには認めがたいといった点が指摘されている。かつて土地区画整理事業の事業計画の決定の処分性を否定した最大判昭和41・2・23民集20巻2号271頁と同様の理論構成がとられているといえよう。

2　当事者訴訟（確認訴訟）の提起可能性

2004年の行政事件訴訟法改正で「公法上の法律関係に関する確認の訴え」が実質的当事者訴訟の一類型として条文上明記され、これに関しては、抗告訴訟の対象とならない行政の行為も含む多様な行政の活動によって争いの生じた公法上の法律関係について、確認の利益が認められる場合に、確認訴訟の活用が図られるようにしているものであると説明されている[6]。しかしながら、都市計画決定の違法・無効を争点とする当事者訴訟としての確認訴訟は、実務において活用されているとはいいがたい。都市施設に関する都市計画の決定の処分性を否定した前掲大阪高判平成24・9・28は、都市計画によって建築制限を受けた者は建築不許可処分を待ってその取消し等を訴求することで不利益を回避できるとして、計画変更の違法確認の利益を否定した。前掲東京高判平成28・4・28は、都市計画法53条1項に基づく建築規制が抽象的一般的な規制にとどまることを指摘して、直ちに同項に基づく建築制限を受けないことの確認を求める利益を否定しており、このような考え方によれば、都市計画決定に関する紛争について当事者訴訟としての確認訴訟が認められるケースはほとんどないのではないかと思われる。前掲東京地判平成27・11・17は、即時確定の利益に関して、当事者間の紛争が確認判決によって即時に解決しなければならないほど切迫して成熟したものであることを必要とするとの立場に立ち、建築制限のため不動産を他に売却しようとしても通常の取引の場合のような買手を見つけることが困難になるという原告らの主張については、それは

---

[6]　小林久起『行政事件訴訟法』（商事法務、2004年）17頁。他方で芝池義一「抗告訴訟の可能性」自研80巻6号（2004年）9頁は、抗告訴訟としての行政計画違法確認訴訟に言及している。同「抗告訴訟と法律関係訴訟」磯部力ほか編『行政法の新構想Ⅲ行政救済法』（有斐閣、2008年）46頁も参照。

都市計画決定に伴って事実上、一般的・抽象的に生じたものというべきであり、事後の回復が困難な不利益であるとは認められないと述べている。即時確定の利益が認められるためには切迫性ないしは不利益の回復困難性を要するという立場をとるものであり、原告らの提起した違法確認訴訟および地位確認訴訟についてはすべて確認の利益が否定されている。

地区計画の決定の処分性を否定した前掲東京地判平成25・2・28は、建築基準法68条の2に基づく条例が将来制定されてもその適用を受ける地位にないことの確認を求める訴訟について、原告らにおいて現在または近い将来建築物の建築を制約されるといった現実的な不利益は認められないとして確認の利益を否定した。ただしこの判決は、原告らにおいて建築物の建築等を現実的・具体的に計画するに至った場合に、上記条例の制定段階で、条例に基づく制限を受けない地位にあることの確認を求める訴訟を提起したりすることにより、原告らが主張する不利益の是正は可能であるとも述べている。第一種市街地再開発事業に関する都市計画決定の処分性を否定した前掲東京地判平成26・12・19は、①原告らが都市計画の施行区域内において建築物の建築をする具体的な予定を有していたことをうかがわせる事情等は見当たらない、②再開発事業の手続が既に組合設立認可を経て権利変換処分がされるまでに進展しており、組合設立認可に対する抗告訴訟を提起することができるといった点を指摘して、都市計画決定の無効確認を求める利益を否定している。

3　まとめと若干の検討

全体としてみれば、都市計画決定の処分性は認められておらず、都市計画決定の違法・無効を争点とする当事者訴訟としての確認訴訟も活用されていないため、都市計画決定に不服がある者の救済は、都市計画事業認可や建築不許可処分等の取消訴訟によるほかないというのが現状である。確かに、自己の土地を収用されることをおそれている者や、自己の土地における建築物の建築が都市計画決定により妨げられていると考える者は、都市計画事業認可や建築不許可処分の取消訴訟によって、一定の救済を受けることができる。しかしながら、前掲奈良地判平成24・2・28が指摘して

いるように、都市計画事業認可が出される前に工事が進ちょくする場合もありうるし、前掲最大判平成20・9・10における涌井裁判官の意見で示されたように、自己の土地を他者に売却する際の不利益の排除が求められている場合もありうる。前者に関しては、都市計画事業認可ないしは土地収用の予防が問題になっているともいえるから、差止訴訟または処分の予防を目的とする無名抗告訴訟としての確認訴訟を柔軟に認めるという方向性も考えられないではない[7]。それに対して後者については、都市計画決定を直接争うことが認められていない現状においては、当事者訴訟としての確認訴訟を活用するべきではないか[8]。この点ドイツ法では、行政行為である計画確定決定は取消訴訟の対象となるが、条例である地区詳細計画は取消訴訟の対象ではない。地区詳細計画については上級行政裁判所による規範統制が認められるので（行政裁判所法47条1項1号）、規範統制手続を潜脱するような確認訴訟は認められないと解されているものの、法関係の存否の確認を求める訴訟が禁止されているわけではない[9]。

---

(7) 最判平成24・2・9民集66巻2号183頁は、処分の予防を目的とする公的義務不存在確認訴訟を無名抗告訴訟とするが、当該事件においては、法定抗告訴訟である差止訴訟を適法に提起することができることから、無名抗告訴訟としての確認訴訟を不適法とした。処分の予防を目的とする無効抗告訴訟としての確認訴訟の意義に関しては、拙稿「予防訴訟としての確認訴訟と差止訴訟」法時85巻10号（2013年）33頁も参照。

(8) 山本隆司『判例から探究する行政法』（有斐閣、2012年）398頁は、当該土地で許可を受けずに建築できる地位の確認を求める当事者訴訟を、土地を譲渡・売却しようとする者に許容することが考えられないではないとする。春日修「判批」愛大196号（2013年）66頁は、建築制限により生ずる財産価値の低下は、処分性を肯定する理由たりえないとしても、救済の必要性がないとはいえないとする。

(9) Vgl. *Urlich Battis*, Öffentliches Baurecht und Raumordnungsrecht, 7. Aufl. 2017, Rn. 627; *Frank Stollmann/Guy Beaucamp*, Öffentliches Baurecht, 11. Aufl. 2017, §9 Rn. 7. 地区詳細計画の策定阻止を目的とする確認訴訟が適法とされた事例につき、拙稿「ドイツ行政裁判所法における不作為訴訟に関する一考察——行政行為・法規範に対する予防的権利保護」立命351号（2013年）31頁以下参照。

Ⅱ　都市計画決定の違法性審査

1　実体的違法性（裁量統制）
(1)　最高裁の立場

　前掲最判平成18・11・2は、都市施設に関する都市計画の決定の違法性判断基準として、都市施設の規模・配置等に関する判断が行政庁の広範な裁量に委ねられていることを前提に、「その基礎とされた重要な事実に誤認があること等により重要な事実の基礎を欠くこととなる場合、又は、事実に対する評価が明らかに合理性を欠くこと、判断の過程において考慮すべき事情を考慮しないこと等によりその内容が社会通念に照らし著しく妥当性を欠くものと認められる場合に限り、裁量権の範囲を逸脱し又はこれを濫用したものとして違法となる」と述べている[10]。裁量権の逸脱濫用がある場合に違法性が認められるとするものであり、重要な事実の基礎を欠くか、社会通念に照らし著しく妥当性を欠くものと認められる場合に限って裁量権の逸脱濫用が認められるという点は、行政財産の目的外使用許可に関して最判平成18・2・7民集60巻2号401頁が示した違法性判断基準と異ならない。行政庁の広範な裁量が承認されていることに加え、「事実に対する評価が明らかに合理性を欠くこと」が判断基準の一部とされている点は、裁判所による裁量統制を抑制する方向に作用する可能性もある[11]。この点、前掲最判平成18・9・4は、裁量の広範性や不合理の明白性に言及していない[12]。

　前掲最判平成18・11・2は、鉄道事業認可の前提となる都市計画決定

---

(10)　土地区画整理事業に関する都市計画決定について同様の違法性判断基準を提示した裁判例として、東京地判平成25・12・12判例未登載（LEX/DB 文献番号25503026）、東京高判平成26・10・2判例集未登載（LEX/DB 文献番号25505059）。

(11)　前掲最判平成18・11・2が提示した違法性判断基準を批判するものとして、斉藤驍「大法廷判決に背理する小田急高架訴訟第1小法廷判決」法時79巻2号（2007年）104頁。高木光「行政処分における考慮事項」曹時62巻8号（2010年）22頁は、前掲最判平成18・11・2の提示する裁量統制の手法は社会観念審査に帰着するとする。

（平成5年決定）が問題の区間について高架式（一部掘削式）を採用したことにつき、鉄道騒音に対して十分な考慮を欠くものであったとはいえないこと等を指摘しつつ、重要な事実の基礎を欠きまたはその内容が社会通念に照らし著しく妥当性を欠くことを認めるに足りる事情は見当たらないと判示している[13]。前掲奈良地判平成24・2・28は、前掲最判平成18・11・2の示した違法性判断基準に従って、道路に関する都市計画の変更決定の違法性を審査しており、ルートの選定に関しては、考慮すべき事項を考慮しなかったとも、考慮すべきでない事項を考慮したとも、各事項に対する評価が明らかに合理性を欠くとも認められない旨述べるとともに、新ルートの選択により環境基準を上回る騒音が発生して人の健康または生活環境にかかる具体的被害が生じるとは認められないことも指摘して、計画変更が重要な事実の基礎を欠きまたはその内容が社会通念に照らし著しく妥当性を欠くと認めるに足りる事情は見当たらないと判示している[14]。他方で前掲最判平成18・9・4は、都市施設の区域は合理性をもって定められるべきであるとの見地から、国有地ではなく民有地を公園の区域と定めた建設大臣の判断が合理性を欠くものということができるときには、その判断は、他に特段の事情のない限り、社会通念に照らし著しく妥当性を欠くとして、事件を原審に差し戻している。

---

(12) 日置雅晴「都市計画決定の裁量違反を指摘した例外的な最高裁判決——林試の森事件」滝井追悼『行政訴訟の活発化と国民の権利重視の行政へ』（日本評論社、2017年）487頁は、この判決を、都市計画におけるきわめて広範とされている行政裁量に歯止めをかけた画期的かつ貴重な存在とする。

(13) 東京地判平成13・10・3判時1764号3頁は、騒音に違法状態が生じているとの疑念が生じる状態であったにもかかわらずこの点が看過されたこと、環境影響評価の参酌に当たって著しい過誤があったこと等を指摘して裁量権の逸脱を認めていた。村上裕章「判批」判評584号（2007年）6頁は、平成5年決定の判断過程には騒音の考慮等の点で疑問があるとする。

(14) そのほか、前掲最判平成18・11・2の判示を引用して、裁量権の逸脱濫用を否定した下級審裁判例として、大阪地判平成20・3・27判タ1271号109頁、名古屋地判平成21・2・26裁判所ウェブサイト、東京地判平成23・3・29訟月59巻4号887頁等がある。

(2) ドイツの衡量統制との比較検討

ここでドイツ法を参照すると、1960年に制定された連邦建設法1条4項2文は、地区詳細計画を含む建設管理計画の策定に当たっては公的・私的利益が適正に衡量されなければならないことを規定しており（衡量要請。2004年改正後の建設法典1条7項）、連邦行政裁判所1969年12月12日判決[15]は、衡量要請の違反がある場合として、①衡量がそもそも行われなかった場合（衡量の欠落）、②衡量に取り入れられなければならない利益が取り入れられなかった場合（衡量の不足）、③利益の意味が誤認された場合（衡量の誤評価）、④利益相互間の調整が、個々の利益の客観的な重みと比例しない方法で行われた場合（衡量の不均衡）を挙げていた[16]。この判示は部門計画法における衡量についても妥当すると考えられている[17]。②は考慮すべき事項を考慮しないということであり、③は重視すべき事項を軽視したり、重視すべきでない事項を重視するということであるから、日本における都市計画決定の裁量統制に当たっても審査されるべき、あるいは既に審査されているということができるが、さらに①や④も裁判所による審査の対象になると考えるべきであろう（③と④は区別困難な場合もありうる）[18]。この点、前掲最判平成18・9・4は、利益相互間の調整の適正性も裁判所の審査の対象になるという前提に立っているように思われる[19]。

連邦行政裁判所1974年7月5日判決[20]は、衡量の欠落（前記①）は衡量過程のみに関わる瑕疵であるが、他は衡量結果にも関わる瑕疵である旨述

---

[15] BVerwG, Urt. v. 12.12.1969 - 4 C 105.66 -, BVerwGE 34, 301.

[16] ホッペの整理による。Vgl. *Werner Hoppe*, Die Schranken der planerischen Gestaltungsfreiheit (§1 Abs. 4 und 5 BBauG), BauR 1970, 15 (17). 衡量の瑕疵の類型については、本書第二部第一章Ⅰ2も参照。

[17] Vgl. BVerwG, Urt. v. 14.02.1975 - IV C 21/74 -, BVerwGE 48, 56 (63-64); *Rudolf Steinberg/Martin Wickel/Henrik Müller*, Fachplanung, 4. Aufl. 2012, §3 Rn. 112; *Ulrich Ramsauer/Peter Wysk*, in: Ferdinand O. Kopp/Ulrich Ramsauer, VwVfG, Kommentar, 18. Aufl. 2017, §74 Rn. 100.

[18] 村上・前掲注(13)4頁は、前掲最判平成18・11・2がある程度の実質的考慮要素審査（考慮要素の評価を誤った場合にも裁量権の逸脱濫用を認める審査）を行っているとする。大橋洋一『都市空間制御の法理論』（有斐閣、2008年）106頁は、①～④は前掲最判平成18・11・2で言われている発想と似通っているとする。

べており、住居地区の付近に工業地区を指定する地区詳細計画につき、工場施設の立地に関する決定が計画手続に先行して行われた点で衡量の欠落を認定するとともに、衡量の誤評価ないし衡量の不均衡があるものとして衡量結果における瑕疵をも認めている。地区詳細計画について衡量結果における瑕疵が認定されることはドイツにおいても多くはないが[21]、日本における都市計画決定の裁量統制に当たっても、判断の過程のみが裁判所による審査の対象になるのでなく、判断の結果の違法が認められる余地もあると考えるべきであろう。前掲最判平成18・11・2も、判断の過程のみが裁判所の審査の対象になると述べているわけではない。

建設法典には、2004年の改正で、「建設管理計画の策定に当たっては、衡量にとって意味がある利益（衡量素材）が調査及び評価されなければならない」とする規定が追加されており（２条３項）、連邦行政裁判所2007年３月22日判決[22]は、高速道路の付近に住居地区を指定する地区詳細計画が問題になった事件で、騒音防止措置を指定するか否かに関して衡量素材の調査の瑕疵を認定している。この規定は衡量要請とは別個の手続規定であるが、日本では、都市計画決定の裁量統制の範囲内において、調査に言及する裁判例がみられる。前掲最判平成18・11・2は、平成５年決定を適法とするに当たり、それが建設省の定めた連続立体交差事業調査要綱に基づく調査および環境影響評価をふまえたものであることを指摘している。他方、東京高判平成17・10・20判時1914号43頁は、都道府県知事は都市計画を決定するについて一定の裁量を有するが、その裁量は都市計画法13条

---

[19] 久保茂樹「都市計画決定と司法による裁量統制」青法51巻３＝４号（2010年）103頁は、前掲最判平成18・9・4は考慮利益相互間の両立可能性を追求しているとする。山本・前掲注(8)271頁は、前掲最判平成18・9・4の法廷意見は民有地利用の回避という考慮要素を重視して行政裁量を制限する余地を残しているとする。

[20] BVerwG, Urt. v. 05.07.1974 - IV C 50.72 -, BVerwGE 45, 309.

[21] 連邦行政裁判所2015年５月５日判決（BVerwG, Urt. v. 05.05.2015 - 4 CN 4/14 -, NVwZ 2015, 1537）は、地区詳細計画の指定によって申立人の所有地が公道に接続しなくなるケースで、衡量結果における瑕疵を認めている。本書第二部第一章Ⅳ5も参照。

[22] BVerwG, Urt. v. 22.03.2007 - 4 CN 2/06 -, BVerwGE 128, 238

1項各号の定める基準に従って行使されなければならないとして、「当該都市計画に関する基礎調査の結果が客観性、実証性を欠くために土地利用、交通等の現状の認識及び将来の見通しが合理性を欠くにもかかわらず、そのような不合理な現状の認識及び将来の見通しに依拠して都市計画が決定されたと認められるとき」には、当該都市計画決定は違法になると述べており、当該事件についても、基礎調査の結果が客観性・実証性を欠くものであったこと、現状の認識および将来の見通しが不合理であったこと、都市計画決定が不合理な現状の認識および将来の見通しに依拠してされたものであることを認定している。この判決は、行政庁に広範な裁量権が認められるとする行政側の主張を一部退けている点でも注目される[23]。

建設法典には、衡量素材の調査・評価に関する瑕疵および衡量過程における瑕疵は、それらが明白でありかつ結果に影響を及ぼした場合に限り、地区詳細計画等の法的効力にとって顧慮されるとする規定が置かれている（214条1項1文1号、同条3項2文）。連邦行政裁判所2012年12月13日判決[24]は、①瑕疵が明白であるのは、それが客観的に確認可能な状況に起因し、議会の構成員を尋問することなく認識可能である場合であること、②衡量結果に影響を及ぼしたのは、当該瑕疵がなければ計画策定が異なる結果になったであろうという具体的な可能性が存在する場合であることを指摘している。衡量過程における瑕疵が上記の場合に限り建設管理計画の法的効力にとって有意であるとする規定は、1979年の連邦建設法改正によって初めて設けられたものであるが、この改正は、裁判所による衡量過程の統制を制限することを目的とするものであった[25]。計画確定決定における衡量の瑕疵についても、ドイツの行政手続法75条1a項1文は、瑕疵が明白であり衡量結果に影響を及ぼした場合に限り有意であると規定しているが、連邦行政裁判所2016年2月10日判決[26]は、適正な衡量を行った場合でも同

---

[23] 前掲最判平成18・11・2の判決と前掲東京高判平成17・10・20の判示が両立可能とする立場を示すものとして、越智敏裕『環境訴訟法』（日本評論社、2015年）147頁。日置・前掲注(12)492頁は、最高裁が高裁の判断を是認しているとする。

[24] BVerwG, Urt. v. 13.12.2012 - 4 CN 1/11 -, BVerwGE 145, 231.

[25] Vgl. BT-Drs. 8/2885, S. 36. 本書第二部第一章Ⅱも参照。

じ決定がなされたであろうという具体的な手がかりが証明可能である場合に限り、ここでいう有意性を否定することができる旨判示した[26]。

日本における都市計画決定については、判断過程の瑕疵や調査の瑕疵が裁判所によって認定されることがあまりないので、裁判所による統制を政策的に制限する規定を設ける必要性は認められない。もっとも、判断過程の瑕疵ないし調査の瑕疵は認められるものの、当該瑕疵がなかったとしても計画の内容は変わらないという事態はありえないわけではなく[28]、そのような場合において当該都市計画決定は違法ではないと解することが許されるかという問題がある。これに関して前掲最判平成18・9・4は、樹木の保全のためには南門の位置は現状の通りとするのが望ましいという建設大臣の判断が合理性を欠くといえる場合に、直ちに都市計画決定は違法となるとは述べておらず、民有地を公園の区域と定めた建設大臣の判断が合理性を欠くものであるといえるときには、他に特段の事情のない限り、社会通念に照らし著しく妥当性を欠くと判示している[29]。都市計画決定について裁判所による裁量統制を推し進めるという観点からは、瑕疵がなければ異なる内容の計画が策定されたという具体的な可能性（およびそれ以上のもの）を要求することは妥当ではなく、瑕疵が結果に影響しなかったこ

---

[26] BVerwG, Urt. v. 10.02.2016 - 9 A 1/15 -, BVerwGE 154, 231.

[27] これは、衡量の瑕疵が結果に影響を及ぼさなかったことを認定することのできる場合を限定しようとする判例の新傾向である。本書第二部第一章Ⅳ4(2)参照。

[28] 村上・前掲注(13)4頁は、考慮すべき要素を考慮しなかったとしても、当該要素を適切に考慮した上で、同一の結論に至る可能性は論理的には残るとする。小幡純子「判批」判評573号（2006年）11頁は、客観的・実証的な基礎調査の結果に基づき将来見通し等を行った結果、再び同様の内容の都市計画となる可能性も否定することはできないとする。

[29] 森英明・最判解民事篇平成18年度(下)1160頁は、前掲最判平成18・11・2は判断の過程において考慮すべき事項を考慮しないことが直ちに裁量権の逸脱濫用になるとしているわけではなく、その結果、判断の内容が社会通念に照らして著しく妥当性を欠くものと認められる場合に裁量権の逸脱濫用になるとしていると指摘する。山本・前掲注(8)234頁は、判断過程に過誤があっても、それが判断の結論を左右する可能性がおよそない場合には、それを違法事由にしないという意味であるとする。深澤龍一郎『裁量統制の法理と展開——イギリス裁量統制論』（信山社、2013年）460頁も参照。

最終章　日本における都市計画を争う訴訟の現状と課題

とが明らかな場合に限って当該瑕疵は無視されるとする取扱いのほうが望ましいであろう[30]。

(3)　周辺住民による違法性主張の制限？

ドイツの地区詳細計画に対する規範統制の場合、当該地区詳細計画が適用される土地の所有者だけでなく、自己の利益の適正な衡量を求める権利の侵害を主張する者にも申立適格が認められているが[31]、申立ての理由具備性に関しては、申立人の権利侵害は要件ではない[32]。他方で行政行為の取消訴訟・義務付け訴訟では、原告の権利が侵害されていることが本案勝訴要件となり（行政裁判所法113条1項・5項）、計画確定決定における衡量の瑕疵に関しては、自己の土地を収用される者は、公益が顧慮されていないことを援用することもできる一方、騒音等の影響を受けるにとどまる近隣住民は、自己の利益の適正な衡量を求める権利が侵害されていることのみを主張しうると考えられている[33]。土地を収用される者と騒音等の影響を受ける者との間で本案における違法主張に区別を設ける考え方は、日本の行政事件訴訟法10条1項の解釈論として成り立つ余地もある[34]。これに関して、最大判平成17・12・7民集59巻10号2645頁は、鉄道事業認可との関係では、騒音、振動等による健康または生活環境に係る著しい被害を直

---

[30]　村上・前掲注(13) 4頁は、考慮要素を適切に考慮しても結論に影響がないことが明らかである場合は請求棄却になるとする。山本隆司「行政裁量の判断過程審査——その意義、可能性と課題」行政法研究14号（2016年）8-9頁は、瑕疵が結論に影響する可能性がおよそない場合には行政機関の判断を違法としないという法理が一般的に妥当するとする。

[31]　Vgl. *Peter Wysk*, in: Peter Wysk (Hrsg.), VwGO, Beck'scher Kompakt-Kommentar, 2. Aufl. 2016, §47 Rn. 37, 39. この点に関する連邦行政裁判所の判例の展開については、本書第一部第一章Ⅱを参照。

[32]　Vgl. *Andreas Decker*, in: Herbert Posser/Heinrich Amadeus Wolff (Hrsg.), VwGO, Kommentar, 2. Aufl. 2014, §113 Rn. 16; *Friedhelm Hufen*, Verwaltungsprozessrecht, 10. Aufl. 2016, §30 Rn. 1.

[33]　Vgl. *Bernhard Stüer*, Handbuch des Bau- und Fachplanungsrechts, 5. Aufl. 2015, Rn. 5346-5347; *Ramsauer/Wysk*, in: Kopp/Ramsauer (Fn. 17), §75 Rn. 75, 79. 近隣住民であっても、自己の利益に対立して事業案を支持する利益が正しく評価されているか否かを審査させることができることを指摘する説として、vgl. *Peter Schütz*, in: Jan Ziekow (Hrsg.), Handbuch des Fachplanungsrechts, 2. Aufl. 2014, §8 Rn. 55.

接的に受けるおそれのある周辺住民に原告適格を認めているところ、前掲最判平成18・11・2には、鉄道事業認可の取消請求について、周辺住民である上告人（原告）らの違法主張が自己の法律上保護された利益に関係するものに限られることを指摘した箇所はない。都市計画は諸般の事情を総合的に考慮した上で決定されるものであるから、すべての考慮事項は相互に関係があるという理解も考えられる(35)。

2　手続的違法性

行政計画については広範な裁量が認められるため、裁判所による行政計画の実体的統制は困難であり、手続的統制が重要であるといわれる(36)。ただし、手続的瑕疵を理由として都市計画決定を違法・無効とした裁判例は多くない(37)。前掲東京高判平成17・10・20は基礎調査が客観性・実証性を欠くことを認定しており、これを手続的瑕疵とみることも不可能ではないが、この判決は結論として計画策定に関する裁量の違法を認めていると解される。前掲最判平成18・9・4および前掲最判平成18・11・2、前掲奈良地判平成24・2・28は、手続的瑕疵については言及していない。

手続的瑕疵に着目して都市計画決定を違法とし、当該都市計画決定を前提とする都市計画事業認可を違法とした下級審裁判例として、広島地判平

---

(34)　司法研修所編『行政事件訴訟の一般的問題に関する実務的研究〔改訂版〕』（法曹会、2000年）は、事業地内の土地所有者が提起した事業認定取消訴訟において原告が土地収用法20条3号・4号の違反を主張することは許されるとする一方（192頁）、いわゆる第三者が取消訴訟を提起する場合には、原告適格を基礎づける規定の違反のみを主張することができるものとする（193-194頁）。

(35)　この問題に関するドイツ法の分析については、山本隆司『行政上の主観法と法関係』（有斐閣、2000年）281頁も参照。日本法に関して、野呂充「原告適格論の再考——改正行政事件訴訟法下での原告適格及び自己の法律上の利益に関係のない違法の主張制限について」法時82巻8号（2010年）18頁は、処分の公益上の必要性と処分の第三者に生じる不利益とを総合考量して行われる処分については、原告に公益要件違反の主張を認めるべきとする。

(36)　宇賀克也『行政法概説Ⅰ〔第6版〕』（有斐閣、2017年）306頁、芝池義一『行政法総論講義〔第4版補訂版〕』（有斐閣、2006年）234頁。

(37)　行政計画と手続の関連が問題になった裁判例の概観として、見上崇洋『行政計画の法的統制』（信山社、1996年）336頁以下も参照。

最終章　日本における都市計画を争う訴訟の現状と課題

成 6・3・29行集47巻7=8号715頁がある。この判決は、都市計画地方審議会の審理手続につき、原告らの土地建物の収用問題について言及があってしかるべきところ、県都市計画課長はこの点について議論を避けるような著しく誠実さを欠く答弁をしたとして、審議会の審議手続において審理不尽等の違法があることを認め、仮に同課長が原告らの土地建物の収用の検討につき誠実に答弁していたならばその結論がどうなったかは定かでないことも指摘している。もっとも控訴審広島高判平成 8・8・9行集47巻7=8号673頁は、審議会が個々の利害関係人の土地建物の収用問題についてどの程度の審議をするかは審議会の裁量に属する事柄と解すべきであり、本件においては審議会の審議手続に審理不十分な点があったとまでは認めがたいとして、審議会の審議手続には審議不尽の瑕疵があるから違法であるとの一審原告らの主張は理由がないと結論づけている[38]。

　ドイツの建設法典は、建設法典の手続・形式規定の違反が地区詳細計画等の法的効力にとって顧慮される場合を限定する規定を置いており（214条１項・215条１項）、①常に顧慮されないもの（早期の公衆参加に関する規定の違反等）、②計画の公示後１年以内に書面で市町村に主張されなければ顧慮されなくなるもの（案の縦覧の不実施等）、③常に顧慮されるもの（計画に認可が付与されなかった場合等）が区別され、②の違反の中には、結果に影響しなかった場合には顧慮されないものもある（衡量素材の調査・評価に関する瑕疵、個々の人・行政庁が参加させられなかった場合等）[39]。一方、ドイツの行政手続法によると、計画確定決定については、手続・形式規定に違反して成立した、無効ではない行政行為は、当該違反が決定に影響しなかったことが明白である場合には取り消されないとする規定の適用がある（75条1a項２文後段・46条）。また、環境・法的救済法４条１項

---

[38]　そのほか、都市計画決定に関して手続的瑕疵がなかったとする下級審裁判例として、前橋地判平成10・12・18判自201号84頁、名古屋地判平成14・4・26判自244号80頁、東京高判平成15・12・18民集59巻10号2758頁、前掲東京地判平成23・3・29等がある。

[39]　建設法典の手続・形式規定の違反の効果について詳しくは、本書第二部第二章を参照。

は、必要な環境適合性審査が実施されなかった場合等、手続の瑕疵を理由として決定の取消しを求めることができる場合（絶対的な手続の瑕疵）を定めている[40]。

　日本における行政処分の手続的瑕疵に関しては、理由提示に不備のある行政処分は違法として取り消されるべきであると考えられている一方、最判昭和50・5・29民集29巻5号662頁は、審議会の審議手続の不備につき、手続の不備がなかったとしても結果が異なる可能性がなかったことから、処分を違法として取り消す理由がないとしており、さらに、運輸審議会における公聴会審理が行われる場合は、陸運局長の聴聞手続に瑕疵があったとしても処分取消事由にならないと述べている[41]。都市計画の策定手続における瑕疵についても、論理的な可能性としては、①結果への影響を問うことなく都市計画決定を違法とするもの、②結果への影響に鑑みて都市計画決定が違法となるもの、③結果への影響にかかわらず都市計画決定を違法としないものが存在しうると考えられるが、裁判所による都市計画決定に対する実体的統制が機能しているとはいいがたい現状に鑑みると、都市計画決定の適法性に影響しない性質の手続的瑕疵を広く認めることは妥当でない。また、正しい手続をとった場合に結果が変わる可能性が残されているときには、手続的瑕疵を理由として都市計画決定が違法となることを承認すべきである[42]。

---

(40) 地区詳細計画には、環境・法的救済法4条1項は適用されず、建設法典214条・215条が適用される（環境・法的救済法4条2項）。環境・法的救済法により環境保護団体が規範統制の申立てをする場合の特色および問題点については、本書第一部第三章を参照。

(41) 越山安久・最判解民事篇昭和50年度255-256頁は、手続的瑕疵には、訓示規定の違反あるいは軽微な瑕疵にとどまるもの、制度の根幹に関わる手続の違反、中間的なものの3種類があるとする。

(42) 久保・前掲注(19)118頁は、都市計画の内容に影響を与える可能性をもつ手続の瑕疵は都市計画決定の違法事由をなすとして、①情報提供が十分でない場合、②意見聴取が適切に行われなかった場合、③意見の考慮が十分に行われなかった場合、④決定理由が十分に示されていない場合を挙げている。

III　立法論（特に都市計画争訟制度）の検討

1　土地利用規制計画策定手続・公共事業実施計画確定手続

　1983年11月付けの「行政手続法研究会報告——法律案要綱（案）」には、土地利用規制計画策定手続および公共事業実施計画確定手続に関する規定があり、その中には争訟手続に関する条文もみられる。土地利用規制計画とは、特定の地域を指定し、土地の用途規制を行い、または政令で定める公共施設の配置もしくは開発事業の施行に伴う権利制限を当該地域に課す計画をいい（1111条）、争訟手続に関しては、審理期間に制限を設ける、計画の効力は所定の争訟の提起期間および専属管轄に関する規定によってのみ争うことができる、計画の取消判決によって計画の効力は対世的統一的に決定されるとされている（1113条）。計画自体に対する争訟が認められているところ、①審理期間を設けるのは後続処分があまり進行しないうちに計画の効力を確定させるためである、②裁判所は必ずしも計画の統制には適しておらず、不服申立前置主義をとることも考えられる、③計画争訟手続を統一的排他的ルートとして構成し、建築確認を争う訴訟で用途地域指定の違法を主張することはできない、といった説明がある[43]。ドイツの規範統制について定める行政裁判所法47条と比較すると、同条には、法規定が効力を有しないとする宣言が一般的拘束力を有するという規定はあるものの（5項2文）、審理期間を制限する規定はなく（他方で法規定の執行停止が可能である）、規範統制の対象となる法規定が無効であることを他の訴訟で主張することも制限されていない（ただし建設法典には、建設法典の規定の違反について主張期間を定めた規定がある）。前記②は、法律案要綱の条文中には規定されていない事項であるが、次に取り上げる不服審査

---

[43]　行政手続法研究会・ジュリ810号（1984年）54頁参照。前掲最大判平成20・9・10における藤田裁判官の補足意見も、「一度決まったことについては、原則として一切の訴訟を認めないという制度を構築することが必要」と述べているところ、山本・前掲注(8)401-402頁は、静的計画（完結型計画）に関しては疑問の余地があるとする。

(裁決主義)制度に通じる考え方が示されているといえる[44]。

公共事業実施計画確定手続に関しては、事業計画を作成または認可する行政庁を計画確定裁決庁といい、計画確定裁決において他人の権利への不利益な影響を避けるために必要な予防手段を講じる等の規定が置かれるほか（1122条）、争訟手続として、①審理期間に制限を設ける、②計画の効力は所定の争訟の提起期間および専属管轄に関する規定によってのみ争うことができる、③計画確定裁決に不可争力が生じた場合には、計画の中止、公共施設の除去・変更またはその使用の中止はいかなる訴訟によっても求めることができない、④計画確定裁決当時には予見しえなかった損害が生じた場合には、予防手段を講じること、差止めを行うことを求める訴訟を計画確定裁決庁を被告として提起できるとされている（1123条）。③はドイツの計画確定手続の仕組みを参考にしたものであることが明言されており、それによって法的安定性を図ることが意図されている[45]。ドイツの行政手続法75条には、③と同様の規定および④に近い規定が置かれているが（2項1文・2文）、①および②に対応する規定はない。

2 不服審査（裁決主義）制度
(1) 都市計画決定等を直接争うことができないことで生ずる問題点

2006年報告書は、都市計画決定等を処分として争訟手続にのせる必要性があるとしつつ、他方で都市計画決定等を取消訴訟の対象とすることにも問題があるとして、不服審査（裁決主義）制度を提案している（7頁）[46]。都市計画決定等を直接争うことができないことで生ずる問題点に関して

---

[44] 久保茂樹「都市計画と行政訴訟」芝池義一ほか編『まちづくり・環境行政の法的課題』（日本評論社、2007年）93頁は、都市計画訴訟を計画策定手続の一環に位置づける考え方を押し進めていくと、計画に対する不服は行政機関による見直し手続（行政不服申立て）において処理すべきとする考え方に到達しうるとする。

[45] 行政手続法研究会・前掲注(43)54-55頁参照。

[46] 西谷剛『実定行政計画法──プランニングと法』（有斐閣、2003年）278頁は、計画のように多数の利害関係に関わる処分については、紛争を専門的に解決する行政的な計画審査会を設置し、裁判所はその裁決をレビューする方式が適当ではないかと述べていた。

は、①規制強化型の都市計画変更に不服がある者は、わざわざ変更前の都市計画を前提とした建築確認申請を行わなければならない、②都市施設や市街地開発事業に関する都市計画に不服がある者は、後行処分があるまでは訴訟を提起できず、事業が進行してしまう、③規制緩和型の都市計画変更に不服がある者は、変更後の都市計画を前提になされた建築確認すべてに対して取消訴訟を提起しなければならない、といった点が指摘されている（4～5頁）。①については当事者訴訟を活用することも考えられるし、②および③については後行処分ないし建築確認の予防を目的とする訴訟の提起を柔軟に認めることによって救済するという方向もありえないではないが[47]、いずれも実現可能性は低いといわざるをえない。反対に都市計画決定が処分であるとすれば、これらのケースにおける救済は容易になるといえよう[48]。

(2) 都市計画決定等を取消訴訟の対象とした場合の問題点

都市計画決定等を取消訴訟の対象とした場合の問題点として、2006年報告書では、①原告と被告との攻撃防御による事実認定だけで都市計画決定等の違法性の有無を判断することは必ずしも適当でない、②都市計画決定の取消判決が出され、遡及的に効力を失うことになると、既存の土地利用秩序の重大な侵害や他の都市計画への影響が広範に生じる、③現行の取消訴訟においては、取消判決または事情判決しかなされない、④広範な裁量が認められる都市計画決定等については、取消訴訟では手続的瑕疵以外のその違法性を問う余地が多くない、⑤都市計画決定等に関しては広範な裁量が都市計画決定権者等に委ねられている、という点が挙げられている（5～6頁）。①は、通常の訴訟手続において裁判所が都市計画決定等の違法性を判断することに消極的な立場を示すものであり、前記の行政手続法

---

[47] 地区詳細計画に基づいて多数の建築許可が付与されようとしているケースで、建築許可に対する予防的不作為訴訟を適法とした連邦行政裁判所の判例として、vgl. BVerwG, Urt. v. 16.04.1971 - IV C 66.67 -, DVBl 1971, 746（747）.

[48] 西谷剛「都市計画争訟について」新都市60巻9号（2006年）79頁は、処分性を認める理由に関して、個人の権利利益の尊重のほか、計画の安定の要請等を挙げている。取消訴訟のメリットについては、久保・前掲注(44)91頁も参照。

研究会報告でも同様の考え方が示されていたところである。2006年報告書が提案した不服審査（裁決主義）制度でも、後行処分に関する訴訟において都市計画決定等の違法性を主張することを原則として認めないものとされているが、都市計画の不変更の違法や都市計画決定等の無効を後行処分に関する訴訟等において主張することは可能とされている（17～18頁）。後行処分の争訟における都市計画の違法性の主張制限や、都市計画の不変更を争う場合については、2009年報告書でも検討がなされており、これに関しては後記 3 (3)で取り上げる。

　都市計画決定等を取消訴訟の対象とした場合の問題点の②および③に関しては、2006報告書でも指摘されている通り、都市計画決定が遡及的に無効となった場合、当該都市計画決定に従って建築された建築物が違法建築物となる可能性があるので、都市計画の変更を義務付けたり、都市計画決定手続のやり直しを命ずる等、柔軟な対応を可能にすることが望ましいのではないかと思われる[49]。この点、ドイツの規範統制では、法規定が効力を有しないことが宣言された場合、当該法規定は原則的に当初から効力を有しないこととなるが、既に不可争となった行政行為は無効とならない[50]。さらに建設法典には、地区詳細計画等は瑕疵を除去するための補完手続によって遡及的に施行することもできるとする規定がある（214条4項）[51]。一方、ドイツの行政手続法75条1a項2文前段は、計画確定決定が衡量に関する有意な瑕疵または手続・形式規定の違反を理由として取り消されるのは「それらが計画補完又は補完手続によっては除去され得ない場合」に限られると規定しており、計画確定決定の取消しを制限している[52]。計画確定決定にかかる事業案に起因する交通騒音の増加が問題になるケースでは、保護負担の追完（計画補完）を命ずる義務付け判決が下さ

---

[49] 大橋・前掲注(18)94頁は、遡及効を肯定すると、行政担当者にドラスチックなインパクトを与えることになり、裁判官のほうでも、このような判決は下せないという問題が出てくるとする。

[50] Vgl. *Hufen* (Fn. 32), §38 Rn. 50, 52; *Wolf-Rüdiger Schenke*, in: Ferdinand O. Kopp/Wolf-Rüdiger Schenke, VwGO, Kommentar, 23. Aufl. 2017, §47 Rn. 144-145.

[51] 補完手続による瑕疵の除去については、本書第二部第五章を参照。

れることがあり[53]、裁判所が行政庁に対して「裁判所の法解釈を尊重して原告に回答すること」を義務付ける判決（行政裁判所法113条5項2文）も可能である[54]。瑕疵が補完手続によって除去されうる場合には、裁判所は計画確定決定の違法を確認する判決を下し、瑕疵が除去されるまで執行不可能とするという運用が行われている[55]。

都市計画決定等を取消訴訟の対象とした場合の問題点の④および⑤に関しては、取消訴訟の制度上の問題とはいえない部分があるように思われる。裁量処分の取消しは制度上制限されてはいるものの禁止されているわけではなく、都市計画決定について裁量の違法を認めた裁判例も存在する。他方で、手続的瑕疵を理由とする取消しは制度上特に制限されていないにもかかわらず、都市計画決定に関して手続的瑕疵を認定した裁判例は少数にとどまっている。こうした状況については、現行の取消訴訟制度の下においても改善が図られるべきではないかと思われる[56]。

(3) 不服審査（裁決主義）制度の基本構造と個別論点

2006年報告書は、①都市計画決定等を行政不服審査の対象となる処分と

---

[52] 2017年改正後の環境・法的救済法には、手続・実体的規定の違反が決定の補完または補完手続において除去されうる場合には当該決定は取り消されないとする規定が置かれており（4条1b項・7条5項）、特にイミシオン防止法上の許可への適用が想定されている。Vgl. BT-Drs. 18/9526, S. 44.

[53] Vgl. *Stüer*（Fn. 33）, Rn. 5347. 保護負担に関して、ドイツの行政手続法74条2項2文は、計画確定決定を行う行政庁は「事業案の主体に、公共の福祉又は他人の権利への不利益な影響の回避のために必要な予防措置又は施設の設置及び維持を義務付けなければならない」と規定している。

[54] Vgl. *Steinberg/Wickel/Müller*（Fn. 17）, §6 Rn. 220-221; *Schütz*, in: Ziekow（Fn. 33）, §8 Rn. 102.

[55] Vgl. BVerwG, Urt. v. 21.03.1996 - 4C 19/94 -, BVerwG 100, 370（372）; *Norbert Kämper*, in: Johann Bader/Michael Ronellenfitsch（Hrsg.）, VwVfG, Kommentar, 2. Aufl. 2016, §75 Rn. 31; *Werner Neumann/Christoph Külpmann*, in: Paul Stelkens/Heinz Joachim Bonk/Michael Sachs, VwVfG, Kommentar, 9. Aufl. 2018, §75 Rn. 53.

[56] 久保・前掲注(19)117-118頁は、手続的統制が実績を挙げない理由は、手続規範の貧困に求められるとする。他方で碓井光明『都市行政法精義Ⅰ』（信山社、2013年）180頁は、手続的統制の必要性を強調するのであれば、それに見合った訴訟形態を模索する必要があるとする。

する、②裁決の内容として、「必要な措置を講ずべきこと」を裁決することができることとして、都市計画の変更を命じたり、公聴会以降の手続をやり直せといった措置を命じることも可能とする、③裁決主義を採用し、裁決が判決で取り消された場合、審査庁は判決の趣旨に従い改めて裁決をしなければならない旨を規定する、という不服審査（裁決主義）制度を提案している（7～8頁）。①に関しては、区域区分・地域地区・都市施設・市街地開発事業の都市計画のほか、都市計画の提案制度により提案された都市計画決定を行わない場合の通知も不服審査の対象になるものとされ（11～12頁）、地区計画等の条例によって具体的な制限が生じるものについては、条例ではなく地区計画等が不服審査の対象になるようである（13頁）。②は多様な救済を可能にするものであり、③によって都市計画決定等が裁判所の取消判決によって遡及的に無効となる事態が防がれることになるが[57]、制度設計としては、ドイツの計画確定決定を争う訴訟のように、裁判所が行政庁に対して計画補完を命じたり、違法を確認した上で瑕疵が除去されるまでその執行を不可能とする方式も考えられるところである[58]。不服審査制度のメリットとしては、2006年報告書でも指摘されている通り、審査庁が当・不当についても審査することができるという点（8頁）、専門的第三者機関が裁決をしたり、裁決に関与するものとすることができるといった点（13頁）が挙げられる。他方で2009年報告書では、専門的第三者機関を設置することとした場合の問題点が指摘されており、これに関しては後記 3 (1)で取り上げる。

　そのほか2006年報告書は、不服審査（裁決主義）制度をとるに当たり検討すべき論点として複数の項目を挙げており、不服申立適格については特別の規定を置く必要はなく、判例の積み重ねにより不服申立適格の範囲を

---

[57] 大橋洋一「都市計画争訟制度の発展可能性」新都市63巻8号（2009年）94頁は、取消判決により都市計画自体が効力を失わない点こそが、裁決主義を採る制度設計の要諦であるとする。

[58] この点、西谷・前掲注(48)85頁は、不服申立人の不利益を補うための手続のやり直しや代替措置を構ずるなどの行為を処分庁に命ずることは、裁判所のよくなしえないところとする。

確定していくこと（12〜13頁）、都市計画決定を取り消す裁決は原則として対世効を有すること（17頁）、行政不服審査法に規定されている執行停止を認める必要があること（18頁）、不服申立期間は行政不服審査法の原則通りとすること（21頁）といった事項が記載されている。ドイツ法では、規範統制においても計画確定決定を争う訴訟においても、異議（行政不服申立て）は前置されず[59]、規範統制の申立適格についても取消訴訟・義務付け訴訟の出訴資格についても、自己の権利の侵害を主張する者に申立適格ないし出訴資格が認められるものとされている（行政裁判所法47条2項・42条2項）。他方で環境・法的救済法は、環境適合性審査を実施する義務が成立しうる事業案の許容性に関する地区詳細計画の策定等の議決や計画確定決定に対して、承認された環境保護団体が、自己の権利の侵害を主張することなく出訴できることを認めている[60]。原告適格については2009年報告書でも検討が加えられており、これに関しては後記3(2)で取り上げる。

取消しの対世効に関して、ドイツの規範統制では、法規定が効力を有しないとする宣言が一般的拘束力を有することが規定されている（行政裁判所法47条5項2文）。計画確定の取消判決については、明文の規定はないものの、取消判決の形成力はすべての人に対して及ぶと主張する説もみられる[61]。執行停止に関して、ドイツの規範統制では、重大な不利益の防除のためにまたはその他の重要な理由から緊急に必要である場合には、裁判所は申立てに基づいて仮命令を発することができるとする規定があり（同法

---

[59] Vgl. *Hufen*（Fn. 31），§6 Rn. 17, §19 Rn. 41.

[60] 2017年の環境・法的救済法の改正で、戦略的環境審査を実施する義務が成立しうる計画・プログラムの採用に関する決定も同法の適用対象になるものとされ（1条1項1文4号）、従前よりも広い範囲で環境保護団体による規範統制の申立てが認められることになった。これに関しては、本書第一部第三章Ⅳを参照。

[61] Vgl. *Steinberg/Wickel/Müller*（Fn. 17），§6 Rn. 306. 複数の者に対して発せられた行政行為（一般処分・計画確定決定）が例外的に人的観点で分割可能である場合には、当該行政行為は原告に対してのみ形成力を伴って取り消され、他の者に対しては有効であると述べるものとして、vgl. *Klaus Remmert*, in: Erich Eyermann, VwGO, Kommentar, 14. Aufl., 2014, §121 Rn. 16; *Claas Friedrich Germelmann*, in: Klaus F. Gärditz (Hrsg.), VwGO, Kommentar, 2013, §121 Rn. 74.

47条6項)、これは法規定の適用ないし執行を停止する仕組みとして運用されている[62]。計画確定決定については、本案訴訟が取消訴訟となる場合には執行停止(延期効の命令・回復。同法80条)が用いられるが、本案訴訟が義務付け訴訟となる場合(計画補完の場合)には仮命令(同法123条)の問題となる[63]。規範統制の申立期間は問題の法規定の公布後1年以内であり(同法47条2項1文)、計画確定決定等、異議前置の対象とならない行政行為の取消訴訟の出訴期間は当該行政行為の告知後1月以内である(同法74条1項2文)。計画確定手続において異議を述べた者には原則的に個別の送達が必要であるが、送達が50を超える場合には公示によることができる(ドイツ行政手続法74条4項1文・5項1文)。

(4) 評価

2006年報告書が提案した不服審査(裁決主義)制度は、ドイツの規範統制とも、計画確定決定を争う訴訟とも、争訟制度としては異なっている。もっとも日本においては、行政計画について裁決主義を認める規定も存在していたところであり(平成26年法律第69号による改正前の土地改良法87条10項)、その点で不服審査(裁決主義)制度は、比較的受け入れられやすいとも考えられよう[64]。ドイツ法に類似する部分をあえて指摘すると、都市計画決定等が処分とされる一方、裁判所が都市計画決定等を取り消すことが制限され、計画の変更や手続のやり直しを通じた解決が目指されているという点については、計画確定決定を争う訴訟に近いところがあるように思われる。もちろん計画確定決定を争う訴訟では、行政不服申立ては前置

---

[62] 行政裁判所法47条6項による仮命令については、本章第一部第二章を参照。

[63] Vgl. *Martin Wickel*, in: Michael Fehling/Berthold Kastner/Rainer Störmer (Hrsg.), Verwaltungsrecht, VwVfG, VwGO, Nebengesetze, Handkommentar, 4. Aufl. 2016, §74 VwVfG Rn. 275-276. 行政裁判所法80条に定める延期効、同法123条による仮命令の概要については、山本隆司「行政訴訟に関する外国法制調査——ドイツ(下)」ジュリ1239号(2003年)116頁以下、122頁以下。

[64] 橋本博之ほか「行政事件訴訟法5年後見直しの課題」自研86巻10号(2010年)26頁における大橋洋一発言(「ある裁判官の方が、裁決主義モデルに高い評価を与えてくださった」)も参照。他方で大橋洋一「都市計画の法的性格」自研86巻8号(2010年)15頁は、計画を策定した行政機関が裁決に対して争うことができないという問題があることを指摘している。

されず、(行政)裁判所が権利保護の役割を一手に引き受けているので、この点で不服審査(裁決主義)制度とは全く異なる。既述の通り、2006年報告書は、裁判所が都市計画決定等の違法性を判断することに消極的な立場を示しており、この点が両制度の違いを生み出しているといえる。日本においては、都市計画決定を違法とすることが法律の明文の規定によって制限されているわけではなく、違法性判断の手法等を発展させることのほうが望ましいと思われるが、これまでのところ都市計画決定を違法とした裁判例が多くないという状況に鑑みると、不服審査制度を拡充することにより問題解決を図るという方向性も理解できなくはない。不服審査(裁決主義)制度が成功するかどうかは、裁決庁ないし裁決に関与する機関として想定されている専門的第三者機関が、期待された役割を果たすことができるかどうかにかかっている[65]。

3 都市計画違法確認訴訟

2009年報告書は、2006年報告書で提案された不服審査(裁決主義)制度についても検討を加えているほか、都市計画違法確認訴訟の構築についても論じている。2009年報告書は、都市施設・市街地開発事業に関する都市計画が取り消されたとしても関係者に対する影響は限定的であるが、土地利用規制に関する都市計画は、不特定多数者を対象とした完結型の建築規制であり、立法類似の性格をもつため、これが取り消された場合における影響は広範なものとなる可能性があるとして、両者の差異をふまえる必要があるとしている(1頁)。この点は、2006年報告書ではそれほど強調されなかったところである。都市施設・市街地開発事業の場合は、取消訴訟制度による救済になじみやすいとも考えられるが、2009年報告書の都市計画違法確認訴訟は、いずれの都市計画をも対象とするものである[66]。

(1) 都市計画違法確認訴訟の基本的な考え方

2009年報告書は、都市計画違法確認訴訟の基本的考え方として、①行政

---

[65] 大橋・前掲注(18)104頁は、裁決機関がどれだけの陣容、手続を備え、人を集めることができて、そこでどれだけのことが本当にされるのかが問題になるとする。

事件訴訟法の取消訴訟や当事者訴訟に無理に当てはめるのではなく、都市計画の特質に即した訴訟を都市計画法に規定する、②都市計画の違法を宣言し、計画の効力を停止することに重点を置く、③瑕疵のある都市計画を直ちに無効とするのではなく、瑕疵の補正手続を法定し、適切に補正がなされれば、当該計画は判決時に遡って有効となる、④行政不服審査を介在させない制度とし、争訟手続が複雑になることを避けるとともに、地方公共団体における実施コストを削減する、という点を挙げている（12頁）。①に関して、都市計画を取消訴訟の対象とするのではなく、一般的な確認訴訟とも異なる特別な訴訟を設けるという点では、ドイツの規範統制との共通性がある。規範統制の対象は、州法により定められるものを除くと、建設法典の規定に基づく条例および法規命令とされているが（行政裁判所法47条1項1号）、都市計画違法確認訴訟では、都市計画決定がその対象になるようである。もっとも、都市計画違法確認訴訟の対象となる都市計画の具体的な範囲は必ずしも明確ではない。

　前記②および③は、都市計画が違法とされた場合に当該都市計画が当初から無効となることによって生ずる不都合な事態を避けるため、都市計画が遡及的に無効となる場合を制限しようとするものといえる。2006年報告書は、同様の目的を達成するための手法として、不服審査（裁決主義）制度を提案していたが、2009年報告書は、不服審査手続を用いることなく問題を解決しようとしている。2009年報告書は、補正手続になじまない重大かつ明白な瑕疵が認められる場合には裁判所が無効確認判決をする余地を認めており（14頁）、瑕疵が補正しうるものである場合には都市計画は違法ではあるがこれを遡及的に無効とはしないという立場をとるものと解されるところ[67]、この点ではドイツの計画確定決定を争う訴訟との共通性が

---

[66]　大橋・前掲注(64) 9頁は、完結型都市計画のみを対象とする立法を行う立場と、完結型と非完結型の両者を含む包括的な仕組みを構築する立場が考えられるとする。山本・前掲注(8)402頁は、静的計画（完結型計画）に係る争訟は出訴期間や違法性の承継等について特別に立法することが望ましいとする。

[67]　大橋・前掲注(57)92頁は、違法であるから無効といった効力論は都市計画には当てはまらないとする。

みられる。他方で都市計画違法確認訴訟は行政に対する義務付け判決を予定しておらず、この点は計画確定決定を争う訴訟とは異なっている。

　2009年報告書は、補正手続により当該都市計画を維持する旨の決定が行われた場合には計画策定時に遡って計画が有効となるという制度設計も考えられるが、計画策定時から判決に至る期間に行われた建築行為が補正手続の実現にとって支障となるおそれがあるとして、結論的に、判決時に遡って計画が有効になるとする（13頁）。さらに2009年報告書は、違法と判断された計画の効力を停止して、その間に自由な建築行為（または緩い基準での建築行為）が認められることになると、事後的な補正が困難になったり、予定された事業の円滑な実施が妨げられるとして、都市施設・市街地開発事業に関する都市計画や、土地利用規制に関する都市計画のうち規制強化型のものについては、建築制限を維持することとしている（14〜15頁）[68]。この点、ドイツの建設法典では、地区詳細計画を遡及的に施行するかどうかは市町村が判断すべき事項であり、当該地区詳細計画の公示時に遡ってこれを施行することも禁止されていない[69]。市町村が補完手続を実施して、効力を有しない地区詳細計画を遡及的に施行した場合、学説においては、その間に建築許可を得た建築主は保護されるという立場をとるものもみられる[70]。この立場では、地区詳細計画には適合しないものの建築許可に従った建築が認められることになる。

　補正手続の実施に関して、2009年報告書は、違法確認判決の拘束力により、都市計画決定権者は、補正手続として都市計画の手続をやり直し、当

---

[68] 2009年報告書は、不服審査（裁決主義）制度の下で裁決取消判決が確定した場合においても、都市計画の効力の停止について同様の取扱いが必要であるとしている（10〜11頁）。大橋・前掲注(57)95頁は、都市施設・市街地開発事業に関する都市計画の場合、事業活動は原則としてストップがかかるという出発点が考えられるとする。

[69] Vgl. BT-Drs. 15/2250, S. 65. 事案によっては遡及的施行が許されない場合もあるのではないかという問題については、本書第二部第五章Ⅲ6(2)を参照。

[70] Vgl. *Werner Kalb/Christoph Külpmann*, in: Werner Ernst/Willy Zinkahn/Walter Bielenberg/Michael Krautzberger, BauGB, Kommentar, 127. EL Oktober 2017, §214 Rn. 263; *Michael Uechtritz*, in: Willy Spannowsky/Michael Uechtritz（Hrsg.）, BauGB, Kommentar, 3. Aufl. 2018, §214 Rn. 147.

該都市計画を維持するか、変更するか、または廃止する義務を負うことを法律上明記し、また、都市計画決定権者は補正手続により再度の都市計画決定を行うべき時期を明示することとするものとしている（14頁）。ドイツ法では、連邦行政裁判所2011年7月14日決定[71]は、規範統制手続において地区詳細計画が効力を有しないことが宣言された場合、補完手続を実施するかどうかは市町村が自己の責任において判断すべき事項である旨判示している。計画確定決定の違法が判決によって確認され、瑕疵が除去されるまで執行不可能となった場合も、行政は補完手続を実施することを義務付けられるわけではないと解されている[72]。ただし、保護負担の追完（計画補完）を義務付ける判決が下されるケースもあり、裁判所の法解釈を尊重して原告に回答することを義務付ける判決も可能である。日本においては、違法とされた都市計画の行く末に関し市民は関心（不安）を持つと考えられるから[73]、2009年報告書で示された取扱いが適切であろう。

都市計画違法確認訴訟は、行政不服審査を介在させない制度となっており（前記④）、この点で2006年報告書の不服審査（裁決主義）制度とは大きく異なっている。2009年報告書は、審査庁あるいは裁決に関与する機関として専門的第三者機関を設ける場合の論点ないし問題点について指摘しており、各地方公共団体において都市計画審議会に比肩するような専門的第三者機関を設置することは現実に可能か、新しい行政不服審査法の下で地方公共団体に設置される諮問機関を都市計画に関する不服審査に活用することは制度上可能か、第三者機関が審査庁となる場合には審査庁の役割を違法性・不当性の判断に限定すべきではないか、といった点を挙げている（5頁）。2009年報告書は、不服審査制度により多様な救済を可能にするという2006年報告書の提案の実現可能性に対しては懐疑的であり[74]、裁判所による違法判断のほうが有効であるとする立場をとるものと解される。既

---

[71] BVerwG, Beschl. v. 14.07.2011 - 4 BN 8/11 -, ZfBR 2012, 36.

[72] Vgl. BVerwG, Urt. v. 21.03.1996 - 4C 19/94 -, BVerwGE 100, 370（373）; *Kämper*, in: Bader/Ronellenfitsch（Fn. 55）, §75 Rn. 33; *Neumann/Külpmann*, in: Stelkens/Bonk/Sachs（Fn. 55）, §75 Rn. 53.

[73] 大橋・前掲注(57)97頁。

述の通り、ドイツの規範統制においても計画確定決定を争う訴訟の場合も行政不服申立ては前置されず、この点ではドイツ法との共通性がある。他方で日本では、都市計画事業認可等の取消訴訟において都市計画決定の違法性が認定されることもあまりないため、都市計画に対する訴訟提起の機会を拡大するだけでは実質的な救済につながらないのではないかという懸念もある[75]。都市計画違法確認訴訟の導入は、裁判所にとっては負担増となる可能性もあるので、裁判所の負担が過重となることを防ぐための方策も必要ではないかと思われる[76]。

(2) 都市計画違法確認訴訟に関するその他の論点

都市計画違法確認訴訟の原告適格について、2009年報告書は、「法律上の利益」を有する者に原告適格を認めるものとし、行政事件訴訟法9条2項を準用することとして、都市計画施設または市街地開発事業の施行区域内の地権者や訴えの対象となる土地利用規制が適用される区域内の地権者には原告適格が認められるほか、さらに規制緩和型の土地利用規制に関する都市計画については周辺住民等にも広く原告適格が認められる余地がありうるとする（12頁）。2009年報告書は、「確認の利益」を訴訟要件とする

---

[74] 橋本ほか・前掲注(64)24頁における大橋洋一発言（「実際の実務では、なかなか裁決庁が全部を負って、自分で直すというところまではできないだろう」）も参照。洞澤秀雄「都市計画争訟に関する一考察——イギリス法との対比を通じて」札法25巻1号（2008年）118頁は、裁決機関が政策判断の中身について厳格に審査することは民主的正当性の観点から疑義が生ずるとする。

[75] 大橋・前掲注(3)22頁は、土地利用規制を定める法令について実体法上・手続法上規律を充実させることが不可欠であるとする。2004年10月29日付けの「行政訴訟検討会最終まとめ——検討の経過と結果」の参考資料9「行政計画の司法審査」11頁は、行政計画の実体面に関する司法審査を充実させるためには、行政計画策定の際の目的・目標・考慮事項等についての規定を充実させることが重要であるとする。

[76] 大橋・前掲注(64)13頁は、不服審査（裁決主義）制度の課題として、司法審査段階における裁判所の負担軽減について言及しているところ、都市計画違法確認訴訟を構築する場合においても、裁判所の負担を考慮する必要があるのではないか。大橋・前掲注(3)21頁は、当事者訴訟に関して、違法判断の後の処理は行政庁に委ねられるので裁判所の負担は少ないとするが、違法判断自体に伴う裁判所の負担の問題があるように思われる。

のではなく、都市計画決定の時点で建築の具体的な計画があるか否かを問わず原告適格が判断されることも指摘しており、確認の利益を訴訟要件とした場合にそれが厳格に判断される危険があることを懸念しているといえよう[77]。都市計画決定の処分性を肯定した前掲奈良地判平成24・2・28は、騒音、振動等による健康または生活環境に係る著しい被害を直接的に受けるおそれのある周辺住民にも原告適格を認めているが、ドイツの判例では、衡量上有意な自己の利益の侵害を主張する周辺住民に申立適格ないし出訴資格が認められており、このような者にも原告適格を認めることができるかどうかが今後の課題である。さらにドイツでは、承認された環境保護団体が自己の権利の侵害を主張することなく規範統制の申立てをしたり、計画確定決定を争う訴訟を提起することを認める法律があるところ（環境・法的救済法）、環境保護団体の出訴については都市計画違法確認訴訟とは別に定めるものとするか、都市計画違法確認訴訟の仕組みの一部として規定するかという論点もある[78]。

2009年報告書は、都市計画違法確認訴訟の出訴期間は都市計画決定の日から1年とすること（12頁）、特に規制を緩和する都市計画決定については、裁判所の決定による都市計画の執行停止の制度を設けることが必要であること（13頁）、都市計画の効力を停止する違法確認判決の効力には対世効を認めることが必要であること（14頁）を指摘している。これらの点については、ドイツの規範統制と共通する、あるいは類似するところがあるといえよう。

(3) 都市計画争訟制度に共通するその他の論点

2009年報告書は、都市計画争訟制度に共通するその他の論点として、後行処分の争訟における都市計画の違法性の主張制限や、都市計画の不変更

---

[77] 大橋・前掲注(64)8頁は、具体的な土地利用に先立って、早期の段階で提訴する場面では、紛争の成熟性といった点で確認の利益の主張が容易でない場合も考えられることを指摘する。

[78] 村上裕章「団体訴訟の制度設計に向けて──消費者保護・環境保護と行政訴訟・民事訴訟」論ジュリ12号（2015年）117頁は、行政訴訟として団体訴訟を設ける場合、環境保護に関しては、計画の違法確認訴訟を設けることを検討する必要があるとする。

を争う場合についても検討を加えている。後行処分の争訟における違法性の主張制限に関しては、①都市計画争訟が提起されることなく出訴期間等が経過した場合や都市計画の違法性が否定された場合は、事業認可等の取消訴訟では都市計画決定の違法性の主張を制限することが必要であるとしつつ、②大きな事情変更があった場合や、瑕疵が重大かつ明白であり都市計画決定が無効である場合には例外を認め（17頁）、③土地利用規制に関する都市計画の場合は、開発行為や建築行為の段階になって初めて地権者等が建築制限等を認識することが一般的であるから、不許可処分等の取消訴訟において都市計画の違法性の主張を制限することは困難であるとする（18頁）。①および②は2006年報告書の立場とほぼ共通といえるが、③は2006年報告書では指摘されていなかった点である。現状においては、建築行為の段階になって初めて建築規制を認識する関係者は多いと思われるが、都市計画争訟制度が構築された以降においてもそのようにいうことができるかという問題がある[79]。都市計画争訟制度においては主として都市計画決定の時点における違法性が争われると考えられるところ、この種の違法性については都市計画決定の日から間を空けずに審査するほうが適切であるという意見もありうる[80]。ドイツ法の場合、規範統制の対象となる法規定の有効性を裁判所が前提問題として付随的に審査することは禁止されていないが、建設法典には、建設法典の規定の違反のうち一定のもの（衡量素材の調査・評価に関する瑕疵、参加・理由書に関する規定の違反、衡量過程の瑕疵等）は、地区詳細計画等の公示後１年以内に市町村に対して主張されることがなかった場合には顧慮されなくなるとする規定がある（215条１項１文）[81]。

　都市計画の不変更を争う場合に関して、2009年報告書は、①未着手の都

---

[79] 角松生史「まちづくり・環境訴訟における空間の位置づけ」法時79巻９号（2007年）29頁は、まちづくりアセスメントのような将来の空間利用形態の可能性についての情報を積極的に算出する仕組みが求められるとする。

[80] 久保・前掲注(44)96頁は、形式上の瑕疵や手続上の瑕疵については、いつまでも違法主張を認めるのは行き過ぎであるとする。山本・前掲注(8)411頁は、手続等の瑕疵については承継を認めないことや、後行処分に係る争訟で計画の瑕疵の主張を提出できる時期を制限することなどが考えられるとする。

最終章　日本における都市計画を争う訴訟の現状と課題

市施設・市街地開発事業に関する都市計画については、一定期間ごとに行う検証手続を経て、継続・変更・廃止を告示することとすれば、継続の告示がなされた日を起算点として出訴期間を設定し、都市計画争訟制度の対象とすることが可能である、②土地利用規制に関する都市計画は、定期的な検証を義務付けたとしても一定期間ごとに継続・変更・廃止のいずれかに区分することは必ずしも適切でなく、後行処分や都市計画提案に関する争訟によって対応するものとしている（19頁）。いずれにしても、都市計画の不変更を争う機会が与えられるという点は、2006年報告書と共通である。ドイツの地区詳細計画に対する規範統制に関しては、事情の変化を理由とする地区詳細計画の機能喪失が問題になる場合に、申立期間の例外を認めるかどうかという論点があったが、近時連邦行政裁判所は申立期間の例外を認めない立場をとることを明らかにした[82]。

(4)　評価

全体として、都市計画違法確認訴訟は、ドイツの規範統制に近い仕組みになっていると思われる。もっとも地区詳細計画の規範統制の場合、当該地区詳細計画が有意な違法性を有することが判明したときには、それが当初から効力を有しないものとされるので、この点が都市計画違法確認訴訟とは大きく異なっている。都市計画違法確認訴訟では、違法とされた都市計画が原則として遡及的に無効となることはなく、その効力が停止しない場合も想定されているところ、日本では建築自由の考え方が強く、都市計画の効力が停止している間に駆け込み的な建築がされる可能性も多分にある。したがって違法とされた都市計画の効力に関しては、2009年報告書の提案した取扱いが適切であるように思われる[83]。他方、都市計画違法確認訴訟では、行政不服審査を介在させず地方公共団体のコストを削減するとされているが、反対に裁判所の負担が増加する可能性があるので、裁判所

---

[81]　この規定については、EU 法適合性に関する問題も含め、本書第二部第二章Ⅱ4を参照。

[82]　BVerwG, Urt. v. 06.04.2016 - 4 CN 3/15 -, NVwZ 2016, 1481 Rn. 7. 日本法に関して、久保・前掲注(44)90頁は、計画失効の事案では現在の法律関係を争う確認訴訟が適合的であるとする。

の負担が過重となることを防ぐ方策も必要ではないかと思われる。

4　計画訴訟

　2012年6月15日付けの日弁連の行政事件訴訟法第2次改正法案（以下本章において「改正案」という）では、行政計画等に対する訴訟手続に関する規定を設けるものとされている[84]。改正案は、計画（内閣もしくは行政手続法2条5号に規定する行政機関または地方公共団体が法令に基づき、公の目的のために目標を設定し、その目標を達成するための手段を総合的に提示するもの）に関する不服の訴訟を「計画訴訟」として定義している（改正案4条の3）。他方で、行政手続法2条8号の命令等は「命令訴訟」（改正案4条の2）の対象になる。命令訴訟・計画訴訟は抗告訴訟とは別の行政事件訴訟とされており（改正案2条）、処分性を有する計画は計画訴訟の対象外であると考えられる。命令訴訟・計画訴訟は法律で定める場合において法律で定める者に限り提起できるものとされ（改正案41条の2）、計画訴訟の提起が認められるためには個別法の制定が必要であるが、個別法が制定される前の段階では当事者訴訟等による救済が可能であると説明されている（28頁）。既述の通り、ドイツの規範統制の場合、行政裁判所法は、自己の権利の侵害を主張する者に規範統制の申立適格を認めているが、環境・法的救済法は、環境保護団体が自己の権利の侵害を主張することなく規範統制の申立てをすることも認めている[85]。また、規範統制の対象となる法規

---

[83]　計画の補正がなされるまでの経過期間における対応の必要性については、阿部泰隆『行政訴訟改革論』（有斐閣、1993年）110頁以下、大橋・前掲注(64)25頁、山本・前掲注(8)412頁も参照。角松生史「自治体のまちづくりと司法統制――都市計画を中心に」大久保規子編集代表『争訟管理――争訟法務』（ぎょうせい、2013年）76-77頁は、土地利用規制の場合は経過期間問題の処理がより複雑になるとする。

[84]　斎藤浩「行政事件訴訟法改正5年見直しの課題」自研86巻7号（2010年）18頁は、国民にとっての使いやすさ、わかりやすさの観点から、行政計画全般について行政事件訴訟法に一般的・統一的な手続規定を設けるべきであると述べている。

[85]　2012年6月15日付けの日弁連の環境及び文化財保護のための団体による訴訟等に関する法律案では、適格環境団体が抗告訴訟を提起することができるものされているが（5条）、さしあたり行政計画等を直接の訴訟対象とする趣旨ではないと説明されている（7頁）。

定の有効性を前提問題とする法関係の存否の確認訴訟も可能である。

そのほか改正案は、命令訴訟・計画訴訟の提起は、他の法律に特別の定めがある場合を除き、当該命令・計画に続く命令・計画・処分に関する不服の訴訟の提起を妨げないとしており（41条の6）、これに関しては、命令訴訟・計画訴訟を提起しなかった場合でも当然に失権効はなく、後続処分においても法に特別の定めがない限り当該命令・計画に関する違法主張は可能であると説明されている（29頁）。後続処分の取消訴訟等における計画等の違法主張の制限については様々な考え方がありうるところであるが、改正案の立場は穏当なものといえよう。既述の通り、ドイツの行政裁判所法には、規範統制の対象となる法規定の有効性に関する主張を制限する規定はないが、建設法典には、建設法典の規定の違反のうち一定のものについて主張期間を定める規定がある。

IV　最終章のまとめ

日本においては、都市計画法に基づく都市計画決定の処分性は認められておらず、他方で都市計画決定の違法・無効を争点とする当事者訴訟としての確認訴訟が活用されているともいいがたい。都市計画事業認可や建築不許可処分の取消訴訟において都市計画決定の違法性を争うことは可能であるものの、これらの処分がなされる前に都市計画決定自体によって不利益が発生すると解される場合もある。そのような場合については現行法下においても救済手段が確保されている必要があり、都市計画決定の処分性が認められないのであれば、当事者訴訟による救済が図られるべきである。

都市計画事業認可の取消訴訟において都市計画決定の違法性が問題になる場合、裁量権の逸脱濫用に着目するのが最高裁判所の判例である。ドイツでは、①衡量の欠落、②衡量の不足、③衡量の誤評価または④衡量の不均衡が認められる場合には適正な利益衡量の要請に対する違反があり、さらに衡量過程と衡量結果の両面が裁判所による審査の対象になるというのが連邦行政裁判所の判例であるところ、日本においても同様に考えるべき

ではないかと思われる。他方でドイツの建設法典には、衡量素材の調査・評価に関する瑕疵や衡量過程の瑕疵は結果に影響を及ぼした場合に限り顧慮されるとする規定があるほか、その他の手続・形式規定の違反が顧慮されるか否かについて定める規定もある。日本では、都市計画決定に対する裁判的統制を政策的に制限する規定を設ける必要性は認められない。理論的には、判断過程の瑕疵や手続的瑕疵が結果に影響を及ぼさなかったことが明らかな場合には当該瑕疵は都市計画決定を違法としないと解する余地もある。もっとも、原則としては、瑕疵が存在する場合には都市計画決定は違法であるという前提に立つべきである。

立法論としては、都市計画決定の適法性ないし有効性を争う特別の訴訟を導入することが望ましいと考えられる。2006年報告書が提案した不服審査（裁決主義）制度は、裁判所が都市計画決定の違法性を判断することに消極的な立場に基づくものであるが、これまでのところ都市計画決定を違法とした裁判例があまりないという現状に鑑みると、不服審査制度を拡充することによって問題解決を図るという方向性も理解できなくはない。不服審査（裁決主義）制度では、裁決庁ないし裁決に関与する機関として想定されている専門的第三者機関が、期待された役割を果たすことができるかどうかが重要なポイントになると考えられる。

2009年報告書において論じられた都市計画違法確認訴訟は、都市計画を処分として構成するのではないという点や、一般的な確認訴訟とは異なる特別な訴訟を法定する点など、ドイツの規範統制に近い仕組みになっている。規範統制との大きな違いとしては、違法とされた都市計画が原則として遡及的に無効となることはなく、その効力が停止しない場合も想定されているという点を挙げることができる。日本においては、都市計画の効力が停止している間に駆け込み的な建築がされる可能性も多分にあるので、違法とされた都市計画の効力に関しては2009年報告書の提案した取扱いが適切であるように思われる。都市計画違法確認訴訟では、行政不服審査を介在させず地方公共団体のコストを削減するとされているが、反対に裁判所の負担が増加する可能性もあるので、裁判所の負担が過重となることを防ぐための方策も必要ではないかと思われる。

〔著者略歴〕

湊　二郎（みなと・じろう）

1974年　神戸市に生まれる
1997年　京都大学法学部卒業
2003年　鹿児島大学法文学部助教授
2008年　近畿大学法学部准教授
2011年　立命館大学大学院法務研究科准教授
2013年　立命館大学大学院法務研究科教授（現在に至る）

＜主著＞
『コンメンタール行政法Ⅰ〔第3版〕』（共著、日本評論社、2018年）
『判例行政法入門〔第6版〕』（共著、有斐閣、2017年）
『ストゥディア行政法』（共著、有斐閣、2017年）
『事例研究行政法〔第3版〕』（共著、日本評論社、2016年）

都市計画の裁判的統制——ドイツ行政裁判所による地区詳細計画の審査に関する研究

2018年11月25日　第1版第1刷発行

著　者——湊　二郎

発行者——串崎　浩

発行所——株式会社　日本評論社
　　　　　〒170-8474　東京都豊島区南大塚3-12-4
　　　　　電話03-3987-8621（販売）-8631（編集）

印刷所——精文堂印刷株式会社
製本所——株式会社松岳社
装　幀——有田睦美

検印省略　©Jiro Minato, 2018.
ISBN 978-4-535-52362-3　Printed in Japan

JCOPY＜(社)出版者著作権管理機構　委託出版物＞

本書の無断複写は著作権法上での例外を除き禁じられています。複写される場合は、そのつど事前に、(社)出版者著作権管理機構（電話 03-3513-6969、FAX 03-3513-6979、e-mail：info@jcopy.or.jp）の許諾を得てください。また、本書を代行業者等の第三者に依頼してスキャニング等の行為によりデジタル化することは、個人の家庭内の利用であっても、一切認められておりません。